エレクトロニクス関連の産業創出
－設備共有による連携と近代技術史－

江刺正喜　本間孝治　戸津健太郎　著

東北大学出版会

Activating industry for electronics :

Collaboration through equipment sharing and the history of modern technology

Masayoshi ESASHI, Kohji HONMA and Kentaro TOTSU

Tohoku University Press, Sendai
ISBN978-4-86163-408-6

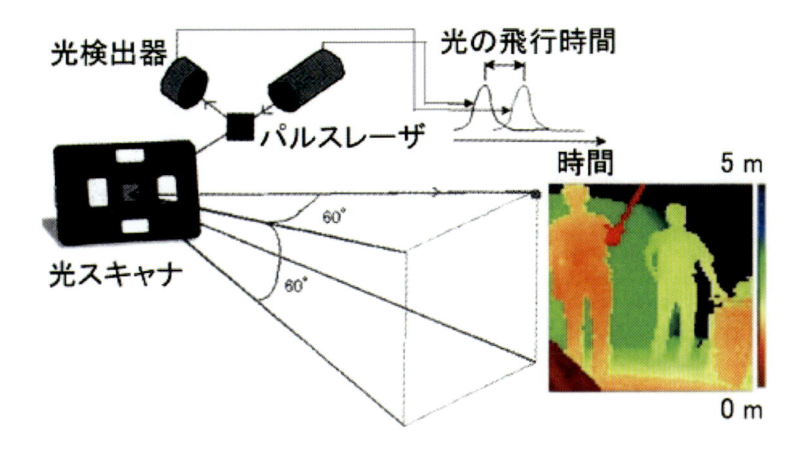

図 3.8.9　2 軸光スキャナを用いた距離画像センサ

(b) 距離画像センサの原理

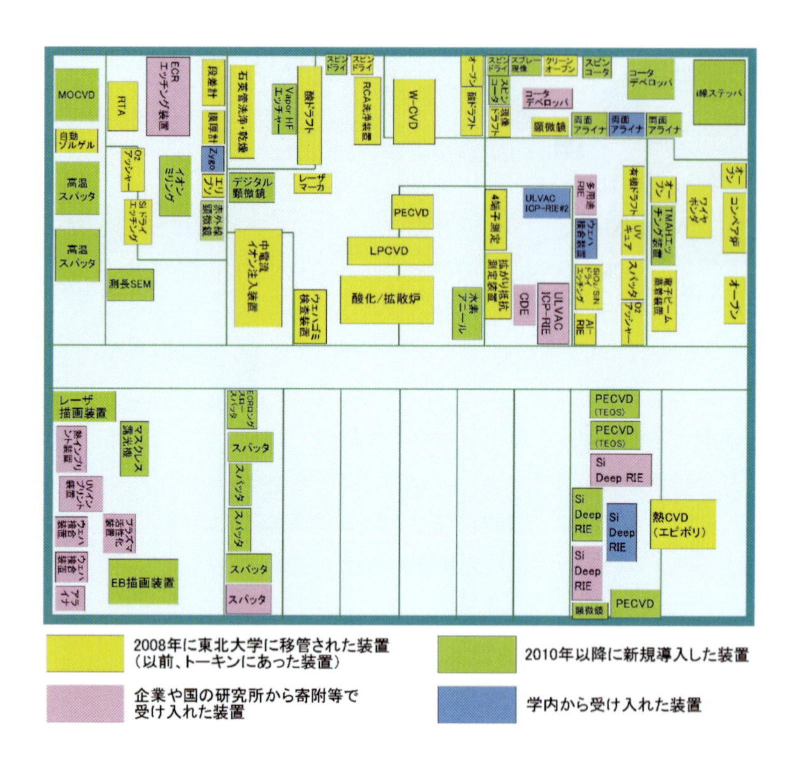

図 5.2.3　試作コインランドリ（2 階クリーンルーム）の装置レイアウト

まえがき

本書ではエレクトロニクス関連の産業創出に関わる経験や話題などを提供しますが、その中でも「MEMS（Micro Electro Mechanical Systems 微小電気機械システム)」や「マイクロシステム」と呼ばれる筆者らが関係してきた分野を中心に説明したいと思います。これは半導体微細加工に多様な技術を融合し、システムの鍵を握る重要な部品などを提供する分野です。集積回路は標準化や量産化で大きく進歩し続け、微細化や高集積化が進み More Moore と呼ばれます。これに対して MEMS 分野は多様な技術を用い、さまざまな形で使われて多品種少量であることも多く、More than Moore と呼ばれます。開発がボトルネックになり幅広い知識にアクセスしなければなりません。試作などにも一連の設備が必要なため、その産業化は容易ではないのです。このため産学連携でも、特に知識提供や設備共用などを効率的に行うことが要求されます。

東北大学には研究を産業につなげる実学の伝統があり、半導体分野では西澤潤一先生がその基礎を築かれ我が国の半導体産業を創出してこられました。その流れの延長で我々は MEMS 分野の産業創出を半世紀以上続けてきたつもりです。この分野の産学連携について説明しますが、具体的には 1970 年頃からの江刺正喜らによる工学研究科での産学連携（主に会社からの受託研究員などの受け入れ)、2010 年頃から戸津健太郎を中心に続けている、会社から派遣された社員が自分で経験しながら開発する「試作コインランドリ」の活動、また 2000 年頃からの本間孝治を中心とした㈱メムス・コアでの MEMS の受託開発ビジネスについて述べたいと思います。

以下では江刺が、「1. MEMSとその研究開発」で現在までの活動や背景を概説した後、その経験を基にした「2. 産業創出の課題と対応」について具体的なやり方を説明します。本書では社会学的な高い視点というよりも、活動例を伝えて参考にしていただきたいという、現場からの視点でまとめたつもりです。「3. エレクトロニクスを中心とした近代技術史」では、幅広い知識を持てるように関連する広い分野を歴史の流れの中で理解できるようにしました。これは月刊誌「金属」（アグネ技術センター）に2022年4月から2023年1月まで10回連載したものをベースに、それを拡大して執筆したものです。本間による「4. ベンチャー企業の創出と運営」では、多くの会社を立ち上げてきた豊富な経験を基に、受託開発を行っている㈱メムス・コアを紹介し、我が国で求められているスタートアップ企業について議論します。戸津による「5. 大学の産業創出拠点」では、「試作コインランドリ」がどのようにして産業に貢献しているかを説明します。なお本書では参考文献を、章の最後ではなく、節ごとにその最後に入れるようにしました。

情報・通信技術の進歩で多様な知識にアクセスできるようになっていますが、技術の高度化や成熟化で領域は細分化し、広く見て新しいものを生み出していくことは難しくなっています。幅広い知識を持ち、組織間の壁を低くして協力し合ってニーズに対応できるよう、本書がエレクトロニクス関連の産業創出に寄与できる一助となることを願うしだいです。

本書の執筆にご協力いただいた東北大学出版会の小林直之氏、および貴重なご意見を頂いた査読者による、暖かいご支援に謝意を表します。

目　次

第1章　MEMSとその研究開発

我々が産学連携で進めてきたのはMEMS（Micro Electro Mechanical Systems）やマイクロシステムと呼ばれる分野です。半世紀ほどにわたるその経験をベースに本書を執筆していますので、その分野の概要をはじめに述べることにします。この技術は半導体微細加工を用いて、センサのようなシステムの鍵を握る高付加価値部品を作る技術です。集積回路と異なり多様で標準化しにくく、開発がボトルネックになり採算も合いにくいため様々な工夫が必要ですが、売り上げは毎年13%程の割合で伸びてきました。MEMSについてシーズやニーズから書いた本[1)][2)]、あるいは入門書[3)]や詳細な本[4)]などを参考にして頂きたいと思います。

以下では1.1で多様なMEMSの例を紹介した後、1.2で研究の経緯とその中でのMEMSビジネスの支援などについて説明します。1.3では研究成果に関して、テーマごとに分類し発表した文献を検索できるようにしました。これは課題を解決するために便利であり、文献は東北大学のマイクロシステム融合研究センター（μSIC）のホームページからダウンロードできるようにしてあります[5)]。

参考文献

1 江刺正喜：“はじめてのMEMS”，森北出版（2011）.

2 江刺正喜，小野崇人：“これからのMEMS–LSIとの融合－”，森北出版（2016）.

3 江刺正喜：“半導体微細加工技術 MEMSの最新テクノロジー”，アナログウェア No.13（トランジスタ技術2020年11月号別冊付録），CQ出版社（2020）.

4 M. Esashi ed.: “3D and circuit integration of MEMS”, Wiley VCH (2021).

5 マイクロシステム融合研究センター，http://www.mu-sic.tohoku.ac.jp/.

1.1　多様な MEMS

MEMS は自動車やスマートホンなどでの量産品から、安全・検査や医療などの多品種少量品まで、幅広い分野で使われています。図 1.1.1 には、情報機器の例で MEMS の使われる用途を示しますが、特に入出力のようなインターフェースの部分などに使われ、集積回路と一体化した小形で高機能なものなどがあります。この他に環境、製造・検査、医療など様々な用途に用いられます。

図 1.1.2 の集積化容量型圧力センサは、圧力による薄いダイアフラムの変位を静電容量変化で検出するもので、容量検出用の CMOS 回路を集積化してあります[1)]。なおこの回路については図 1.2.19 で説明します。シリコンウェハにガラスを接合し各チップに分割することで小さな容器に入った形で製作することができる、ウェハレベルパッケージング（WLP）と呼ばれる技術が使われています。豊田工機㈱（現在の㈱JTEKT）で作られ、エアコン用フィルタの目詰まり検知に 20 年以上使われました。

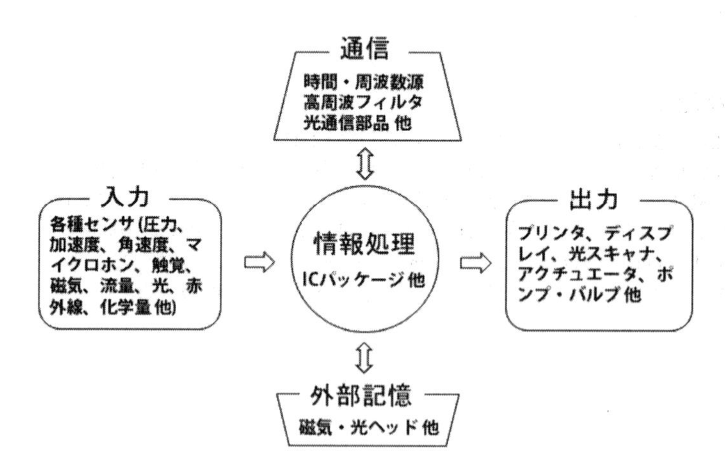

図 1.1.1　MEMS の使われる用途（情報機器の例）

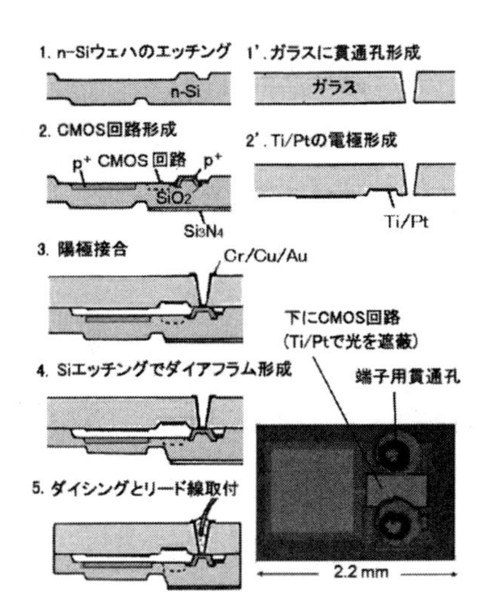

図 1.1.2　集積化容量型圧力センサ（製作工程とチップの写真）

1990年代になると自動車に角速度センサ（ジャイロ）が搭載されて安全性が向上し、これはアクティブセーフティと呼ばれます。図1.1.3はトヨタ自動車㈱で作られて100万台以上の車に使われている、ヨーレート（垂直軸周りの角速度）・加速度センサです。車体のスピンや横滑りを検出して安全走行に役立っています[2)]。同図(a)のような構造で2つの錘が静電引力で反対方向に音叉振動する振動ジャイロです。このセンサを水平に置いて回転させたときに、慣性力によるコリオリ力と呼ばれる力により、錘は回転軸や錘の移動と垂直な方向に動くため、同図(b)の左上のように2つの錘は反対方向に動き、これを静電容量変化で検出します。これを用い同図(c)のように車のスピンを検出でき、スピンしないようにコンピュータが前輪にアンバランスのブレーキをかけるようになっています。なおこのセンサでは、同図(b)の右上のように、2つの錘が同じ方向に動くことで横方向の加速度も検出できて横滑りが分かります。センサ素子は信号処理用集積回路（IC）の上に重ねて使用します。同図(d)は信号処理用ICの回路です。

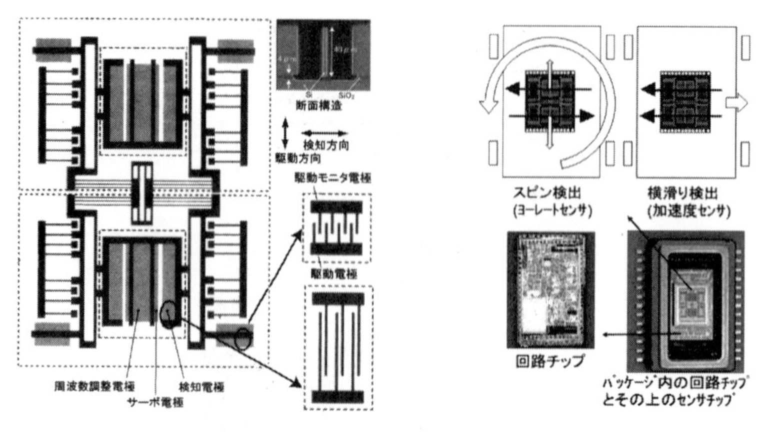

(a) センサ素子の構造と断面写真（右上）　(b) スピン（ヨーレート）と横滑り（加速度）検出

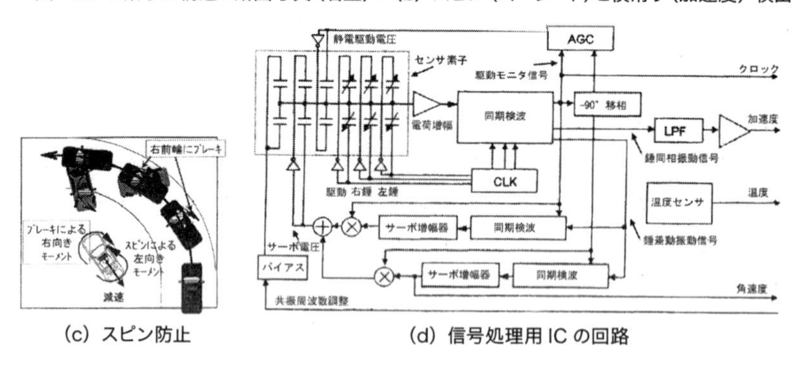

(c) スピン防止　(d) 信号処理用 IC の回路

図 1.1.3　自動車用ヨーレート・加速度センサ

図 1.1.4 に示す静電浮上回転ジャイロは、2 軸の角速度と 3 方向の加速度を高精度に測るものです[3)]。これは「3.9.6 おわりに」で説明する潜水艦用のジャイロを発展させたものです。同図(a)に構造と写真を示しますが、外径 1.5mm の Si 製の回転リング（ロータ）が浮上して、毎分 7 万 4 千回転します。(b)はその断面構造です。(c)は浮上の原理ですが、静電容量でロータの位置を検出し、高速ディジタル制御で電圧を印加して静電引力で浮上させ、これから 3 方向の加速度を同時に検出できます。(d)は回転の原理ですが、同様に静電容量で回転位置を検出し、電極の電圧を制

御して静電引力で回転させます。回転ジャイロとして回転軸方向（Z軸）に垂直なX軸とY軸の2軸周りの角速度を測ることができます。これは東京計器㈱で作られ、同図(e)のモーションロガーとして東京の地下鉄で走行中の車体の動きをモニタするのに使用されています。

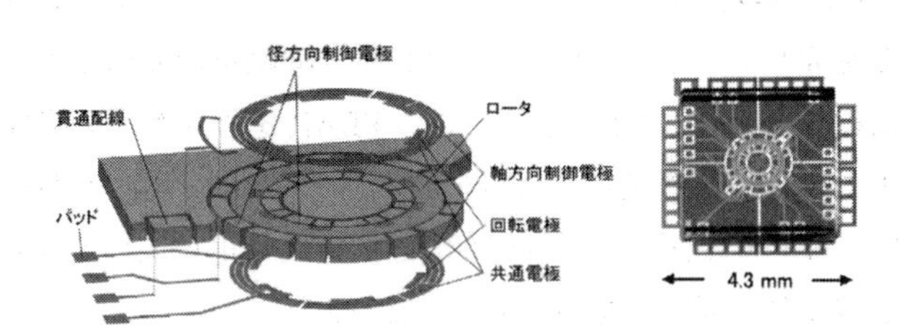

(a) 静電浮上回転ジャイロ

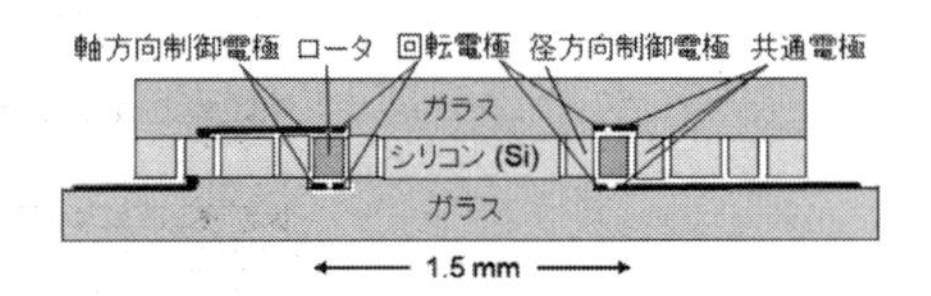

(b) 静電浮上回転ジャイロの断面構造

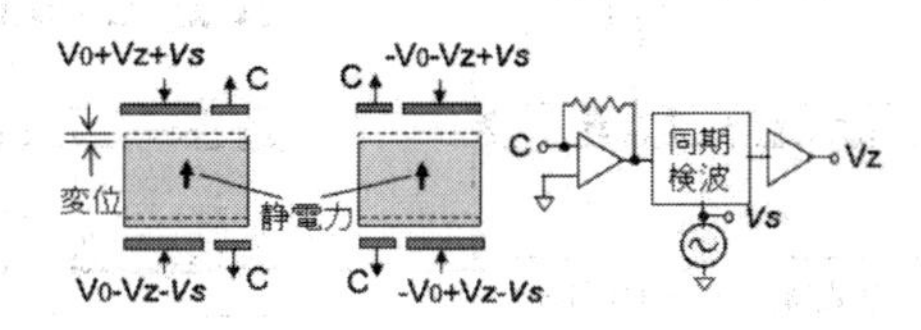

(c) 浮上の原理

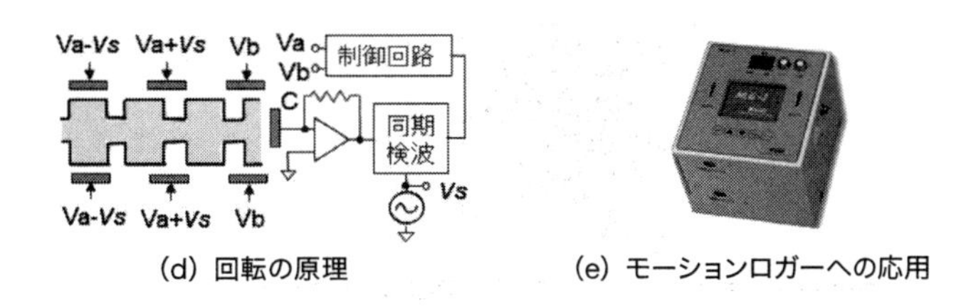

(d) 回転の原理　　(e) モーションロガーへの応用

図 1.1.4　静電浮上回転ジャイロとモーションロガー

スマートホンなどのワイヤレス機器には高周波用のフィルタが使われています。図1.1.5に示す薄膜バルク音響共振子（FBAR（Film Bulk Acoustic Resonator））は米国のBroadcom社によるもので[4]、最近のGHz帯の通信に使われ、大きな売り上げをもたらしています。窒化アルミニウム（AlN）による圧電膜の両面にMo電極が形成されて下に空洞を持つ構造です。同図(a)のようにAu-Au接合を用いたウェハレベルパッケージングで封止され、蓋の孔を通してワイヤボンディングにより配線を取り出しています。その製作工程を同図(b)に示します。このFBARをカスケード接続した高周波フィルタは、上から見ると同図(c)のように7つの共振子からなっており、共振子はその端面を非平行にして面内方向の定在波によるスプリアス（必要帯域以外の通過）を防ぐように工夫されています。

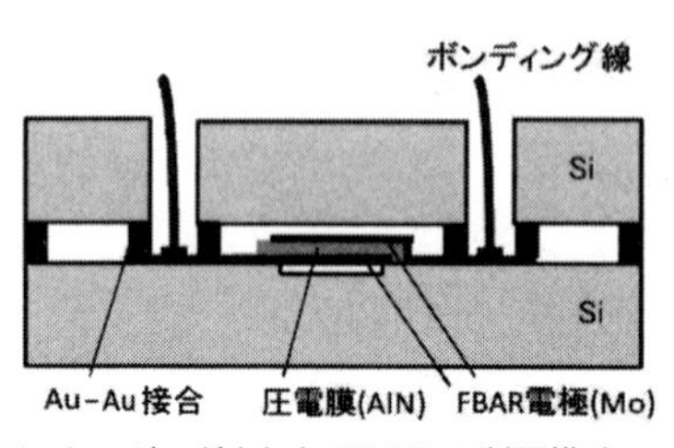

(a) パッケージングされたFBARの断面構造

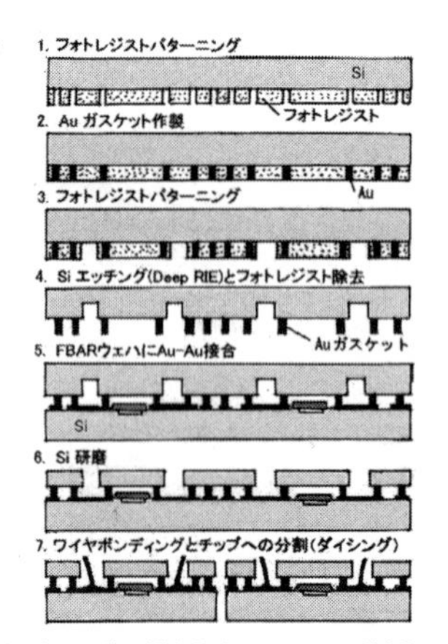

(b) パッケージングされたFBARの製作工程

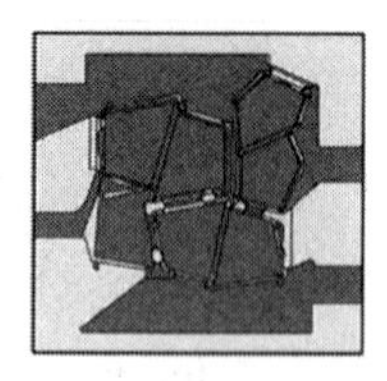

(c) 7つのFBARをカスケード接続した高周波フィルタの上面図

図 1.1.5　薄膜バルク音響共振子（FBAR）

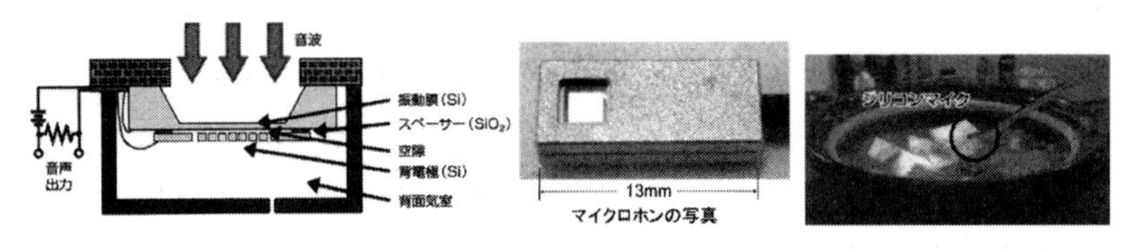

図 1.1.6　放送用 MEMS マイクロホン

図1.1.6は放送用MEMSマイクロホンで、音圧によるダイアフラムの動きを静電容量変化として検出します[5]。同図右のように湿気があっても使えるもので、北京オリンピックで水泳競技のテレビ放送などに用いられました。これはNHKと開発したものでパナソニック㈱が生産しています。スマートホンなどに使われるMEMSマイクロホンは、直径20cmのSiウェハ上に2万個程作られています。複数のマイクロホンを用い周囲の雑音を差し引いて、正面の音だけを感じるようになっています。

図1.1.7(a)はCMOS集積回路上に17μm角の可動ミラーを100万個程並べたDMD（Digital Micromirror Device）と呼ばれるミラーアレイで、米国のTexas Instruments社で作られたものです[6]。同図(b)は可動ミラー2個分の構造で、ヒンジと呼ばれるねじりバネで支えられたヨークが静電引力で傾き、その上のミラーで光をOn/Offします。ミラーは数μsで高速に応答するので、1画面の表示中に鏡をON/OFFさせて時分割で輝度を表現し、DLP（Digital Light Processing）方式と呼ばれます。同図(c)はその製作工程ですが、下の集積回路を壊さないように可動部を形成する必要がありますので、製作時の温度などが制限されます。CMOS集積回路上にSiO_2膜を付けて化学機械研磨（CMP（Chemical Mechanical Polishing））を行った後、金属層および有機ポリマーを用いた犠牲層（スペーサ1）を形成します（工程1）。ヒンジ用金属層を付けた後そのマスク用SiO_2膜を堆積しパターニングします（工程2）。またヨーク用金属層を付けた後そのマスク用SiO_2膜を堆積しパターニングします（工程3）。ヨーク用金属とヒンジ用金属をエッチングした後そのマスクに用いたSiO_2膜を除去します（工程4）。犠牲層としてスペーサ2を形成した後、ミラー用のAlを堆

積し、マスク用のSiO_2膜を付けてパターニングします（工程5）。最後にミラーのAlをエッチングした後。マスクに用いたSiO_2膜をエッチングしスペーサ1とスペーサ2を酸素プラズマで除去します（工程5）。このスペーサ除去は表面マイクロマシニングと呼ばれる方法です。L.J. ホーンベックを中心に開発され、製品化には1977年から1996年の20年を要しました[7)]。鏡を支えるヒンジが疲労で破壊する問題がありましたが、同図(d)に示すように酸素を添加したアモルファス金属（$TiAl_3+O$）をヒンジに用いることで解決しました[8)]。「3.8 撮像と表示」の図3.8.16で説明するように、ビデオプロジェクタなどに使われ、映画館ではフィルム映画のほとんどがこれに代わりました。

この他回路上にアレイとして形成されたMEMSには、インクジェットプリンタのヘッドや熱型赤外線イメージャなどがあります。

(a) CMOS LSI上のミラーアレイ

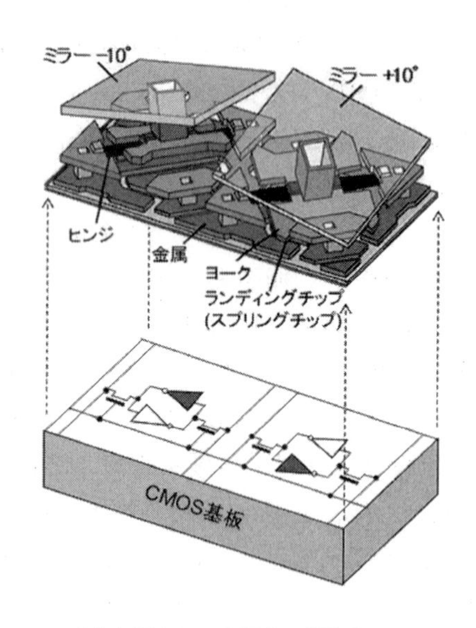

(b) 可動ミラー２個分の構造[6)]

1. CMOSウェハ上にSiO2膜を付けてCMPした後、金属を形成し、スペーサ1を付けパターニング

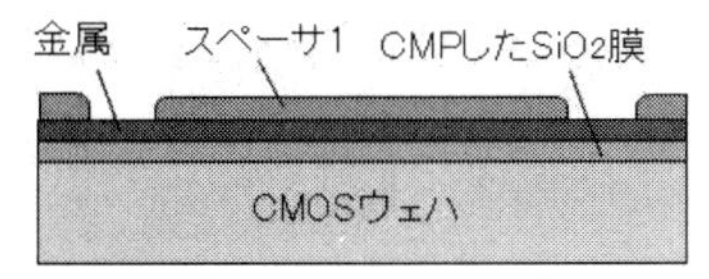

2. ヒンジ用金属を付け、そのマスク用のSiO2膜を付けてパターニング

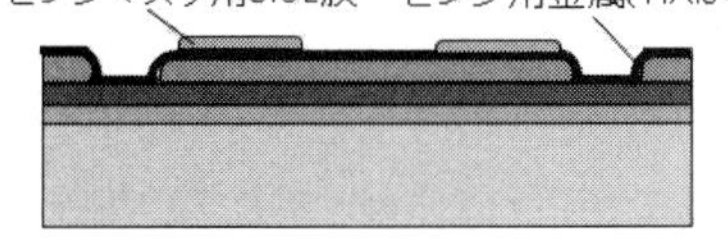

3. ヨーク用金属を付け、そのマスク用のSiO2膜を付けてパターニング

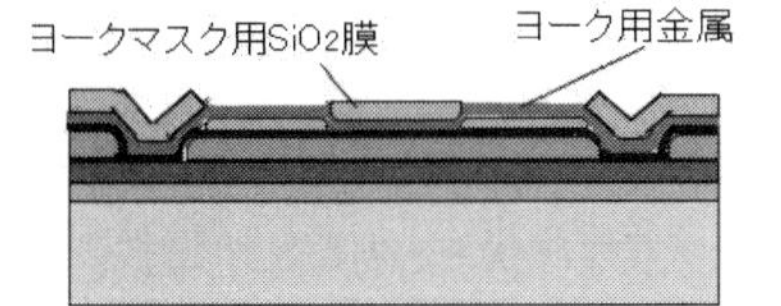

4. ヨーク用金属とヒンジ用金属(TiAl3+O)をエッチング後SiO2膜を除去

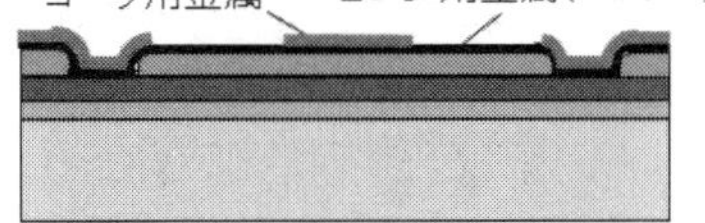

5. スペーサ2を形成後、ミラー用Alを堆積しそのマスク用のSiO2膜を付けパターニング

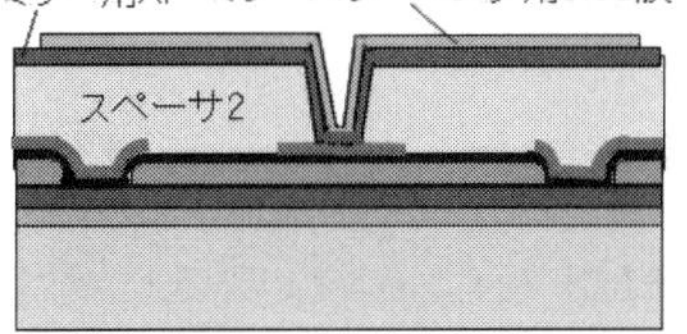

6. ミラー用Alをエッチング後、そのマスク用のSiO2膜とスペーサ1と2をエッチング

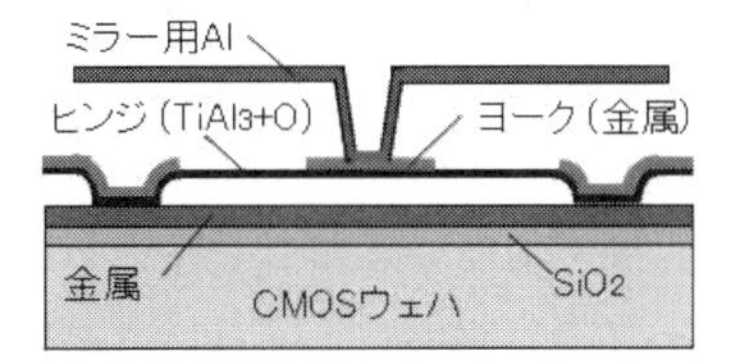

(c) 製作工程[6)]

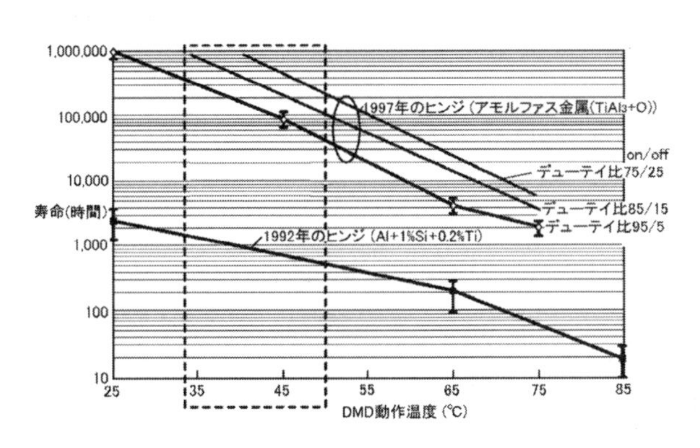

(d) ヒンジにアモルファス金属(TiAl3＋O)を使った寿命改善[8)]

図1.1.7　可動ミラーを100万個ほどCMOS回路上に形成したミラーアレイ(DMD)

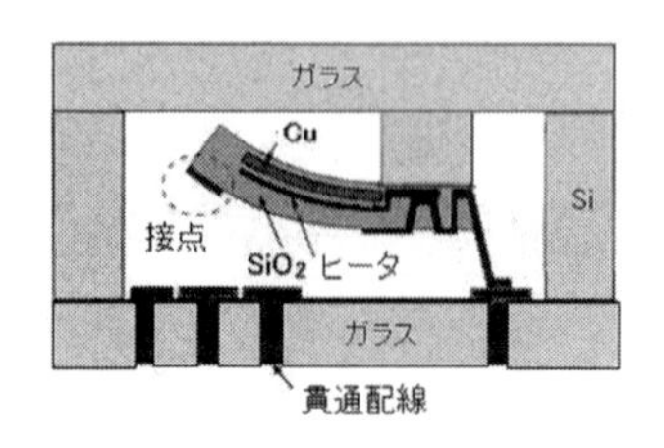

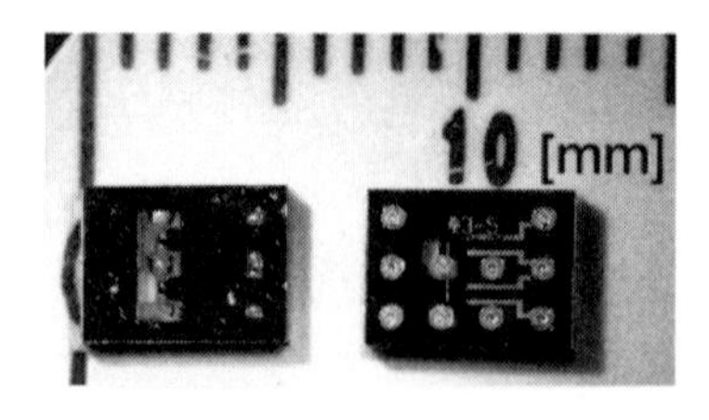

図 1.1.8　LSI テスタ用 MEMS スイッチ

図 1.1.8 は集積回路の試験に用いる LSI テスタの入力部に使用する MEMS スイッチで、アドバンテスト㈱にて作られたものです [9]。初段に MOS トランジスタを用いると静電破壊で壊れる恐れがあるため、その代わりに MEMS スイッチが用いられました。内部のヒータに通電して加熱することにより、バイメタルの原理で梁が動いて導通させます。

図 1.1.9 は ISFET（Ion Sensitive Field Effect Transistor）と呼ばれる半導体イオンセンサを用い、体内で水素イオン濃度（pH）などを計測するものです [10]。㈱クラレで開発され日本光電㈱で製品化されました [11]。絶縁ゲート FET のゲート絶縁膜が電解液に露出しており、電解液との界面で生じる特定イオンの濃度に対応した電位を計測します。1983 年に商品化され、逆流性食道炎の診断などに使われました。その他ピロリ菌測定器や図 1.1.9 右の携帯用 pH 計などとしても製品化されました [12) 13]。

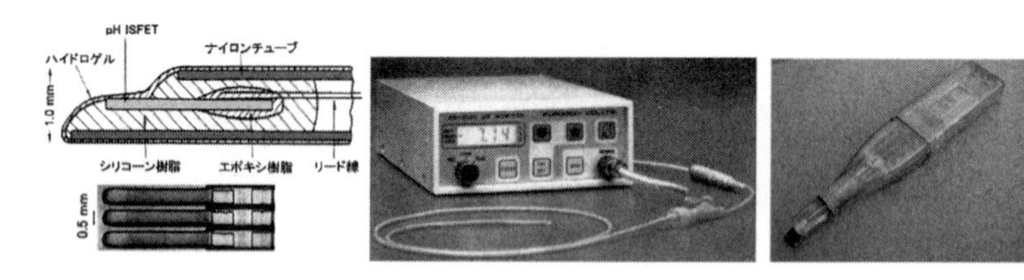

図 1.1.9　半導体イオンセンサとそれを用いた体内 pH 計測用カテーテルと携帯用 pH 計

参考文献

1 松本佳宣，江刺正喜：絶対圧用集積化容量形圧力センサ，電子情報通信学会論文誌，J75-C-II, 8 (1992) 451-461.

2 M. Nagao, H. Watanabe, E. Nakatani, K. Shirai, K. Aoyama and M. Hashimoto : A silicon micromachined gyroscope and accelerometer for vehicle stability control system, 2004 SAE World Congress, 2004-01-1113 (2004).

3 T. Murakoshi, Y. Endo, K. Fukatsu, S. Nakamura and M. Esashi : Electrostatically levitated ring-shaped rotational-gyro/accelerometer, Jpn. J. Appli. Phys., 42, Part1, No.4B (2003) 2468-2472.

4 R.C. Ruby, A. Barfknecht, C. Han, Y. Desai, F. Geefay, G. Gan, M. Gat and T. Verhoeven : High-Q FBAR filter in a wafer-level chip scale package, Intnl. Solid State Circuit Conf. 2002 (ISSCC 2002) (2002) 184-185,

5 T. Tajima, T. Nishiguchi, S. Chiba, A. Morita, M. Abe, K. Tanioka, N. Saito and M. Esashi : High-performance ultra-small single crystalline silicon microphone of an integrated structure, Microelectronic Engineering, 67-68 (2003) 508-519.

6 P.F. Van Kessel, L.J. Hornbeck, R.E. Meier and M.R. Douglass : A MEMS-based projection display, Proc. of the IEEE, 86, 8 (1998) 1687-1704.

7 DLP 光を受け継ぐ者たち　第1回　20年間あきらめなかった男，日経エレクトロニクス（2005/2/26）(2005/5/9 まで全6回).

8 M.R. Douglass : Lifetime estimates and unique failure mechanisms of the digital micromirror devices (DMD), IEEE 36th Annual International Reliability Physics Symposium (1998) 9-16.

9 中村陽登，高柳史一，茂呂義明，三瓶広和，小野澤正貴，江刺正喜：RF MEMS スイッチの開発，Advantest Technical Report, 22 (2004) 9-16.

10 M. Esashi and T. Matsuo : Biomedical cation sensor using field effect of semiconductor, J. of the Japan Society of Applied Physics, 44, Supplement (1975) 339-343.

11 K. Shimada, M. Yano, K. Shibatani, Y. Komoto, M. Esashi and T. Matsuo : Application of catheter-tip I.S.F.E.T. for continuous in vivo measurement, Med. & Biol. Eng. & Comput., 18, 11 (1980) 741-745.

12 T. Sekiguchi, M. Nakamura, M. Kato, K. Nishikawa, K. Hokari, T. Sugiyama, M. Asaka : Immunological Helicobacter pylori urease analyzer based on ion-sensitive field effect transistor, Sensors and Actuators B, 67 (2000) 265-269.

13 伊藤善孝 : ISFET による pH センサの開発と実用化，Chemical Sensors, 14, 1 (1998) 8-17.

1.2 研究の経緯

次のような自分の経歴に対応させ、やってきた研究の概要を各項で説明します。

1.2.1 大学院生時代（1971年－）半導体イオンセンサ（ISFET）の開発と20mm角Siウェハ用プロセス装置の製作。

1.2.2 助手時代（1976年－）医用マイクロセンサの開発と共同実験室の整備。

1.2.3 助教授時代（1981年－）集積回路（IC）の製作とその設計・試作環境の整備。

1.2.4 教授時代前期（1990年－）微小電気機械システム（MEMS）の研究開発と産業支援。

1.2.5 教授時代後期（2009年－）ヘテロ集積化による高密度集積回路（LSI）上のMEMS、マイクロシステム融合研究開発センター（μSIC）の整備。

工学研究科（兼務先）定年退職（2013年）最終講義「設備共用へのこだわり」。

2019年－現在　東北大学μSICシニアリサーチフェロー、㈱メムス・コアCTO。

1.2.1 大学院生時代（1971年－）半導体イオンセンサ（ISFET）の開発と20mm角Siウェハ用プロセス装置の製作

江刺が東北大学工学部電子工学科の松尾正之研究室を卒業し、その大学院に進んだのは1971年で、インテルから初めてのマイクロプロセッサである4004が発売された年です。四年生の卒業研究の時はチタン酸バリウムのセラミックコンデンサで片側の電極が無いものを村田製作所の脇野喜久雄男氏にお願いして作っていただき、それを皮膚の表面に置いて心電図や脳波を検出する絶縁物電極の研究を行いました[1), 2)]。この時に入力インピーダンスの高い接合型電界効果トランジスタ（JFET）をコンデンサ上

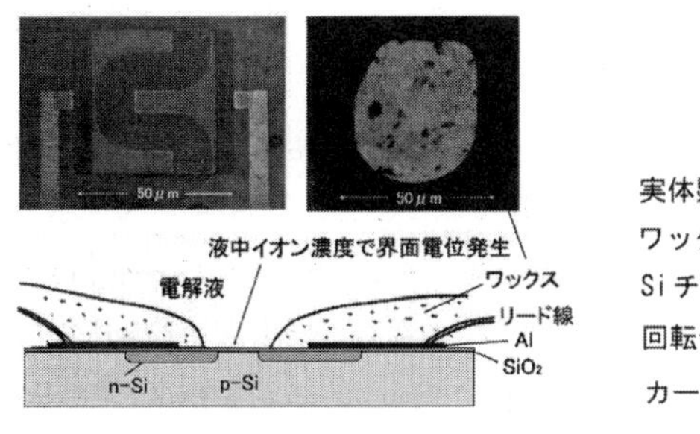

(a) ゲート電極の無いIGFETとゲート周囲をワックスで覆ったもの(写真と断面図)

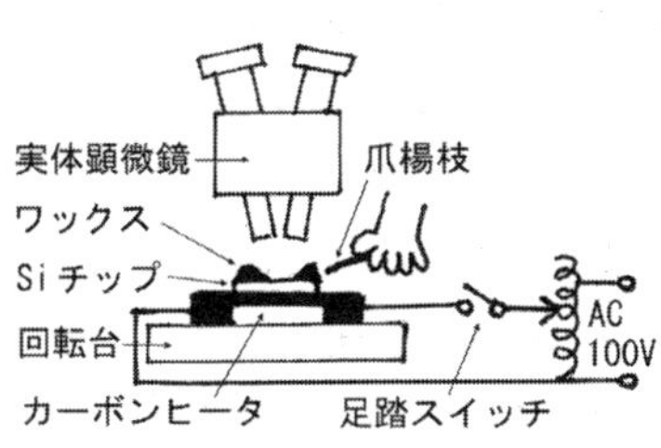

(b) ワックスで覆うための装置

図1.2.1　ゲート電極の無いIGFETとゲート周囲をワックスで覆ったもの、およびワックスで覆うための装置

に置いて、0.1Hz程の低い周波数から検出できるようにしました。しかし電極を動かすと雑音が生じました。印加する直流電圧と雑音の関係を調べ、これがチタン酸バリウムの圧電現象であることがわかりました。修士課程の時この結果を日本ME学会誌に論文として投稿したところ[1]、翌年の日本ME学会論文賞に選ばれました。この経験もあり否定的な結果が得られても研究成果を発表することを勧めています。

この卒業研究の時に日立製作所の武蔵工場で働いておられた研究室先輩の野宮紘靖氏にお願いして、ゲート電極の無い絶縁ゲート電界効果トランジスタ（IGFET）を製作して頂き、大学院修士課程の時にこれが届きました。このチャネル長は10μmで4004と同じ寸法でした。これを使い二酸化シリコン（SiO_2）のゲート絶縁膜を電解液に曝して、電解液の電位測定を行いました。この場合はセラミックコンデンサの静電容量を使う場合と異なり、直流電圧から測定できます。図1.2.1(a)にその当時のIGFET表面と、そのゲート部分の50μm程を液に露出するようにして周辺をワックスで覆った写真、およびその断面図を示してあります。同図(b)はゲート部以外をワックスで覆う装置です。熱容量を最小限にしたカーボンヒータを用い、足踏みスイッチで通電し短時間加熱して、柔らかくなったワックスを顕微鏡下で爪楊枝を用いて押すことで、ゲート部以外を覆うようにしました。また柔らかくして引いた細いワックスをこの装置で付けることによって、ある部分だけワックスで覆うこともできます。

このようにして作ったゲート電極の無いIGFETを電解液に付けるとドレイン電流が変化して電解液の電位が測れることを、1971年の夏に発表しました[3)]。その頃研究室の松尾教授は米国スタンフォード大学のJ.D.マインドル教授の研究室に一年間行かれました。そこでは半導体微細加工でセンサなどを作る、マイクロマシニングと呼ばれる技術を先駆的に研究しており、松尾教授を通して多くの情報を頂けたことは、私の研究人生にとって大変幸運なことでした。そこでK.D.ワイズ博士にISFETを製作して送ってもらい、私はその測定を行いました。純水中で測定すると電位が一方向に変化することから、その原因を調べたところ大気中の炭酸ガスの吸収で液中の水素イオン濃度（pH）が変化していることが分かり、それ以来イオンセンサとして研究することにしました。これをイオン感応電界効果トランジスタ（ISFET（Ion Sensitive FET））と名付けました。この研究には電気化学の知識が必要でしたので、化学工学科の内田勇助教授に教えを請いに伺っていましたが、それ以来異なる分野にまたがる研究がしやすくなりました。これを行っていた修士課程の時に西澤研究室の博士課程の学生のC-V（容量－電圧）測定器を作ってくれないかと依頼され、演算増幅器（オペアンプ）で製作して提供しましたが、その後は西澤潤一先生に支援して頂けるようになりました。西澤先生が設立した財団法人半導体研究振興会の建物（半導体研究所）で実験させて頂けることになり、博士課程に進学しました。この研究所では装置を自作して15mm角Siウェハのプロセスを行っていたので、そこで教えて頂いて、同じような自作の装置で20mm角Siウェハ用のものを、私の所属していた松尾研究室に作るようにしました。当時日本の大学で半導体デバイスを実際に試作できる場所は、西澤研究室以外にはほとんど無かったと思いますが、その点でも幸運だったと感謝しています。半導体研究所で製作したものは先端50μm程の断面にFET構造を持つプローブ状のマイクロISFETで、図1.2.2(a)にその断面構造と先端部の写真および特性、(b)に製作工程を示してあり

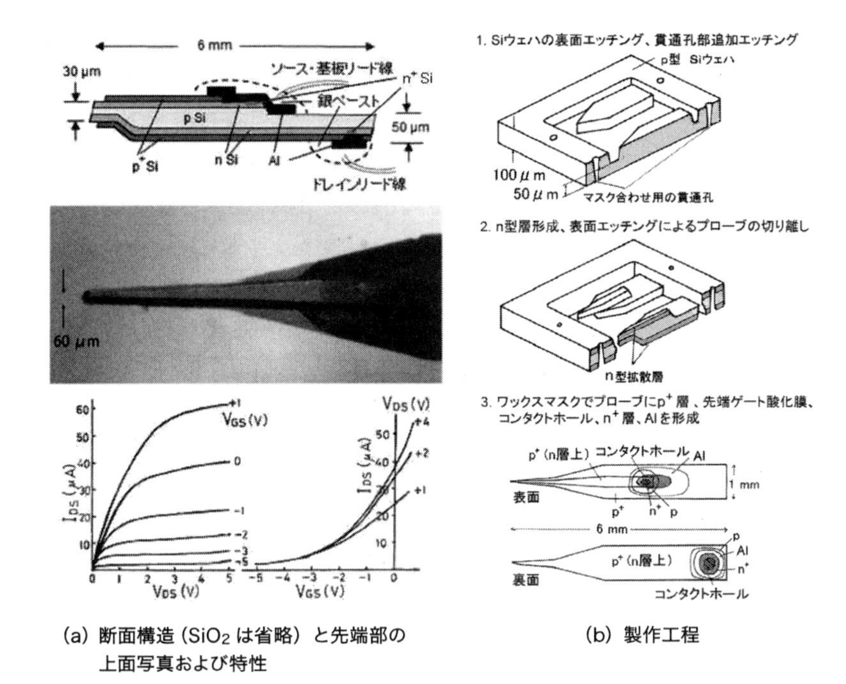

(a) 断面構造（SiO_2 は省略）と先端部の上面写真および特性　　(b) 製作工程

図 1.2.2　マイクロ ISFET

ます[4)]。フォトリソグラフィの後、ウェハを両面からエッチングして個別のプローブにし、図 1.2.1 (b) で説明した装置によってワックスで覆い、酸化膜などをエッチングした後は真空ピンセットで炉に入れて酸化や不純物拡散などを行いました。

修士課程の時には卒業研究の絶縁物電極に関する論文を書きましたが、博士課程で書いた論文は上のマイクロ ISFET やプローブ形状の ISFET についてまとめたものが 1 つだけで[4)]、装置を自作していました。このため自由度のある形で多様な試作設備を使うことができるようになり、会社からの受託研究員などを受け入れる体制ができました。図 1.2.3 と図 1.2.4 は当時の実験室のレイアウトと写真です。薬品を扱うドラフトは塩化ビニールの板を溶接して製作しました。ISFET のゲート絶縁膜表面には窒化シリコン（Si_3N_4）（最終的には酸化タンタル（Ta_2O_5））を用いてドリフトを減らしましたので、その気相堆積（CVD（Chemical Vapor Deposition））装置が必要でした。このため縦にした石英管内で、Siウェハを載せた炭素ヒータに通電加熱（800℃）し、シラン（SiH_4）をN_2で3%に希釈したガスとアンモニア（NH_3）ガスを流してSi_3N_4を堆積しました。また水素イオン（H^+）以外のナトリウムイオン（Na^+）やカリウムイオン（K^+）用のセンサ表面に使うため、アルミノシリケート（$Al_2O_3 + SiO_2$）などのDoped SiO_2膜を堆積しましたが、これにはアルミニウムイソプロポキサイド（$Al[OCH(CH_3)]_3$）とテトラエチルシリケート（$Si(OC_2H_4)_4$）を原料にして、抵抗加熱式電気炉による400℃でのCVDを行いました。これらの装置を用い、プローブ先端で水素イオンとナトリウムイオンを同時に測れるマイクロマルチイオンセンサなども試作しました[5)]。

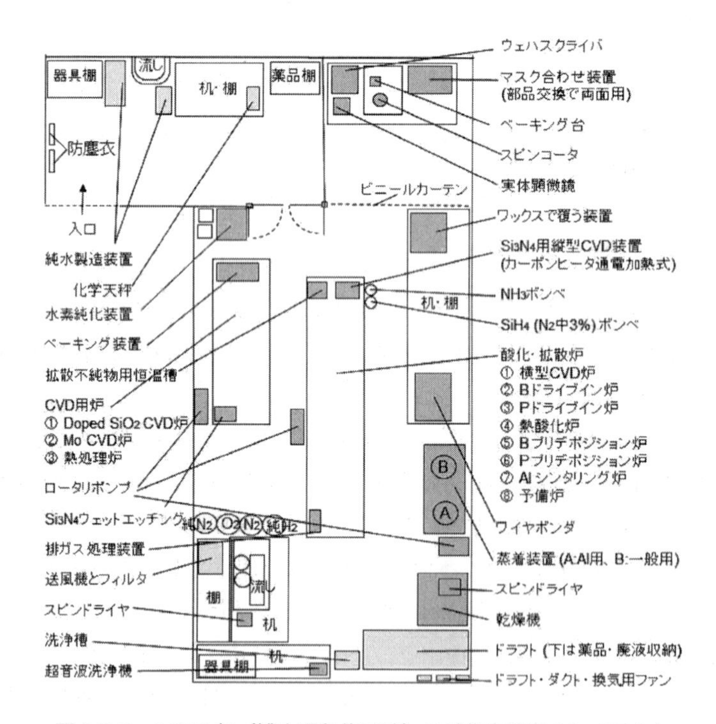

図1.2.3　1976年（博士課程修了時）の試作実験室のレイアウト

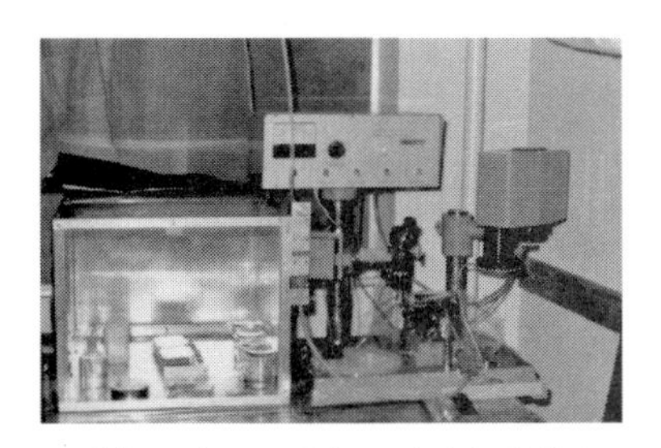

(a) スピンコータとマスク合わせ装置

(b) 両面マスク合わせ装置のステージ部

(c) 酸化・拡散炉

(d) CVD炉（アルミノシリケート用）

図1.2.4　試作実験室における装置の写真

博士課程の時には、松尾先生の名前で科学研究費の申請書を下書きし、先生に直して頂き苦手な文章書きにも慣れました。

1.2.2　助手時代（1976年－）医用マイクロセンサの開発と共同実験室の整備

大学院生時代は一人で装置作りを中心にやってましたが、1976年に助手となってから学生の人と一緒に研究するようになりました。またこの頃から会社の研究員などが技術移転に研究室に来てました。㈱クラレがカテーテル先端にISFETを取り付け、血管内で水素イオン濃度（pH）や溶存炭酸ガス分圧（PCO_2）をモニタするセンサを開発してISFETの実用化を進め、1980年に薬事法の認可を取って頂きました。このISFETは日本光電㈱に技術移転され、図1.1.9で説明したように体内pH計測用カテーテルとして1983年より市販されました[6)]。この他神経電位計測用多重電極

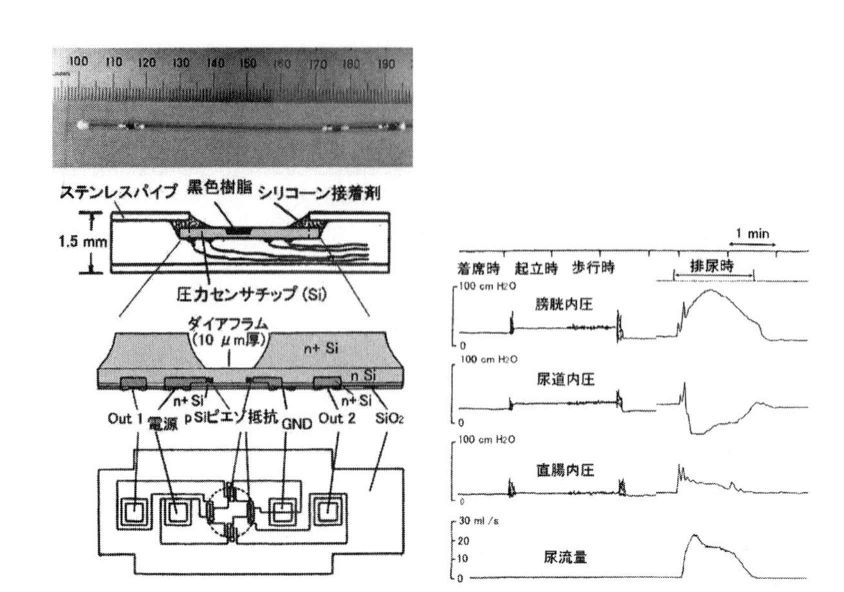

図 1.2.5　マルチ圧力センサカテーテルとそれによる膀胱内圧と尿道内圧の測定

[7] やカテーテル用マルチ圧力センサ[8] などを製作しました。図 1.2.5 は体内に挿入するピエゾ抵抗型のマルチ圧力センサカテーテルで、薄いダイアフラムにピエゾ抵抗用の p 型拡散層を形成してあります。ダイアフラムが圧力で撓んで抵抗が変化するのを利用しますが、ピエゾ抵抗は湿度などの影響を受けないように、n＋層の内側に埋め込んであります[9]。外径 2mm のカテーテルに複数のセンサを装着しましたが、応力の影響を受けないように柔らかなシリコーン接着剤でステンレスパイプに取り付け、また光の影響を受けないように黒色樹脂をダイアフラム部の凹みに入れてあります。同図右はこれを用いて膀胱内圧と尿道内圧を同時に測定した例です。排尿時に膀胱内圧は上がりますが、尿道内圧は流れのためベルヌーイの定理で低下していることがわかります[8]。

1980 年頃に新妻弘明助手と「マイクロ加工室」と呼ぶ微細加工共同実験室を開設しました。これは共通性の高い設備を共同利用するため、教授会に申請して 1 講座分のスペースを使わせてもらえるようにしたもので、

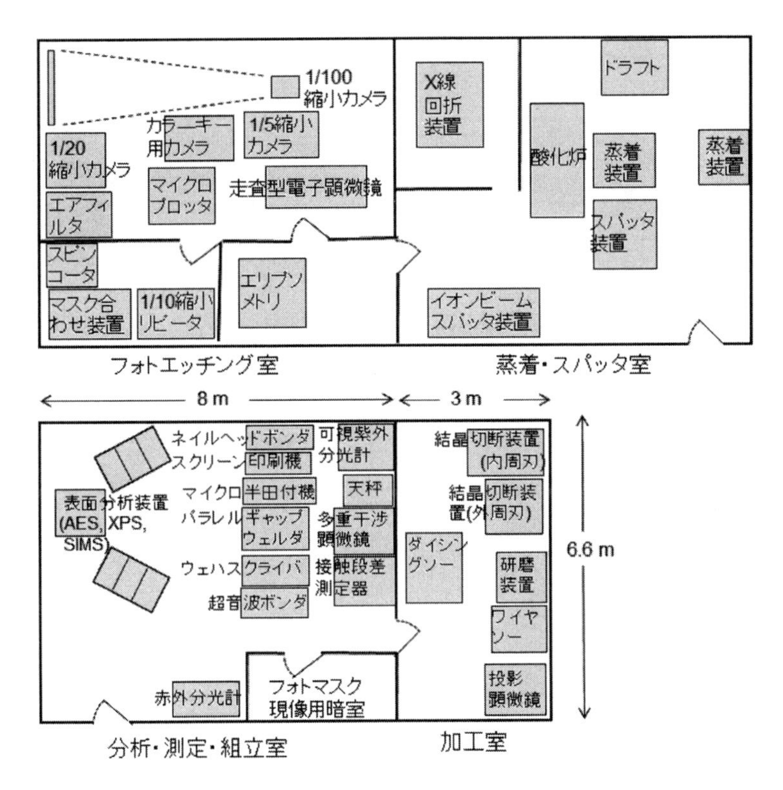

図 1.2.6　微細加工共同実験室（マイクロ加工室）のレイアウト

ここではサービス精神旺盛にして多くの研究室に利用してもらいました。図1.2.6に4部屋のレイアウトを示し、それぞれの部屋の写真は図1.2.7にあります。当時、科学研究費（一般A）で表面分析装置（オージェ電子分光計（AES））を導入することができましたが、多くの人に壊さずに利用してもらえるように、装置に貼紙をするなど工夫をしました。なおその後図1.2.7（c）（写真）のように、この装置にX線光電子分光計（XPS）や二次イオン質量分析計（SIMS）などが追加されました。

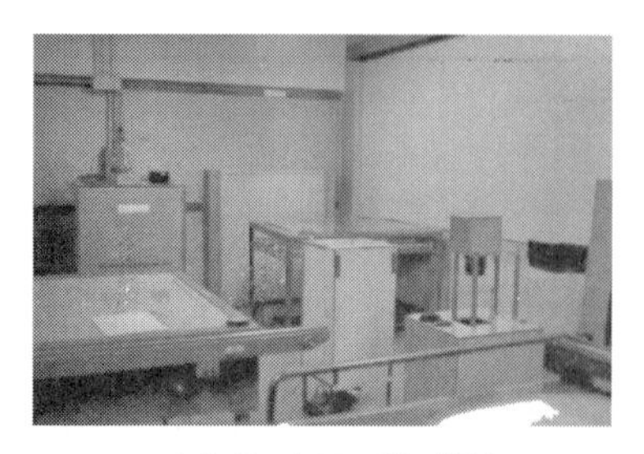

(a) フォトエッチング室

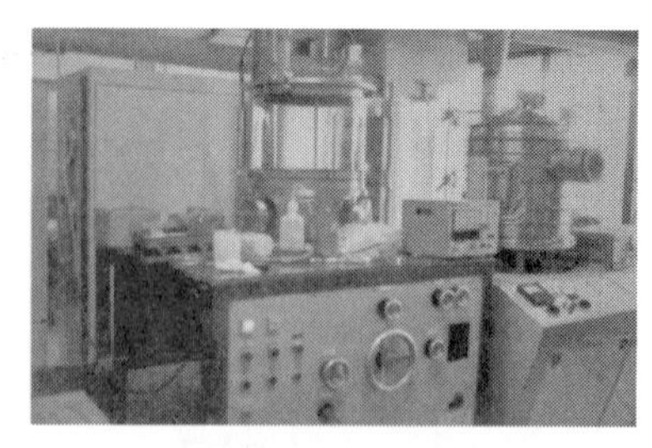

(b) 蒸着・スパッタ室

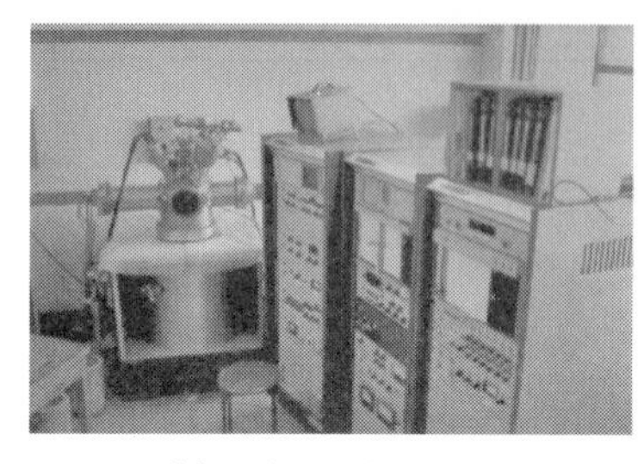

(c) 分析・測定・組立室

(d) 加工室

図 1.2.7　微細加工共同実験室（マイクロ加工室）の各部屋の写真

1.2.3 助教授時代（1981 年－）集積回路（IC）の製作と、その設計・試作環境の整備

助手として 5 年程経過した頃、1981 年に通信工学科の伊藤貴康教授から集積回路（IC（Integrated Circuit））の研究をしないかという誘いがあり、通信工学科の助教授として移ることになりました。20 mm 角 Si ウェハを用いた試作設備は博士課程の時に整備していましたが、設計環境やイオン注入装置、および IC の試験装置は無かったのでそれらを用意することが必要でした。その頃 1980 年に米国のカリフォルニア工科大学の C. ミード、および L. コンウェイによる "Introduction to VLSI Systems" (Addison-Wesley Pub.) が出版され（図 3.4.12 参照）、それを日本語訳した「超 LSI システム入門」（培風館）（菅野卓雄、榊裕之 監訳）がありましたので、それを用いて勉強することができました [10]。なお米国では ARPA ネットと呼ばれるコンピュータネットワークを利用して、MOSIS（MOS

Implementation Service）というマルチプロジェクトチップのサービスが1985年から開始されました[11)]。これでは複数の大学で設計したレイアウトデータをゼロックス社がまとめて、ヒューレットパッカード社などで乗り合い集積回路ウェハとして製作し、それをチップに分けて各大学に戻しておりました。なおこれを参考にして、台湾のモリス チャン（Morris Chang）は1987年に前工程の受託を行うファウンドリのTSMC（Taiwan Semiconductor Manufacturing Company 台湾積体電路製造股・有限公司）社を設立しています。3.4.3項でも説明するように、それまでIDM（Integrated Data Manufacturer）や垂直統合型と呼ばれて1社で設計・製造・組立検査を行っていたものが、設計受託（ファブレス）、前工程受託（ファウンドリ）および後工程受託（OSAT（Outsourced Semiconductor Assembly and Test））と呼ばれるもので分業する形に代わり、現在に至っています。

設計に必要なツールについて述べます[12)]。回路シミュレーションには東北大学の大型計算機センターにあった日本電気製のANAPを当時使いましたが、米国カリフォルニア大学バークレイ校（UC Berkeley）で開発されたSPICEが一般的で、その後はこれを使用しました。論理シミュレーションは京都大学の矢島研究室の安浦寛人助手（現在　九州大学 名誉教授）が開発していたものを電話回線で利用させて頂きました。1980年代はじめにはまだインターネットは無かったのですが、大学間にコンピュータをつなぐ電話回線がありました。マスクパターンを設計するレイアウトエディタはありませんでしたので、自分でFORTRANによるプログラムを作成しました。これはプログラミングを学ぶ良い機会で、このように必要に応じモチベーションを持って勉強するのが有効です。図1.2.8の(a)から(h)は集積回路（IC）の設計やフォトマスクの作成ツール、および製作したICのウェハです。研究室にあった同図(a)のDEC社のミニコンピュータ（ミニコン）PDP-11を設計に用いましたが、その後LSIを用いた小形のLSI-11（DEC社）を入手できたのでレイアウト設計にはこれを使用しました。同図(b)にはFortranで作成したレイアウトエディタによるマスク

(a) 設計に用いたDEC社のミニコンピュータPDP-11

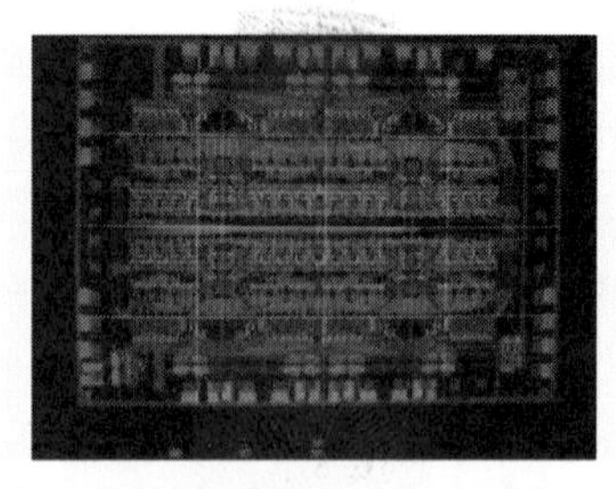

(b) FORTRANで作成したレイアウトエディタによるマスクパターン

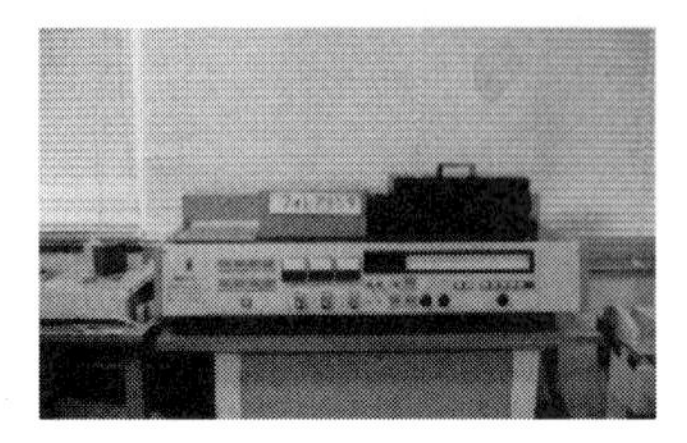

(c) フォトプリンタ

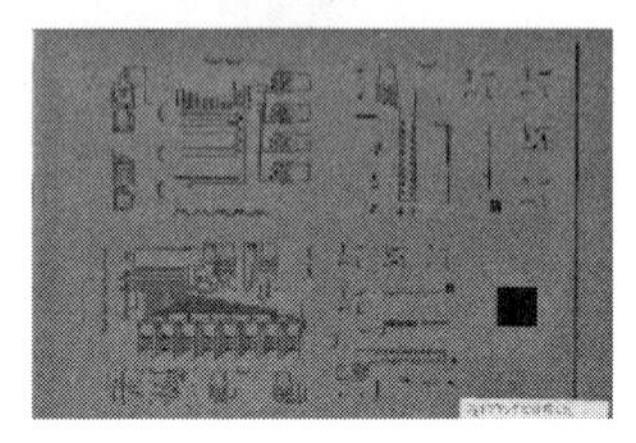

(d) 透明フィルムに作成したマスクパターン

(e) 拡大し重ねたカラーキー

(f) 1/5縮小カメラ

(g) 1/10縮小フォトリピータ

←20 mm→

(h) 製作したICのウェハ

図1.2.8 集積回路の設計ツール、フォトマスクの作成ツール、および製作したICのウェハ

パターンの例を示してあります。設計したマスクパターンを用い、(c)に示すフォトプリンタで(d)のような透明フィルムにマスクパターンを作成します。(e)のようにフォトリソグラフィの各工程のマスクパターンを4倍に拡大して異なる色で透明フィルムに焼き付けたカラーキーを作製し、それらを重ねてレイアウトに誤りがないかを調べるデザインルールチェック

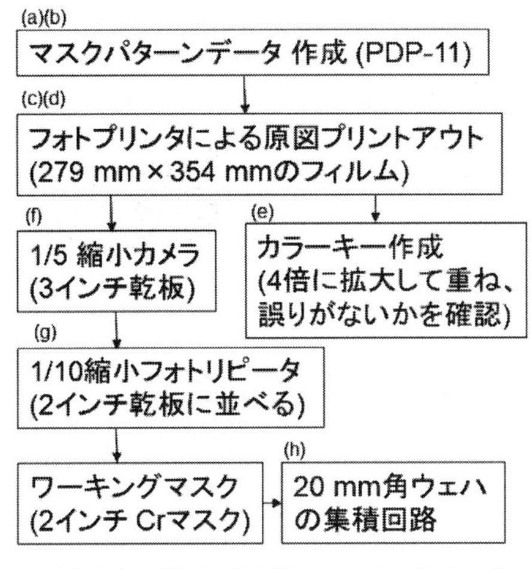

図 1.2.9　集積回路用フォトマスクの作成

を行います。透明フィルムのマスクパターンを同図(f)の1/5縮小カメラで3インチ乾板に縮小したものを作製します。同図(g)のフォトリピータで、それをさらに1/10に縮小して2インチ乾板を移動させながら並べて写します。これを用い2インチ角ガラス板上のCr膜をフォトレジストでパターニングして、フォトリソグラフィに使用するフォトマスクを作ります。同図(h)は、これを用いて20mm角のSiウェハ上に製作した集積回路（IC）の写真です。図1.2.9は集積回路用フォトマスクの作成の流れで、(a)から(h)は図1.2.8の写真に対応しています。

集積回路の製作にはイオン注入装置が必要だったので、東京三洋電機㈱で使われていた中古品を購入し修理して使いました。図1.2.10にその写真や構成を示します。これは製品化された最初の装置で、米国のアクセレレータ社による加速電圧200kVの前段加速型のものでした。現在使われてるイオン注入装置は後段加速型で、質量分析して必要なイオンを取り出してから加速する方式ですが、当時の前段加速型ではイオンを加速してから注入するイオンを質量分析器で選別する方式で、6mと大きいものでした。このような以前の装置では回路図が付いており、使用している電子部

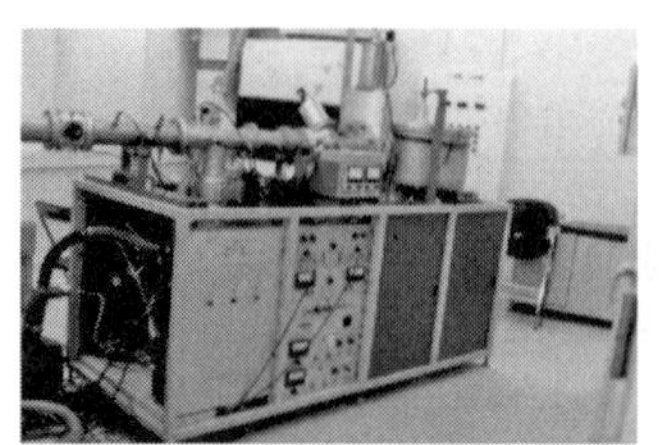

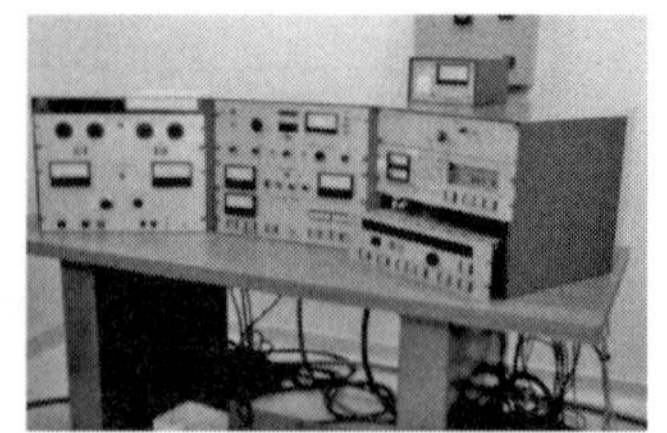

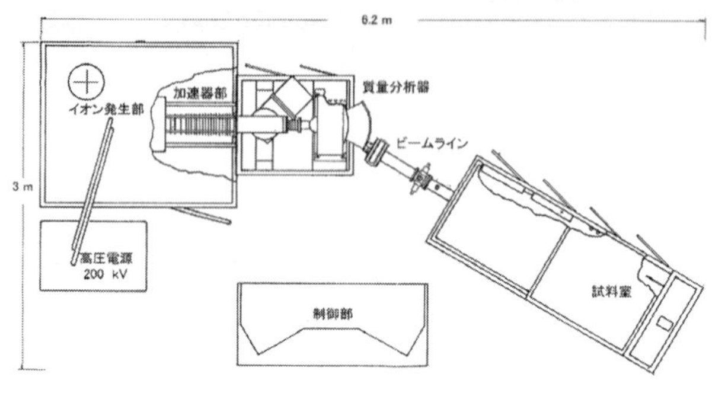

図 1.2.10　イオン注入装置

品も標準ICでした。この装置の場合にはDTL（Diode Transistor Logic）と呼ばれるICを使用しており、これは現在使われるTTL（Transistor Transistor Logic）のICと差し替え可能なので、自分で修理を行うことができました。

1985年頃に研究室で試作したCMOS（Complementary Metal Oxide Semiconductor）ICに用いた要素の、レイアウトと断面図を図1.2.11に示します。チャネル長は約10μmで、1971年に発売されたインテルによる初めてのマイクロプロセッサ4004（EE（エンハンスメントーエンハンスメント）型pMOS IC）と同じ寸法レベルでした。配線の最小線幅（正確には配線の幅と間隔を合わせたピッチの半分（ハーフピッチ））を設計ルールと呼び、この場合のチャネル長もそれに相当し10μmだったのですが、1985年当時の大規模集積回路（LSI）の場合は1μm程で、1Mビットのダイナミックランダムアクセスメモリ（DRAM）やインテルから32ビットのマイクロプロセッサi386が出た頃でした。同図のようにnチャネル

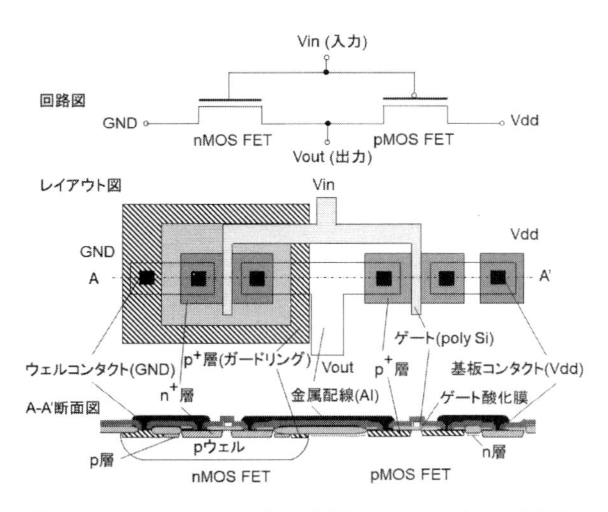

図 1.2.11　CMOS IC に用いた要素のレイアウトと断面図

MOSFET と p チャネル MOSFET がそれぞれ p ウェルと n 基板の上に作られ、p ウェルは接地（GND）に n 基板は正の電源（Vdd）に接続してあります。p ウェルの周辺は p＋層によるガードリングで囲み、ウェルが GND の同電位になるようにしています。MOSFET 以外の表面には、反転層が生じないようにするチャネルストッパとして、p ウェル表面にはウェルより高濃度のボロン（B）拡散による p 層、n 基板の表面にはリン（P）イオン注入による基板より高濃度の n 層が形成されています。表面にはリンガラス（PSG）を付け、コンタクト用の穴を形成した後にアニーリングで表面をある程度なだらかにして、Al の配線層を形成してあります。

試作した CMOS IC ついて、図 1.2.12 と図 1.2.13 でその製作工程が分かるようにしました。また図 1.2.14 ではこの CMOS IC 製作工程の詳細を説明していますが、右の断面番号は図 1.2.12 の工程番号に対応させてあります。

この CMOS IC の製作では、時計用の CMOS IC を当時製作していた小倉良氏（当時 日本プレシジョンサーキッツ㈱（現在のセイコーNPC㈱））、のアドバイスが役に立ちました。図 1.2.14 の 26 から 28 の工程で Si_3N_4 を

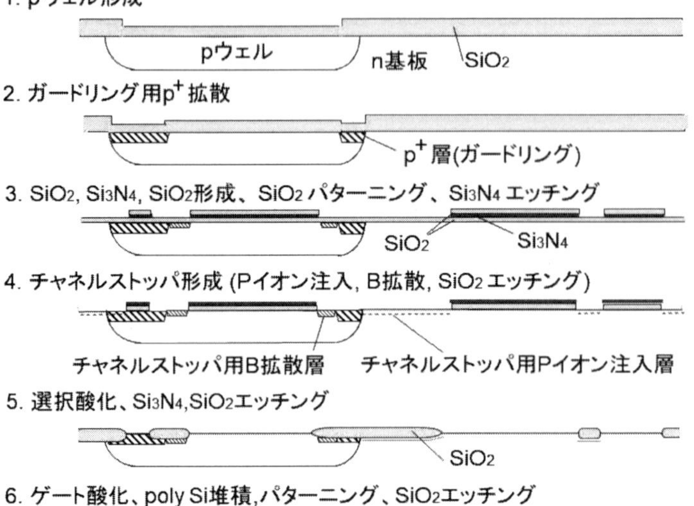

7. P拡散 (n+層形成, poly Siのn型化)、poly Siのパターニング、SiO2エッチング

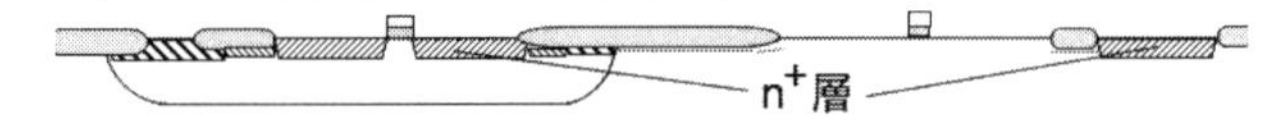

8. B拡散 (p+層形成)、PSG (りんガラス)堆積,パターニング,アニーリング

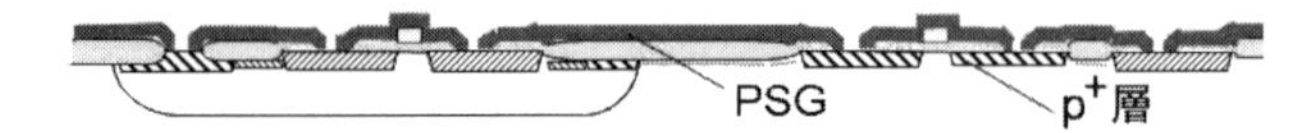

9. Al蒸着,パターニング,アニーリング

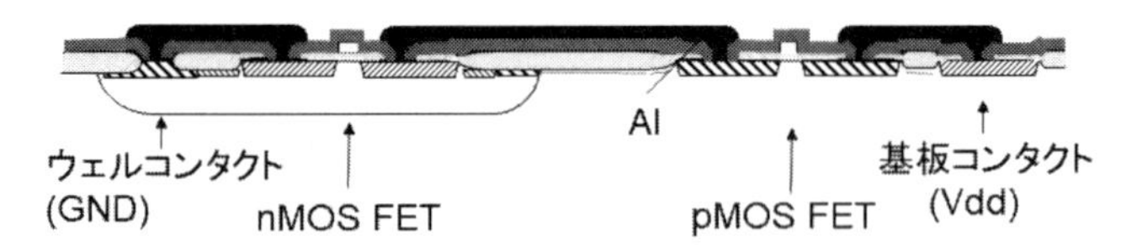

図 1.2.12　チャネル長 10μm CMOS IC の製作工程（断面図）

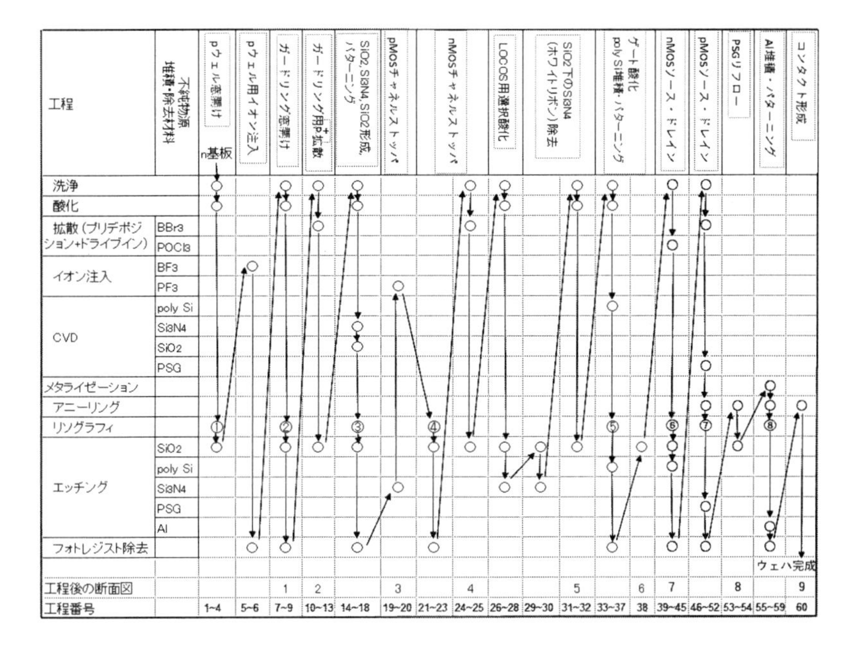

図 1.2.13　チャネル長 10μmCMOS IC の製作工程
（各工程後の断面図は図 1.2.12、工程番号は図 1.2.14 に対応）

マスクにして LOCOS（LOCal Oxidation of Silicon）と呼ばれる選択酸化を行う工程（図 1.2.12 の断面図 5d)）では、マスク部分の Si 表面に Si_3N_4 ができるホワイトリボンと呼ばれる現象があり、Si 表面の SiO_2 を取り去った後ゲート酸化の前に、ホワイトリボン除去のため Si_3N_4 をエッチングして（工程 30）再び酸化し（工程 31）、その酸化膜をエッチングにより除去（工程 32）する工程を入れてあります。これにより MOSFET の閾値電圧（V_T）（図 3.3.13 参照）を再現性良く制御できました。

1	Si基板	n型 (100), 5Ω・cm ($1\times10^{15}cm^{-3}$), 20mm角	
2	酸化	1100℃ 25分(wet (O_2+H_2O)) + 5分(dry (O_2)), 500nm厚	
3	フォトリソグラフィ①	p ウェル形成	
4	SiO_2 エッチング	4分 (40%NH_4F 100cc + HF 9cc)	
5	Bイオン注入	50 keV, $1\times10^{13}cm^{-2}$	
6	フォトレジスト除去	H_2SO_4 + H_2O_2 (2 : 1)	
7	酸化 (ドライブイン)	1200℃ 10時間(dry), ウェル深さ 9 μ m, 表面濃度 $1.3\times10^{16}cm^{-3}$	断面1
8	フォトリソグラフィ②	ガードリング窓開け	
9	SiO_2 エッチング	6分 (40%NH_4F 100cc + HF 9cc)	
10	フォトレジスト除去	H_2SO_4 + H_2O_2 (2 : 1)	
11	B拡散	プリデポジション(1100℃) 10Ω/□	
12	酸化 (ドライブイン)	1100℃ 10分 (wet), 250nm厚	断面2
13	SiO_2 エッチング	7分 (40%NH_4F 100cc + HF 9cc)	
14	酸化	1100℃ 40分 (dry), 100nm厚	
15	Si_3N_4, SiO_2 CVD	Si_3N_4 950℃ 17分 250nm厚, SiO_2 900℃ 17分 250nm厚	
16	フォトリソグラフィ③	SiO_2, Si_3N_4, SiO_2パターニング	
17	SiO_2 エッチング	2.5分 (40% NH_4F 100cc + HF 9cc)	
18	フォトレジスト除去	H_2SO_4 + H_2O_2 (2 : 1)	
19	Si_3N_4 エッチング	40分 (H_3PO_4 175℃)	断面3
20	Pイオン注入	130 keV, $6\times10^{12}cm^{-2}$	
21	フォトリソグラフィ④	SiO_2, Si_3N_4, SiO_2パターニング	
22	SiO_2 エッチング	1分 (40%NH_4F 100cc + HF 9cc)	
23	フォトレジスト除去	H_2SO_4 + H_2O_2 (2 : 1)	
24	B拡散	プリデポジション(850℃) 500Ω/□	
25	SiO_2 エッチング	2.5分 (40%NH_4F 100cc + HF 9cc)	断面4
26	酸化 (ドライブイン)	1000℃ 4時間 (wet), 1 μ m厚	
27	SiO_2 エッチング	45秒 (40%NH_4F 100cc + HF 9cc)	
28	Si_3N_4 エッチング	65分 (H_3PO_4 175℃)	
29	SiO_2 エッチング	1分 (40%NH_4F 100cc + HF 9cc)	
30	Si_3N_4 エッチング	5分 (H_3PO_4 175℃)	断面5

図 1.2.14 CMOS IC の製作工程の詳細
(各工程後の断面は図 1.2.12 に対応)

31	酸化	1000℃ 30分(dry), 50nm厚	
32	SiO_2 エッチング	30秒 (40%NH_4F 100cc + HF 9cc)	
33	ゲート酸化	1100℃ 15分(O_2 1L + HCl 50cc) +3分(O_2 1L) , 700nm厚	
34	poly Si CVD	660℃ 5.5分 (N_2 8L + 3%SiH_4 in N_2), 500nm厚	
35	フォトリソグラフィ⑤	poly Si パターニング	
36	poly Si エッチング	プラズマエッチング 10分 (SF_6) 250W	
37	フォトレジスト除去	プラズマエッチング 10分 (O_2), + H_2SO_4+H_2O_2 (2 : 1)	
38	SiO_2 エッチング	1分 (40% NH_4F 100cc + HF 9cc)	断面6
39	P拡散	プリデポジション(1100℃) 50Ω/□	
40	酸化 (ドライブイン)	1100℃ 60分 (dry), 150nm厚	
41	フォトリソグラフィ⑥	nMOS ソース・ドレイン	
42	SiO_2 エッチング	1分 (40%NH_4F 100cc + HF 9cc)	
43	poly Si エッチング	プラズマエッチング 10分 (SF_6) 250W	
44	SiO_2 エッチング	1分 (40% NH_4F 100cc + HF 9cc)	
45	フォトレジスト除去	プラズマエッチング 10分 (O_2), + H_2SO_4+H_2O_2 (2 : 1)	断面7
46	B拡散	プリデポジション(1050℃) 10Ω/□	
47	酸化 (ドライブイン)	1100℃ 20分 (dry), 70nm厚	
48	PSG (りんガラス) CVD (10%P_2O_5 in SiO_2)	420℃ 8分+8分 (左右反転) 350nm厚, O_2 40cc + 3%SiH_4 in N_2 250cc + 5%PH_3 in N_2 60cc + N_2 5 L	
49	アニーリング	900℃ 30分 (N_2)	
50	フォトリソグラフィ⑦	PSGパターニング	
51	PSGエッチング	5分 (40% NH_4F 100cc + HF 9cc)	
52	フォトレジスト除去	H_2SO_4 + H_2O_2 (2 : 1)	
53	アニーリング	PSGリフロー 1050℃ 30分 (N_2)	断面8
54	コンタクト部SiO_2除去	1分 (HF 1 : H_2O 50)	
55	Al蒸着	WフィラメントにAl線 2.5g, 1 μm厚	
56	アニーリング	300℃ 10分 (N_2)	
57	フォトリソグラフィ⑧	Alパターニング	
58	Alエッチング	40℃ 5分 (HNO_3 50cc, H_3PO_4 300cc, CH_3COOH 50cc, H_2O 100cc)	
59	フォトレジスト除去	85℃ 1分 (フォトレジスト剥離液)	
60	アニーリング	450℃ 10分 (N_2)	断面9

図 1.2.14　CMOS IC の製作工程の詳細
（各工程後の断面は図 1.2.12 に対応）

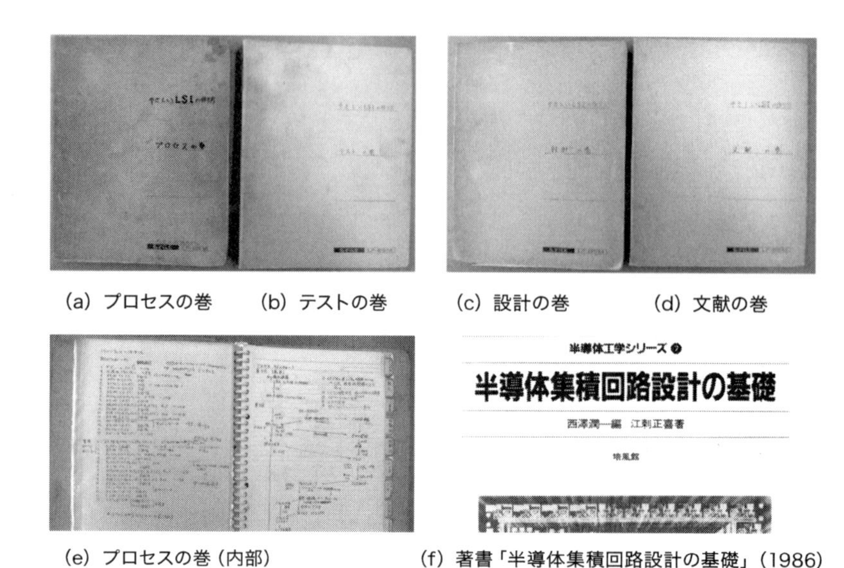

(a) プロセスの巻　(b) テストの巻　(c) 設計の巻　(d) 文献の巻

(e) プロセスの巻（内部）　(f) 著書「半導体集積回路設計の基礎」(1986)

図 1.2.15　マニュアルと著書「半導体集積回路設計の基礎」

ICの試作に必要な情報は図1.2.15にあるような「プロセスの巻」「テストの巻」「設計の巻」「文献の巻」の4冊のマニュアルで伝えられるようにしてあります。また(f)は著書『半導体集積回路設計の基礎』(1986) 培風館（331頁）で[13]、この本にはED（Enhancement Depletion）型nMOS ICの製作工程について、上のCMOS ICの製作工程と同様に詳しく書いてあるので参考にしてください。

製作したICのテストを行う試験装置類が必要です。使用したテストシステムは図1.2.16(a)のように、直流試験のほか動作波形などを調べる交流試験、および機能試験用ICテスタからなり、それらはミニコン（DEC社のLSI-11）で制御できるようにしました。自作した機能試験テスタは、被測定ICの端子に接続するマイクロプローバに48chのピンエレクトロニクスが接続され、ドライバで被測定ICを駆動し、その出力を検出して期待値と比較するようになっています[14]。なお同図(b)には1ch分のピンエレクトロニクスの回路図を示してあります。(c)は次の図1.2.17で説明する

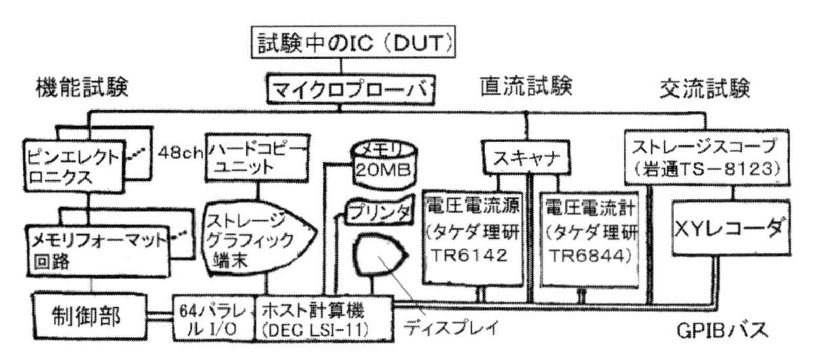

(a) ICテストシステム

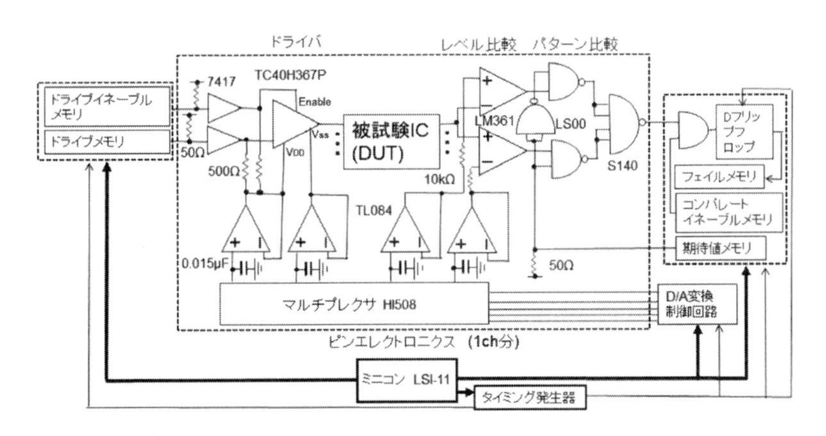

(b) 機能試験テスタ

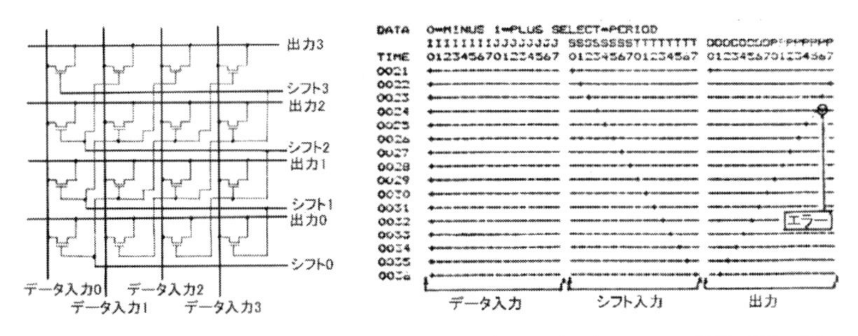

(c) バレルシフタの回路（実際は16ビットを4ビットで説明）と、その機能試験の例

図 1.2.16　IC試験装置とそれによるバレルシフタICのテスト

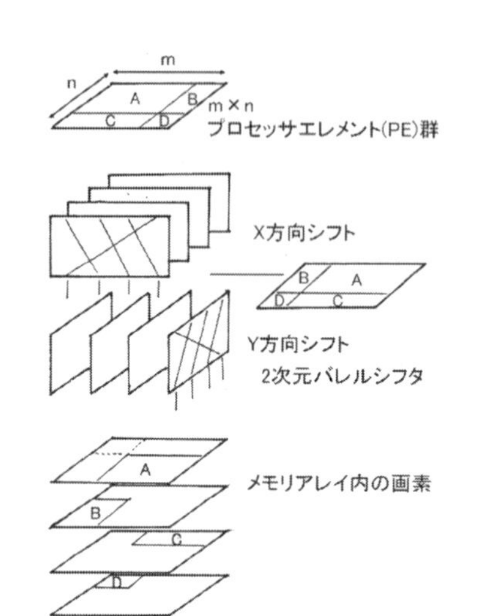

(a) 並列画像処理装置の原理（実際は 16 ビットを 4 ビットで説明）（左）と写真（右）

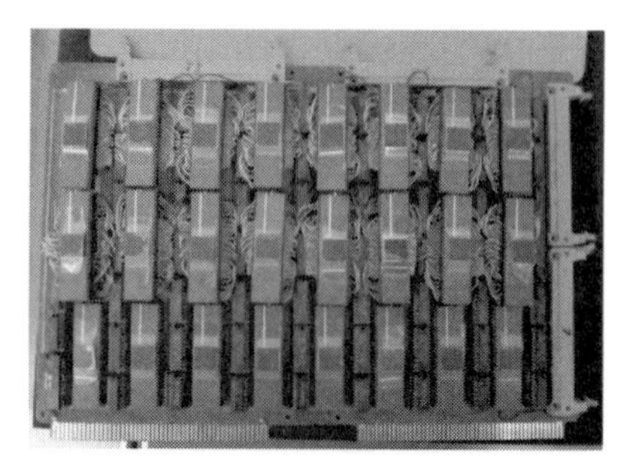

(b) バレルシフタ IC（左）とそれを用いた 2 次元バレルシフタのボード（右）

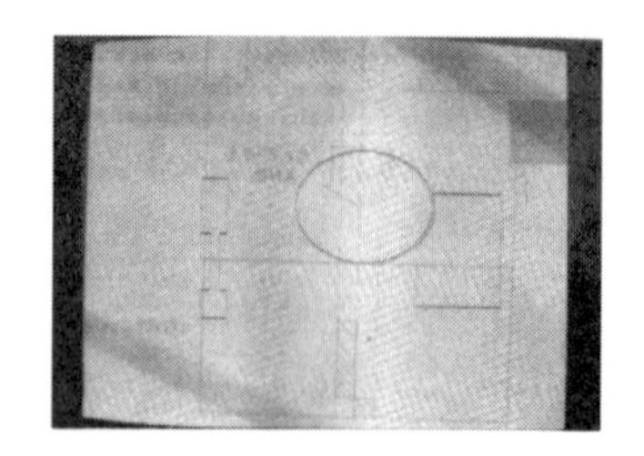

(c) 並列画像処理による輪郭抽出の例

図 1.2.17　製作したバレルシフタ IC を用いた並列画像処理装置

並列画像処理装置のために製作したバレルシフタICの回路（実際は16ビットを4ビットで説明）と機能試験の結果で、テストの結果14番目の出力にエラーがあることがわかります。なおこのICには予備回路が入っていて、故障した部分の代わりにボンディング線を予備回路につなぐことで、故障部を置き換える機能を持たせてあります。このテスタを自作することで、ディジタル回路を勉強できたことは、大変貴重な経験でした。この装置の製作では大友雅彦技官に手伝っていただきました。

図1.2.17には製作したバレルシフタICを用いた並列画像処理装置（兼LSIパターン設計用ワークステーション）を示してあります[15)]。同図(a)はその原理であり、プロセッサエレメント（PE）をm×n個2次元アレイ状に並べたプロセッサエレメント（PE）群に、メモリアレイ内の画素群を2次元バレルシフタで配列しなおして接続することで、高速処理を行うものです[16)]。図では4ビットの例を示しますが、実際には同図(b)左に示す16ビットのバレルシフタICを配列してあり、このバレルシフタを並べた2次元バレルシフタのボード写真を同図(b)右に示しました。画像を入れるメモリアレイに、当時は64kBのダイナミックランダムアクセスメモリ(DRAM）を使用しました。この並列画像処理装置は、同図(a)右の写真にあるようにミニコンLSI-11の外付けインターフェースに接続して使用します。同図(c)はこの並列画像処理による輪郭抽出の例です。

当時は上智大学の庄野克房教授や豊橋技術科学大学の中村哲朗教授も、実際に試作する集積回路教育を行っていました。研究室では毎年4月に工学部の新4年生が来ると、前期はシミュレーションやレイアウトの設計を行い、10月からの後期はICの試作とテストをして、ICを設計から試作・テストまで通して経験してもらいました。図1.2.18に試作したICの例を紹介しますが、(a）はビットシリアル並列画像処理IC（8プロセッサ分）で、詳細は本誌「3.2.3おわりに」で説明しますが、図1.2.15に表紙を載せた「半導体集積回路設計の基礎」の本に詳しく紹介してあります[13)]。図1.2.18(b)は体内埋込テレメータに使用する4種類のCMOS ICです[17)]。体内に埋め込んだ複数のセンサから特定のセンサの情報を体外

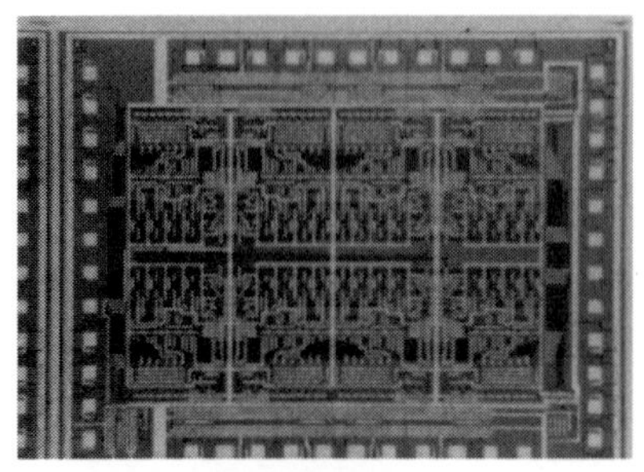

(a) ビットシリアル並列画像処理用 ED 型 nMOS IC

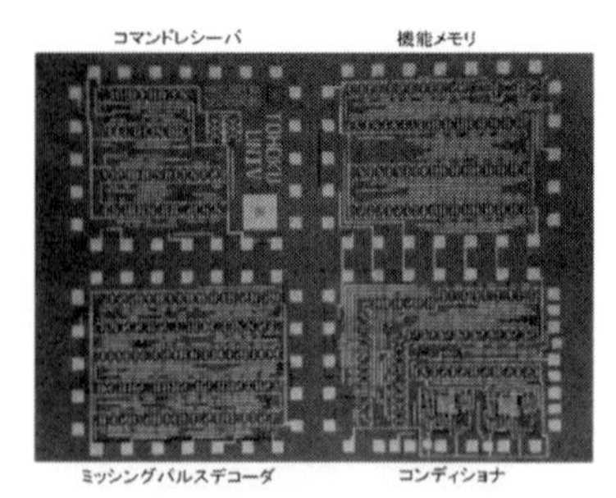

(b) 体内埋込テレメータ用 CMOS IC

(c) 多値論理 IC

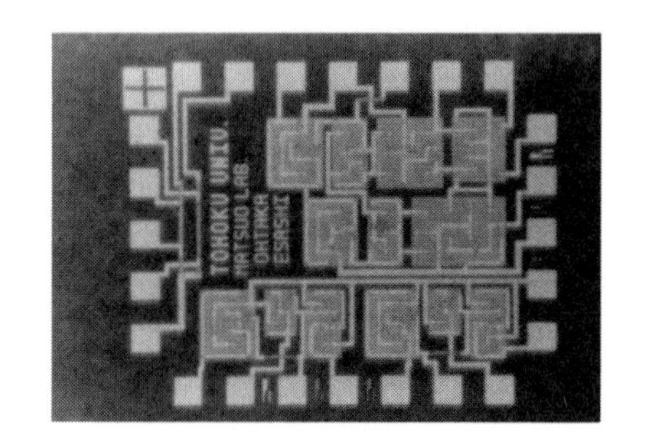

(d) 高温用 SOS 演算増幅器 IC

図 1.2.18　試作 IC の例

に無線で取り出したりする機能があります。この他、別の研究室に IC を提供してきましたが、同図(c)は樋口龍雄研究室の亀山充隆氏や羽生貴弘氏が設計した多値論理 IC です [18)]。また当時東北大学では地熱開発のプロジェクトがあり、温度が高い地下の深い所で使える電子機器が求められていたので、同図(d)に示す 300℃まで働く高温用演算増幅器（オペアンプ）の IC を研究室の学生だった大高章二氏が開発してくれました [19)]。これはサファイア基板の上に Si を気相成長させた Silicon On Sapphire（SOS）と呼ばれるウェハを使用しました。これではサファイア上で絶縁分離ができ、pn 接合分離を用いる必要が無いため高温でのリーク電流が問題になりません。

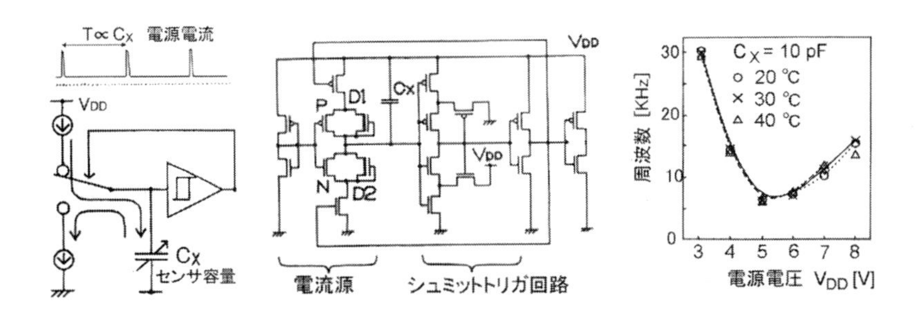

(a) 動作原理　　(b) 容量検出回路　　(c) 温度や電源電圧と周波数の関係

図1.2.19　集積化容量型圧力センサ（図1.1.2）用の容量検出回路

自作したICを入れた集積化容量型圧力センサを図1.1.2で紹介しましたが、それに用いたICの回路を図1.2.19で説明します[20]。同図(a)は動作原理であり、センサの静電容量Cxを定電流源で充電し、それがある閾値電圧を越えるとシュミットトリガ回路でスイッチを切り替え、定電流源で放電させます。静電容量が大きいと、この充放電に時間がかかるため発振周波数が低くなります。この周波数は上のように電源電流の変化で検出することができるため出力端子は不要です。(b)に示す回路で左側の定電流源にはPとNによるCMOS用FETの他にディプリーション型nMOSFETのD1とD2が接続されています。回路シミュレータを用いて設計し、同図(c)に示すように周波数が温度に対して安定なだけでなく、5Vの電源電圧で使用すると電源電圧の変動にも影響されないようにしました。

この他ICやセンサを一体化したもの[21]、多関節ロボットとして動く能動カテーテルのアクチュエータを共通バスに付けたICで動かすもの[22]、ICテスト用のプローブの先端に高入力インピーダンスのICを集積化し、信号源抵抗が高い回路でも忠実に波形を読み取れるようにしたIC化プロービングヘッド[23]なども製作しました、

安全なロボットとして介護ロボットのように人間のそばで使う目的で、1990年に共通2線式触覚センサネットワークを開発しました。これは図1.2.20(a)に示すように共通の2本の線に複数のIC付触覚センサを付けて

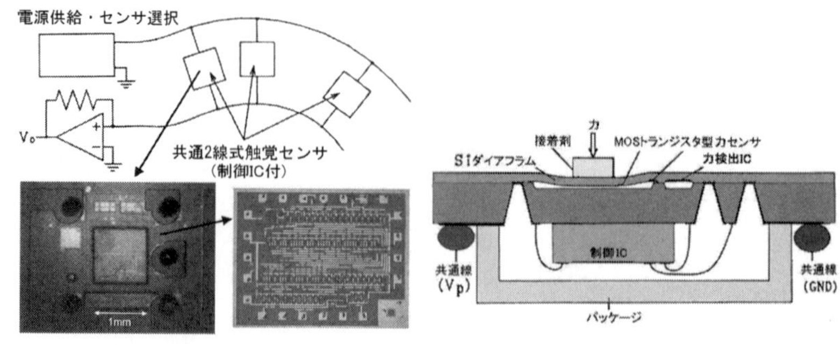

(a) 共通 2 線式触覚センサと制御 IC (右下)　(b) 力検出 IC・制御 IC と共通線の組立

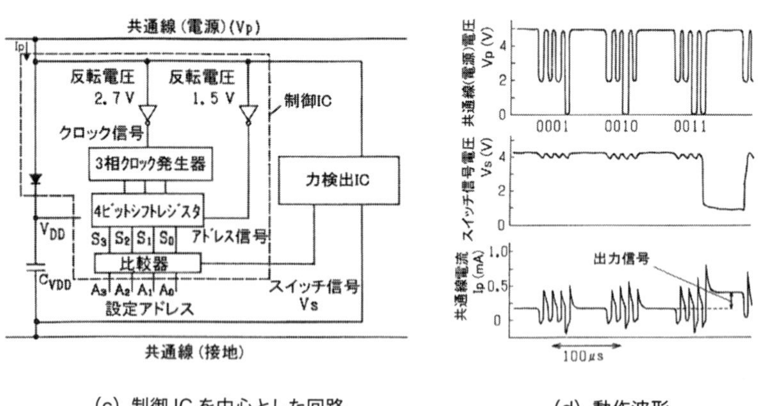

(c) 制御 IC を中心とした回路　(d) 動作波形

図 1.2.20　共通 2 線式触覚センサネットワーク

ロボットの体表に分布させ、接触を検知して危険を回避しようとするものです[24)][25)]。同図(b)には力検出 IC・制御 IC と共通線を組み立てた構造を示してあります。同図(c)は制御 IC の回路であり、(d)はその動作波形です。2 本の共通線は電源と接地だけでなく、電源電圧をアドレス信号で変調することによって特定の制御 IC 付触覚センサを選択する働きをします。選択されたセンサが触覚情報に対応した電流を共通線に流すことによって、その場所の触覚を検知することができます。しかしこのやり方は共通線につながるセンサを順次選択するポーリングと呼ばれる方式で、リアルタイムでは無いので、接触の危険を回避する目的には適切ではありません。これは研究室ではチップに1,000トランジスタ以下の集積回路しか実現できなかった限界によるものです。これを開発した1990年頃は4Mビット DRAMが使われている時代で、市販のICではチップ上に400万個ほどのトランジスタが搭載されており、我々の研究室の4,000倍程の集積度でした（現在2023年にはチップ上に1000億（10^{11}）個ほどのトランジスタが載っており[26]、我々のICの1,000万倍ほどにあたります）。このためその後2009年以降は、台湾のTSMCなどのファウンドリに乗り合いウェハを発注して製作してもらうことにしました。1.2.5で説明するように（図1.2.36）、これを用い35MHzのパケット通信によって、リアルタイムに接触を検知する触覚センサネットワークを開発することができました。

1.2.4　教授時代前期（1990年－）微小電気機械システム（MEMS）の研究開発と産業支援

1990年に電気系から機械・知能系に移籍して教授となり、微小電気機械システム（MEMS）の研究開発と産業支援に力を入れるようにしました。学生時代に製作した20mm角Siウェハの試作設備や関連施設を移転して整備し直しました[27]。多くの研究室が来てこの施設を利用しましたが、その機械・知能系共同棟クリーンルームの写真とレイアウトを図1.2.21と図1.2.22に示します。

助手時代に一緒に微細加工共同実験室（マイクロ加工室）（図1.2.6、図1.2.7参照）を運営してきた新妻弘明氏も、教授として機械・知能系の資源工学科に移っていたので、マイクロ加工室も運営のノーハウと共に機械・知能系に移して共同利用してもらえるようにしました。1997年に全国のいくつかの大学に「ベンチャー・ビジネス・ラボラトリー（VBL）」が設置されたとき、東北大学ではセンサ・マイクロマシンをテーマに掲げ、江刺が責任者をさせて頂くことになり、センター長としてその共同利用機能を発展させました[28]。この施設は現在「マイクロ・ナノマシニング研究教育センター（マイクロ・ナノセンター）（MNC）」と呼ばれています。図

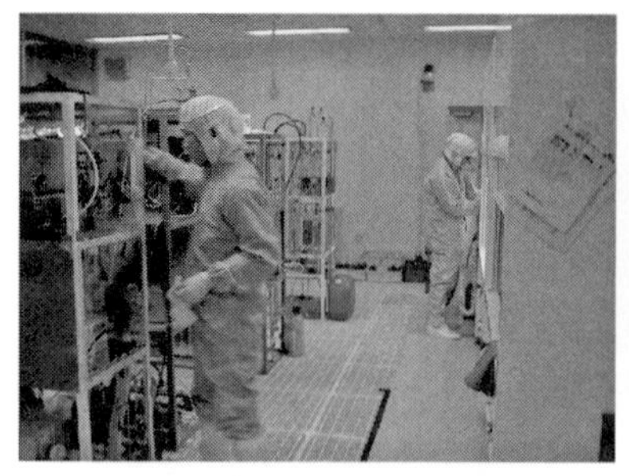

(a) クリーンルーム全体

(b) 酸化・拡散炉

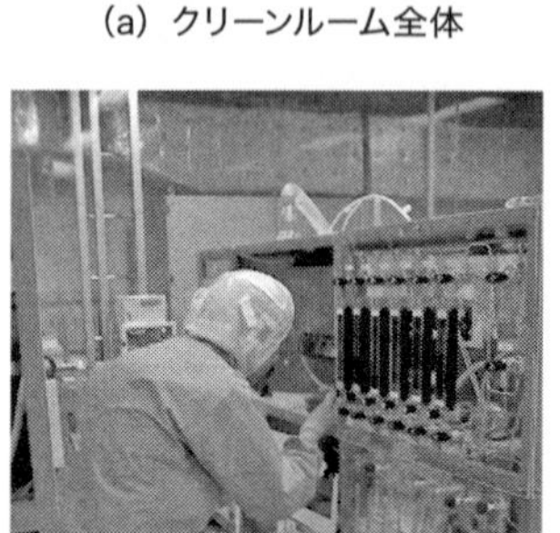

(c) Si_3N_4、SiO_2 用（上）および poly Si 用（下）常圧 CVD 炉

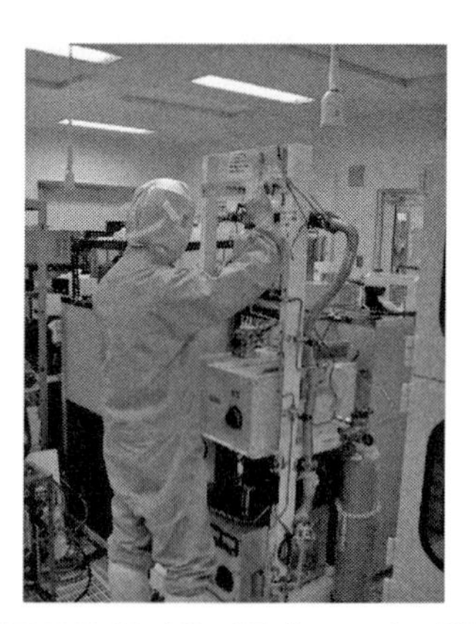

(d) プラズマエッチング装置

図 1.2.21　機械・知能系共同棟クリーンルーム（20mm 角 Si ウェハプロセス装置）

1.2.23(a)はマイクロマシニング棟と呼ぶ建物の写真ですが、その手前にはナノマシニング棟があります。同図(b)は3階建てのマイクロマシニング棟の断面図です。総床面積は2,000m^2、1階は面積600m^{2}のクリーンルームで、小柳光正教授が中心となり5cm径のSiウェハに集積回路を試作できるようにしました（同図(c)(d)(e)）。2階は分析・計測関係や共同利用実験室で、同図(f)の2次イオン質量分析装置（SIMS）などが設置されています。図1.1.24にはレイアウトを示してあり、(a)は1階、(b)は2階で、(c)の3階には共同研究室（居室）やセミナー室、コンピュータ室や

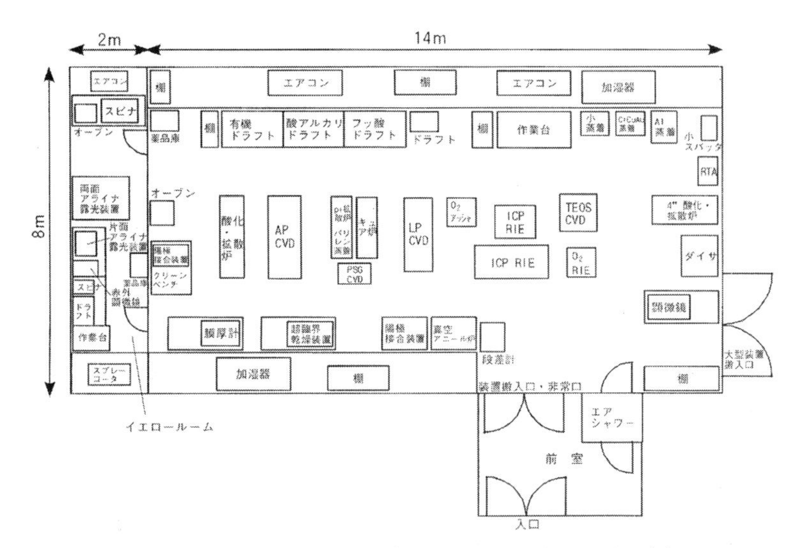

図 1.2.22　機械・知能系共同棟クリーンルームのレイアウト

MEMSサンプルの展示資料室などがあります。なおこの展示資料室は、1.2.5で述べる2009年からの教授時代後期に、「西澤潤一記念研究センター」の設置に伴いそちらに移設しました。

図1.2.25は別棟のナノマイクロマシニング棟のレイアウトと、マスクパターン作成用のパターンジェネレータ（兼ステッパ）です。ここでは電子ビーム（EB）露光や投影露光装置がある他、走査型トンネル顕微鏡（STM）や原子間力顕微鏡（AFM）などで極微細なナノマシニングができるようにしてあり、小野崇人助教授（現在教授）らのグループが中心になって運営しました。

1998年に「未来科学技術共同研究センター（New Industry Creation Hatchery Center（NICHe)」という産業創出・支援を目的とした組織が東北大学に生まれ、要請されて7年間所属して、工学研究科を兼務しました。2005年にNICHeから工学研究科に戻りましたが、「ベンチャー・ビジネス・ラボラトリー（VBL)」を改組して大学院工学研究科付属「マイク

(a) マイクロマシニング棟（奥）と
ナノマシニング棟（手前）

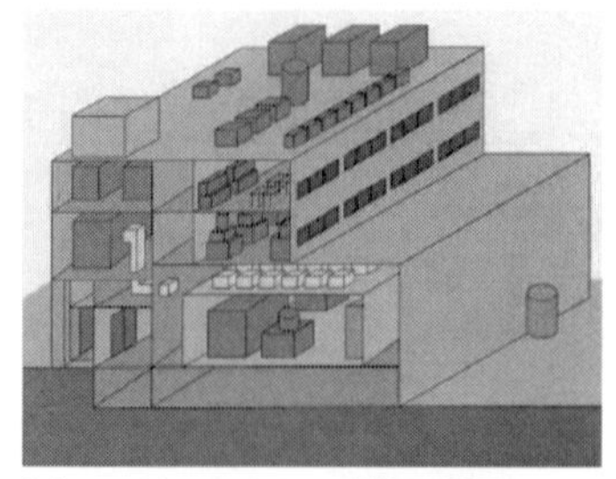

(b) マイクロマシニング棟の断面

(c) 5 cm 径 Si ウェハプロセス用クリーンルーム

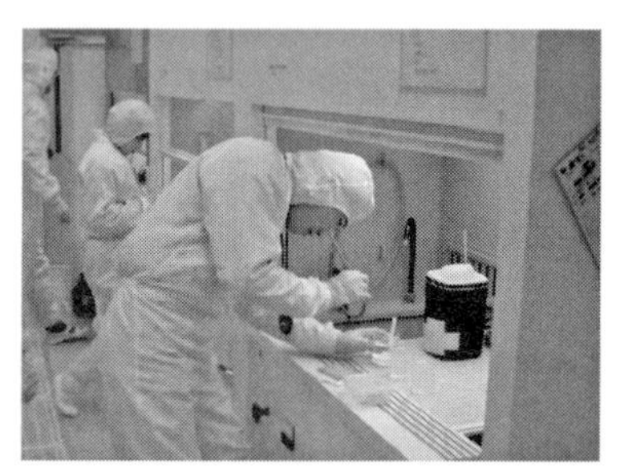

(d) 洗浄・エッチング工程

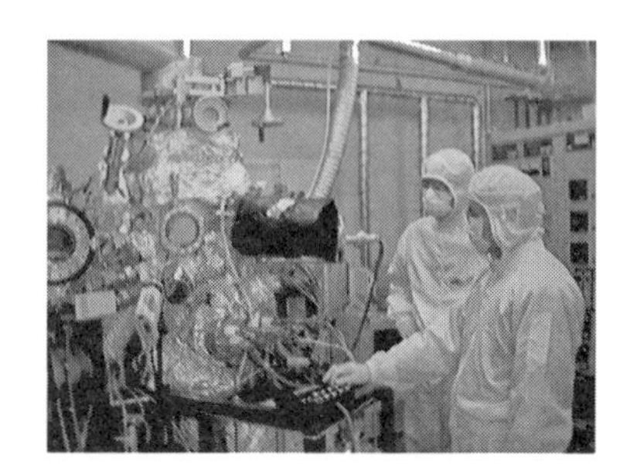

(e) 高周波スパッタ装置

(f) 2 次イオン質量分析装置（SIMS）

図 1.2.23　ベンチャー・ビジネス・ラボラトリー（VBL）のマイクロマシニング棟

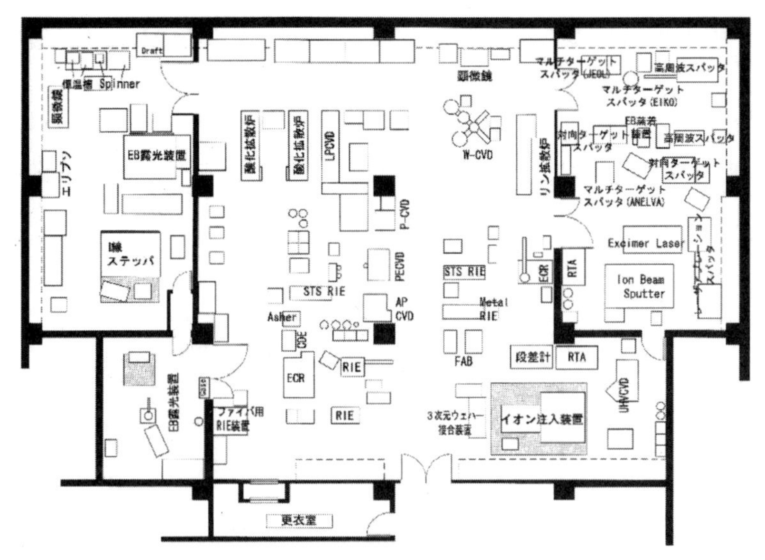

(a) 1階のクリーンルーム

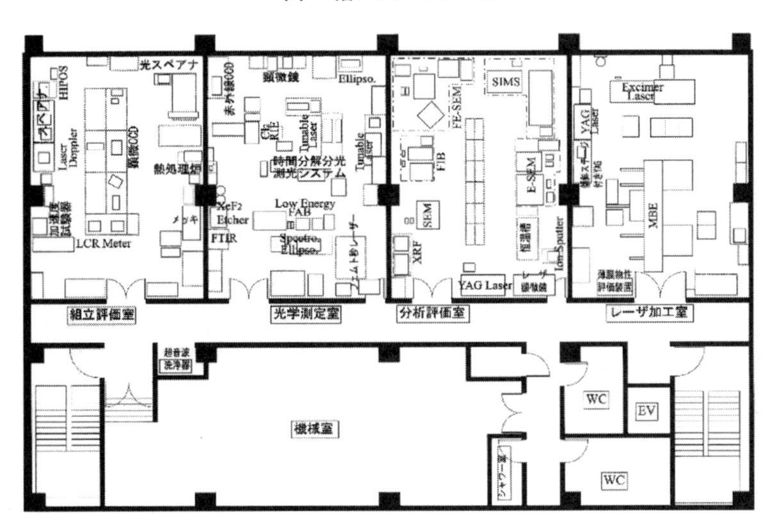

(b) 2階の実験室

図1.2.24　マイクロマシニング棟のレイアウト

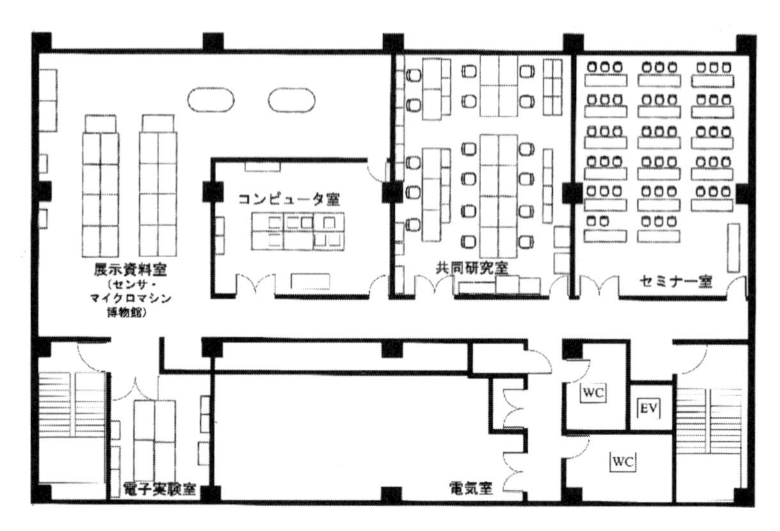

(c) 3 階の共同研究室や展示資料室など

図 1.2.24　マイクロマシニング棟のレイアウト

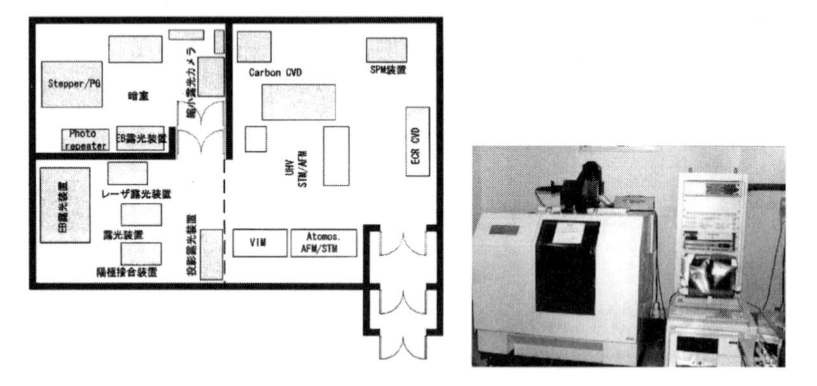

図 1.2.25　ナノマイクロマシニング棟のレイアウト（左）とステッパ / パターンジェネレータ（右）

ロ・ナノマシニング研究教育センター（MNC)」とすることになり、そのセンター長を2年間務めました。その後2007年にできた「原子分子材料科学高等研究機構（World Premier International Research Center Initiative-Advanced Institute for Materials Research（WPI-AIMR)」への移動を要請され、2017年までの10年間所属しました。この間2014年の定年退職時までは、工学研究科機械系を兼務し研究室を運営していました。

図1.2.26は教授時代前期に受託研究員を派遣していた会社（平均2年で合計130社、毎年10社程）のリストです。外国からも10程の機関から研究員が来てました。なお年代別にした学生や職員、外国からの研究員などのリストも同様の図にしてあります。会社がニーズを持って社員を派遣し、社員が学びながら自分で製品開発を行うやり方は、研究室の学生がモチベーションを持って成長するのに大変役に立ちました。専門が異なる人たちが来て互いに教え合い、また外国からの研究員なども受け入れていたので、皆が広い視野でネットワークを形成するのにつながりました。研究室には4つのグループがありましたが、毎週土曜に研究室全体で「談話会」と呼ぶ会を行ってそれぞれのグループから発表してもらいました。それ以外に週1回夜に「相談会」という各グループでの会を2グループ分行いました（図1.2.27)。これには職員は参加しており、活発に情報交換を行って広く知識を共有できたと思います。

競合する会社も研究室のテーマについてはオープンに発表し合って情報を共有し、またその中で生じた将来の基盤となる研究は学生が担いました。毎年1社300万円の受託研究費を出してくれたので、公的資金が無くても進めることができました。受託研究員を派遣していた会社との特許の扱いについては、「2.1 産業化と産業支援」の最後に述べますが、産業化につながる方向で考えました。

図1.2.28の左は日本経済新聞社が2003年に主要な企業にアンケートをとった結果で、江刺研究室は「最も頼りになる研究室」と評価を頂きました。上で述べてきたような研究室のやり方を本にしてほしいとの要望があり、同図右にある『検証 東北大学・江刺研究室 最強の秘密』彩流社

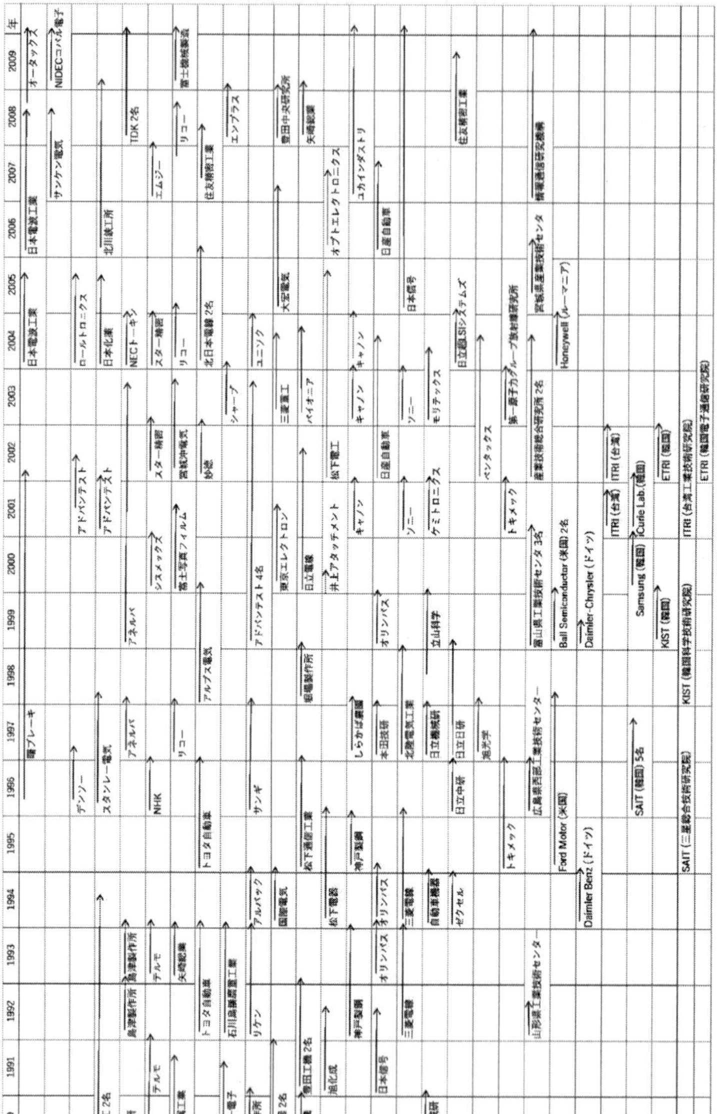

1990 1991 1992 1993 1994 1995 1996 1997 1998 1999 2000 2001 2002 2003 2004 2005 2006 2007 2008 2009 年

曙ブレーキ　日本電波工業　日本電波工業　オータックス
サンケン電気　NIDECコパル電子
デンソー　アドバンテスト　ロールトロニクス
三菱重工 2名　スタンレー電気　アドバンテスト　日本化薬　北川鉄工所
豊田中研　島津製作所　島津製作所　アネルバ　アネルバ　NECトーキン　TDK 2名
テルモ　テルモ　NHK　シスメックス　スター精密　スター精密　エムジー
住友金属工業　矢崎総業　リコー　富士写真フィルム　宮城沖電気　リコー　リコー　富士機械製造
トヨタ自動車　トヨタ自動車　アルプス電気　妙徳　北日本電線 2名　住友精密工業
セイコー電子　石川島播磨重工業　シャープ　エンプラス
村田製作所　リケン　アルバック　サンギ　アドバンテスト 4名　ユニソク
長野計器 2名　国際電気　東京エレクトロン　三菱重工　大宏電気　豊田中央研究所
豊田工機　豊田工機 2名　松下通信工業　堀場製作所　日立電線　パイオニア　矢崎総業
旭化成　松下電器　井上アタッチメント　松下電工　オプトエレクトロニクス
神戸製鋼　神戸製鋼　しらかば農園　キャノン　キャノン　キャノン　ユカインダストリ
日本信号　オリンパス　オリンパス　本田技研　オリンパス　日産自動車　日産自動車
三菱電線　三菱電線　北陸電気工業　ソニー　ソニー　日本信号
日立機械研　自動車機器　日立機械研　立山科学　ケミトロニクス　モリテックス
ゼクセル　日立中研　日立日研　日立超LSIシステムズ　住友精密工業
旭光学　ペンタックス
トキメック　トキメック　第一原子力グループ放射線研究所
山形県工業技術センター　広島県西部工業技術センター　富山県工業技術センタ 3名　産業技術総合研究所 2名　宮城県産業技術センタ　情報通信研究機構
Ford Motor (米国)　Ball Semiconductor (米国) 2名　Honeywell (ルーマニア)
Daimler Benz (ドイツ)　Daimler-Chrysler (ドイツ)
ITRI (台湾)　ITRI (台湾)
SAIT (韓国) 5名　Samsung (韓国)　iCurie Lab. (韓国)
KIST (韓国)　ETRI (韓国)

SAIT (三星総合技術研究院)　KIST (韓国科学技術研究院)　ITRI (台湾工業技術研究院)
ETRI (韓国電子通信研究院)

図 1.2.26　教授時代前期に受託研究員を派遣していた会社

図 1.2.27　相談会の様子

日経産業新聞　2003年(平成15年)12月12日(金曜日)

江刺研究室(東北大)評価1位

産学連携特別調査

日刊産業新聞の「産学連携特別調査」は企業が高く評価している大学の研究室についても聞いた。有効回答五十一社のうち、最も多くの企業から支持を得たのは東北大学の江刺研究室（江刺正喜教授）だった。このほか大阪大学の川合研究室（川合知二教授）、立命館大学の杉山研究室（杉山進教授）など産学連携の実績がある研究室が名を連ねた。同調査は大学と企業の連携が予想以上に進んでいることも浮き彫りにした。（1面参照）

江刺研究室はソニーやキヤノンなど大手企業からの共同研究員を積極的に受け入れている。「大学の研究成果を直接企業の現場で活用できるようにして、ビジネスに結び付けてもらう」（江刺教授）という姿勢が高い評価を受けた。

江刺教授は微小電子機械システム（MEMS）研究の草分け。「最先端の技術を応用分野まで幅広く研究していることが企業にとって魅力的」（大手電機メーカー）との声が多かった。MEMS技術は小型燃料電池やDNA（デオキシリボ核酸）チップ、光通信用スイッチなど応用範囲が広いだけに、幅広い業種の企業から「頼れる存在」になっているようだ。

二位は阪大の川合教授（産業科学ナノテクノロジーセンター長）。超微細技術（ナノテク）とバイオ技術を融合したナ [illegible]

江刺正喜教授の研究室はMEMS研究の草分け（東北大学）

企業の96%、大

ナノテ

研究テーマ

大学のナノテクノロジー（超微細技術）研究に企業が注目―。[illegible]

企業が期待や関心を抱く「21世紀COEプログラム」の研究テーマ

	研究プログラム名	大学名	企業数
1	物質機能の科学的解明とナノ工学の創出	大阪大	28
2	ナノテクノロジー基盤機械科学フロンティア	東北大	24
3	情報社会を担うマイクロナノメカトロニクス	名古屋大	20
4	グリーンエネルギー革命による環境再生	長岡技術科学大	14
5	微生物機能の戦略的活用による生産基盤拠点	京都大	12
	こころを解明する感性科学の推進	筑波大	11
	ものづくり経営研究センター	東京大	11

図 1.2.28　江刺研究室が企業による評価 1 位（左）、著書「検証 東北大学・江刺研究室 最強の秘密」（2009）（右）

(2009)（191 頁）を、本間孝治氏や出川通氏と共著で出版しました [29)]。

研究成果については 1.3 で整理して紹介しますが、その項目順に教授前期の時の主なものを図 1.2.29 にあげてみました。

同図 (a) は外径 125μm の極細光ファイバ圧力センサです [30) 31)]。光ファイバ先端に取り付けたミラー付きのダイアフラムが圧力で変形し、そのミラーの反射光と光ファイバ端面にあるハーフミラーの反射光が干渉します。同図右は血管内の血圧変化によって干渉スペクトルが波長方向にシフトする様子を示してありますが、この波長方向シフトを用いると光ファイバの曲がりによる反射光強度の変化に影響されません。現在は医工学研究科の芳賀洋一教授らが㈱メムザスでこのセンサの実用化を進めています。

同図(b)は4mm角で厚さ7μmの薄いSiダイアフラムを用いた容量型真空センサで、内部にある高真空の基準圧室には非蒸発型ゲッタを入れてあります[32)]。これはSiをガラスに陽極接合して封止するときに、ガラスが分解して発生するO_2ガスを吸収するためです。この真空センサは同図の右にあるようにキャノンアネルバ㈱から製品化されており、0.3Paの分解能で真空度を測定できます[33)]。大亜真空㈱からも同様に製品化されていますが、この技術ははじめは他社が関わって開発したものです。このような形で技術が有効利用されるようにしてきました。

同図(c)は手の平に載る大きさの小形ガスタービン発電機で、料理などに使う小形ボンベ入りのガスを燃焼させ、タービンが高速回転（毎分87万回）して発電するようにしたものです[34) 35)]。この場合直径17mmのタービンの外周速度は470m/sと音速より速く、発生する音は人に聞こえなくなるため可聴音の騒音は無く静かです。これを電池で動かす電動車椅子に取り付け、建物外ではこれで発電し電池切れを無くして遠くまで行けるようにします。これは研究室の田中秀治講師（現在教授）を中心に開発したもので、共同研究した㈱IHIから米国企業へ技術移転し利用されています。

同図(d)のナノマシニングの例を紹介します。極端に小さな構造のナノマシニングによって、高感度なセンサなどを実現する研究は小野崇人助教授を中心に行ってきました。同図のものは研究室から独立し教授として行った研究です。高周波コイルで励起した試料内の電子スピン共鳴（ESR）により、プローブの共振周波数が磁気で変化するのを、光ファイバで光学的に検出するものです。厚さ100nm、幅160nm、長さ32μmの単結晶Si片持ち梁の先に、直径3.5μmのNi-Fe-Bによる永久磁石を付けたプローブを用い、PVBPT（Poly-10-(4-vinylbenzyl)-10H-phenothiazine）の試料を3次元方向に50μmスキャンすることで同図右のような粒子の

ESR断層像を撮ることができます[36) 37)]。「3.10 生体計測」の図3.10.17で紹介する磁気共鳴イメージング（MRI）の場合は、人の断層像を撮るのに核磁気共鳴（NMR）を用いるのに対し、この場合は電子スピン共鳴（ESR）を用いることで細胞程度の大きさでの断層像が得られます。

同図(e)は、貫通配線の付いた低温焼成セラミックス（LTCC）ウェハです[38) 39)]。ウェハを張り合わせてダイシングしパッケージングされた状態に製作する、ウェハレベルパッケージング（WLP）を図1.1.2で紹介しましたが、これに用いるものです。このLTCCウェハをSiウェハに重ねて、400℃ほどでLTCCに数100Vの負電圧を印加すると、Siとの界面で陽極接合することができます。これはニッコー㈱と共同で開発し製品化したもので、Siと熱膨張を合わせたLTCCを用い、図に示すような工程で製作します。これでは焼成前のグリーンシートに穴開けしてAuペーストを埋め、貫通配線を形成したものを重ねて焼成します。この時に別のものに貼り合わせて焼成することで、厚さ方向にだけ縮んで横方向には縮まないようにしています。グリーンシート上に横方向の配線を形成したものを張り合わせますが、これは貫通配線が縮んで隙間ができても横の配線部分で封止できるようにするためです。

同図(f)は深い反応性イオンエッチング装置（Deep RIE）と、右はそれでSiウェハを貫通エッチングして製作した振動ジャイロ用ウェハです[40) 41)]。この開発ではSiウェハを垂直に深くエッチングする装置（f左と中）を製作しました。これは基板を液体窒素で冷却し、磁界により高密度化した反応性のF^+イオンでエッチングするものです。基板に高周波電圧を印加し、発生した自己バイアス電圧でF^+イオンを照射します。その後エッチング用と側壁保護用のガスを交互に用いる優れたDeep RIE装置が、ドイツのロバート・ボッシュ社で開発され、住友精密工業㈱から市販されて広く使われています。研究室では必要な装置は市販されてなくても自分たちで作りました。このような装置を用い振動ジャイロを製作しましたが、トヨタ自動車㈱からの受託研究員は会社に戻ってから図1.1.3で紹介した自動車のスピンや横滑りを検出するヨーレート・加速度センサを

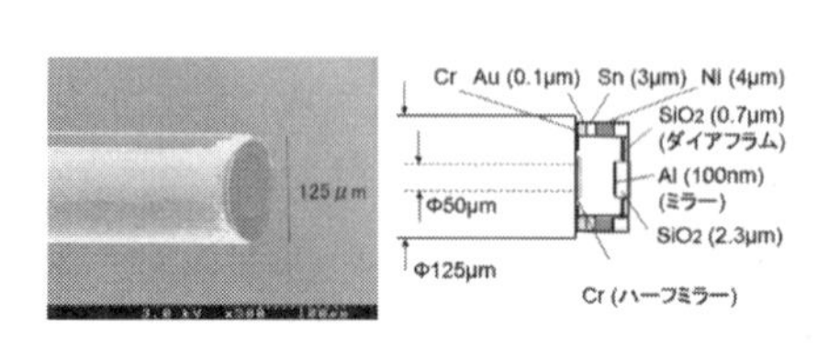

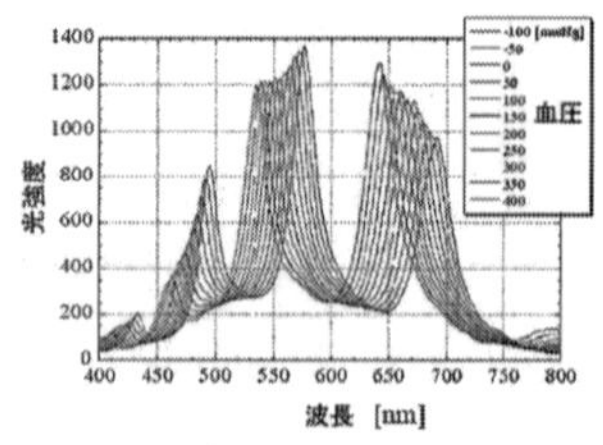

(a) 極細光ファイバ圧力センサ

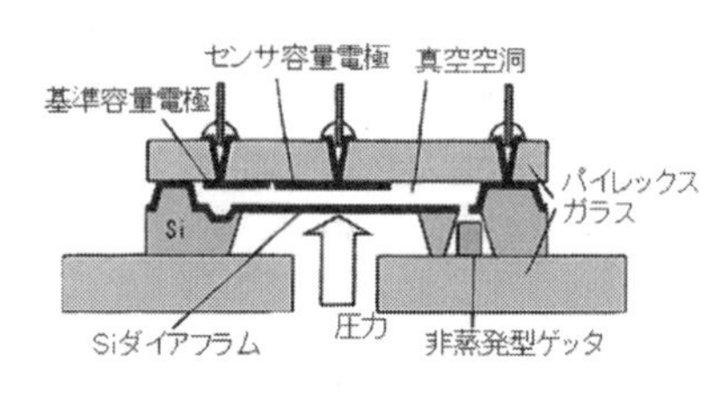

(b) 容量型真空センサ

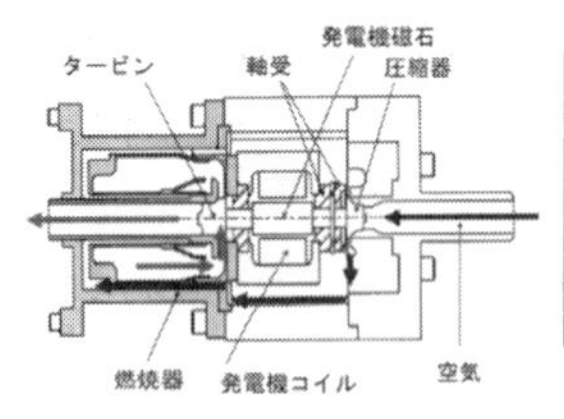

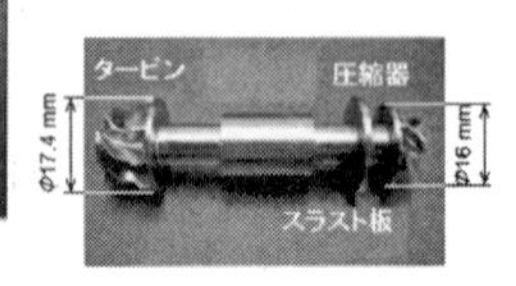

(c) 小形ガスタービン発電機

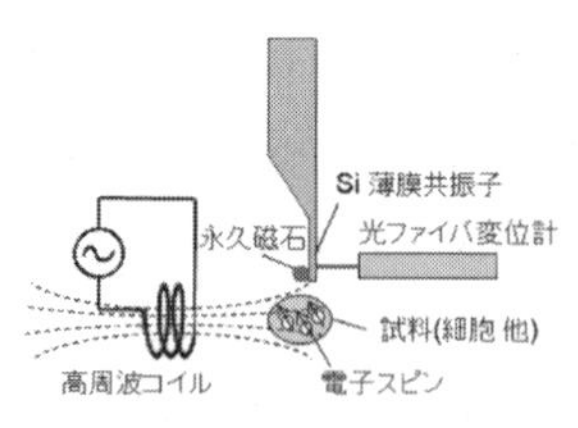

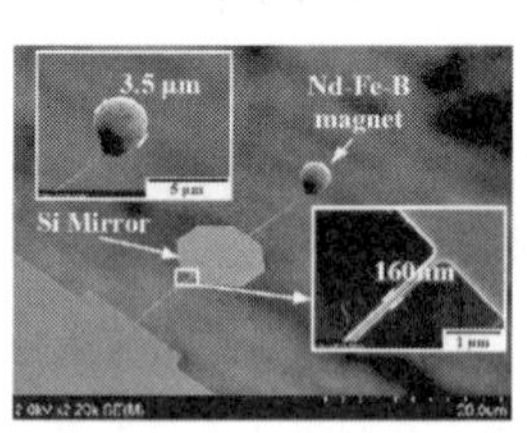

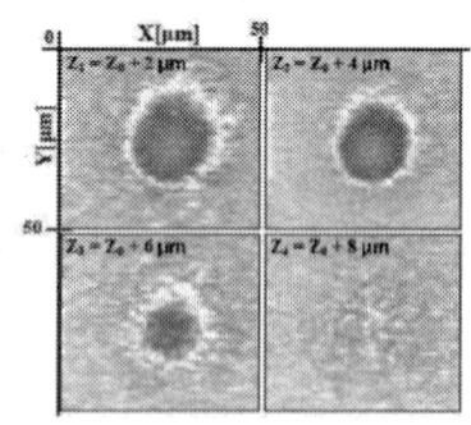

(d) 磁気共鳴イメージングによる細胞の断層像

図 1.2.29 教授時代前期で開発した MEMS と材料や装置

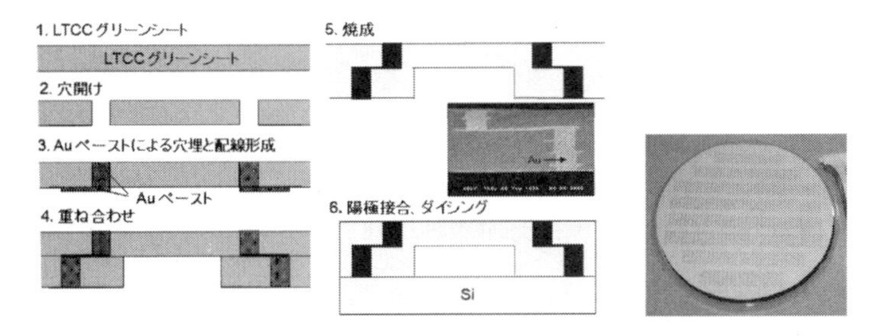

(e) ウェハレベルパッケージング用の貫通配線付低温焼成セラミックス（LTCC）

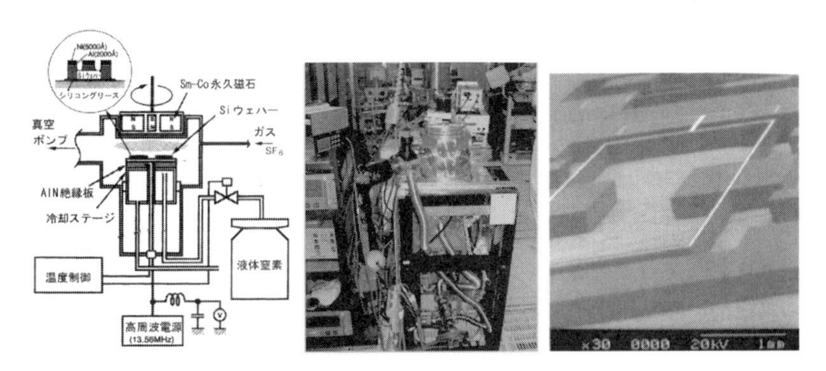

(f) 深い反応性イオンエッチング装置（Deep RIE）と、それでSiウェハを貫通エッチングした振動ジャイロ用ウェハ（右）

図1.2.29　教授時代前期で開発したMEMSと材料や装置

Deep RIEを用いて実用化し、100万台以上の自動車に使用してきました。

会社からの受託研究員が開発に成功したものや研究室から技術移転したものでも、製品化できなかったものがあります。具体例では、ハードディスクに代わる記憶装置や関連部品を開発しても、3DNANDフラッシュメモリの急速な進歩に追い越されてしまい、製品化できませんでした。後日このような製造中止や失敗の話をした時の学生のレポートによれば、「安心して失敗を恐れずに、チャレンジする気持ちが生まれそう」と書かれていました。失敗は当然あるものだということを伝えることも、意味があることに気付かせていただきました。

1.2.5　教授時代後期（2009年－）ヘテロ集積化による高密度集積回路（LSI）上のMEMS、マイクロシステム融合研究開発センター（μSIC）の整備

2009年以降、ヘテロ集積化による高密度集積回路（LSI）上のMEMSについて研究し、また「5.大学の産業創出拠点」で取り上げるマイクロシステム融合研究開発センター（μSIC）へとつながる活動を行いました。この頃に経済産業省の研究開発課に依頼されて、産業技術総合研究所（産総研）（AIST）と協力して研究開発を行うことにしました。「2.産業創出の課題と対応」で述べるように、欧州などに比べて日本の場合、大学は文部科学省、また産総研は経済産業省と分かれているため、縦割りで協力し合うことが少なく産業化などに寄与しにくい体制になっています。このため最先端研究開発支援プログラム（FIRST（Funding Program for World-Leading Innovation R&D on Science and Technology））に応募して、2009年より5年間公的資金を使わせてもらい、前田龍太郎氏を中心とする産総研のMEMSグループと共同で研究開発を行うことにしました。これでは、台湾のTSMCなどのファウンドリに外注した乗り合いLSIウェハ上にMEMSを形成する、ヘテロ集積化の研究を行いました[42)]。後で説明する、図1.2.35の「100 × 100アクティブマトリックス電子源」やそれを用いた図3.4.17の「超並列電子ビーム描画装置」、および図1.2.37から図1.2.40で説明する「非常用ワイヤレス通信システム」などはその研究成果です。

このほか2008年から10年間、他の研究室やいくつかの会社と「マイクロシステム融合研究開発拠点」のプログラムを実施しましたが、それも以下で述べるLSIウェハ上にMEMSを形成するヘテロ集積化MEMSです。このプログラムについては「図2.1.2 LSIとMEMSをヘテロ集積化するマイクロシステム融合研究開発拠点」で説明しますが、これにはトヨタ自動車㈱や㈱リコーなどの会社が参加しました。それまで研究評価のパラメータは「研究成果/研究費用」と主張して、公的資金に依存せず会社からの受託研究費を主に使用してきましたが、ファウンドリに高密度LSIを外注

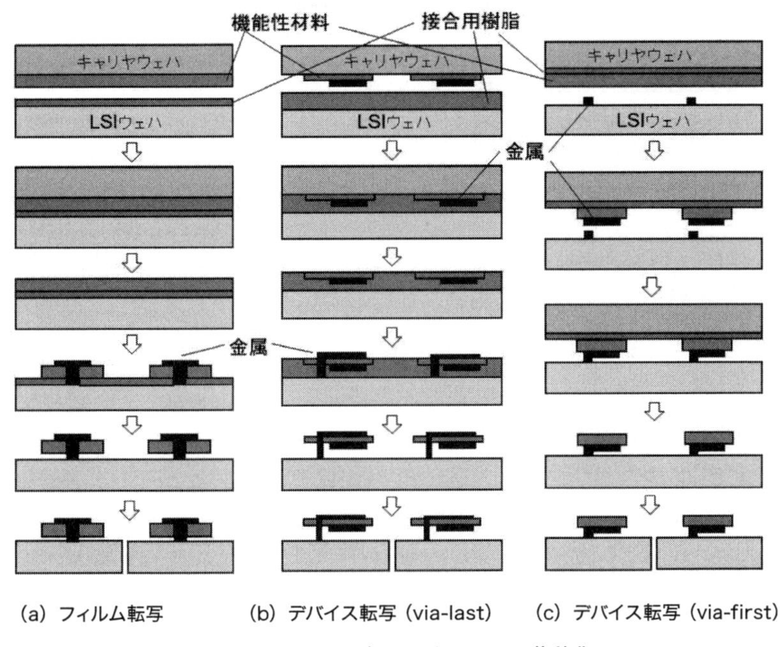

図 1.2.30　ウェハ転写によるヘテロ集積化

するため大きな公的資金の研究費を使うことにしました。

ウェハ状態で樹脂接合によって一括転写する、ヘテロ集積化の工程を図 1.2.30 に 3 種類示します。同図(a)のフィルム転写と、同図(b)と(c)のデバイス転写に分けられます。(a)のフィルム転写ではキャリヤウェハ上の機能性材料の薄膜を、LSI ウェハの表面に樹脂で接合し、キャリヤウェハを除去した後 LSI 上に残るフィルムを用いて MEMS デバイスを形成します。デバイス転写はキャリヤウェハ上に MEMS デバイスを形成し、それを LSI ウェハの表面に位置合わせして接合し転写するものです。この場合に同図(b)の via-last では樹脂接合後キャリヤウェハを除去し、その後に孔（via）を開けて LSI と電気的に接続します。同図(c)の via-first の場合はキャリヤウェハ上に形成した MEMS デバイスに金属端子を付けた後、接合時に LSI ウェハ上の金属バンプに接続し、キャリヤウェハを除去しま

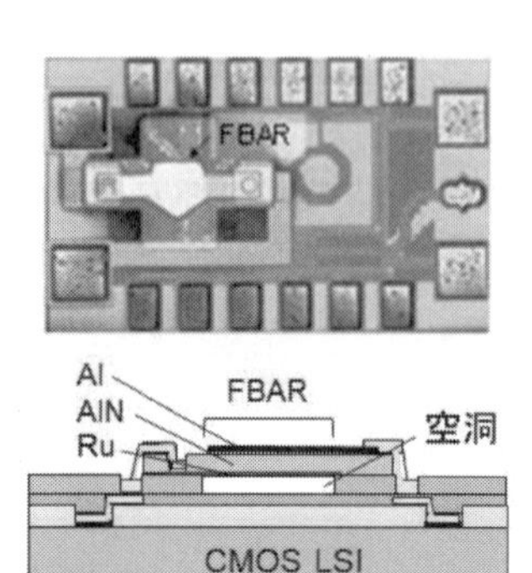

（a）写真と断面構造

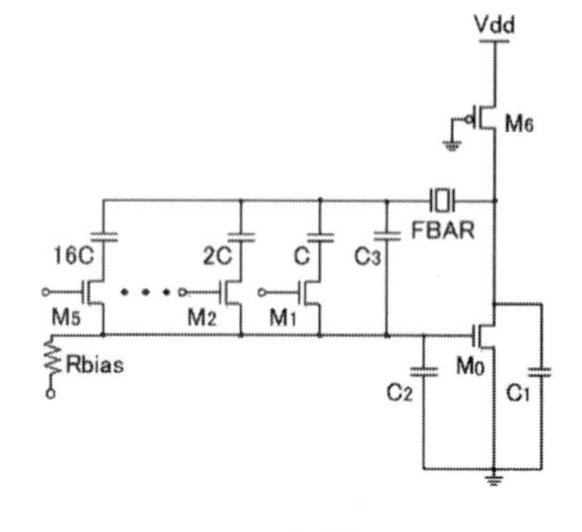

（b）回路

1. SOIウェハおよびCMOS LSIウェハ

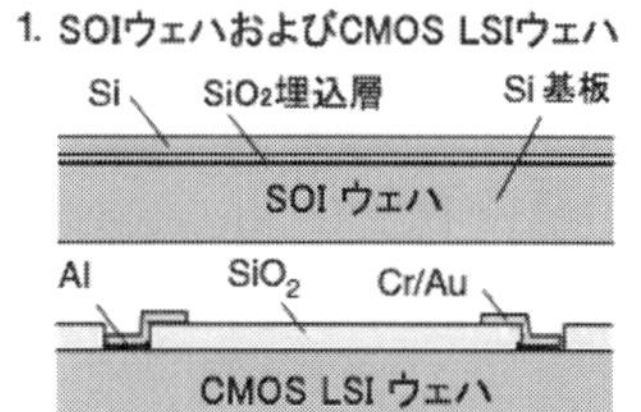

2. 上下反転したSOIウェハをCMOS LSIにBCBで樹脂接合

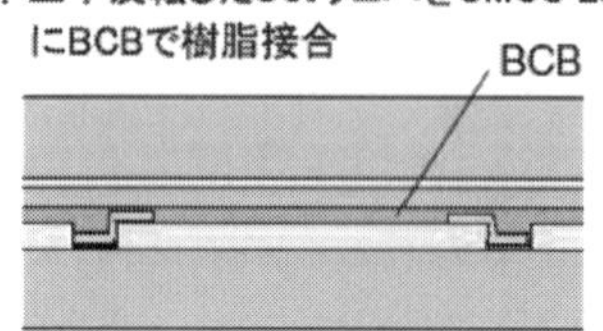

3. Si基板とSiO2埋込層をエッチング

4. RuとAlNを堆積しパターニング

Ru
AlN

5. Alを堆積しパターニング、Cr/Auを堆積しパターニングしてCMOS LSIと接続

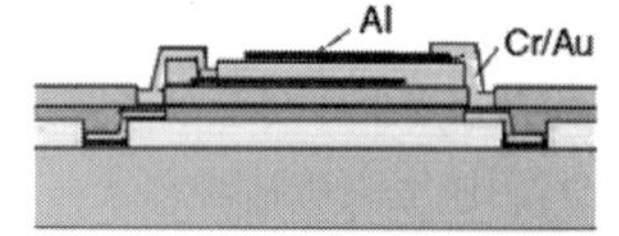

6. パターニングしFBARの下にあるSiをXeF2ガスで エッチングし除去

FBAR
空洞

（c）製作工程

図 1.2.31　フィルム転写による集積化薄膜バルク音響共振子（FBAR）

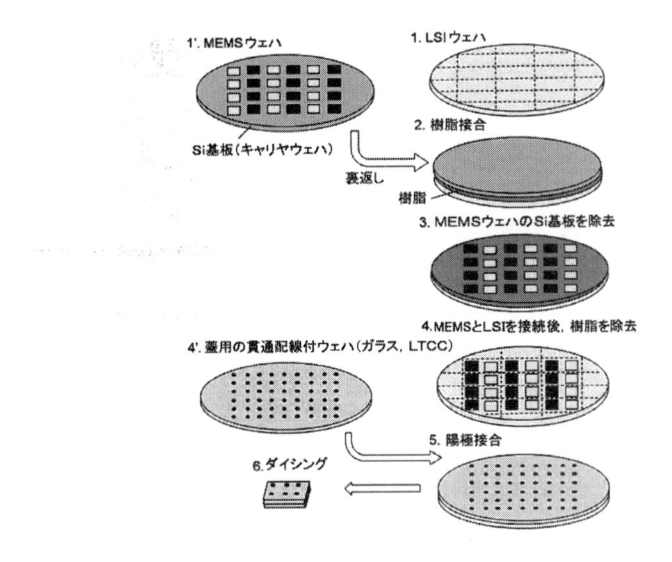

図 1.2.32　デバイス転写によるヘテロ集積化

す。このようにしてウェハ転写でヘテロ集積化した後、必要ならウェハレベルパッケージング（WLP）で蓋をし、ウェハをダイシングしてチップに分割します（図 1.2.32 参照）。

フィルム転写の例を図 1.2.31 に示します。スマートホンのフィルタなどに使われる薄膜バルク音響共振子（FBAR）を図 1.1.5 で説明しましたが、これを集積化 FBAR として CMOS LSI 上に形成しました[43)]。図 1.2.31 (a) はチップの写真と断面構造、(b) は回路で、(c) は製作工程です。Si 基板上の SiO_2 埋込層の上に薄い Si を持つ、SOI（Silicon On Insulator）ウェハを用い (1)、これを下向きにして CMOSLSI ウェハに樹脂（BCB（Benzo-cyclibutene））で接合します (2)。Si 基板と SiO_2 埋込層をエッチングで除去した後 (3)、Ru 電極上に AlN の圧電膜を形成してパターニングを行い (4)、その上に Al 電極を付けた後 Cr/Au で IC 上の Cr/Au と接続します (5)。FBAR 構造の下の Si 薄膜を XeF_2 ガスでエッチングし空洞を形成します (6)。

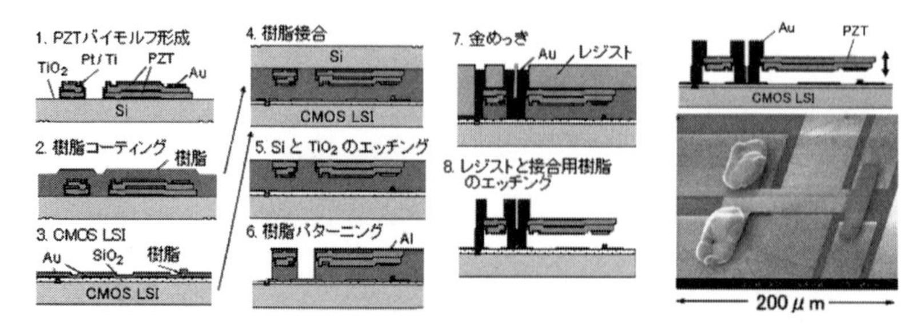

図 1.2.33　デバイス転写（via-last）による RF MEMS スイッチ

図 1.2.30 (b) に示したデバイス転写（via-last）によるヘテロ集積化の方法を、改めて図 1.2.32 でわかりやすく説明します。Si 基板（キャリヤウェハ）の上に MEMS デバイスを形成した MEMS ウェハ（1'）を裏返し、位置合わせして LSI ウェハ (1) の表面に樹脂接合します (2)。MEMS ウェハの Si 基板を除去することで、LSI ウェハ上に MEMS ウェハ上の MEMS が一括で転写されます (3)。MEMS と LSI を電気的に接続するプロセスを行った後、樹脂を除去し (4)、ウェハレベルパッケージング（WLP）する場合は、このウェハに貫通配線の付いたガラスや低温焼成セラミックス（LTCC）のウェハ (4')を陽極接合します (5)。ウェハをダイシングすると、パッケージングされたヘテロ集積化チップを作ることができます (6)。

図 1.2.33 は図 1.2.30 (b) で紹介したデバイス転写（via-last）の例で、CMOS LSI 上の高周波（RF）MEMS スイッチです [44]。Si のキャリヤウェハ上に、圧電材料のチタン酸ジルコン酸鉛（PZT）膜と金属膜を 2 組重ねたバイモルフ構造を形成します (1)。PZT はアルコキシド系材料をスピンコーティングして焼成するゾル - ゲル法で形成しますが、最後に 680°C の高温で焼結するため LSI 上に直接形成することはできず、デバイス転写が必要です。このウェハを裏返して LSI 上に樹脂接合します (4)。この後キャリヤウェハをエッチングで除去し (5)、樹脂をパターニングして電気的接続用の via を形成します (6)。フォトレジストをマスクとして Au めっきし (7)、最後に接合用樹脂などをエッチングで除去して完成となります

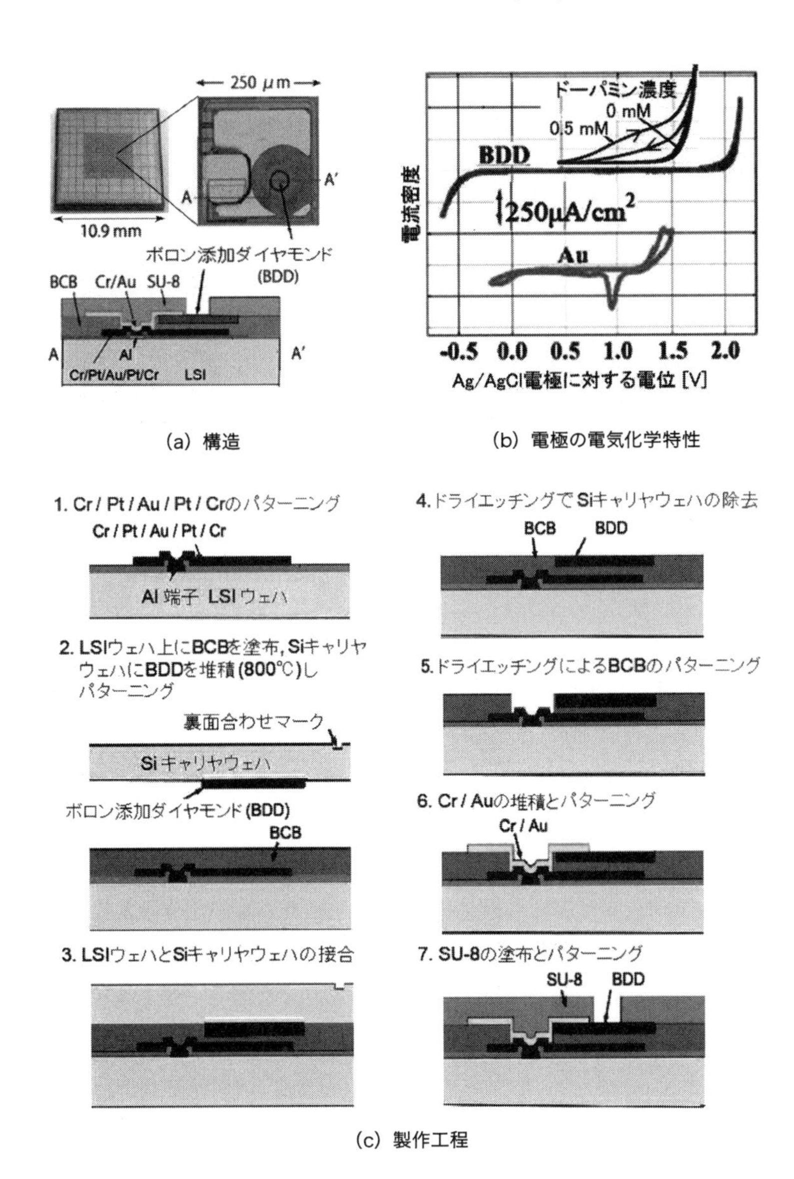

(a) 構造

(b) 電極の電気化学特性

(c) 製作工程

図 1.2.34　ボロンドープトダイヤモンド（BDD）のデバイス転写（via-last）による集積化バイオLSI

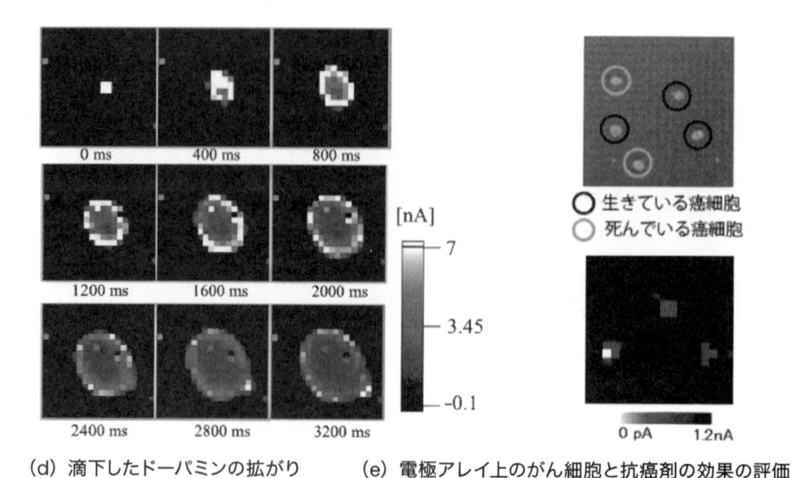

(d) 滴下したドーパミンの拡がり　　(e) 電極アレイ上のがん細胞と抗癌剤の効果の評価

図 1.2.34　ボロンドープトダイヤモンド（BDD）のデバイス転写（via-last）による集積化バイオ LSI

(8)。図の右に写真を示しますが、PZT 膜に 10V の電圧をかけるとこの片持ち梁は先端にある接点部分が 6μm 変位してスイッチとして動作しました。

デバイス転写（via-last）によるヘテロ集積化の別の例として、集積化バイオ LSI を図 1.2.34 に示します [45) 46)]。同図(a)はその構造で、LSI の上にボロンドープトダイヤモンド（BDD）の薄膜を形成してあります。液中の物質を電極で電気化学的に酸化や還元を行いその時の電流を検出するため、電流検出用の演算増幅器などによる回路を 8 × 8 セルアレイにそれぞれ配置してあります。同図(b) に示すように Au などの金属を電極に使うと、その触媒作用により低電圧で水が電気分解されて電流が流れるため、印加できる電圧の範囲が狭くなりますが、BDD では触媒作用が無いためこの問題を解決でき、図のようにドーパミンなどの濃度を測定することができます。同図(c) は製作工程です。BDD 薄膜はプラズマ CVD（化学気相堆積）で堆積しますが、800℃にする必要があり LSI 上に直接形成することはできないため、BCB 樹脂で転写を行います。同図(d) は電極アレイの中心にドーパミンを滴下した時に広がる様子です[46]。同図(e) には電極アレイ上の癌細胞に対する抗癌剤の効果を評価したもので、癌細胞は酸素を消費するため、その還元電流の変化からそれが生きていることを検出できます。

図1.2.30(c)に示したデバイス転写（via-first）によるヘテロ集積化により、超並列電子ビーム描画装置用のアクティブマトリックス電子源を開発しました[47) 48)]。この電子源については「3.4 集積回路」の「3.4.5 おわりに」(図3.4.17(d)) で写真を示しますが、図1.2.35(a)で100 × 100アクティブマトリックス電子源の製作工程を紹介します。貫通配線をn+ poly Siとpoly Siさらにn^+ poly Siを堆積して形成した後(1-4)、低電圧で電子を放出するナノクリスタルSi（nc-Si）電子源を形成し(5-6)、このウェハを駆動LSIに接合します(7-8)。同図(b)はこの100 × 100アクティブマトリト

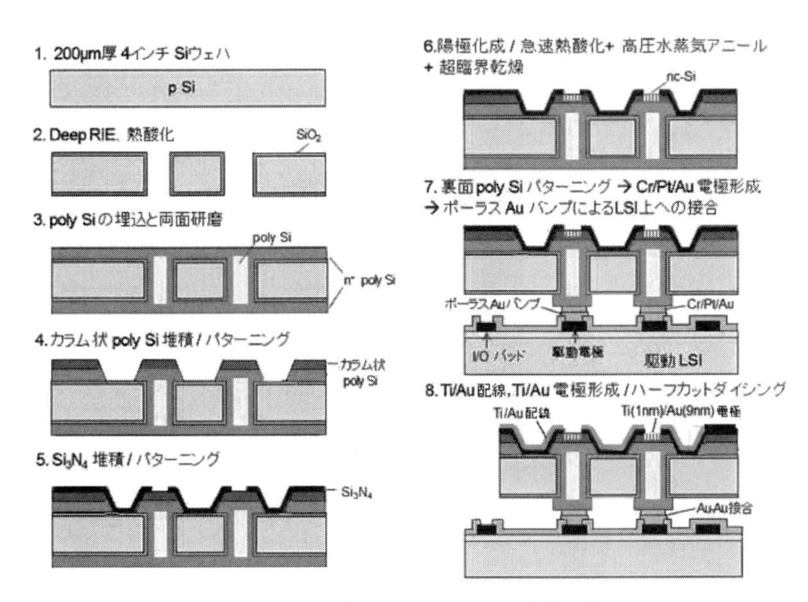

(a) アクティブマトリックス電子源の製作工程

図1.2.35　デバイス転写（via-first）による100 × 100アクティブマトリックス電子源

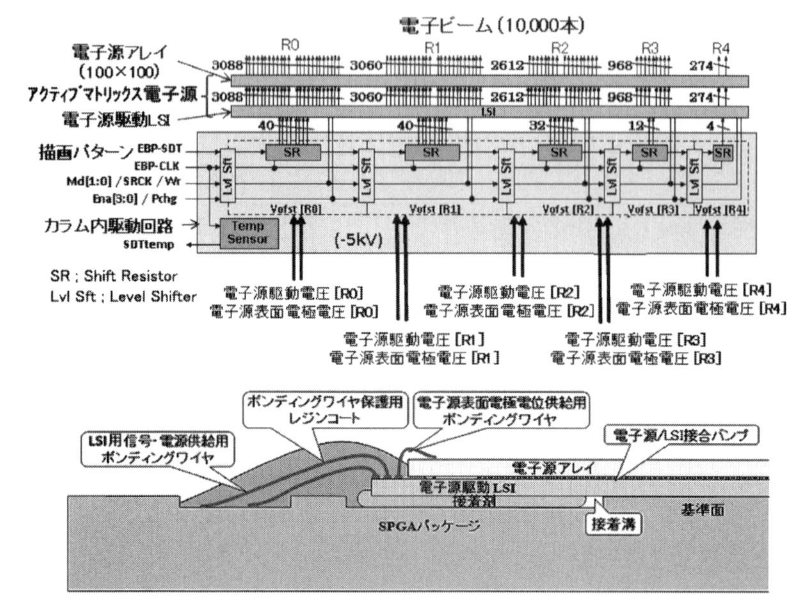

(b) 電子源ユニットの回路構成（上）と断面構造（下）

(c) 出版した著書「超並列電子ビーム描画装置の開発ー集積回路のディジタルファブリケーションを目指して」（2018）

図 1.2.35　デバイス転写（via-first）による 100 × 100 アクティブマトリックス電子源

リックス電子源とカラム内駆動回路から成る電子源ユニットの回路構成と断面構造、同図(c)はこの研究成果をまとめて出版した著書『超並列電子ビーム描画装置の開発－集積回路のディジタルファブリケーションを目指して』東北大学出版会（2018）（228頁）です。

図1.2.36はMEMSウェハとLSIウェハを接合してLSIウェハの裏面から配線を取り出した、ロボット用の触覚センサネットワークです[49) 50)]。これは人の傍らで働く安全な介護ロボットのため、体表に触覚センサを分布させ、接触をリアルタイムで認識するもので、トヨタ自動車㈱や㈱豊田中央研究所と共同で開発しました。図1.2.20で紹介したポーリングによる共通2線式触覚センサネットワークと異なり、イベントドリブンでリアルタイムに動作するものになっています。同図(a)はフレキシブルケーブル上の触覚センサとその断面で、同図(b)のようにロボット体表に分布させて使用します。同図(c)はその製作工程であり、CMOS LSIのウェハに貫通配線のためのV溝を形成した後(1)、SiO_2膜と貫通配線を形成し、接合用樹脂（BCB）をコーティングしてパターニングします(2-4)。触覚検出用

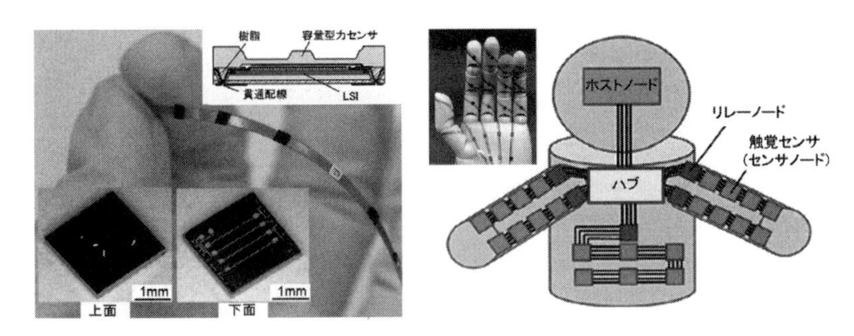

(a) フレキシブルケーブル上の触覚センサとその断面　　(b) 体表に触覚センサを持つロボット

図1.2.36　MEMSウェハとLSIウェハを接合してLSIウェハの裏面から配線を取り出した、ロボット用の触覚センサネットワーク

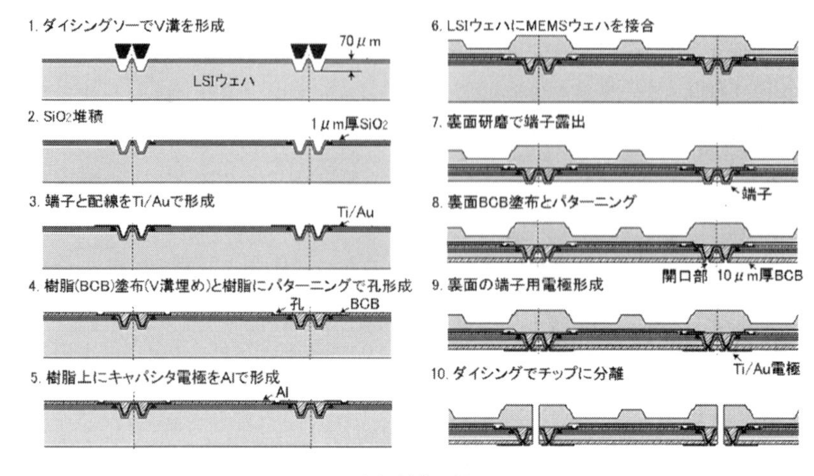

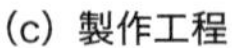

(c) 製作工程

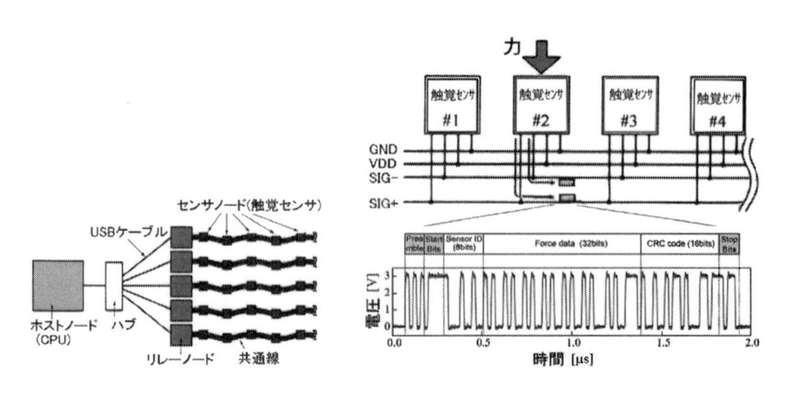

(d) イベントドリブンのパケット通信による触覚検出

図 1.2.36 MEMS ウェハと LSI ウェハを接合して LSI ウェハの●面から配線を取り出した、ロボット用の触覚センサネットワーク

のキャパシタ電極を形成した後(5)、MEMSウェハを樹脂接合します(6)。LSIウェハの裏面を研磨して貫通配線を露出させ(7)、裏面に樹脂(BCB)をコーティングしてパターニングします(8)。BCBとSiO_2膜を除去して貫通配線を露出させ裏面に端子用電極を形成します(9)。ダイシングでウェハを分割しチップにして(10)、フレキシブルケーブル上に接続すると同図(a)の写真のようになります。同図(d)のようにパケット通信で触覚検出を行うため、最大35MHzの通信速度でリアルタイムに接触を検知し、人に衝突する危険を回避することができます[50]。

上ではウェハ状態での一括転写や接合について述べてきましたが、以下ではLSIウェハや圧電材料ウェハなどにMEMSチップなどをチップレベルで転写する技術について紹介したいと思います。図1.2.37は、LSIチップ上に複数の表面弾性波(SAW)フィルタをチップレベルで転写し、製

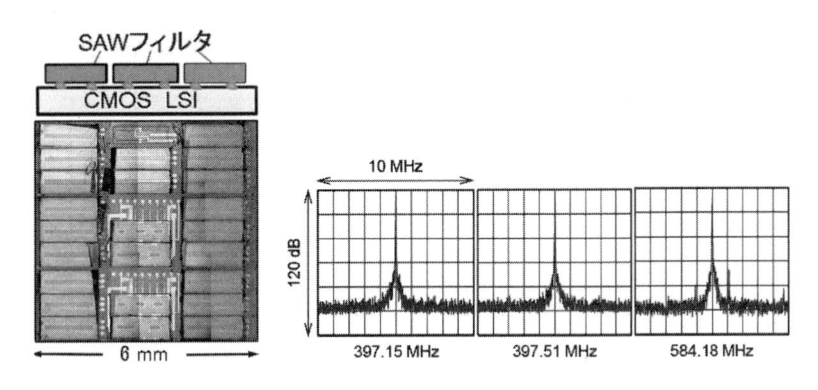

図1.2.37　LSI上マルチSAWフィルタおよびフィルタ特性

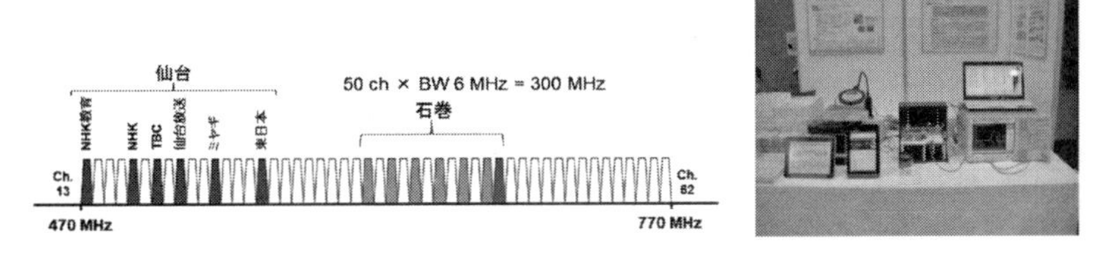

図1.2.38　ディジタルTVの空いたチャネルを活用した非常用無線通信システム

作した集積化マルチSAWフィルタです[51)]。異なる周波数のフィルタをLSIチップ上に金属バンプで接合してあります。通常のワイヤレス機器などでは基板上でチップの外にフィルタを取り付けますが、同図の方法では基板上の面積を有効利用し、寄生容量や寄生インダクタンスを減らすことができます。このワイヤレスシステムは図1.2.38に示すディジタルTVの空いたチャネル（ホワイトスペース）を活用した非常用無線通信システムのため、情報通信機構（NICT）などと開発しました。

LSIウェハ上にMEMSウェハから特定のチップを選択的に転写して製作した、LSIチップ上の薄膜バルク音響共振子（FBAR）の写真を図1.2.39(a)に示します[52)]。その選択的な転写には、透明なガラス基板を通しレーザを照射して特定のMEMSチップを剥離する、レーザデボンディングやレーザリフトオフと呼ばれる技術を使用します。それに用いるヘテロ集積化の工程を同図(b)に示してあります。Auパッドを形成したMEMSウェハ(1)をガラスに樹脂接合します(2)。LSIウェハ上にAuバンプを形成し、MEMSウェハの部分をダイシングして各MEMSチップに分割します(3)。LSI上の必要な部分にMEMSチップを転写できるように、MEMSウェハをLSIウェハに位置合わせしてAu-Au接合します(4)。この場合に両ウェハをArプラズマに曝しAu表面を活性化しておきます。転写したいMEMSチップの裏面に、ガラスを通して3倍高調波Nd:YVO_4パルスレーザ（波長355nm）を照射して、接合部の樹脂を炭化することで剥離できるようにします(5)。MEMSウェハをLSIウェハから剥がすことで、レーザ照射したMEMSチップだけをLSIウェハ上に残して転写することができます(6)。なおMEMSウェハ上に残ったMEMSチップは別のLSIウェハ上に転写して使うことができます。この後LSIウェハをダイシングしてチップに分離します(7)。

レーザデボンディングを用いて可変周波数帯域表面弾性波（SAW）ラダーフィルタを開発しました。印加電圧で静電容量を可変できる、バリウム・ストロンチウム・タイタネート（BST）（$BaSrTiO_3$）を用いたバラクタ（可変容量素子）をSAWフィルタ基板上に転写してあり、その構造と製作

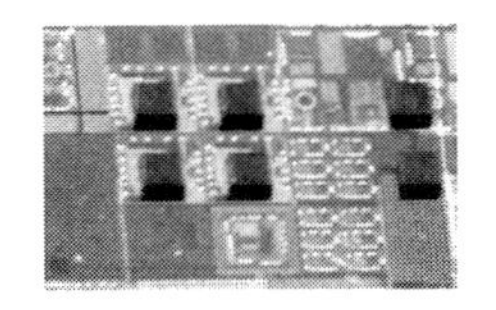

(a) LSI上のFBAR

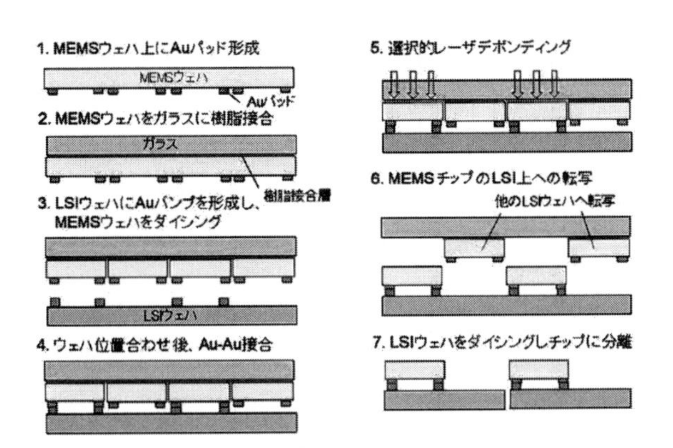

(b) 製作工程

図1.2.39　レーザデボンディングを用いた選択的ヘテロ集積化によるLSI上のFBARとその製作工程

工程を図1.2.40(a)に示します[53)]。サファイア基板上にPt-BST-Ti-Au膜を順次形成し(1)、エッチングでパターニングします(2)。裏面のサファイア基板を通して3倍高調波Nd:YVO_4パルスレーザ（波長:355nm）を照射すると基板側のPtとBST界面で剥離できる状態になります(3)。SAW共振子を形成したタンタル酸リチウム（$LiTaO_3$）基板にTiとその上にAuを形成しておき、両基板をArプラズマに曝してAu表面を活性化した後、重ねて140℃で接合し(4)、サファイア基板を剥離します(5)。その後、感光性ポリイミドで絶縁して、PtとAuによりSAW共振子と電気的に接続します(6)。可変周波数帯域SAWラダーフィルタの写真と回路図を図1.2.40(b)に示します。タンタル酸リチウムの基板上にはSAW共振子（Yp, Ys）

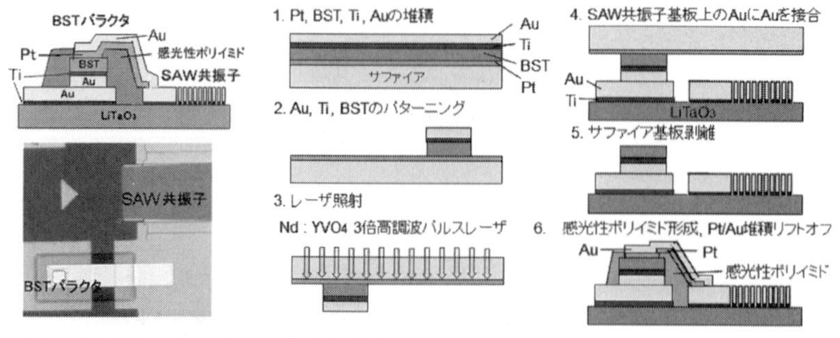

(a) 表面弾性波（SAW）フィルタ基板上のバリウム・ストロンチウム・タイタネート（BST）バラクタ（左）とその製作工程（右）

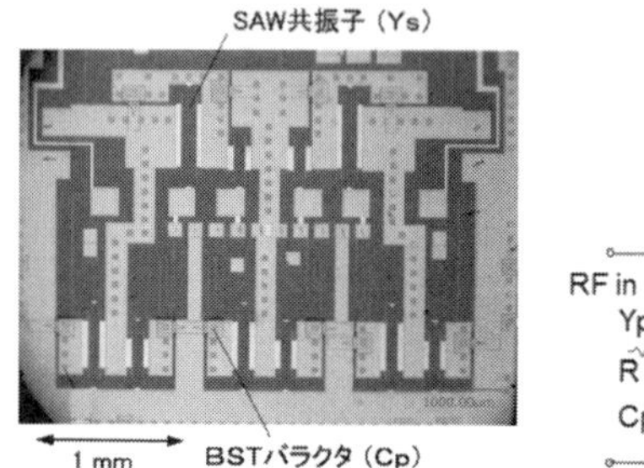

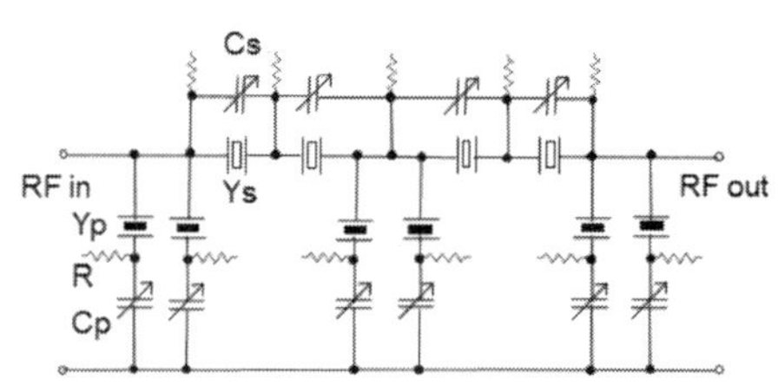

(b) 可変周波数帯域 SAW ラダーフィルタの写真（左）と回路図（右）

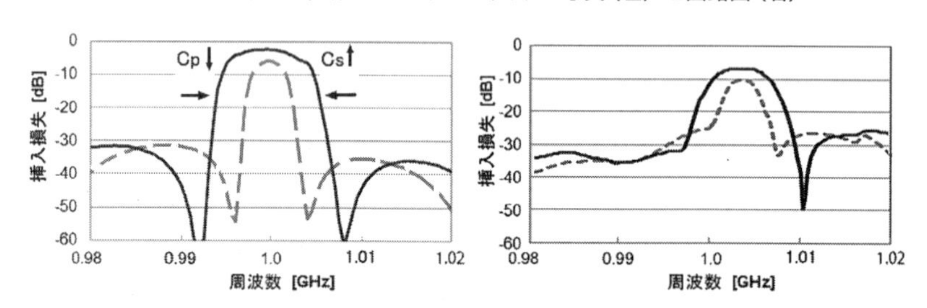

(c) 可変帯域特性のシミュレーション（左）と実測結果（右）

図 1.2.40　レーザデボンディングを用いた可変周波数帯域 SAW ラダーフィルタ

だけでなく、BSTバラクタ（Cp, Cs）に1-10Vの電圧を印加するための抵抗R（50kΩ）が形成されており、この電圧によりフィルタの帯域を可変できます。図1.2.40(c)の左は可変帯域特性のシミュレーション結果ですが、ラダーフィルタの直列部のBSTバラクタCsを小さくすると通過帯域の高周波端が低くなり、並列部のCpを大きくすると低周波端が高くなります。同図の右は製作したSAWラダーフィルタで実現された可変帯域特性です。

2007年10月に東北大学の片平キャンパスで始まった、原子分子材料科学高等研究機構（WPI-AIMR (World Premier International Research Center Initiative – Advanced Institute for Materials Research)）という10年のプロジェクトに、山本嘉則所長や小谷元子所長の下で2017年3月まで所属しました。大学院工学研究科を兼務していましたが、2013年3月に64歳で工学研究科を定年退職し、定年退職時は「設備共用へのこだわり」という題で最終講義を行いました。

西澤潤一教授が中心となり1961年から半世紀近く活動してきた財団法人半導体研究振興会は2008年に解散することになり、土地建物を東北大学に寄付して建物は「西澤潤一記念研究センター」となりました。それ以来、再雇用した職員などでこのセンターが運営されています。ここを中心にマイクロシステム融合研究開発センター（μSIC (Micro System Integration Center)）が2010年に発足して、江刺がセンター長でしたが、2017年に戸津健太郎教授に交代しました。この建物には1,800m^{2}のクリーンルームに設備を㈱トーキンより移設した半導体試作施設があり、「試作コインランドリ」と呼ぶこの施設には300社以上の会社が社員を派遣して試作・開発を行っております。設備を持ってない会社でも設備投資をしないで開発ができ、多品種少量などでも参入障壁を下げられます。設備の使用料で独立採算に近い形で運営してきました。ここで製作したものをエンジニアリングサンプルとして市場に出したいという会社からの要望を、大学を通して行政に伝え、2013年7月より「製品製作」も認められています。これらについては、「5.大学の産業創出拠点」で戸津健太郎が紹介します。以前の研究室でもアウトソーシングせずに、自分で実際に経験した人材を育てることを基本にし、受託開発は引き受けないことにしてました。この考えで続けており、受託開発が希望の時は「4. ベンチャ企業の創出と運営」で本間孝治が紹介する㈱メムス・コアに引き受けてもらっています。

江刺は2019年3月に70歳で教授を辞め、現在はシニアリサーチフェローとして勤めています。学生時代の1970年から現在（2024年）まで、半世紀以上にわたってMEMSを中心とした幸せな研究開発や人材育成、支援活動などを行うことができました。この主な要因は下のように考えられます。

大学院生時代にスリムな形で一連の半導体試作装置を自作できたこと。これは研究室の松尾正之教授が見守ってくれ、また西澤潤一研究室の自作装置をモデルにできたお陰であると感謝しております。

また助教授時代に伊藤貴康教授の研究室で集積回路を自作する機会に恵まれ、大学院生時代の医用化学センサでの分野にまたがる研究から、システムまで広い分野をカバーできるようになったことが大変役に立ちました。

その後、広い分野の知識を求めて、また設備を利用するために多くの会社が人材を派遣してくれました。社会のニーズに対応して会社の人たちが勉強しながら開発して製品化に結び付け、これから学生はモチベーションを得てMEMSの鍵を握る基盤技術などを開発してくれました[54)]。多くの留学生や外国からの研究員などを受け入れてたことも、視野やネットワークを広げるのに有効であったと思います。

この他、小野崇人准教授（現在教授）などの優れたスタッフや学生たち、豊田中央研究所の五十嵐伊勢美博士やメムス・コアの本間孝治氏など、多くの人たちに支えて頂きました。関係者の皆様に心から謝意を表したいと思います。

参考文献

1　松尾正之，江刺正喜，飯沼一浩：生体用絶縁物電極 －チタン酸バリウム磁器を用いた生体用誘導電極－，医用電子と生体工学，11，3(1973) 156-162.
2　T. Matsuo, K. Iinuma and M. Esashi : A barium-titanate-ceramics capacitive-type EEG electrode, IEEE Trans. on Biomedical Eng., BME-20, 4 (1973) 299-300.
3　松尾正之，江刺正喜，飯沼一浩：半導体の電界効果を用いた医用能動電極(1)、電気関係学会東北支部連合大会 (1971) 28.
4　M. Esashi and T. Matsuo : Biomedical cation sensor using field effect of semiconductor, J. of the Japan Society of Applied Physics, 44, Supplement (1975) 339-343.
5　M. Esashi and T. Matsuo : Integrated micro multi ion sensor using field effect of semiconductor, IEEE Trans. on Biomedical Eng., BME-25, 2 (1978) 184-192.
6　江刺正喜：半導体イオンセンサ ISFET，電気学会 電気技術史研究会，HEE-18-012 (2018)
7　太田好紀，江刺正喜，松尾正之：IC技術を用いた神経インパルス多チャンネル同時誘導マルチ微小電極の試作，医用電子と生体工学，19，2(1981) 106-113.
8　M. Esashi, H. Komatsu, T. Matsuo, M. Takahashi, T. Takishima, K. Imabayashi and H. Ozawa : Fabrication of catheter-tip and sidewall miniature pressure sensors, IEEE Trans. on Electron Devices, ED-29, 1 (1982) 57-63.
9　M. Esashi, H. Komatsu and T. Matsuo : Biomedical pressure sensor using buried piezoresistors, Sensors and Actuators, 4 (1983) 537-544.
10　C. Mead, L. Conway : "Introduction to VLSI Systems" , Addison-Wesley Pub. (1980) (菅野卓雄，榊裕之 監訳：“超LSIシステム入門”，培風館 (1981)).
11　上田和宏：その他の国におけるマルチプロジェクトチップサービス，電子情報通信学会誌，77，1(1994) 52-55.
12　江刺正喜：大学でのLSI製作と教育，電子通信学会誌，68，1(1985) 50-52.
13　江刺正喜：“半導体集積回路設計の基礎”，培風館(1986).
14　江刺正喜，大友雅彦：機能試験用LSIテスタの製作，昭和59年電気関係学会東北支部連合大会，2D21(1984).
15　江刺正喜，松尾正之：カスタムLSIを用いたLSIパターン設計用ワークステーション，昭和59年電子通信学会総合全国大会，404(1984) 2・167.
16　江刺正喜，徐敦，松尾正之：カスタムLSI用CADシステムとそれによる2次元バレルシフタの試作、電子通信学会半導体トランジスタ研究会，SSD85-51(1985) 67-74.
17　徐敦，江刺正喜，松尾正之：体内埋込みテレメトリシステム用CMOSカスタムLSIの試作，医用電子と生体工学，25，2(1987) 128-134.
18　M. Kameyama, T. Haniyu, M. Esashi and T. Higuchi : An NMOS pipelined image processor using quaternary logic, IEEE Int. Solid-State Circuit Conf. (1985) 86-87.
19　江刺正喜，大高章二，松尾正之：高温用集積回路と高温用圧力センサの試作、電子通信学会半導体トランジスタ研究会，SSD86-57(1986) 67-74.
20　山口元治，松本佳宣，江刺正喜：電源電圧と温度の影響が小さなC-Fコンバータ，電子情報通信学会論文誌 C-II，J74，11(1991) 763-765.
21　S. Shoji, T. Nisase, M. Esashi and T. Matsuo : Fabrication of an implantable capacitive type pressure sensor, The 4th Int. Conf. on Solid State Sensors and Actuators (Transducers'

87) (1987) 305-308.

22 K.T. Park and M. Esashi : A multilink active catheter with polyimide-based integrated CMOS interface circuits, IEEE J. of Microelectromechanical Systems, 8, 4 (1999) 349-357.

23 江刺正喜，松尾正之 : IC 化プロービングヘッドの設計，電気関係学会東北支部連合大会，2D-14 (1985).

24 S. Kobayashi, T. Mitsui, S. Shoji and M. Esashi : Two-lead tactile sensor array using piezoresistive effect of MOS transistor, Tech. Digest of the 9th Sensor Symp. (1990) 137-140.

25 小林真司，江刺正喜 : MOSTrのピエゾ抵抗効果を利用した共通２線式触覚センサの回路設計，平成元年度電気関係学会東北支部連合大会，1A-18 (1989).

26 菊池正則 : "半導体産業のすべて"，ダイヤモンド社 (2023).

27 江刺正喜 : II. マイクロマシン研究設備の整え方，電気学会論文誌 A，112，12 (1992) 962-967.

28 東北大学ベンチャー・ビジネス・ラボラトリー「委託研究は手がけず、得られた技術はオープンに」，トリガー，(1998/3) 53-55.

29 江刺正喜，本間孝治．出川通 : "検証 東北大学・江刺研究室 最強の秘密"，彩流社 (2009).

30 T. Katsumata, Y. Haga, K. Minami and M. Esashi : Micromachined 125 μm diameter ultra miniature fiber-optic pressure sensor for catheter, 電気学会論文誌 E, 120, 2 (2000) 58-63.

31 K. Totsu, Y. Haga and M. Esashi : Ultra-miniature fiber-optic pressure sensor using white light interferometry, J. of Micromech. Microeng., 15, 1 (2005) 71-75.

32 H. Henmi, S. Shoji, Y. Shoji, K. Yoshimi and M. Esashi : Vacuum packaging for microsensors by glass-silicon anodic bonding, Sensors and Actuators A, 43 (1994) 243-248.

33 宮下治三，北村恭志 : マイクロマシン技術を用いた静電容量型真空計，アネルバ技報，11 (2005/4) 37-41.

34 K. Isomura, S. Tanaka, S. Togo, H. Kanebako, M. Murayama, N. Saji, F. Sato and M. Esashi : Development of micromachine gas turbine for portable power generation, JSME Int. J. Series B, 47, 3 (2004) 459-464.

35 S. Tanaka, M. Esashi, K. Isomura, K. Hikichi, Y. Endo and S. Togo : Hydroinertia gas bearing system to achieve 470 m/s tip speed of 10 mm-diameter impellers, J. of Tribology, 29 (2007) 655-659.

36 Y.J. Seo, M. Toda and T. Ono : Si nanowire probe with Nd-Fe-B magnet for attonewton-scale force detection, J. of Micromech. Microeng., 25 (2015) 045015.

37 Y.J. Seo, M. Toda, Y. Kawai and T. Ono : Ultrasensitive probe for magnetic resonance detection, Proc. IEEE MEMS 2014 (2014) 151-154.

38 S. Matsuzaki, S. Tanaka and M. Esashi : Anodic bonding between LTCC wafer and Si wafer with Sn-Cu-based electrical connection, Electronics and Communications in Japan, 95, 4 (2012) 189-194.

39 毛利護，江刺正喜，田中秀治 : LTCC 基板による MEMS ウェハレベルパッケージング技術，電気学会論文誌 E，132，8 (2012) 246-253.

40 M. Esashi, M. Takinami, Y. Wakabayashi and K. Minami : High-rate directional deep dry etching for bulk silicon micromachining, J. of Micromech. and Microeng., 5, 1 (1995) 5-10.
41 J. Choi, K. Minami and M. Esashi : Application of deep reactive ion etching for silicon angular rate sensor, Microsystem Technologies, 2, 4 (1996) 186-199.
42 M. Esashi and S. Tanaka : Heterogeneous integration by adhesive bonding, Micro and Nano Systems Letters, 1, 3 (2013) 1-10.
43 A. Kochhar, T. Matsumura, G. Zhang, R. Pokharel, K. Hashimoto, M. Esashi, S. Tanaka : Monolithic fabrication of film bulk acoustic resonators above integrated circuit by adhesive-bonding-based film transfer, 2012 IEEE Int. Ultrasonics Symp. (2012) 295-298.
44 K. Matsuo, M. Moriyama, M. Esashi and S. Tanaka : Low-voltage PZT-actuated MEMS switch monolithically integrated with CMOS circuit, Technical Digest IEEE MEMS 2012 (2012) 1153-1156.
45 K.Y. Inoue, S. Matsudaira, R. Kubo, M. Nakano, S. Yoshida, S. Matsuzaki, A. Suda, R. Kunikata, T. Kimura, R. Tsurumi, T. Shioya, K. Ino, H. Shiki, S. Satoh, M. Esashi and T. Matsue : LSI-based amperometric sensor for bio-imaging and multi-point biosensing, Lab on a Chip, 12 (2012) 3481–3490.
46 T. Hayasaka, S. Yoshida, K.Y. Inoue, M. Nakano, T. Matsue, M. Esashi, and S. Tanaka : Integration of boron-doped diamond microelectrode on CMOS-based amperometric sensor array by film transfer technology, J. of Microelectromechanical Systems, 24, 4 (2015) 958-967.
47 M. Esashi, H. Miyaguchi, A. Kojima, N. Ikegami, N. Koshida, and H. Ohyi : Development of a massively parallel electron beam write (MPEBW) system: aiming for the digital fabrication of integrated circuits, Japn. J. of Applied Physics, 61, SD0807 (2022) 1-19.
48 江刺正喜，宮口裕，小島明，池上尚克，越田信義，菅田正徳，大井英之："超並列電子ビーム描画装置の開発－集積回路のディジタルファブリケーションを目指して－"，東北大学出版会(2018).
49 室山真徳，巻幡光俊，中野芳宏，松崎栄，山田整，山口宇唯，中山貴裕，野々村裕，藤吉基弘，田中秀治，江刺正喜：ロボット全身分布型触覚センサシステム用LSIの開発，電気学会論文誌E，131，8(2011) 302-309.
50 巻幡光俊，室山真徳，中野芳宏，中山貴裕，山口宇唯，山田整，野々村裕，船橋博文，畑良幸，田中秀治，江刺正喜：35Mbps非同期バス通信型触覚センサシステムの開発，電気学会論文誌E，134，9(2014) 300-307.
51 S. Tanaka, M. Yoshida, H. Hirano and M. Esashi : Lithium niobate SAW device hetero-transferred onto silicon integrated circuit using elastic and sticky bumps, 2012 IEEE Int. Ultrasonics Symp. (2012) 1047-1050.
52 K. Hikichi, K. Seiyama, M. Ueda, S. Taniguchi, K. Hashimoto, M. Esashi and S. Tanaka : Wafer-level selective transfer method for FBAR-LSI integration, 2014 IEEE Int. Frequency Control Symp. (2014) 246-249.
53 H. Hirano, T. Samoto, T. Kimura, M. Inaba, K. Hashimoto, T. Matsumura, K. Hikichi, M. Kadota, M. Esashi and S. Tanaka : Bandwidth-tunable SAW filter based on wafer-level transfer-integration of $BaSrTiO_3$ film for wireless LAN system using TV white space, 2014

IEEE Int. Ultrasonics Symp. (2014) 803-806.
54 J. Jiang : 産学連携の一つのモデルとしての「オープンコラボレーション」－東北大学江刺研の実践から学ぶ－,「研究・技術・計画学会」第25回年次学術大会 講演要旨集（2010/10/9-10) 1001-1005.

1.3　研究成果

研究テーマを以下に示し、テーマごとの分類から発表文献を検索できるようにしてあります。★印は直接的に製品化されたもので、紹介したものには対応する図(写真）がわかるようにしましたが、この他に研究室で試作したものを発展させた製品もあります。( ) には関係する論文が発表された年、[ ] には項目記号（A-T）の後に付けて参考文献を検索できるようにした番号を表示してあります。なお以下は研究室が中心になって行ったテーマで、他の研究室や機関の協力を目的に行ったものは除外しました。なおこれらの参考文献はその記号・番号で東北大学のマイクロシステム融合研究センター（μSIC）のホームページ http://www.mu-sic.tohoku.ac.jp/ からダウンロードできるようにしました。

A　生体用電極と化学センサ

- 生体用絶縁物電極（1973）[1] [2] → 神経再生電極（1978）[3] → 柔らかい多重電極（1978）[4] → 多重微小電極（1981）[5]
- 医用能動電極（1971）[6] → 半導体イオンセンサ（ISFET）(1975) [7] (1981) [8] → マイクロマルチイオンセンサ（1978）[9] (1982) [10] → ポリマーゲートFETイオンセンサ（1980）[11] (1982) [12] → pH、PCO_2モニタ用カテーテル（1980）[13] ★（図1.1.9左と中）→ ISFETの歯科応用（1986）[14]
- 近赤外光の光音響法による無侵襲血糖センサ（1994）[15]
- FET水素ガスセンサ（1986）[16] → 高温触媒延長ゲートFETセンサ（1987）[17]
- マルチ水晶共振子センサ（QCM）(2000) [18] [19] (2003) [20] (2004) [21] (2006) [22] (2013) [23]
- 溶存酸素センサ（1981）[24] (1984) [25] (1990) [26] → 磁気式酸素ガスセンサ（1988）[27]
- 肝臓癌増殖遺伝子の1塩基多型（SNIP）解析用DNAチップ（2002）

[28]

B オンチップ分析・制御システム

- 血液分析システム（1986）[1] → オンチップ血液ガス分析（1988）[2]（1992）[3]（2000）[4] → バルブ・ポンプ集積化（1988）[5]（1990）[6]
- オンチップマスフローコントローラ（1987）[7] → 熱型流量センサ（1992）[8] → 空圧マイクロバルブ（1996）[9] → ベーキングできるマイクロバルブ（1996）[10] → 耐蝕性マスフローコントローラ（2001）[11]（2002）[12]

C 能動カテーテルとそのセンサ、内視鏡

- 形状記憶合金（SMA）を用いた能動カテーテル（1996）[1]（2000）[2] [3]（2004）[4] → 共通二線式IC駆動能動カテーテル（1996）[5]（1999）[6] → メッキによる能動カテーテルの一括組立（2000）[7]（2008）[8]（2011）[9] → 吸引屈曲型能動カテーテル（2003）[10]
- 血管内前方視超音波プローブ（2003）[11]（2005）[12] → レーザ治療用スキャナ内視鏡（2003）[13] → SMAによる能動屈曲電子内視鏡（2007）[14]（2011）[15] → 光ファイバ電磁駆動による微小径拡大鏡（2009）[16]
- カテーテル先端位置検出用磁気センサ（2000）[17]（2004）[18]
- 血管内用MRIプローブ（2008）[19]（2016）[20]

D 圧力センサ（同カテーテル）と力センサ、マイクロホン

- ピエゾ抵抗型医用圧力センサ（1979）[1] → 埋込抵抗ピエゾ抵抗型医用圧力センサ（1982）[2] [3]（1983）[4]（1994）[5]（1995）[6] → ピエゾ抵抗型絶対圧センサ（1990）[7] [8]
- 直接接合による集積化容量型絶対圧センサ（1987）[9] → カテーテル用容量型圧力センサ（1990）[10] → 容量型センサ用C-Fコンバー

タ CMOS IC（1990）[11]（1991）[12] → ハイブリッド絶対圧容量型圧力センサ（1990）[13]（1993）[14] → 集積化容量型圧力センサ（1990）[15]（1991）[16]（1992）[17][18]（1993）[19] ★（図 1.1.2）
・光ファイバ極細圧力センサカテーテル（2000）[20]（2005）[21]
・ワイヤレス表面弾性波（SAW）型圧力センサ（2008）[22][23]
・ダイアフラム真空センサ（1994）[24] ★（図 1.2.29（b））→ 静電サーボ式ダイアフラム真空センサ（1998）[25]（1999）[26]（2000）[27] → SiC-poly Si の 2 層ダイアフラム耐蝕性真空センサ（2008）[28]
・触覚イメージャ（1990）[29] → 歯の噛み合い力センサ（2000）[30]
・MEMS マイクロホン（1999）[31] → 放送用 MEMS マイクロホン（2003）[32] ★（図 1.1.6）

E　加速度センサと角速度センサ（ジャイロ）
・２線式集積化容量型加速度センサ（1992）[1] → 集積化静電サーボ容量型加速度センサ（1993）[2] → 静電サーボ 3 軸加速度センサ（1995）[3]（1996）[4] → 加速度センサのダンピング制御（1997）[5] → 高感度容量型加速度センサ（1998）[6] → 静電サーボ高感度容量型加速度センサ（1999）[7] → 光ファイバ加速度センサ（2000）[8] → エアバッグ用加速度スイッチ（2002）[9]
・高温用確率型 MEMS センサ（2012）[10]（2013）[11] → 高温センサ用 SiC ダイオード（2014）[12]
・電磁駆動容量検出振動型角速度センサ（1995）[13] → 深い反応性イオンエッチング（Deep RIE）を用いた Si ジャイロ（1996）[14] → 容量型加速度・角速度センサ（1996）[15] → 静電駆動・容量検出振動ジャイロ（1996）[16] → Deep RIE と XeF_2 エッチングによる振動ジャイロ（1998）[17] → 円盤型振動ジャイロ（1998）[18][19] → 電磁駆動・誘導起電力検出振動ジャイロ（1998）[20] → 圧電薄膜振動ジャイロ（1999）[21]（2004）[22]
・静電浮上円盤型加速度・角速度センサ（1996）[23]（1997）[24]

(1999)［25］(2001)［26］→ 球型静電浮上3軸加速度センサ（2002）［27］→ 静電浮上リング型加速度・角速度センサ（2002）［28］(2003)［29］★（図1.1.4）

F 赤外線センサ

・共振型赤外線センサ（1994）［1］→ トンネル電流検出片持ち梁静電サーボ赤外線センサ（2000）［2］→ 感温度塗料（Eu(TTA)$_3$）による熱画像センサ（2013）［3］

G アクチュエータ

・分布型静電マイクロアクチュエータ（1992）［1］(1993)［2］［3］→ シャクトリ虫動作静電マイクロアクチュエータ（1995）［4］→ ベローズ型静電マイクロアクチュエータ（1999）［5］→ 微小間隙での絶縁破壊（2000）［6］→ 静電駆動インクジェットプリントヘッド(2001)［7］(2005)［8］→ エレクトレット静電モータ（2003）［9］(2005)［10］→ 静電駆動光スキャナ（2005）［11］→ 波長多重光通信用静電駆動可変光アッテネータ（2005）［12］→ 静電駆動マイクロFTIR用ウィッシュボーン干渉計（2010）［13］(2011)［14］

・電磁駆動2軸光スキャナ（1994）［15］★（図3.8.9(a)）→ 非共振大振幅電磁駆動2軸光スキャナ（2010）［16］→ 金属ガラスを用いた大振幅電磁駆動光スキャナ（2011）［17］［18］(2015)［19］(2019)［20］

・溝加工とメッキによる積層圧電アクチュエータ（2002）［21］(2015)［22］→ 圧電アクチュエータによる一体型XYステージ（2003）［23］(2005)［24］(2006)［25］［26］(2009)［27］［28］→ 圧電駆動光スキャナ（2010）［29］(2014)［30］(2015)［31］→ チタン酸ジルコン酸鉛(PZT）積層アクチュエータによるMEMSスイッチ（2012）［32］→ ゾルゲル法による横駆動PZTアクチュエータ（2013）［33］

・形状記憶合金（SMA）を用いたミミズ型運動システム（1999）［34］→ SMA駆動光ファイバスイッチ（2005）［35］→ SMAによる触覚

ディスプレイ（2005）[36]（2013）[37]

- 熱型MEMSスイッチ（2001）[38]（2004）[39]★（図1.1.8）→ 熱アクチュエータによるミラー保持機能付き光スイッチ（2003）[40] → 熱絶縁性熱型MEMSスイッチ（2011）[41]
- 固体燃料ロケットアレイ推進器（2003）[42]（2004）[43] → Bi/Ti多層反応式点火装置（2008）[44]
- 空気圧駆動赤外反射分光用回転偏光子（2002）[45]（2003）[46]

H　エネルギ源

- MEMSによるポリマー燃料電池（2002）[1]（2003）[2]（2005）[3][4]（2006）[5] → メタノール燃料電池の燃料制御（2010）[6][7]
- 窒化シリコンによる燃焼器（2003）[8]（2005）[9] → MEMSによる燃料改質器（2003）[10]（2004）[11]（2005）[12]（2006）[13][14]
- 小形マイクロガスタービン発電機（2004）[15][16]（2005）[17][18]（2007）[19]（2008）[20]（2010）[21]★（図1.2.29(c)）→ 熱電発電機（2006）[22]

I　システムの要素部品

- プレーナ変圧器（1994）[1][2] → 高アスペクト比マイクロコイル（2006）[3]（2008）[4] → 非平面上の多層コイル（2017）[5] → LSI上の3次元マイクロコイル（2011）[6]（2012）[7]
- AlNを用いたRF用共振子フィルタ（2005）[8]（2013）[9]（2016）[10] → 可変帯域RFフィルタ（2012）[11]（2013）[12][13][14] → 圧電体共振子の振動モード観測（2012）[15]
- ミリ波用Si導波路（2005）[16]
- 断熱消磁による冷却（2011）[17]
- ウェハレベルバーンイン用プローブカード（2004）[18]（2005）[19]
- 極端紫外（EUV）光発生器用格子型赤外線遮断フィルタ（2015）[20]

J　ナノマシニング1（走査プローブ顕微鏡（SPM）とナノパターニング応用）

・走査トンネル顕微鏡（STM）・原子間力顕微鏡（AFM）プローブ用Siナノワイヤ（1997）[1] → 高速イメージング用容量型AFM（1998）[2] → AFM・走査近接場光顕微鏡（NSOM）プローブ（1999）[3]（2000）[4][5]（2001）[6][7][8] → 磁気共振子付SPM（2000）[9][10]（2001）[11] → 熱型マイクロプローブ（2002）[12] → アクチュエータ付マルチSTM・AFMプローブ（2005）[13]（2007）[14]（2008）[15] → 水晶片持ち梁による走査プローブ顕微鏡（2005）[16][17]（2010）[18] → バイメタル片持ち梁による温度イメージング（2009）[19] → 質量分析用静電アクチュエータ付AFMプローブ（2010）[20][21]

・STM描画によるSi自己支持ナノ構造（1997）[22] → STM・AFMによる単分子膜のパターニング（1999）[23] → 近接場光露光による波長限界以下のレジストパターニング（1998）[24] → ダイヤモンドヒータ付ナノパターニングプローブ（2003）[25] → ボロン添加ダイヤモンドプローブによるナノリソグラフィ（2003）[26]

K　ナノマシニング2（共振子と高感度センサ応用）

・極薄片持ち梁共振子（2000）[1]（2001）[2]（2003）[3][4] → 極薄Si片持ち梁共振子による高感度センサ（2003）[5][6]（2004）[7][8]（2005）[9] → 容量検出共振型質量センサ（2004）[10]（2006）[11]（2007）[12][13] → ピエゾ抵抗型ナノ片持ち梁による高感度センサ（2008）[14]（2009）[15]（2011）[16]（2012）[17]

・Si片持ち梁共振子の振動減衰機構（2000）[18]（2002）[19]（2003）[20]（2005）[21] → 結合型振動子による共振増大（2003）[22] → パラメトリック駆動による疑似冷却共振型赤外線センサ（2005）[23] → 非線形Si振動子でのノイズ励起によるセンシング（2008）[24] → 結合型振動子によるセンサ（2010）[25] → 単結晶Si片持ち

梁の非線形性（2011）[26]

L　ナノマシニング3（カーボンナノチューブ（CNT）と電子源）

・カーボンナノチューブ（CNT）の電界成長（2002）[1]（2005）[2] → 多層CNTの振動エネルギ損失（2003）[3] → CNTブリッジ形成（2004）[4] → CNTによる放熱構造（2010）[5]
・CNT電界放射電子源（2002）[6]（2003）[7]（2008）[8] → 集束レンズ付き電界放射電子源アレイ（2004）[9] → ボロン添加ダイヤモンドによるショットキー電子源（2004）[10]（2005）[11]（2007）[12] → 透過性電子窓を用いた近接電子線露光（2007）[13] → 集束用レンズ付き電子源アレイ（2011）[14] → 光学的に制御できるSi先端CNTマルチ電子源（2012）[15]

M　ナノマシニング4（プローブ型記録 他）

・近接場光記録（2002）[1] → ダイヤモンド熱型プローブアレイによる記録（2002）[2][3] → 走査プローブ顕微鏡（SPM）による導電性ポリマーへの記録（2005）[4]（2007）[5]（2008）[6][7]（2010）[8]（2011）[9]（2013）[10] → ダイヤモンドプローブアレイによる高密度誘電体記録（2006）[11][12]（2009）[13]
・可変赤外線偏光子（2001）[14]
・ナノ材料の熱電特性計測（2005）[15]
・静電駆動4端子プローブ（2005）[16] → 近接場光発生用静電駆動ボータイアンテナ（2005）[17]（2006）[18] → 近接場プローブによるTHz検出（2008）[19]（2010）[20]
・ポーラスアルミナを転写した柱状ダイヤモンド構造（2003）[21]

N　自作IC

・2次元バレルシフタIC（1984）[1] → IC化プロービングヘッド（1985）[2] → 体内埋込テレメータIC（1987）[3]（1989）[4] → ス

イッチトキャパシタICによる直接接合容量型圧力センサ（1987）[5] → 高温用演算増幅器IC（1986）[6] → 共通2線式触覚センサ用IC（1991）[7]

・機能試験用ICテスタ（1984）[8] → IC設計用CADシステム（1985）[9]

O　ファウンドリLSIウェハを用いたヘテロ集積化

・樹脂接合によるLSIとMEMSのヘテロ集積化（2013）[1] → LSI上MEMSのヘテロ集積化（2013）[2]（2016）[3]（2017）[4]

・LSI付触覚センサネットワーク（2009）[5]（2011）[6]（2012）[7][8]（2013）[9]（2014）[10]（2018）[11]

・ボロン添加ダイヤモンドによるバイオLSI（2012）[12]（2015）[13][14]

・LSI上の圧電薄膜MEMSスイッチ（2012）[15]

・LSI上に形成したバルク音響共振子（FBAR）フィルタ（2012）[16] → LSI上のマルチFBARフィルタ（2014）[17]

・CMOSLSI上のSAW発振器（2012）[18] → LSI上のマルチSAWフィルタ（2012）[19]

・LSIとRFフィルタのヘテロ集積化（2010）[20][21]

・超並列電子ビーム描画装置（2012）[22]（2013）[23][24]（2014）[25]（2015）[26][27][28]（2016）[29]（2017）[30]（2019）[31]（2022）[32]

P　要素技術1（接合とパッケージング）

・Si-Si低温陽極接合（1989）[1] → 陽極接合工程のCMOS回路への影響（1992）[2] → 低歪陽極接合（1995）[3] → 各種基板接合（2004）[4]（2016）[5]（2017）[6]（2018）[7] → 電界印加溶融によるガラスとSiマイクロ構造の接合（2008）[8]

・ウェハレベルパッケージング（WLP）（1994）[9]（2018）[10] → 真

空封止（1994）[11] → パッケージ内の圧力（真空度）制御（1997）[12] → Deep RIEによるガラス貫通配線（2002）[13] → フェムト秒パルスレーザによるガラスエッチング（2003）[14] → パルスレーザと金属めっきによるガラス貫通配線（2003）[15] → 低温焼成セラミック（LTCC）貫通配線基板（2012）[16] [17] ★（図1.2.29(e)）→ LTCC基板とSiデバイスの電気接続（2012）[18]（2013）[19]（2015）[20]

Q　要素技術2（リソグラフィとエッチング）

・現物合わせ電子ビーム（EB）露光装置（1987）[1] → 放射光X線露光による高アスペクト比構造（1997）[2] → 紫外線硬化樹脂を用いたマスクモールディング（2001）[3] → 自己整合による光ファイバ先端マイクロレンズ（2003）[4] → マスクレスのグレースケールリソグラフィ（2005）[5]（2006）[6] → 液浸コンタクトリソグラフィ（2005）[7]
・スピンナによる厚膜レジスト塗布（1997）[8] → スプレイによるレジスト塗布（2004）[9] → アルカリエッチング用レジスト（2010）[10] → 開始材支援化学気相堆積（i-CVD）による非平面への電子線レジスト（PGMA）形成（2012）[11] → 難除去高分子材料のオゾンエッチング（2011）[12]（2013）[13]（2014）[14]
・レーザ支援エッチング（1993）[15] → ガルバニック選択エッチング（1997）[16] → ニオブ酸リチウム（LN）の選択エッチング（2003）[17]（2007）[18]（2010）[19] → 高周波MEMSのためのルテニウム（Ru）エッチング（2012）[20]
・深い反応性イオンエッチング（Deep RIE）装置（1992）[21]（1995）[22]（1997）[23] → ポリイミドのDeep RIEと電解メッキによる高アスペクト比構造（1995）[24] → ガラスのDeep RIE（2001）[25]（2003）[26] → SiCのDeep RIE（2001）[27] → 金属（Au, Pt, Cu, Fe-Ni）の反応性イオンエッチング（RIE）（2003）[28]（2005）[29]

→ マクロポーラス Si の選択的形成 (2004) [30] → マクロポーラス Si による高アスペクト比エッチング (2005) [31] (2010) [32]

R 要素技術 3（堆積）

・レーザ支援の化学気相堆積（CVD）(1994) [1] (1997) [2] → 深溝埋めのための SiO_2CVD (2004) [3] → 原子層堆積装置 (2010) [4] → SiCN のホットワイヤ CVD (2012) [5] → SiC 両面 CVD 装置 (2012) [6] → 低応力エピタキシャル poly Si 堆積 (2013) [7]

S 要素技術 4（機能性材料 他）

・チタン酸ジルコン酸鉛（PZT）のマイクロ構造体 (1998) [1] (1999) [2] [3] (2000) [4] → PZT の Deep RIE (1999) [5] → PZT の堆積 (2010) [6] (2012) [7] [8] (2014) [9]
・スパッタ堆積による AlN 薄膜の応力制御 (2010) [10]
・Si を鋳型にした SiC 反応焼結体 (2001) [11] (2002) [12] [13] → ガラスプレス整形用 SiC モールド (2006) [14]
・Si- ガラスのレーザダイシング (2008) [15] (2009) [16] [17] (2010) [18]
・エッチング液中光学的膜厚モニタ (1995) [19]
・p^+ Si の機械特性 (1995) [20] → 水素アニールによる Si 片持ち梁の機械強度向上 (2014) [21]
・損傷を与えないパーティクル除去 (2013) [22]

T 設備共用と情報提供のあり方 他

・オープンコラボレーション (2002) [1] → 実験・試作装置活用術－自作するメリット (2007) [2] → 産業活性化に向けて (2008) [3] → 工学教育 (2010) [4] → 若手エンジニアへのメッセージ (2012) [5]
・試作コインランドリ (2018) [6]
・MEMS 分野の動向 –MEMS の例、MEMS ビジネスの工夫 (2023)

[7]

参考文献

A.1 松尾正之，江刺正喜，飯沼一浩：生体用絶縁物電極－チタン酸バリウム磁器を用いた生体用誘導電極－，医用電子と生体工学，11，3(1973) 156-162.

A.2 T. Matsuo, K. Iinuma and M. Esashi : A barium-titanate-ceramics capacitive-type EEG electrode, IEEE Trans. on Biomedical Eng., BME-20, 4 (1973) 299-300.

A.3 山口淳，松尾正之，江刺正喜：神経線維束用多孔能動電極の試作，第 17 回日本 ME 大会，2-B-24(1978) 261.

A.4 松尾正之，興津淳，江刺正喜：柔らかい生体用多重電極の試作，電気関係学会東北支部連合大会，1B11(1978) 53.

A.5 太田好紀，江刺正喜，松尾正之：IC 技術を用いた神経インパルス多チャンネル同時誘導マルチ微小電極の試作，医用電子と生体工学，19，2(1981) 106-113.

A.6 松尾正之，江刺正喜，飯沼一浩：半導体の電界効果を用いた医用能動電極（1)，電気関係学会東北支部連合大会，(1971) 28.

A.7 M. Esashi and T. Matsuo : Biomedical cation sensor using field effect of semiconductor, J. of the Japan Society of Applied Physics, 44, Supplement（1975) 339-343.

A.8 T. Matsuo and M. Esashi : Methods of ISFET fabrication, Sensors and Actuators, 1, 1 (1981) 77-96.

A.9 M. Esashi and T. Matsuo : Integrated micro multi ion sensor using field effect of semiconductor, IEEE Trans. on Biomedical Eng., BME-25, 2 (1978) 184-192.

A.10 Y. Ohta, S. Shoji, M. Esashi and T. Matsuo : Prototype sodium and potassium sensitive micro ISFETs, Sensors and Actuators, 2 (1982) 387-397.

A.11 中嶋秀樹，江刺正喜，松尾正之：有機膜ゲート ISFET の pH 応答と高分子吸着の影響，日本化学会誌，10(1980) 1499-1508.

A.12 H. Nakajima, M. Esashi and T. Matsuo : The cation concentration response of polymer gate ISFET, J. of the Electrochemical Soc., 129, 1 (1982) 141-143.

A.13 K. Shimada, M. Yano, K. Shibatani, Y. Komoto, M. Esashi and T. Matsuo : Application of catheter-tip I.S.F.E.T. for continuous in vivo measurement, Med. & Biol. Eng. & Comput., 18, 11 (1980) 741-745.

A.14 R. Chida, K. Igarashi, K. Kamiyama, E. Hoshino and M. Esashi : Characterization of human dental plaque formed on hydrogen-ion-sensitive field-effect transistor electrodes, J. of Dental Research, 65, 3 (1986) 448-451.

A.15 牛沢典彦，南和幸，江刺正喜：光を用いた無侵襲血糖センサ，医用電子と生体工学，32 特別号(1994) 251.

A.16 S.Y. Choi, K. Takahashi, M. Esashi and T. Matsuo : Stabilization of MISFET hydrogen sensors, Sensors and Actuators, 9 (1986) 353-361.

A.17 江刺正喜，F. Enquist，I. Lundstrom：水素化合物分離測定用高温触媒延長ゲート FET センサ，電通学会シリコン材料デバイス研究会，SMD 87-71(1987).

A.18 T. Abe and M. Esashi : One-chip multichannel quartz crystal microbalance（QCM) fabricated by deep RIE, Sensors and Actuators A, 82 (2000) 139-143.

A.19 安部隆，江刺正喜：マルチチャンネル水晶マイクロバランスの製作とケモメトリック分析への応用，Molecular Electronics and Bioelectronics, 11 (2000) 127-137.

A.20 V.N. Hung, T. Abe, P.N. Minh and M. Esashi : High-frequency one-chip multichannel quartz crystal microbalance fabricated by deep RIE, Sensors and Actuators A, 108 (2003) 91-96.

A.21 L. Li, T. Abe and M. Esashi : Fabrication of miniaturized bi-convex quartz crystal microbalance using reactive ion etching and melting photoresist, Sensors & Actuators A, 114 (2004) 496-500.

A.22 T. Abe, V.N. Hung and M. Esashi : Inverted mesa-type quartz crystal resonators fabricated by deep-reactive ion etching, IEEE Trans. on Ultrasonics, Ferroelectronics, and Frequency Control, 53, 7 (2006) 1234-1235.

A.23 Y.Y. Chen, L.C. Huang, W.S. Wang, Y.C. Lin, T.T. Wu, J.H. Sun and M. Esashi : Acoustic interference suppression of quartz crystal microbalance sensor arrays utilizing phononic crystals, Applied Physics Letters, 102 (2013) 153514 (5 pp).

A.24 江刺正喜，西川敦彦，松尾正之：IC 技術を用いた超小型酸素センサの試作，電子通信学会 医用電子生体工学研究会資料，MBE81-36 (1981) 7 pp.

A.25 T. Matsuo, M. Esashi and K. Shibatani : Catheter-tip PCO_2 and PO_2 sensors, Proc. IEEE-NSF Symp.on Biosensors (1984) 33-34.

A.26 S. Shoji and M. Esashi : Integrated chemical analysing system realizing very small sample volume, Proc. of the third Int. Meeting on Chemical Sensors (1990) 293-296.

A.27 仲野陽，江刺正喜，大見忠弘，桂正樹：マイクロマシーニングによる磁気式酸素センサ，第 7 回化学センサ研究発表会，33 (1988) 25-32.

A.28 K. Takahashi, K. Seio, M. Sekine, O. Hino and M. Esashi : A photochemical/chemical direct method of synthesizing high-performance deoxyribonucleic acid chips for rapid and parallel gene analysis, Sensors and Actuators B, 83 (2002) 67-76.

B.1 S. Shoji, M. Esashi and T. Matsuo : Blood pH monitoring micro cell using micro valves, Proc. of the 2nd Int. Meeting on Chemical Sensors (1986) 550-553.

B.2 S. Shoji, M. Esashi and T. Matsuo : Prototype miniature blood gas analyzer fabricated on a silicon wafer, Sensors & Actuators, 14 (1988) 101-107.

B.3 S. Shoji and M. Esashi : Micro flow cell for blood gas analysis realizing very small sample volume, Sensors and Actuators B, 8 (1992) 205-208.

B.4 R.U. Seidel, D.Y. Sim, W. Menz and M. Esashi : A new approach to on-site liquid analysis, Sensors and Materials, 12, 2 (2000) 57-68.

B.5 庄子習一，江刺正喜：集積化化学分析システム用マイクロポンプの試作，電子情報通信学会論文誌 C，J71，12 (1988) 1705-1711.

B.6 S. Shoji, S. Nakagawa and M. Esashi : Micropump and sample-injector for integrated chemical analyzing systems, Sensors and Actuators A, 21-23 (1990) 189-192.

B.7 M. Esashi, S. Eoh, T. Matsuo and S. Choi : The fabrication of integrated mass flow controller, Digest of Technical Papers, The 4th Int. Conf. on Solid State Sensors and

Actuators (Transducers'87) (1987) 830-833.

B.8 江刺正喜，川合浩史，吉見健一：差動出力型マイクロフローセンサ，電子情報通信学会論文誌 C-II，J75，11(1992) 738-742.

B.9 D.Y. Sim, T. Kurabayashi and M. Esashi : Pneumatic microvalve based on silicon micromachining, 電気学会論文誌 E，116，2(1996) 56-61.

B.10 D.Y. Sim, T. Kurabayashi and M. Esashi : A bakable microvalve with a kovar-glass-silicon-glass structure, J. of Micromech. and Microeng., 6, 2(1996) 266-271.

B.11 K. Hirata, D.Y. Sim and M. Esashi : Development of an anti-corrosive integrated mass flow controller, 電気学会論文誌 E，121，1(2001) 81-85.

B.12 K. Hirata and M. Esashi : Stainless steel-based integrated mass-flow controller for reactive and corrosive gases, Sensors and Actuators A, 97-98(2002) 33-38.

C.1 G. Lim, K. Minami, K. Yamamoto, M. Sugihara, M. Uchiyama and M. Esashi : Multi-link active catheter snake-like motion, Robotica, 14, 5(1996) 499-506.

C.2 芳賀洋一，前田重雄，江刺正喜：細径能動カテーテルのための螺旋骨格薄肉チューブ，電気学会論文誌 E，120，8/9(2000) 426-431.

C.3 芳賀洋一，江刺正喜：形状記憶合金コイルを用いた細径能動カテーテル，電気学会論文誌 E，120，11(2000) 509-514.

C.4 水島昌徳，芳賀洋一，戸津健太郎，江刺正喜：形状記憶合金を用いた腸閉塞治療用能動カテーテル，日本コンピュータ外科学会誌，6，1(2004) 23-29.

C.5 K.T. Park, K. Minami and M. Esashi : An integrated communication and control system for a multi-link active catheter, J. of Micromech. and Microeng., 6, 3(1996) 345-351.

C.6 K.T. Park and M. Esashi : A multilink active catheter with polyimide-based integrated CMOS interface circuits, IEEE J. of Microelectromechanical Systems, 8, 4(1999) 349-357.

C.7 芳賀洋一，江刺正喜：屈曲，ねじれ，伸長能動カテーテルの電気めっきによる組み立て，電気学会論文誌 E，120，11(2000) 515-520.

C.8 芳賀洋一，六槍雄太，五島彰二，松永忠雄，江刺正喜：円筒面レーザプロセスを用いた低侵襲医療機器の開発，電気学会論文誌 E，128，10(2008) 402-409.

C.9 Y. Haga, Y. Muyari, S. Goto, T. Matsunaga and M. Esashi : Development of minimally invasive medical tools using laser processing on cylindrical substrates, Electrical Engineering in Japan, 176, 1(2011) 65-74.

C.10 Y. Muyari, Y. Haga, T. Mineta and M. Esashi : Development of hydraulic suction type active catheter using super elastic alloy tube, Proc. of the 20th Sensor Symp. (2003) 57-60.

C.11 Y. Haga, M. Fujita, K. Nakamura, C.J. Kim and M. Esashi, Batch fabrication of intravascular forward-looking ultrasound probe, Sensors and Actuators A, 104(2003) 40-43.

C.12 陳俊傑，江刺正喜，大城理，千原国宏，芳賀洋一：血管内低侵襲治療のための前方視超音波イメージャの開発，生体医工学，43，4(2005) 553-559.

C.13 N. Kikuchi, Y. Haga, M. Maeda, W. Makishi and M. Esashi : Piezoelectric 2D micro

scanner for minimally invasive therapy fabricated using femtosecond laser abration, Digest of Technical Papers, Transducers'03, 2E51. P (2003) 603-606.
C.14 牧志渉，松永忠雄，江刺正喜，芳賀洋一：形状記憶合金を用いた能動屈曲電子内視鏡，電気学会論文誌 E, 127, 2 (2007) 75-81.
C.15 牧志渉，池田雅春，江刺正喜，松永忠雄，芳賀洋一：使い捨て化と細径化を目指した形状記憶合金を用いた能動屈曲電子内視鏡の開発，電気学会論文誌 E, 131, 3 (2011) 102-110.
C.16 T. Matsunaga, R. Hino, W. Makishi, M. Esashi and Y. Haga : A high-resolusion endoscope of small diameter using electromagnetically vibration of single fiber, 電気学会論文誌 E, 129, 11 (2009) 399-404.
C.17 戸津健太郎，芳賀洋一，江刺正喜：カテーテル先端の位置・姿勢を検出する磁気センサシステム，電気学会論文誌 E, 120, 5 (2000) 211-218.
C.18 K. Totsu, Y. Haga and M. Esashi : Three-axis magneto-impedance effect sensor system for detecting position and orientation of catheter tip, Sensors and Actuators A, 111, (2004) 304-309.
C.19 五島彰二，松永忠雄，松岡雄一郎，黒田輝，江刺正喜，芳賀洋一：カテーテル実装に適した血管内 MRI プローブの開発，電気学会論文誌 E, 128, 10 (2008) 389-395.
C.20 松永忠雄，中園正芳，江刺正喜，芳賀洋一，松岡雄一郎，黒田輝：小型可変容量を用いた体腔内 MRI プローブの開発，電気学会論文誌 E, 136, 5 (2016) 153-159.

D.1 江刺正喜，野本忍，ロドルフォ・キンテロ・ロモ，松尾正之：IC 技術を用いた医用小形圧力変換器の試作，計測自動制御学会論文集，15, 7 (1979) 959-964.
D.2 M. Esashi, H. Komatsu, T. Matsuo, M. Takahashi, T. Takishima, K. Imabayashi and H. Ozawa : Fabrication of catheter-tip and sidewall miniature pressure sensors, IEEE Trans. on Electron Devices, ED-29, 1 (1982) 57-63.
D.3 今林健一，大沼徹太郎，西村洋介，江刺正喜，松尾正之，小沢秀夫：マルチマイクロ圧センサとその泌尿器科領域での応用，臨床 ME, 6, 5 (1982) 514-519.
D.4 M. Esashi, H. Komatsu and T. Matsuo : Biomedical pressure sensor using buried piezoresistors, Sensors and Actuators, 4 (1983) 537-544.
D.5 T. Nishimoto, S. Shoji and M. Esashi : Buried piezoresistive sensors by means of MeV ion implantation, Sensors and Actuators A, 43 (1994) 249-253.
D.6 T. Nishimoto, S. Shoji, K. Minami and M. Esashi : Temperature compensated piezoresistor fabricated by high energy ion implantation, The Inst. of Electronics Information and Communication Eng., Trans. on Electronics, E78-C, 2 (1995) 152-156.
D.7 M. Esashi, Y. Matsumoto and S. Shoji : Absolute pressure sensors by air-tight electrical feedthrough structure, Sensors and Actuators A, 21-23 (1990) 1048-1052.
D.8 S. Nitta, Y. Katahira, T. Yambe, T. Sonobe, H. Hayashi, M. Tanaka, N. Sato, M. Miura, H. Mohri and M. Esashi : Micro-pressure sensor for continuous monitoring of a ventricular assist device, The Int. J. of Artificial Organs, 13, 12 (1990) 823-829.
D.9 S. Shoji, T. Nisase, M. Esashi and T. Matsuo : Fabrication of an implantable capacitive type

pressure sensor, The 4th Int. Conf. on Solid State Sensors and Actuators (Transducers'87) (1987) 305-308.

D.10 江刺正喜，庄子習一，松本佳宣，古田一吉：カテーテル用容量形圧力センサ，電子情報通信学会論文誌 C-II，J73，2(1990) 91-98.

D.11 松本佳宣，庄子習一，江刺正喜：容量形センサ用 C-F コンバータ CMOSIC の試作，電子情報通信学会論文誌 C-II，J73，3(1990) 194-202.

D.12 山口元治，松本佳宣，江刺正喜：電源電圧と温度の影響が小さな C-F コンバータ，電子情報通信学会論文誌 C-II，J74，11(1991) 763-765.

D.13 江刺正喜，庄子習一，和田敏忠，永田富夫：ハイブリッド形絶対圧用容量形圧力センサの試作，電子情報通信学会論文誌 C-II，J73，8(1990) 461-467.

D.14 H. Seo, G. Lim and M. Esashi : Hybrid-type capacitive pressure sensor, Sensors and Materials, 4, 5 (1993) 277-289.

D.15 Y. Matsumoto, S. Shoji and M. Esashi : A miniature integrated capacitive pressure sensor, Technical Digest of the 9th Sensor Symp. (1990) 43-46.

D.16 T. Kudoh, S. Shoji and M. Esashi : An integrated miniature capacitive pressure sensor, Sensors and Actuators A, 29 (1991) 185-193.

D.17 T. Nagata, H. Terabe, S. Kuwahara, S. Sakurai, O. Tabata, S. Sugiyama and M. Esashi : Digital compensated capacitive pressure sensor using CMOS technology for low-pressure measurements, Sensors and Actuators A, 34 (1992) 173-177.

D.18 松本佳宣，江刺正喜：絶対圧用集積化容量形圧力センサ，電子情報通信学会論文誌 C-II，J75，8(1992) 451-461.

D.19 江刺正喜，上原大司：集積化相対圧用容量形圧力センサの試作，電子情報通信学会論文誌 C-II，J76，1(1993) 31-36.

D.20 T. Katsumata, Y. Haga, K. Minami and M. Esashi : Micromachined 125μm diameter ultra miniature fiber-optic pressure sensor for catheter, 電気学会論文誌 E，120，2(2000) 58-63.

D.21 K. Totsu, Y. Haga and M. Esashi : Ultra-miniature fiber-optic pressure sensor using white light interferometry, J. of Micromech. Microeng., 15, 1 (2005) 71-75.

D.22 S. Hashimoto, J.H. Kuypers, S. Tanaka and M. Esashi : Design and fabrication of passive wireless SAW sensor for pressure measurement, 電気学会論文誌 E，128，5(2008) 231-234.

D.23 J.H. Kuypers, L.M. Reidl, S. Tanaka and M. Esashi : Maximum accuracy evaluation scheme for wireless SAW delay-line sensors, IEEE Trans. on Ultrasonics, Ferroelectrics, and Frequency Control, 55, 7 (2008) 1640-1652.

D.24 H. Henmi, S. Shoji, Y. Shoji, K. Yoshimi and M. Esashi : Vacuum packaging for microsensors by glass-silicon anodic bonding, Sensors and Actuators A, 43 (1994) 243-248.

D.25 Y. Wang and M. Esashi : The structures for electrostatic servo capacitive vacuum sensor, Sensors and Actuators A, 66 (1998) 213-217.

D.26 Y. Ueda, H. Henmi, K. Minami and M. Esashi : An electrostatic servo capacitive pressure sensor, 電気学会論文誌 E，119，2(1999) 94-98.

D.27 H. Miyashita and M. Esashi : Wide dynamic range silicon diaphragm vacuum sensor by electrostatic servo system, J. Vac. Sci. Technology B, 18, 6 (2000) 2692-2697.

D.28 B. Larangot, S. Tanaka and M. Esashi : Fabrication of anti-corrosive capacitive vacuum sensors with a silicon carbide/polysilicon bi-layer diaphragm and electrical through-hole connections on the opposite side, 電気学会論文誌 E, 128, 8 (2008) 331-336.

D.29 江刺正喜，庄子習一，山本晃，中村克俊：半導体触覚イメージャの試作，電子情報通信学会論文誌 C-II, J73, 1 (1990) 31-37.

D.30 野崎浩一，戸津健太郎，王詩男，黒江和斗，佐田登志夫，江刺正喜：歯の噛み合い力と相対位置をモニタするセンサの開発，電気学会論文誌E, 120, 4 (2000) 150-155.

D.31 M. Ikeda, N. Shimizu and M. Esashi : Surface micromachined driven shielded condenser microphone with a sacrificial layer etched from the backside, Technical Digest of the Transducers' 99, 3D3.3 (1999) 1070-1073.

D.32 T. Tajima, T. Nishiguchi, S. Chiba, A. Morita, M. Abe, K. Tanioka, N. Saito and M. Esashi : High-performance ultra-small single crystalline silicon microphone of an integrated structure, Microelectronic Engineering, 67-68 (2003) 508-519.

E.1 白井稔人，裏則岳，江刺正喜：2線式シリコン容量形加速度センサ，電子情報通信学会論文誌 C-II, J75, 10 (1992) 554-562.

E.2 Y. Matsumoto and M. Esashi : Integrated silicon capacitive accelerometer with PLL servo technique, Sensors and Actuators A, 39 (1993) 209-217.

E.3 K. Johno, K. Minami and M. Esashi : Electrostatic servo type three-axis silicon accelerometer, Measurement Science and Technology, 6, 1 (1995) 11-15.

E.4 T. Mineta, S. Kobayashi, Y. Watanabe, S. Kanauchi, I. Nakagawa, E. Suganuma and M. Esashi : Three-axis capacitive accelerometer with uniform axial sensitivities, J. of Micromech. and Microeng., 6, 4 (1996) 431-435.

E.5 南和幸，森内昭視，江刺正喜：封止されたマイクロメカニカルデバイスのダンピング制御，電気学会論文誌 E, 117, 2 (1997) 109-116.

E.6 G. Lim, S. Baek and M. Esashi : A new bulk-micromachining using deep RIE and wet etching for an accelerometer, 電気学会論文誌 E, 118, 9 (1998) 420-424.

E.7 S. Ko, D.Y. Sim and M. Esashi : An electrostatic servo-accelerometer with mG resolution, 電気学会論文誌 E, 119, 7 (1999) 368-373.

E.8 K. Hirata, H. Niitsuma and M. Esashi : Silicon micromachined fiber-optic accelerometer for downhole seismic measurement, 電気学会論文誌E, 120, 12 (2000) 576-581.

E.9 T. Matsunaga and M. Esashi : Acceleration switch with extended holding time using squeeze film effect for side airbag systems, Sensors and Actuators A, 100 (2002) 10-17.

E.10 畠山庸平，田中秀治，江刺正喜：高温環境で用いるための雑音振動を利用した確率型MEMSセンサ　－物理モデルを用いた設計と試作によるその検証－，電気学会論文誌 E, 132, 9 (2012) 261-268.

E.11 Y. Hatakeyama, M. Esashi and S. Tanaka : A stochastic counting MEMS sensor using white noise oscillation for a high-temperature environment, Electronics and

Communications in Japan, 96, 9（2013）62-70.
E.12 R. Chand, M. Esashi and S. Tanaka : P-N junction and metal contact reliability of SiC diode in high temperature（873K）environment, Solid-State Electronics, 94（2014）82-85.
E.13 M. Hashimoto, C. Cabuz, K. Minami and M. Esashi : Silicon resonant angular rate sensor using electromagnetic excitation and capacitive detection, J. of Micromech. and Microeng., 5, 3（1995）219-225.
E.14 J. Choi, K. Minami and M. Esashi : Application of deep reactive ion etching for silicon angular rate sensor, Microsystem Technologies, 2, 4（1996）186-199.
E.15 J. Mizuno, K. Nottmeyer, C. Cabuz, K. Minami, T. Kobayashi and M. Esashi : Fabrication and characterization of a silicon capacitive structure for simultaneous detection of acceleration and angular rate, Sensors and Actuators A, 54（1996）646-650.
E.16 M. Yamashita, K. Minami and M. Esashi : A silicon micromachined resonant angular rate sensor using electrostatic excitation and capacitive detection, Technical Digest of the 14th Sensor Symposium（1996）39-42.
E.17 R. Toda, K. Minami and M. Esashi : Thin beam bulk micromachining based on RIE and xenon difluoride silicon etching, Sensors and Actuators A, 66（1998）268-272.
E.18 長尾勝，南和幸，江刺正喜：シリコン振動型角速度センサ，電気学会論文誌 E, 118, 3（1998）212-217.
E.19 J.J. Choi，南和幸，江刺正喜：Deep ICP RIE と XeF_2 ガスエッチングによる回転振動型角速度センサ，電気学会論文誌 E, 118, 10（1998）437-443.
E.20 J.J. Choi，南和幸，江刺正喜：電磁駆動誘導起電力検出型シリコン角速度センサ，電気学会論文誌 E, 118, 12（1998）641-646.
E.21 M. Nagao, K. Minami and M. Esashi : Silicon angular rate sensor using PZT thin film, Sensors and Materials, 11, 1（1999）31-39.
E.22 S.H. Lee and M. Esashi : Characteristics on PZT（$Pb(Zr_xTi_{1-x})O_3$）films for piezoelectric angular rate sensor, Sensors and Actuators A, 114（2004）88-92.
E.23 T. Murakoshi, K. Minami and M. Esashi : Preliminary study on electrostatically levitating inertia measurement system, Technical Digest of the 14th Sensor Symp.（1996）47-50.
E.24 K. Fukatsu, T. Murakoshi, K. Minami and M. Esashi : Measurements of electrostatic force and capacitance for electro-statically levitating inertia measurement system, Technical Digest of the 15th Sensor Symp.（1997）39-42.
E.25 K. Fukatsu, T. Murakoshi and M. Esashi : Electrostatically levitated micro motor for inertia measurement system, Technical Digest of the Transducers'99, 3P2.16（1999）1558-1561.
E.26 K. Fukatsu, T. Murakoshi and M. Esashi : Electrostatically levitating inertia measurement system, Technical Digest of the 18th Sensor Symp., A3-5（2001）285-288.
E.27 R. Toda, N. Takeda, T. Murakoshi, S. Nakamura and M. Esashi : Electrostatically levitated spherical 3−axis accelerometer, Technical Digest MEMS' 2002（2002）710-713.
E.28 T. Murakoshi, K. Fukatsu, Y. Endo, S. Nakamura and M. Esashi : Electrostatically levitated ring-shaped rotational-gyro/accelerometer, Extended Abstracts of the 2002 Int. Conf. on Solid State Devices and Materials（2002）322-323.

E.29 T. Murakoshi, Y. Endo, K. Fukatsu, S. Nakamura and M. Esashi : Electrostatically levitated ring-shaped rotational-gyro/accelerometer, Japn. J. of Appli. Phys., 42, Part1, 4B (2003) 2468-2472.

F.1 C. Cabuz, S. Shoji, K. Fukatsu, E. Cabuz, K. Minami and M. Esashi : Fabrication and packaging of a resonant infrared sensor integrated in silicon, Sensors and Actuators A, 43 (1994) 92-99.

F.2 S.S. Lee, T. Ono, K. Nakamura and M. Esashi : Electrostatic servo controlled uncooled infrared sensor with tunneling transducer, Sensors and Materials, 12, 5 (2000) 301-314.

F.3 T. Tsukamoto, M. Esashi and S. Tanaka : High spatial, temporal and temperature resolution thermal imaging method using Eu (TTA) 3 temperature sensitive paint, J. of Micromech. and Microeng., 23, 11 (2013) 114015 (8 pp).

G.1 川村秀司，南和幸，江刺正喜：分布型静電マイクロアクチュエータ，電気学会論文誌 A，112，12(1992) 993-998.

G.2 M. Yamaguchi, S. Kawamura, K. Minami and M. Esashi : Control of distributed electrostatic microstructures, J. of Micromech. and Microeng., 3, 2 (1993) 90-95.

G.3 K. Minami, S. Kawamura and M. Esashi : Fabrication of distributed electrostatic micro actuator, IEEE J. of Micromechanical Systems, 2, 3 (1993) 121-127.

G.4 S.K. Lee and M. Esashi : Design of the electrostatic linear microactuator based on the inchworm motion, Mechatronics, 5, 8 (1995) 963-972.

G.5 K. Minami, H. Morishita and M. Esashi : A bellows-shape electrostatic microactuator, Sensors and Actuators, 72 (1999) 269-276.

G.6 T. Ono, D.Y. Sim and M. Esashi : Micro-discharge and electric breakdown in a micro-gap, J. Micromech. Microeng., 10, 3 (2000) 445-451.

G.7 D.Y. Sim, T. Ono and M. Esashi : Development of inkjet head for DNA chip，電気学会論文誌 E，121，9(2001) 501-506.

G.8 T. Norimatsu, S. Tanaka and M. Esashi : Vertical diaphragm electrostatic actuator for a high density ink jet printer head，電気学会論文誌 E，125，8(2005) 350-354.

G.9 源田敬史，田中秀治，江刺正喜：エレクトレットを用いた高出力静電モータ・発電機の設計，電気学会論文誌 E，123，9(2003) 331-339.

G.10 T. Genda, S. Tanaka and M. Esashi : Charging method of micropatterned electrets by contact electrification using mercury, Japn. J. of Applied Physics. 44, 7A (2005) 5062-5067.

G.11 Y. Mizoguchi and M. Esashi : Design and fabrication of a pure-rotation microscanner with self-aligned electrostatic vertical comb drives in double SOI wafer, Technical Digest of Transducers 2005 (2005) 65-68.

G.12 渡辺信一郎，江刺正喜：DWDM 用 MEMS 光アッテネータ，レーザー研究，33，11(2005) 750-753.

G.13 Y.M. Lee, M. Toda, M. Esashi and T. Ono : Micro wishbone interferometer for miniature FTIR spectrometer，電気学会論文誌 E，130，7(2010) 333-334.

G.14 Y.M. Lee, M. Toda, M. Esashi and T. Ono : Micro wishbone interferometer for Fourier transform infrared spectroscopy, J. of Micromech. Microeng., 21, 6 (2011) 065039 (9pp).
G.15 N. Asada, H. Matsuki, K. Minami and M. Esashi : Silicon micromachined two-dimensional galvano optical scanner, IEEE Trans. on Magnetics, 30, 6 (1994) 4647-4649.
G.16 W. Makishi, Y. Kawai and M. Esashi : Magnetic torque driving 2D micro scanner with a non-resonant large scan angle, 電気学会論文誌 E, 130, 4 (2010) 135-136.
G.17 J.W. Lee, Y.C. Lin, N. Kaushik, P. Sharma, A. Makino, A. Inoue, M. Esashi and T. Gessner : Micromirror with large-tilting angle using Fe-based metallic glass, Optics Letters, 36, 17 (2011) 3464-3466.
G.18 J.W. Lee, Y.C. Lin, N. Chen, D.V. Louzquine, M. Esashi and T. Gessner : Development of the large scanning mirror using Fe-based metallic glass ribbon, Japn. J. of Applied Physics, 50 (2011) 087301 (3pp).
G.19 Y.C. Lin, Y.C. Tsai, T. Ono, P. Liu, M. Esashi, T. Gessner and M. Chen : Metalic glass as a mechanical material for microscanners, Advanced Functional Materals, (2015) 1-6.
G.20 C.H. Ou, Y.C. Lin, Y. Keikoin, T. Ono, M. Esashi and Y.C. Tsai : Two-dimensional MEMS Fe-based metallic glass micromirror driven by electromagnetic actuator, Japn. J. of Applied Physics, 58 (2019) SDDL01 (6pp).
G.21 鈴木学，江刺正喜：溝加工と電解メッキによる積層圧電アクチュエータの製作，電気学会論文誌 E, 122, 4 (2002) 217-222.
G.22 M.F.M. Sabri, T. Ono, S.M. Said, Y. Kawai and M. Esashi : Fabrication and characterization of microstacked PZT actuator for MEMS applications, J. of Microelectromechanical Systems, 24, 1 (2015) 80-90.
G.23 D.Y. Zhang, C. Chang, T. Ono and M. Esashi : A piezodriven XY-microstage for multiprobe nanorecording, Sensors and Actuators A, 108 (2003) 230-233.
G.24 D.Y. Zhang, T. Ono and M. Esashi : Piezoactuator-integrated monolithic microstage with six degrees of freedom, Sensors & Actuators A, 122 (2005) 301-306.
G.25 H.G. Xu, T. Ono, D.Y. Zhang and M. Esashi : Fabrication and characterization of a monolithic PZT microstage, Microsystem Technology, 12, 9 (2006) 883-890.
G.26 H.G. Xu, T. Ono and M. Esashi : Precise motion control of a nanopositioning PZT microstage using integrated capacitive displacement sensors, J. of Micromech. Microeng., 16, 3 (2006) 2747-2754.
G.27 M.F.M. Sabri, T. Ono and M. Esashi : Modeling and experimental validation of the performance of a silicon XY-microstage driver by PZT actuators, J. of Micromech. Microeng., 19, 9 (2009) 095004 (9pp).
G.28 M.F.M. Sabri, T. Ono and M. Esashi : Microassembly of PZT actuators into silicon microstructures, 電気学会論文誌 E, 129, 12 (2009) 471-472.
G.29 H. Matsuo, Y. Kawai and M. Esashi : Novel design for optical scanner with piezoelectric film deposited by metal organic chemical vapor deposition, Japn. J. of Appl. Phys., 49, 6 (2010) 04DL19 (4pp).
G.30 T. Naono, T. Fujii, M. Esashi and S. Tanaka : Large scan angle piezoelectric MEMS optical scanner actuated by Nb doped PZT thin film, J. Micromech. Microeng. 24, 1 (2014)

015010（12pp）.
G.31 T. Naono, T. Fujii, M. Esashi and S. Tanaka : Non-resonant 2-D piezoelectric MEMS optical scanner actuated by Nb doped PZT thin film, Sensors & Actuators A, 213(2015) 147-157.
G.32 森山雅昭，川合祐輔，田中秀治，江刺正喜：RF-MEMSスイッチのための低電圧駆動薄膜PZT積層アクチュエータ，電気学会論文誌E，132，9(2012) 282-287.
G.33 S. Yoshida, N. Wang, M. Kumano, Y. Kawai, S. Tanaka and M. Esashi : Fabrication and characterization of laterally-driven piezoelectric bimorph MEMS actuator with sol-gel-based high-aspect-ratio PZT structure, J. of Micromech. and Microeng., 23(2013) 065014(11pp).
G.34 篠原英司，南和幸，江刺正喜：ミミズのような蠕動運動システム，電気学会論文誌E，119，6(1999) 334-339.
G.35 M.M.I. Bhuiyan, Y. Haga and M. Esashi : Design and characteristics of large displacement optical fiber switch, IEEE J. of Quantum Electronics, 41, 2(2005) 242-249.
G.36 Y. Haga, W. Makishi, K. Iwami, K. Totsu, K. Nakamura and M. Esashi : Dynamic braille display using SMA coil actuator and magnetic latch, Sensors & Actuators A, 119(2005) 316-322.
G.37 T. Matsunaga, K. Totsu, M. Esashi and Y. Haga : Tactile display using shape memory alloy micro-coil actuator and magnetic latch mechanism, Displays, 34, 2(2013) 89-94.
G.38 Y. Liu, X. Li, T. Abe, Y. Haga and M. Esashi : A thermomechanical relay with microspring contact array, Technical Digest IEEE Micro Electro Mechanical Systems2001(2001) 220-223.
G.39 中村陽登，高柳史一，茂呂義明，三瓶広和，小野澤正貴，江刺正喜：RF MEMSスイッチの開発，Advantest Technical Report，22(2004) 9-16.
G.40 A. Baba, H. Okano, H. Uetsuka and M. Esashi : 2 axes optical switch with holding mechanism, Proc. of IEEE Micro Electro Mechanical Systems 2003(2003) 251-254.
G.41 T. Tsukamoto, M. Esashi and S. Tanaka : A micro thermal switch with a stiffness-enhanced thermal isolation structure, J. of Micromech. Microeng., 21, 10(2011) 104008(6pp).
G.42 S. Tanaka, R. Hosokawa, S. Tokudome, K. Hori, H. Saito, M. Watanabe and M. Esashi : MEMS-based solid propellant rocket array thruster with electrical feedthroughs, Trans. Jpn. Soc. Aero. Space Sci., 46, 151(2003) 47-51.
G.43 K. Kondo, S. Tanaka, H. Habu, S. Tokudome, K. Hori, H. Saito, A. Itoh, M. Watanabe and M. Esashi : Vacuum test of a micro-solid propellant rocket array thruster, The Inst. of Electronics Information and Communication Eng. Electronics Express, 1, 8(2004) 222-227.
G.44 S. Tanaka, K. Kondo, H. Habu, A. Itoh, M. Watanabe, K. Hori and M. Esashi : Test of B/Ti multilayer reactive igniters for a micro solid rocket array thruster, Sensors and Actuators A, 144(2008) 361-366.
G.45 S. Tanaka, M. Hara and M. Esashi : Mechanical polarization modulator using micro-turbo machinery for Fourier transform infrared spectroscopy, Sensors and Actuators A, 96(2002) 215-222.

G.46 M. Hara, S. Tanaka and M. Esashi : Rotational infrared polarization modulator using a MEMS-based air turbine with different types of journal bearing, J. of Micromech. Microeng., 13, 2 (2003) 223-228.

H.1 K.B. Min, S. Tanaka and M. Esashi : MEMS-based polymer electrolyte fuel cell, Electrochemistry（電気化学および工業物理化学）, 70, 12 (2002) 924-927.

H.2 田中秀治，東谷旦，杉江京，江刺正喜：ボロハイドライドを用いた水素供給とサンドブラストによる小形燃料電池の試作，電気学会論文誌 E, 123, 9 (2003) 340-345.

H.3 S. Tanaka, K.B. Min, N. Kato, H. Oikawa and M. Esashi : Application of screen-printed catalitic electrodes to MEMS-based fuel cells, 電気学会論文誌 E, 125, 10 (2005) 413-417.

H.4 吉田和司，萩原洋右，斉藤公昭，友成恵昭，田中秀治，江刺正喜：携帯型燃料電池のための燃料制御用マイクロバルブ，電気学会論文誌 E, 125, 10 (2005) 418-423.

H.5 K.B. Min, S. Tanaka and M. Esashi : Fabrication of novel MEMS-based polymer electrolyte fuel cell architectures with catalytic electrodes supported on porous SiO_2, J. of Micromech. Microeng., 16, 3 (2006) 505-511.

H.6 K. Yoshida, S. Tanaka, Y. Hagihara, S. Tomonari and M. Esashi : Normally closed electrostatic microvalve with pressure balance mechanism for portable fuel cell application, Sensors and Actuators A, 157 (2010) 290-298.

H.7 K. Yoshida, S. Tanaka, Y. Hagihara, S. Tomonari and M. Esashi : Normally closed electrostatic microvalve with pressure balance mechanism for portable fuel cell application. part 1 : design and simulation, Sensors and Actuators A, 157 (2010) 299-306.

H.8 S. Tanaka, T. Yamada, S. Sugimoto, J.F. Li and M. Esashi : Silicon nitride ceramic-based two-dimensional microcombustor, J. of Micromech. Microeng., 13, 3 (2003) 502-508.

H.9 D. Satoh, S. Tanaka, K. Yoshida and M. Esashi : Micro-ejector to supply fuel-air mixture to a micro-combustor, Sensors & Actuators A, 119 (2005) 528-536.

H.10 K.S. Chang, S. Tanaka and M. Esashi : MEMS-based fuel reformer with suspended membrane structure, 電気学会論文誌 E, 123, 9 (2003) 346-350.

H.11 S. Tanaka, K.S. Chang, K.B. Min, D. Satoh, K. Yoshida and M. Esashi : MEMS-based components of a miniature fuel cell/fuel reformer system, Chemical Eng. J., 101 (2004) 143-149.

H.12 K.S. Chang, S. Tanaka and M. Esashi : A micro-fuel processor with trench-refilled thick silicon dioxide for thermal isolation fabricated by water-immersion contact photolithography, J. of Micromech. Microeng., 15, 9 (2005) S171-S178.

H.13 K. Yoshida, S. Tanaka, H. Hiraki and M. Esashi : A micro fuel reformer integrated with a combustor and a microchannel evaporator, J. of Micromech. Microeng., 16, 9 (2006) S191-S197.

H.14 T. Takahashi, S. Tanaka and M. Esashi : Development of an in situ chemical vapor deposition method for an alumina catalyst bed in a suspended membrane micro fuel reformer, J. of Micromech. Microeng., 16, 9 (2006) S206-S210.

H.15 S. Tanaka, K. Isomura, S. Togo and M. Esashi : Turbo test rig with hydroinertia air bearings for a palmtop gas turbine, J. of Micromech. Microeng., 14, 11 (2004) 1449-1454.

H.16 K. Isomura, S. Tanaka, S. Togo, H. Kanebako, M. Murayama, N, Saji, F. Sato and M. Esashi : Development of micromachine gas turbine for portable power generation, JSME Int. J., Series B, 47, 3 (2004) 459-464.

H.17 P. Kang, S. Tanaka and M. Esashi : Demonstration of a MEMS-based turbocharger on a single rotor, J. of Micromech. Microeng., 15, 5 (2005) 1076-1087.

H.18 K. Isomura, S. Tanaka, S. Togo and M. Esashi : Development of high-speed micro-gas bearings for three-dimentional micro-turbo machines, J. of Micromech. Microeng., 15 (2005) S222-S227.

H.19 S. Tanaka, M. Esashi, K. Isomura, K. Hikichi, Y. Endo and S. Togo : Hydroinertia gas bearing system to achieve 470 m/s tip speed of 10 mm-diameter impellers, J. of Tribology, 29 (2007) 655-659.

H.20 S. Tanaka, Y. Miura, P. Kang, K. Hikichi and M. Esashi : MEMS-based air turbine with radial-inflow type journal bearing, IEEJ Transactions on Electrical and Electronic Engineering, 3 (2008) 297-304.

H.21 引地広介，十合晋一，江刺正喜，田中秀治：超小形ガスタービンエンジン実証試験のための慣性気体軸受．トライボロジスト，55，4(2010) 292-299.

H.22 K. Yoshida, S. Tanaka, S. Tomonari, D. Satoh and M. Esashi : High-energy density miniature thermoelectric generator using catalytic combustion, J. of Microelectromechanical Systems, 15, 1 (2006) 195-203.

I.1 浅田則裕，松木英敏，江刺正喜：バルクコアを用いたプレーナポット変圧器，電気学会論文誌 A，114，1(1994) 53-59.

I.2 浅田則裕，松木英敏，江刺正喜：絶縁型プレーナ変圧器を用いたフェイルセーフ論理演算器，電気学会論文誌 D，114，3(1994) 255-259.

I.3 Y.G. Jiang, T. Ono and M. Esashi : High aspect ratio spiral microcoils fabricated by a silicon lost molding technique, J. of Micromech. Microeng., 16, 5 (2006) 1057-1061.

I.4 M.J.K. Klein, T. Ono, M. Esashi and J.G. Korvink : Process for the fabrication of hollow core solenoidal microcoils in borosilicate glass, J. of Micromech. Microeng., 18, 7 (2008) 075002 (6 pp).

I.5 T. Matsunaga, Y. Matsuoka, S. Ichimura, Q. Wei, K. Kuroda, Z. Kato, M. Esashi and Y. Haga : Multilayered receive coil produced using a non-planar photofabrication process for an intraluminal magnetic resonance imaging, Sensors & Actuators A, 261 (2017) 130-139.

I.6 矢部友崇，三村泰弘，高橋宏和，尾上篤，室賀翔，山口正洋，小野崇人，江刺正喜：LSI 上に一体集積化した 3 次元マイクロコイル発振器，電気学会論文誌 E，131，10(2011) 363-367.

I.7 T. Yabe, Y. Mimura, H. Takahashi, A. Onoe, S. Muroga, M. Yamaguchi, T. Ono, and M. Esashi : Three-dimensional microcoil oscillator fabricated with monolithic process on LSI, Electronics and Communications in Japan, 95, 11 (2012) 49-56.

I.8　M. Hara, J. Kuypers, T. Abe and M. Esashi : Surface micromachined AlN thin film 2GHz resonator for CMOS integration, Sensors & Actuators A, 117 (2005) 211-216.

I.9　平野圭介，木村悟利，田中秀治，江刺正喜 : Geを犠牲層に用いた圧電AlNラム波共振子，電子通信情報学会論文誌 A，J96，6 (2013) 327-334.

I.10　A. Kochhar, Y. Yamamoto, A. Teshigahara, K. Hashimoto, S. Tanaka, and M. Esashi : Wave propagation direction and c-axis tilt angle influence on the performance of ScAlN/ sapphire-based SAW devices, IEEE Tran. on Ultrasonics, Ferroelectrics, and Frequency Control, 63, 7 (2016) 953-960.

I.11　T. Yasue, T. Komatsu, N. Nakamura, K. Hashimoto, H. Hirano, M. Esashi and S. Tanaka : Wideband tunable love wave filter using electrostatically actuated MEMS variable capacitors integrated on lithium niobate, Sensors and Actuators A, 188 (2012) 456-462.

I.12　H. Hirano, T. Kimura, I.P. Koutsaroff, M. Kadota, K. Hashimoto, M. Esashi and S. Tanaka : Integration of BST varactors with surface acoustic wave device by film transfer technology for tunable RF filters, J. of Micromech. Microeng., 23, 2 (2013) 025005 (9pp).

I.13　森脇政仁，堀露伊保龍，門田道雄，江刺正喜，田中秀治： 高温成膜したチタン酸バリウムストロンチウム薄膜を用いた可変容量の集積化プロセス，電子通信情報学会論文誌 A，J96，6 (2013) 342-350.

I.14　A. Konno, H. Hirano, M. Inaba, K. Hashimoto, M. Esashi and S. Tanaka : Tunable surface acoustic wave filter using integrated micro-electro-mechanical system based varactors made of electroplated gold, Jap. J. of Applied Physics, 52 (2013) 07HD13 (pp.5).

I.15　T. Matsumura, M. Esashi, H. Harada and S. Tanaka : Vibration mode observation of piezoelectric disk-type resonator by high-frequency laser doppler vibrometer, Electronics and Communications in Japan, 95, 5 (2012) 1086-1093.

I.16　Y.T. Song, H.Y. Lee and M. Esashi : Resonance-free millimeter-wave coplanar waveguide Si microelectromechanical system package using a lightly-doped silicon chip carrier, Jap. J. of Applied Physics. 44, 4A (2005) 1693-1697.

I.17　T. Tsukamoto, M. Esashi, and S. Tanaka : Magnetocaloric cooling of a thermally-isolated microstructure, J. of Micromech. Microeng., 22, 9 (2011) 094008 (8pp).

I.18　S.H. Choe and M. Esashi : Fabrication of a MEMS probe card with feedthrough interconnections, 26th Int. Symp. on Dry Process (2004) 113-116.

I.19　S.H. Choe, S. Fujimoto, S. Tanaka and M. Esashi : A matched expansion probe card for high temperature LSI testing, Technical Digest of Transducers 2005 (2005) 1259-1262.

I.20　Y. Suzuki, K. Totsu, M. Moriyama, M. Esashi and S. Tanaka : Free-standing subwavelength grid infrared cut filter of 90 mm diameter for LPP EUV light source, Sensors & Actuators A. 231 (2015) 59-64.

J.1　T. Ono, H. Saitoh and M. Esashi : Fabrication of a Si scanning probe microscopy tip with an ultrahigh vacuum-scanning tunneling microscope/atomic force microscope, J. Vac. Sci. Technol. B, 15, 4 (1997) 1531-1534.

J.2　Y. Shiba, T. Ono, K. Minami and M. Esashi : Capacitive AFM probe for high speed imaging，電気学会論文誌 E，118，12 (1998) 647-651.

J.3 P.N. Minh, T. Ono and M. Esashi : Nonuniform silicon oxidation and application for the fabrication of aperture for near-field scanning optical microscopy, Applied Physics Letters, 75, 26 (1999) 4076-4078.

J.4 P.N. Minh, T. Ono and M. Esashi : Microfabrication of miniature aperture at the apex of SiO_2 tip on silicon cantilever for near-field scanning optical microscopy, Sensors and Actuators A, 80 (2000) 163-169.

J.5 P.N. Minh, T. Ono and M. Esashi : High throughput aperture near-field scanning optical microscopy, Review of Scientific Instruments, 71, 8 (2000) 3111-3117.

J.6 P.N. Minh, T. Ono, S. Tanaka and M. Esashi : Spatial distribution and polarization dependence of the optical near-field in a silicon microfabricated probe, J. of Microscopy, 202, Pt.1 (2001) 28-33.

J.7 P.N. Minh, T. Ono, S. Tanaka and M. Esashi : Near-field optical apertured tip and modified structures for local field enhancement, Applied Optics, 40, 15 (2001) 2479-2484.

J.8 P.N. Minh, T. Ono, H. Watanabe, S.S. Lee, Y. Haga and M. Esashi : Hybrid optical fiber-apertured cantilever near-field probe, Applied Physics Letters, 79, 19 (2001) 3020-3022.

J.9 D.W. Lee, T. Ono and M. Esashi : Cantilever with integrated resonator for application of scanning probe microscope, Sensors and Actuators A, 82 (2000) 11-16.

J.10 D.W. Lee, T. Ono and M. Esashi : High-speed imaging by electro-magnetically actuated probe with dual spring, J. of Microelectromechanical Systems, 9, 4 (2000) 419-424.

J.11 D.W. Lee, T. Ono and M. Esashi : Magnetically actuated cantilever with small resonator for scanning probe microscopy, 電気学会論文誌 E, 121, 3 (2001) 113-118.

J.12 D.W. Lee, T. Ono and M. Esashi : Fabrication of thermal microprobes with a sub-100 nm metal-to-metal junction, Nanotechnology, 13 (2002) 29-32.

J.13 Y. Ahn, T. Ono and M. Esashi : Si multiprobes integrated with lateral actuators for independent scanning probe applications, J. of Micromech. Microeng., 15, 6 (2005) 1224-1229.

J.14 Y. Kawai, T. Ono, M. Esashi, E. Meyer and C. Gerber : Resonator combined with a piezoelectric actuator for chemical analysis by force microscopy, Rev. of Sci. Instru., 78 (2007) 063709 (4 pp).

J.15 Y. Ahn, T. Ono and M. Esashi : Micromachined Si cantilever arrays for parallel AFM operation, J. of Mechanical Science and Technology, 22 (2008) 308-311.

J.16 T. Ono, Y.C. Lin and M. Esashi : Scanning probe microscopy with quartz crystal cantilever, Appl. Phys. Lett. 87 7 (2005) 074102 (3 pp).

J.17 Y.C. Lin, T. Ono and M. Esashi : Fabrication and characterization of micromachined quartz-crystal cantilever for force sensing, J. of Micromech. Microeng., 15, 12 (2005) 2426-2432.

J.18 A. Takahashi, M. Esashi and T. Ono : Quartz-crystal scanning probe microcantilevers with a silicon tip based on direct bonding of silicon and quartz, Nanotechnology, 21 (2010) 405502 (5 pp).

J.19 S.J. Kim, T. Ono and M. Esashi : Thermal imaging with tapping mode using a bimetal oscillator formed at the end of a cantilever, Review of Scientific Instruments, 80 (2009)

033703 (6pp).
J.20 C.Y. Shao, Y. Kawai, M. Esashi and T. Ono : Electrostatically switchable microprobe for mass-analysis scanning force microscopy, 電気学会論文誌 E, 130, 2 (2010) 59-60.
J.21 C.Y. Shao, Y. Kawai, M. Esashi and T. Ono : Electrostatic actuator probe with curved electrodes for time-of-flight scanning force microscopy, Review of Scientific Instruments, 81 (2010) 083702 (6pp).
J.22 H. Hamanaka, T. Ono and M. Esashi : Fabrication of self-supported Si nano-structure with STM, Proc. of the Micro Electro Mechanical Systems' 97 (1997) 153-158.
J.23 J. Mizuno, N. Nottmeyer, Y. Kanai, O. Berberig, T. Kobayashi and M. Esashi : A silicon bulk micromachined crash detection sensor with simultanious angular and linear sensitivity, Technical Digest of the Transducers' 99, 4D3.4 (1999) 1302-1305.
J.24 T. Ono and M. Esashi : Subwavelength pattern transfer by near-field photolithography, Jpn. J. Appl. Phys., 37, 12B (1998) 1644-1648.
J:25 J.H. Bae, T. Ono and M. Esashi : Scanning probe with an integrated diamond heater element for nanolithography, Applied Physics Letters, 82, 5 (2003) 814-816.
J.26 J.H. Bae, T. Ono and M. Esashi : Boron-doped diamond scanning probe for thermo-mechanical nanolithography, Diamond and Related Materials, 12 (2003) 2128-2135.

K.1 J. Yang, T. Ono and M. Esashi : Mechanical behavior of ultrathin microcantilever, Sensors and Actuators A, 82 (2000) 102-107.
K.2 J. Yang, T. Ono and M. Esashi : Investigating surface stress : surface loss in ultrathin single-crystal silicon cantilevers, J. Vac. Sci. Technol. B, 19, 2 (2001) 551-556.
K.3 X. Li, T. Ono, Y. Wang and M. Esashi : Ultrathin single-crystal-silicon cantilever resonators : fabrication technology and significant specimen size effect on Young's modulus, Applied Physics Letters, 83, 15 (2003) 3081-3083.
K.4 D.F. Wang, T. Ono and M. Esashi : Crystallographic influence on nanomechanics of (100)-oriented silicon resonator, Applied Physics Letters, 83, 15 (2003) 3189-3191.
K.5 T. Ono, X. Li, H. Miyashita and M. Esashi : Mass sensing of adsorbed molecules in sub-picogram sample with ultrathin silicon resonator, Review of Scientific Instruments, 74, 3 (2003) 1240-1243.
K.6 T. Ono and M. Esashi : Magnetic force and optical force sensing with ultrathin silicon resonator, Review of Scientific Instruments, 74, 12 (2003) 5141-5146.
K.7 T. Ono and M. Esashi : Mass sensing with resonating ultra-thin silicon beams detected by a double-beam laser doppler vibrometer, Measurement Science and Technology, 15, 10 (2004) 1977-1981.
K.8 D.F. Wang, T. Ono and M. Esashi : Thermal treatments and gas adsorption influences on nanomechanics of ultra-thin silicon resonators for ultimate sensing, Nanotechnologies, 15 (2004) 1851-1854.
K.9 T. Ono and M. Esashi : Stress-induced mass detection with a micromechanical/nanomechanical silicon resonator, Rev. of Sci. Instruments, 76 (2005) 093107 (5pp).
K.10 S.J. Kim, T. Ono and M. Esashi : High sensitivity silicon mass sensor in viscous

environment, Proc. of the 21 th Sensor Symposium (2004) 305-308.

K.11 S.J. Kim, T. Ono and M. Esashi : Capacitive resonant mass sensor with frequency demodulation detection based on resonant circuit, Applied Physics Letters, 88, 5 (2006) 053116 (3pp).

K.12 S.J. Kim, T. Ono and M. Esashi : Mass detection using capacitive resonant silicon resonator employing LC resonant circuit technique, Rev. of Sci. Instruments, 78 (2007) 085103 (6pp) .

K.13 S.J. Kim, T. Ono and M. Esashi : Study on the noise of silicon capacitive resonant mass sensors in ambient atmosphere, J. of Applied Physics, 102, 10 (2007) 104304 (6pp).

K.14 Y. Jiang, T. Ono and M. Esashi : Fabrication of piezoresistive nanocantilevers for ultra-sensitive force detection, Meas. Sci. Technol., 19 (2008) 084011 (5pp).

K.15 Y. Jiang, T. Ono and M. Esashi : Temperature-dependent mechanical and electrical properties of boron-doped piezoresistive nanocantilevers, J. of Micromech. Microeng., 19, 6 (2009) 065030 (5pp).

K.16 Y. Jiang, M. Esashi and T. Ono : Design issues for piezoresistive nanocantilever sensors with non-uniform nanoscale doping profiles, 電気学会論文誌 E, 131, 7 (2011) 270-271.

K.17 A. An, M. Esashi and T. Ono : Piezoresistive silicon microresonator for measurements of hydrogen adsorption in carbon nanotubes, Jap. J. Appl. Phys., 51, 11 (2012) 116601 (4pp).

K.18 J. Yang, T. Ono and M. Esashi : Surface effects and high quality factor in ultrathin single-crystal silicon cantilevers, Applied Physics Letters, 77, 23 (2000) 3860-3862.

K.19 J. Yang, T. Ono and M. Esashi : Energy dissipation in submicrometer thick single-crystal silicon cantilevers, J. of Microelectromechanical Systems, 11, 6 (2002) 775-783.

K.20 T. Ono, D.F. Wang and M. Esashi : Time dependence of energy dissipation in resonating silicon cantilevers in ultrahigh vacuum, Applied Physics Letters, 83, 10 (2003) 1950-1952.

K.21 T. Ono and M. Esashi : Effect of ion attachment on mechanical dissipation of a resonator, Applied Physics Letters, 87, 4 (2005) 044105 (3pp).

K.22 X. Li, T. Ono, R. Lin and M. Esashi : Resonance enhancement of micromachined resonators with strong mechanical-coupling between two degrees of freedom, Microelectronic Engineering, 65 (2003) 1-12.

K.23 T. Ono, H. Wakamatsu and M. Esashi : Parametrically amplified thermal resonant sensor with pseudo-cooling effect, J. of Micromech. Microeng., 15, 11 (2005) 2282-2288.

K.24 T. Ono, Y. Yoshida, Y. Jiang and M. Esashi : Noise-enhanced sensing of light and magnetic force based on a nonlinear silicon microresonator, Applied Physics Express, 1 (2008) 123001 (3pp).

K.25 J. Feng, X. Ye, M. Esashi and T. Ono : Mechanically coupled synchronized resonators for resonant sensing applications, J. of Micromech. Microeng., 20, 11 (2010) 0115001 (5pp).

K.26 Y. Jiang, M. Esashi and T. Ono : Modeling and experimental analysis on the nonlinearity of single crystal silicon cantilevered microstructures, 電気学会論文誌 E, 131, 5 (2011) 195-196.

L.1 T. Ono, H. Miyashita and M. Esashi : Electric-field-enhanced growth of carbon nanotubes for scanning probe microscopy, Nanotechnology, 13 (2002) 62-64.

L.2 L.T.T. Tuyen, P.N. Minh, E. Roduner, P.T.D. Chi, T. Ono, H. Miyashita, P.H. Khoi and M. Esashi : Hydrogen termination for the growth of carbon nanotubes on silicon, Chemical Physics Letters, 415 (2005) 333-336.

L.3 T. Ono, S. Sugimoto, H. Miyashita and M. Esashi : Mechanical energy dissipation of multiwalled carbon nanotube in ultrahigh vacuum, Japn. J. of Appli. Phys., 42, Part 2, 6B (2003) L683-L684.

L.4 T. Ono, H. Miyashita and M. Esashi : Nanomechanical structure with integrated carbon nanotube, Jpn. J. of Appl. Phys., 43, 2 (2004) 855-859.

L.5 T. Tsukamoto, M. Esashi and S. Tanaka : Carbon-nanotube-enhanced thermal contactor in low contact pressure region, Japn. J. of Appl. Phys, 49 (2010) 070210 (3pp).

L.6 P.N. Minh, L.T.T. Tuyen, T. Ono, H. Mimura, K. Yokoo and M. Esashi : Carbon nanotube on a Si tip for electron field emitter, Japn. J. of Appl. Phys., 41 Part2, 12A (2002) L1409-L1411.

L.7 P.N. Minh, L.T.T. Tuyen, T. Ono, H. Miyashita, Y. Suzuki, H. Mimura and M. Esashi, Selective growth of carbon nanotubes on Si microfabricated tips and application for electron field emitters, J. Vac. Sci. Technol. B, 21, 4, (2003) 1705-1709.

L.8 J. Ho, T. Ono, C.H. Tsai and M. Esashi : Photolithographic fabrication of gated self-aligned parallel electron beam emitters with a single-stranded carbon nanotube, Nanotechnology, 19 (2008) 365601 (5pp).

L.9 P.N. Minh, T. Ono, N. Sato, H. Mimura and M. Esashi : Microelectron field emitter array with focus lenses for multielectron beam lithography based on silicon on insulator wafer, J. Vac. Sci. Technol. B, 22, 3 (2004) 1273-1276.

L.10 J.H. Bae, P.N. Minh, T. Ono and M. Esashi : Schottky emitter using boron-doped diamond, J. Vac. Sci. Technol. B, 22, 3 (2004) 1349-1352.

L.11 M.H. Mourad, K. Totsu, S. Kumagai, S. Samukawa and M. Esashi : Electron emission from indium tin oxide/silicon monooxide/gold structure, Japn. J. of Applied Physics. 44, 3 (2005) 1414-1418.

L.12 C.H. Tsai, T. Ono and M. Esashi : Fabrication of diamond Schottky emitter array by using electrophoresis pre-treatment and hot-filament chemical vapor deposition, Diamond and Related Materials, 16 (2007) 1398-1402.

L.13 W. Cho, T. Ono and M. Esashi : Proximity electron lithography using permeable electron window, Applied Physics Letters, 91 (2007) 044104.

L.14 H. Miyashita, E. Tomono, Y. Kawai, M. Esashi and T. Ono : Fabrication of Einzel lens array with one-mask reactive ion etching process for electron micro-optics, Japn. J. of Appl. Phys, 50 (2011) 106503 (5pp).

L.15 Y. Tanaka, H. Miyashita, M. Esashi and T. Ono : An optically switchable emitter array with carbon nanotubes grown on a Si tip for multielectron beam lithography, Nanotechnology, 24 (2012) 015203 (6pp).

M.1 P.N. Minh, T. Ono, S. Tanaka, K. Goto and M. Esashi : Near-field recording with high optical throughput aperture array, Sensors and Actuators A, 95 (2002) 168-174.

M.2 D.W. Lee, T. Ono, T. Abe and M. Esashi : Microprobe array with electrical interconnection for thermal imaging and data storage, J. of Microelectromechanical Systems, 11, 3 (2002) 215-219.

M.3 D.W. Lee, T. Ono and M. Esashi : Electrical and thermal recording techniques using a heater integrated microprobe, J. Micromech. Microeng., 12, 6 (2002) 841-848.

M.4 S. Yoshida, T. Ono, S. Oi and M. Esashi : Reversible electrical modification on conductive polymer for proximity probe data storage, Nanotechnology, 16 (2005) 2516-2520.

M.5 S. Yoshida, T. Ono and M. Esashi : Conductive polymer patterned media for scanning multiprobe data storage, Nanotechnology, 18 (2007) 505302 (5 pp).

M.6 S. Yoshida, T. Ono and M. Esashi : Formation of a flat conductive polymer film using template-stripped gold (TSG) surface and surface-graft polymerization for scanning multiprobe date storage, e-Journal of Surface Science and Nanotechnology, 6 (2008) 202-208.

M.7 S. Yoshida, T. Ono and M. Esashi : Conductive polymer patterned media fabricated by diblock copolymer lithography for scanning multiprobe data storage, Nanotechnology, 19 (2008) 475302 (9 pp).

M.8 S. Yoshida, T. Ono and M. Esashi : Deposition of conductivity-switching polyimide film by molecular layer deposition and electrical modification using scanning probe microscope. Micro & Nano Letters, 5, 5 (2010) 321-323.

M.9 S. Yoshida, T. Ono and M. Esashi : Local electrical modification of a conductivity-switching polyimide film formed by molecular layer deposition, Nanotechnology, 23 (2011) 3353302 (9 pp).

M.10 S. Yoshida, S. Fujinami and M. Esashi : Investigation of mechanical and tribological properties of polyaniline brush by atomic force microscopy for scanning probe-based data storage, e-J. Surf. Sci. Nanotech., 11 (2013) 53-59.

M.11 H. Takahashi, A. Onoe, T. Ono, Y. Cho and M. Esashi : High-density ferroelectric recording using diamond probe by scanning nonlinear dielectric microscopy, Japn. J. of Applied Physics., 45, 3 A (2006) 1530-1533.

M.12 H. Takahashi, T. Ono, A. Onoe, Y. Cho and M. Esashi : A diamond-tip probe with silicon-based piezoresistive strain guage for high-density data storage using scanning nonlinear dielectric microscopy, J. of Micromech. Microeng., 16, 8 (2006) 1620-1624.

M.13 H Takahashi, Y. Mimura, S. Mori, M. Ishimori, A. Onoe, T. Ono and M. Esashi, The fabrication of metallic tips with a silicon cantilever for probe-based ferroelectric data storage and their durability experiments, Nanotechnology, 20, 6 (2009) 365201 (6 pp).

M.14 T. Ono, A. Wada and M. Esashi, Silicon micromachined tunable infrared polarizer, 電気学会論文誌 E, 121, 3 (2001) 119-123.

M.15 T. Ono, C.C. Fan and M. Esashi : Micro instrumentation for characterizing thermoelectric properties of nanomaterials, J. of Micromech. Microeng., 15, 1 (2005) 1-5.

M.16 Y. Ahn, T. Ono and M. Esashi : Si multiprobes integrated with lateral actuators for independent scanning probe applications, J. of Micromech. Microeng., 15, 6 (2005) 1224-1229.

M.17 T. Ono, K. Iwami and M. Esashi : Micromachined optical near-field bow-tie antenna probe with integrated electrostatic actuator, Japn. J. of Applied Physics. 44, 14 (2005) L445-L448.

M.18 K. Iwami, T. Ono and M. Esashi : Optical near-field probe integrated with self-aligned bow-tie antenna and electrostatic actuator for local field enhancement, J. of Microelectromechanical Systems, 15, 3 (2006) 1201-1208.

M.19 K. Iwami, T. Ono and M. Esashi : A new approach for terahertz local spectroscopy using microfabricated scanning near-field probe, Japn. J. of Applied Physics, 47, 10 (2008) 8095-8097.

M.20 K. Iwami, T. Ono and M. Esashi : Design and fabrication of a scanning near-field microscopy probe with integrated zinc oxide photoconductive antennas for local terahertz spectroscopy, Sensors and Materials, 22, 3 (2010) 135-142.

M.21 T. Ono, C. Konoma, H. Miyashita, Y. Kanamori and M. Esashi : Pattern transfer of self-ordered structure with diamond mold, Japn. J. of Appl. Phys., 42, Part 1, 6B (2003) 3867-3870.

N.1 徐 敦，江刺正喜，大友雅彦，松尾正之：バレルシフタ用ICの試作，昭和59年電気関係学会東北支部連合大会，2D22 (1984).

N.2 江刺正喜，松尾正之：IC化プロービングヘッドの設計，電気関係学会東北支部連合大会，2D-14 (1985).

N.3 徐 敦，江刺正喜，松尾正之：体内埋込みテレメトリシステム用CMOSカスタムLSIの試作，医用電子と生体工学，25，2 (1987) 128-134.

N.4 H. Seo, M. Esashi and T. Matsuo : Manufacture of custom CMOS LSI for an implantable multipurpose biotelemetry system, Frontiers of Medical and Biological Engineering, 1, 4 (1989) 319-329.

N.5 S. Shoji, T. Nisase, M. Esashi and T. Matsuo : Fabrication of an implantable capacitive type pressure sensor, Digest of Technical Papers, The 4 th Int.Conf. on Solid State Sensors and Actuators (Transducers'97) (1987) 305-308.

N.6 江刺正喜，大高章二，松尾正之：高温用集積回路と高温用圧力センサの試作，電子通信学会半導体トランジスタ研究会，SSD86-57 (1986) 67-74.

N.7 M. Esashi and Y. Matsumoto : Common two lead wires sensing system, Digest of Technical Papers Transducers' 91 (1991) 330-333.

N.8 江刺正喜，大友雅彦：機能試験用LSIテスタの製作，昭和59年電気関係学会東北支部連合大会，2D21 (1984).

N.9 江刺正喜，増田篤司，松尾正之：LSI設計用CADシステム，電気関係学会東北支部連合大会，2D13 (1985).

O.1 M. Esashi and S. Tanaka : Heterogeneous integration by adhesive bonding, Micro and Nano Systems Letters, 1, 3 (2013) 1-10.

O.2 M. Esashi and S. Tanaka : Integrated microsystems, Advances in Science and Technology, 81 (2013) 55-64.
O.3 M. Esashi and S. Tanaka : Stacked integration of MEMS on LSI, Micromachines, 7, 137 (2016) pp15.
O.4 江刺正喜，田中秀治 : LSI上MEMSによるヘテロ集積化，エレクトロニクス実装学会誌，20，6 (2017) 372-375.
O.5 室山真徳，巻幡光俊，松崎栄，山田整，山口宇唯，中山貴裕，野々村裕，田中秀治，江刺正喜 : 割込み型触覚センサシステムのためのLSI設計，電気学会論文誌E，129，12 (2009) 450-460.
O.6 室山真徳，巻幡光俊，中野芳宏，松崎栄，山田整，山口宇唯，中山貴裕，野々村裕，藤吉基弘，田中秀治，江刺正喜 : ロボット全身分布型触覚センサシステム用LSIの開発，電気学会論文誌E，131，8 (2011) 302-309.
O.7 中野芳宏，室山真徳，巻幡光俊，田中秀治，松崎栄，山田整，中山貴裕，山口宇唯，野々村裕，藤吉基弘，江刺正喜 : MEMS-LSI集積化デバイスを用いた触覚センサネットワークシステム開発のための模擬ネットワークシステムの試作，電気学会論文誌E，132，9 (2012) 288-295.
O.8 M. Makihata, S. Tanaka, M. Muroyama, S. Matsuzaki, H. Yamada, T. Nakayama, U. Yamaguchi, K. Mima, Y. Nonomura, M. Fujiyoshi and M. Esashi : Integration and packaging technology of MEMS-on-CMOS capacitive tactile sensor for robot application using thick BCB isolation layer and backside-grooved electrical connection, Sensors and Actuators A, 188 (2012) 103-110.
O.9 巻幡光俊，室山真徳，中野芳宏，中山貴裕，山口宇唯，山田整，野々村裕，船橋博文，畑良幸，田中秀治，江刺正喜 : CMOS-MEMS集積化触覚センサの検査・修正・実装技術，電気学会論文誌E，133，6 (2013) 243-249.
O.10 巻幡光俊，室山真徳，中野芳宏，中山貴裕，山口宇唯，山田整，野々村裕，船橋博文，畑良幸，田中秀治，江刺正喜 : 35Mbps非同期バス通信型触覚センサシステムの開発，電気学会論文誌E，134，9 (2014) 300-307.
O.11 M. Makihata, M. Muroyama, S. Tanaka, T. Nakayama, Y. Nonomura and M. Esashi : Design and fabrication technology of low profile tactile sensor with digital interface for whole body robot skin, Sensors, 18 (2018) 2374 (14pp).
O.12 K.Y. Inoue, S. Matsudaira, R. Kubo, M. Nakano, S. Yoshida, S. Matsuzaki, A. Suda, R. Kunikata, T. Kimura, R. Tsurumi, T. Shioya, K. Ino, H. Shiki, S. Satoh, M. Esashi and T. Matsue : LSI-based amperometric sensor for bio-imaging and multi-point biosensing, Lab on a Chip, 12 (2012) 3481–3490.
O.13 K.Y. Inoue, M. Matsudaira, M. Nakano, K. Ino, C. Sakamoto, Y. Kanno, R. Kubo, R. Kunikata, A. Kira, A. Suda, R. Tsurumi, T. Shioya, S. Yoshida, M. Muroyama, T. Ishikawa, H. Shiku, S. Satoh, M. Esashi and T. Matsue : Advanced LSI-based amperometric sensor array with light-shielding structure for effective removal of photocurrent and mode selectable function for individual operation of 400 electrodes, lab on a chip, 15 (2015) 848 – 856.
O.14 T. Hayasaka, S. Yoshida, K.Y. Inoue, M. Nakano, T. Matsue, M. Esashi, and S. Tanaka :

Integration of boron-doped diamond microelectrode on CMOS-based amperometric sensor array by film transfer technology, J. of Microelectromechanical Systems, 24, 4 (2015) 958-967.

O.15 K. Matsuo, M. Moriyama, M. Esashi and S. Tanaka : Low-voltage PZT-actuated MEMS switch monolithically integrated with CMOS circuit, Technical Digest IEEE MEMS 2012 (2012) 1153-1156.

O.16 A. Kochhar, T. Matsumura, G. Zhang, R. Pokharel, K. Hashimoto, M. Esashi, and S. Tanaka : Monolithic fabrication of film bulk acoustic resonators above integrated circuit by adhesive-bonding-based film transfer, 2012 IEEE Int. Ultrasonics Symp. (2012) 295-298.

O.17 K. Hikichi, K. Seiyama, M. Ueda, S. Taniguchi, K. Hashimoto, M. Esashi and S. Tanaka : Wafer-level selective transfer method for FBAR-LSI integration, 2014 IEEE Int. Frequency Control Symp. (2014) 246-249.

O.18 S. Tanaka, K.D. Park and M. Esashi : Lithium-niobate-based surface acoustic wave oscillator directly integrated with CMOS sustaining amplifier, IEEE Trans. on Ultrasonics, Ferroelectrics and Frequency Control, 59, 8 (2012) 1800-1805.

O.19 S. Tanaka, M. Yoshida, H. Hirano and M. Esashi : Lithium niobate SAW device hetero-transferred onto silicon integrated circuit using elastic and sticky bumps, 2012 IEEE Int. Ultrasonics Symp. (2012) 1047-1050.

O.20 K.D. Park, M. Esashi and S. Tanaka : Preparation of thin lithium niobate layer on silicon wafer for wafer-level integration of acoustic devices and LSI, 電気学会論文誌 E, 130, 6 (2010) 236-241.

O.21 T. Matsumura, M. Esashi, H. Harada and S. Tanaka : Multi-band radio-frequency filter fabricated using polyimide-based membrane transfer bonding technology, J. of Micromech. Microeng., 20, 9 (2010) 095027 (9pp).

O.22 N. Ikegami, T. Yoshida, A. Kojima, H. Ohyi, N. Koshida and M. Esashi, Active-matrix nanocrystalline Si electron emitter array for massively parallel direct-write electron-beam system : first results of the performance evaluation, J. Micro/Nanolith. MEMS MOEMS, 11, 3 (2012) 031406.

O.23 A. Kojima, N. Ikegami, T. Yoshida, H. Miyaguchi, M. Muroyama, H. Nishino, S. Yoshida, M. Sugata, S. Cakir, H. Ohyi, N. Koshida and M. Esashi : Development of maskless electron-beam lithography using nc-Si electron-emitter array, Proc. SPIE Alternative Lithography Technologies V, 8680 (2013) 868001-868017.

O.24 N. Ikegami, N. Koshida, A. Kojima, H. Ohyi, T. Yoshida and M. Esashi : Active-matrix nanocrystalline Si electron emitter array with a function of electronic aberration correction for massively parallel electron beam direct-write lithography : electron emission and pattern transfer characteristics, J. Vac. Sci. Technol. B, 31, 6 (2013) 06F703 (8pp).

O.25 西野仁，吉田慎哉，小島明，池上尚克，田中秀治，越田信義，江刺正喜：超並列電子線描画装置のためのピアース型ナノ結晶シリコン電子源アレイの作製，電気学会論文誌 E，134，6 (2014) 146-153.

O.26 N. Koshida, A. Kojima, N. Ikegami, R. Suda, M. Yagi, J. Shirakashi, H. Miyaguchi, M. Muroyama, S. Yoshida, K. Totsu and M. Esashi : Development of ballistic hot electron emitter and its applications to parallel processing ; active-matrix massive direct-write lithography in vacuum and thin films deposition in solutions, J. Micro/Nanolith. MEMS MOEMS, 14.3 (2015) 031215 (7 pp).

O.27 宮口裕，室山真徳，吉田慎哉，池上尚克，小島明，金子亮介，戸津健太郎，田中秀治，越田信義，江刺正喜：超並列電子線描画用 LSI の設計と評価，電気学会論文誌 E，135，10 (2015) 374-381.

O.28 M. Esashi, A. Kojima, N. Ikegami, H. Miyaguchi and N. Koshida : Development of massively parallel electron beam direct write lithography using active-matrix nanocrystalline-silicon electron emitter arrays, Microsystems & Nanoengineering, 1 (2015) 15029 (8 pp).

O.29 宮口裕，室山真徳，吉田慎哉，池上尚克，小島明，田中秀治，江刺正喜：17 × 17 並列電子源駆動システムの開発，電気学会論文誌 E，136，9 (2016) 413-419.

O.30 A. Kojima, N. Ikegami, H. Miyaguchi, T. Yoshida, R. Suda, S. Yoshida, M. Muroyama, K. Totsu, M. Esashi and N. Koshida : Simulation analysis of a miniaturized electron optics of the massively parallel electron-beam direct write（MPEBDW）for multi-column system, Proc. SPIE 10144, Emerging Patterning Technologies, 101440 L (2017) 10 pp.

O.31 M. Esashi, H. Miyaguchi, A. Kojima, N. Ikegami, N. Koshida, M. Sugata and H. Ohyi : Development of massive parallel electron beam write system, Proc. of SPIE, 11178 (2019) 111780 B (4 pp).

O.32 M. Esashi, H. Miyaguchi, A. Kojima, N. Ikegami, N. Koshida, and H. Ohyi : Development of a massively parallel electron beam write（MPEBW）system: aiming for the digital fabrication of integrated circuits, Japn. J. of Applied Physics 61, SD0807 (2022) 1-19.

P.1 江刺正喜，仲野陽：シリコン－シリコン低温陽極接合，電子情報通信学会論文誌 C-II，J72，2 (1989) 181-183.

P.2 白井稔人，江刺正喜：陽極接合による回路損傷，電気学会センサ技術研究会，ST-92-7 (1992) 9-17.

P.3 庄司康則，南和幸，江刺正喜：歪の少ない陽極接合，電気学会論文誌 A，115，12 (1995) 1208-1213.

P.4 K. Rajanna, S. Tanaka, T. Itoh and M. Esashi : Reaction bonding of microstructured silicon carbide using polymer and silicon film, Materials Science Forum, 457-460 (2004) 1527-1530.

P.5 佐藤史朗，福士秀幸，江刺正喜，田中秀治：酸化防止層に Sn を用いた低温 Al-Al 熱圧着ウェハレベル真空封止接合の研究，電気学会論文誌 E，136，6 (2016) 237-243.

P.6 佐藤史朗，福士秀幸，田中秀治，江刺正喜：低温 Al-Al 熱圧着ウェハレベル真空封止接合における薄膜 Sn 層の役割，電気学会論文誌 E，137，12 (2017) 432-437.

P.7 S. Satoh, H. Fukushi, M. Esashi and S. Tanaka : Comprehensive die shear test of silicon packages bonded by thermocompression of Al layers with thin Sn capping or insertions, Micromachines, 9, 174 (2018) 13 pp.

P.8 H. Seki, T. Ono, Y. Kawai and M. Esashi : Bonding of a Si microstructure using field-

assisted glass melting, J. of Micromech. Microeng., 18, 8 (2008) 085003 (5 pp).
P.9 M. Esashi : Encapsulated micro mechanical sensors, Microsystem Technologies, 1, 1 (1994) 2-9.
P.10 M. Esashi : Wafer-level packaging, equipment made in house, and heterogeneous integration, Sensors and Materials, 30, 4 (2018) 683-691.
P.11 H. Henmi, S. Shoji, Y. Shoji, K. Yoshimi and M. Esashi : Vacuum packaging for microsensors by glass-silicon anodic bonding, Sensors and Actuators A, 43 (1994) 243-248.
P.12 南和幸，森内昭視，江刺正喜：封止されたマイクロメカニカルデバイスのダンピング制御，電気学会論文誌 E, 117, 2 (1997) 109-116.
P.13 X. Li, T. Abe, Y. Liu and M. Esashi : Fabrication of high-density electrical feed-throughs by deep-reactive-ion etching of Pyrex glass, J. of Microelectromechanical Systems, 11, 6 (2002) 625-629.
P.14 C. Chang, T. Abe and M. Esashi : Glass etching assisted by femtosecond pulse modification, Sensors and Materials, 15, 3 (2003) 137-145.
P.15 T. Abe, X. Li and M. Esashi : Endpoint detectable plating through femtosecond laser drilled glass wafers for electrical interconnections, Sensors and Actuators A. 108 (2003) 234-238.
P.16 S. Matsuzaki, S. Tanaka and M. Esashi : Anodic bonding between LTCC wafer and Si wafer with Sn-Cu-based electrical connection, Electronics and Communications in Japan, 95, 4 (2012) 189-194.
P.17 毛利護，江刺正喜，田中秀治：LTCC基板によるMEMSウェハレベルパッケージング技術，電気学会論文誌 E, 132, 8 (2012) 246-253.
P.18 S. Tanaka, M. Mohri, T. Ogashiwa, H. Fukushi, K. Tanaka, D. Nakamura, T. Nishimori and M. Esashi : Electrical interconnection in anodic bonding of silicon wafer to LTCC wafer using highly compliant porous bumps made from submicron gold particles, Sensors and Actuators A, 188 (2012) 198-202.
P.19 Y.C. Lin, W.S. Wang, L.Y. Chen, M.W. Chen, T. Gessner and M. Esashi : Nanoporous gold for MEMS packaging applications, 電気学会論文誌 E, 133, 2 (2013) 31-36.
P.20 W.S. Wang, Y.C. Lin, T. Gessner and M. Esashi : Fabrication of nanoporous gold and the application for substrate bonding at low temperature, Japn. J. of Applied Physics, 54 (2015) 030215 (7 pp).

Q.1 S. Shoji, M. Esashi and T. Matsuo : A new three-dimensional lithographic technique and its applications to the fabrication of micro probe sensors, The 4th Int. Conf. on Solid State Sensors and Actuators (Transducers'87) (1987) 91-94.
Q.2 S. Watanabe, M. Esashi and Y. Yamashita : Fabrication methods for high aspect ratio microstructures, J. of Intelligent Material Systems and Structures, 8, 2 (1997) 173-176.
Q.3 K. Sawa and M. Esashi : Micromolding of disposable polymer parts for medical diagnostics, Technical Digest of the 18 th Sensor Symposium, D1-3 (2001) 229-232.
Q.4 P.N. Minh, T. Ono, Y. Haga, K. Inoue, M. Sasaki, K. Hane and M. Esashi : Batch fabrication

of microlens at the end of optical fiber using self-photolithography and etching technique, Optical Review, 10, 3 (2003) 150-154.

Q.5 K. Totsu and M. Esashi : Gray-scale photolithography using maskless exposure system, J. Vac. Sci. Technol. B, 23, 4 (2005) 1487-1490.

Q.6 K. Totsu, K. Fujishiro, S. Tanaka and M. Esashi : Fabrication of three-dimensional microstructure using maskless gray-scale lithography, Sensors and Actuators A, 131 (2006) 387-392.

Q.7 K.S. Chang, S. Tanaka and M. Esashi : A micro-fuel processor with trench-refilled thick silicon dioxide for thermal isolation fabricated by water-immersion contact photolithography, J. of Micromech. Microeng., 15, 9 (2005) S171-S178.

Q.8 古澤俊夫，南和幸，江刺正喜：厚い高分子膜のスピンコートにおける厚み均一性の向上，第15回「センサの基礎と応用」シンポジウム 講演概要集（和文速報），L1-3 (1997) 67.

Q.9 V.K. Singh, M. Sasaki, K. Hane and M. Esashi : Flow condition in resist spray coating and patterning performance for three-dimensional photolithography over deep structures, Japn. J. of Appl. Phys., 43, 4B (2004) 2387-2391.

Q.10 高橋智一，巻幡光俊，江刺正喜，田中秀治：アルカリウェットエッチング用レジストの評価と応用，電気学会論文誌 E，130，9 (2010) 421-425.

Q.11 S. Yoshida, T. Kobayashi, M. Kumano and M. Esashi : Conformal coating of poly-glycidyl methacrylate as lithographic polymer via initiated chemical vapor deposition, J. Micro/Nanolith. MEMS MOEMS, 11, 2 (2012) 023001 (p.7).

Q.12 柳田秀彰，吉田慎哉，江刺正喜，田中秀治：MEMS 用難除去高分子材料のオゾンエッチング，電気学会論文誌 E，131，3 (2011) 122-127.

Q.13 S. Yoshida, H. Yanagida, M. Esashi and S. Tanaka : Simple removal technology of chemically stable polymer in MEMS using ozone solution, J. Microelectromechanical Systems, 22, 1 (2013) 87-93.

Q.14 S. Yoshida, M. Esashi and S. Tanaka : Development of UV-assisted ozone stream etching and investigation of its usability for SU-8 removal, J. Micromech. Microeng. 24, 3 (2014) 035007 (8 pp).

Q.15 K. Minami, Y. Wakabayashi, M. Yoshida, K. Watanabe and M. Esashi, YAG laser-assisted etching of silicon for fabricating sensors and actuators, J. of Micromech. and Microeng., 3, 2 (1993) 81-86.

Q.16 杉原正久，南和幸，江刺正喜：連続紫外レーザによる高速 CVD を利用したマイクロアセンブリ，電気学会論文誌 E，117，1 (1997) 3-9.

Q.17 A.B. Randles, B.J. Pokines, S. Tanaka and M. Esashi : Deep structures wet etching into lithium niobate using a physical mask, Int. J. of Computational Eng. Sci., 4, 3 (2003) 497-500.

Q.18 A.B. Randles, M. Esashi and S. Tanaka : Etch stop process for fabrication of thin diaphragms in lithium niobate, Japn. J. of Applied Physics, 46, 45 (2007) L1099-L1101.

Q.19 A.B. Randles, M. Esashi and S. Tanaka : Etch rate dependence on crystal orientation of lithium niobate, IEEE Trans. on Ultrasonics, Ferroelectrics, and Frequency Control, 57, 11

(2010) 2372-2380.
Q.20 松村武，江刺正喜，原田博司，田中秀治：高周波MEMSのためのルテニウム微小電極パターンの作製法，電気学会論文誌E，132，4(2012) 71-76.
Q.21 M. Takinami, K. Minami and M. Esashi : High-speed directional low-temperature dry etching for bulk silicon micromachining, Technical Digest of the 11th Sensor Symposium (1992) 15-18.
Q.22 M. Esashi, M. Takinami, Y. Wakabayashi and K. Minami : High-rate directional deep dry etching for bulk silicon micromachining, J. of Micromech. and Microeng., 5, 1 (1995) 5-10.
Q.23 S. Kong, K. Minami and M. Esashi : Fabrication of reactive ion etching systems for deep silicon machining, 電気学会論文誌E , 117, 1 (1997) 10-14.
Q.24 K. Murakami, K. Minami and M. Esashi : High aspect ratio fabrication method using O_2 RIE and electroplating, Micro System Technologies, 1, 3 (1995) 137-142.
Q.25 X. Li, T. Abe and M. Esashi : Deep reactive ion etching of Pyrex glass using SF_6 plasma, Sensors and Actuators A, 87 (2001) 139-145.
Q.26 L. Li, T. Abe and M. Esashi : Smooth surface glass etching by deep reactive ion etching with SF_6 and Xe gases, J. Vac. Sci. Technol. B, 21, 6 (2003) 2545-2549.
Q.27 S. Tanaka, K. Rajanna, T. Abe and M. Esashi : Deep reactive ion etching of silicon carbide, J. Vac. Sci. Technol. B, 19, 6, (2001) 2173-2176.
Q.28 T. Abe, Y.G. Hong and M. Esashi : Highly selective reactive-ion etching using CO/NH_3/Xe gases for microstructuring of Au, Pt, Cu, and 20% Fe-Ni, J. Vac. Sci. Technol. B, 21, 5 (2003) 2159-2162.
Q.29 D.F. Wang, A. Takahashi, Y. Matsumoto, K.M. Itoh, Y. Yamamoto, T. Ono and M. Esashi : Magnetic mesa structures fabricated by reactive ion etching with CO/NH_3/Xe plasma chemistry for an all-silicon quantum computer. Nanotechnology, 16 (2005) 990-994.
Q.30 Y. Tao and M. Esashi : Local formation of macroporous silicon through a mask, J. of Micromech. Microeng., 14 (2004) 1411-1415.
Q.31 Y. Tao and M. Esashi : Macroporous silicon-based deep anisotropic etching, J. of Micromech. Microeng., 15, 4 (2005) 764-770.
Q.32 T. Ohno, S. Tanaka and M. Esashi : Fabrication of deep silicon microstructures by the combination of anodization and p^{++} etch stop, IEEJ Trans. on Electrical and Electronic Engineering, 5, 4 (2010) 493-497.

R.1 K. Takashima, K. Minami, M. Esashi and J. Nishizawa : Laser projection CVD using the low temperature condensation method, Applied Surface Science, 79/80 (1994) 366-374.
R.2 杉原正久，南和幸，江刺正喜：連続紫外レーザによる高速CVDを利用したマイクロアセンブリ，電気学会論文誌E，117，1(1997) 3-9.
R.3 C. Chang, T. Abe and M. Esashi : Trench filling characteristics of low stress TEOS/ozone oxide deposited by PECVD and SACVD, Microsystem Technologies, 10, 2 (2004) 97-102.
R.4 M. Kumano, S. Tanaka, K. Hikichi and M. Esashi : Development of ALD system to deposit

Y, Ba and Zr complex metal oxide using alkyl amidinate compound precursors for micro SOFC, 10th Power MEMS 2010 (2010) 239-242.

R.5 S. Neethirajan, T. Ono and M. Esashi : Characterization of catalytic chemical vapor deposited SiCN thin film coatings, International Nano Letters, 2, 4 (2012) 5pp.

R.6 鈴木康久，田中秀治，畠山庸平，江刺正喜：MEMSのためのSiC両面CVD装置の開発，電気学会論文誌E，132，5(2012) 114-118.

R.7 Y. Suzuki, K. Totsu, H. Watanabe, M. Moriyama, M. Esashi and S. Tanaka : Low-stress epitaxial polysilicon process for micromirror devices, 電気学会論文誌E, 133, 6 (2013) 223-228.

S.1 S. Wang, J.F. Li, X. Li and M. Esashi : Processing of PZT microstructures, Sensors and Materials, 10, 6 (1998) 375-384.

S.2 S. Wang, J.F. Li, R. Watanabe and M. Esashi : Fabrication of lead zirconate titanate microrods for 1-3 piezocomposites using hot isostatic pressing with silicon molds, J. American Ceramic Soc., 82, 1 (1999) 213-215.

S.3 S. Wang, J.F. Li, K. Wakabayashi, M. Esashi and R. Watanabe : Lost silicon mold process for PZT microstructures, Advanced Materials, 11, 10 (1999) 873-876.

S.4 J.F. Li, S. Wang, K. Wakabayashi, M. Esashi and R. Watanabe : Properties of modified lead zirconate titanate ceramics prepared at low temperature (800°C) by hot isostatic pressing, J. American Ceramic Soc., 83, 4 (2000) 955-957.

S.5 S. Wang, X. Li, K. Wakabayashi and M. Esashi : Deep reactive ion etching of lead zirconate titanate using sulfur hexafluoride gas, J. American Ceramic Soc., 82, 5 (1999) 1339-1341.

S.6 H. Matsuo, Y. Kawai, S. Tanaka and M. Esashi : Investigation for (100)-/(001)-oriented Pb(Zr, Ti)O_3 films using platinum nanofacets and $PbTiO_3$ seeding layer, Japn. J. of Appl. Phys, 49 (2010) 061503 (4pp).

S.7 J.W. Lee, Y. Kawai, S. Tanaka, Y.C. Lin, T. Gessner and M. Esashi : Fabrication of freestanding Pb(Zr, Ti)O film microstructures using Ge sacrificial layer, Japn. J. of Applied Physics, 51, 2 (2012) 021502 (3pp).

S.8 J.W. Lee, Y. Kawai, S. Tanaka and M. Esashi : Determination of the orientations and microstructure of Pb(Zr, Ti)O films fabricated on different substrate structures, Sensors and Materials, 24, 7 (2012) 413-418.

S.9 S. Yoshida, H. Hanzawa, K. Wasa, M. Esashi and S. Tanaka : Highly c-axis-oriented monocrystalline Pb(Zr, Ti)O_3 thin films on Si wafer prepared by fast cooling immediately after sputter deposition, IEEE Trans. on Ultrasonics, Ferroelectrics and Frequency Control, 61, 9 (2014) 1552-1558.

S.10 日野龍之介，松村武，江刺正喜，田中秀治：ECRプラズマを用いてスパッタ堆積したAlN薄膜の応力制御，電気学会論文誌E，130，11(2010) 523-527.

S.11 S. Tanaka, S. Sugimoto, J.F. Li, R. Watanabe and M. Esashi : Silicon carbide micro-reaction-sintering using micromachined silicon molds, J. of Microelectromechanical Systems, 10, 1 (2001) 55-61.

S.12 J.F. Li, S. Sugimoto, S. Tanaka, M. Esashi and R. Watanabe : Manufacturing silicon carbide microrotors by reactive hot isostatic pressing within micromachined silicon molds, J. American Ceramic Soc., 85, 1 (2002) 261-263.

S.13 J.F. Li, S. Sugimoto, S. Tanaka, R. Watanabe and M. Esashi : Manufacturing miniature Si-based ceramic rotors by micro reaction sintering, Key Engineering Materials, 224-226 (2002) 703-708.

S.14 T. Itoh, S. Tanaka, J.F. Li, R. Watanabe and M. Esashi : Silicon-carbide microfabrication by silicon lost molding for glass-press molds, J. of Microelectromechanical Systems, 15, 4 (2006) 859-863.

S.15 Y. Izawa, Y. Tsurumi, S. Tanaka, H. Kikuchi, K. Sueda, Y. Nakata, M. Esashi, N. Miyanaga and M. Fujita : Debris-free laser-assisted low-stress dicing for multi-layered MEMS - separation method of glass layer -, 電気学会論文誌 E, 128, 3 (2008) 91-96.

S.16 Y. Izawa, Y. Tsurumi, S. Tanaka, H. Kikuchi, K. Sueda, Y. Nakata, M. Esashi, N. Miyanaga and M. Fujita : Debris-free high-speed laser-assisted low-stress dicing for multi-layered MEMS. 電気学会論文誌 E, 129, 3 (2009) 63-68.

S.17 鶴見洋輔，井澤友策，福士秀幸，吉田実，江刺正喜，宮永憲明，田中秀治，藤田雅之：積層MEMSのためのパルスレーザー支援デブリスフリー低ストレスダイシング技術，レーザー研究, 37, 5 (2009) 384-388.

S.18 M. Fujita, Y. Izawa, Y. Tsurumi, S. Tanaka, H. Fukushi, K. Sueda, Y. Nakata, M. Esashi and N. Miyanaga : Debris-free low-stress high-speed laser assisted dicing for multi-layered MEMS, 電気学会論文誌 E, 130, 4 (2010) 118-123.

S.19 K. Minami, H. Tosaka and M. Esashi : Optical in-situ monitoring of silicon diaphragm thickness during wet etching, J. of Micromech. and Microeng., 5, 1 (1995) 41-46.

S.20 C. Cabuz, K. Fukatsu, T. Kurabayashi, K. Minami and M. Esashi : Microphysical investigation on mechanical structures realized in p+ silicon, IEEE J. of Micromechanical Systems, 4, 3 (1995) 109-117.

S.21 R. Hajika, S. Yoshida, Y. Kanamori, M. Esashi and S. Tanaka : An investigation of the mechanical strengthening effect of hydrogen anneal for silicon torsion bar, J. Micromech. Microeng. 24, 10 (2014) 105014 (11 pp).

S.22 平野栄樹，M. Rasly，N. Kaushik，江刺正喜，田中秀治：MEMS構造に損傷を与えないパーティクル除去方法，電気学会論文誌 E, 133, 5 (2013) 157-163.

T.1 江刺正喜：オープンコラボレーションという独自の考え方でMEMSを開発しています，O plus E. 24, 12 (2002/12) 1330-1334.

T.2 江刺正喜：実験・試作装置活用術 －自作するメリット，Inter Lab., 101 (2007/3) 9-12.

T.3 江刺正喜：産業活性化に向けて（マイクロセンサや低侵襲医療ツールの研究経験から），生体医工学, 46, 3 (2008) 330-332.

T.4 江刺正喜：マイクロシステム研究の経験から考える工学教育，工学教育, 56, 6 (2010) 95-100.

T.5 江刺正喜：若手エンジニアへのメッセージ，振動を利用したMEMSデバイスに関するワークショップ（立命館大学）(2012/11/16).

T.6 K. Totsu, M. Moriyama, Y. Suzuki and M. Esashi : Accelerating MEMS development by open collaboration at hands-on-access fab, Tohoku University, Sensors and Materials, 30, 4(2018) 701-711.

T.7 江刺正喜 : MEMS分野の動向 －MEMSの例、MEMSビジネスの工夫，クリーンテクノロジー，33，11(2023) 1-5.

第2章　産業創出の課題と対応

大学で研究教育に関係していましたが、産業につながる形で直接社会に貢献したいと考えてきました。半導体微細加工を用いて高付加価値の部品をつくるMEMS（Micro Electro Mechanical Systems）の分野が専門なので、それを例に産業創出の課題と対応について自分の考えを述べたいと思います。以下ではMEMS分野でどのようにして産業化が行われてきたか、世界や日本の動きとそれぞれの工夫などを紹介します（2.1 産業化と産業支援）。また設備を共用して無駄な設備投資をせずに有効活用する方法（2.2 設備の共用と使いやすくする工夫）、多様な技術を融合する方法(2.3 多様な知識へのアクセスと情報提供）について述べます。また既存のものを使うだけでなく新しいものを生み出して、役立つことにチャレンジするような人材を育成する試み（2.4 人材育成）などを紹介します。技術の進歩により分野が細分化していく中で、幅広い知識を持ち協力し合ってニーズに対応し、産業の活性化につなげることが目的です。参考にして頂ければ幸いです。

2.1　産業化と産業支援

高密度集積回路（LSI）の分野で、微細化の流れはMore Mooreと呼ばれて1.5年ごとに2倍程、大体10年で100倍程の割合で高密度（高集積化）し、これが半世紀以上続いてきました[1)]。半世紀で10^{10}（100億）倍ということになりますが、この異常な進歩はフォトマスクの多数のパターンをSiウェハ上などに一括転写して製作できることが要因といえます。1964年に米国のTexas Instruments社の社長P.Eハガティ(Patric E. Haggerty)は、将来数社で生産することになると予測しました[2)]。標準化して大量生産することにより設備投資を回収して大きくなり続け、競争に勝った少数の企業だけで生産が行われることになります。また巨大化に伴い、設計の

「ファブレス」、前工程（ウェハプロセス）受託の「ファウンドリ」、後工程（組立）受託の「OSAT（Outsourced Semiconductor Assembly and Test）」と分業化が進んできました[3)]。

これに対してLSI以外のMEMSを含む様々な多機能化の流れはMore than Mooreと呼ばれます。こちらは多様な技術を融合させるため、標準化できずに開発がボトルネックになります。

LSIは主にファウンドリにおいて標準化されたプロセスで作られ、また乗り合いでMPW（Multi Project Wafer）としての試作・生産も可能です。これに対してMEMSは多様で個別のプロセスになるため、試作や生産にいろいろな設備と知識が必要で、乗り合いのウェハで作るにも限界があります。共用の設備を用いたり、設備を相互に利用し合ったり、ある工程を請け負ってもらうなどの協力関係が重要になります。MEMSの開発や生産を請け負うとき、特に少量生産などの場合は採算が合わないことが多くあります。スマートホンなどで大量に使われる安価なMEMSから、製造・検査や医療・バイオなどに使われるような高付加価値でも少量のMEMSまで、製品に多様性がありますので、そのための特色ある取り組みを見ていきたいと思います。

米国では、1960年代頃からスタンフォード大学でMEMSの研究が始まり、その後カリフォルニア大学バークレイ校（UC Berkeley）などの大学や、Analog Devices社やTexas Instruments社などの大企業、またMEMS関連のスタートアップ企業などがこの分野を牽引してきました。

はじめに米国の大企業のMEMSから説明します。1985年にHewlett Packard社は熱型インクジェットプリンタヘッドを発表し[4)]、その後多くの会社が熱型（図3.7.18参照）だけでなく圧電型（図3.7.17参照）などを商品化してきました。

1991年にAnalog Devices社では、自動車のエアバッグのため衝突を検出する加速度センサを商品化しました（図3.9.4参照）[5)]。これは容量検出用の集積回路上にpoly Siで作られた容量型加速度センサを搭載したもので、自動車事故による死亡者数を減少させました。この集積化容量型加速度センサは、LSI上にリンガラス（PSG）とpoly Siを重ね、下のPSGを除去してpoly Siの可動部を形成する「表面マイクロマシニング」と呼ばれる技術で製作されますが、この技術はカリフォルニア大学のバークレイ校で開発されました。このようにして回路上にMEMSを形成するには、下の集積回路を壊さないでMEMSを作る必要があり、製作時の温度などが制限されます。

1999年にTexas Instruments社ではLSI上に微小ミラーを100万個ほど形成したミラーアレイで、ミラーを静電引力で高速に動かすDMD（Digital Micromirror Device）を発表しました（図1.1.7参照）[6]。これではミラーの可動部における材料の疲労が問題になり、これにアモルファス金属（$TiAl_3$ + O）を使うことで解決しましたが、商品化まで20年程かかりました[7]。ミラーで高速に光をOn/Offさせ、時分割で各画素の明るさを表現するDLP（Digital Light Processing）と呼ばれる技術が使われています。これはプロジェクタなどに使用され、映画館では90%以上がフィルム映画からこのような高解像度のディジタルシネマと呼ばれるものに置き換わっています（図3.8.16参照）。

2002年に米のAgilent Technologies社からMEMSによる薄膜バルク音響共振子FBAR（film bulk acoustic resonator）が発表されました（図1.1.5参照）[8]。圧電膜（AlN）の厚さで共振周波数が決まるため、ウェハ上でAlN膜を目的の均一な厚さに形成する必要があり、この課題を解決して実現に至りました。同社から分離したAvago社がその後Broadcom社となって商品化しています。ワイヤレス通信などで大量に用いられ、2021年にMEMS分野ではドイツのRobert Bosch社に次ぐ2位の売り上げになっています[9]。以上のように米国企業は、それぞれ難題を解決してMEMSを実用化してきました。

この他大企業以外にも多くのMEMS企業が活躍しています。2002年よりイリノイ州イサカにあるKnowles社はスマートホンなどのマイクロホンを供給しています[10]。2006年よりカリフォルニア州サニベールにあるSiTime社は、周波数源として水晶発振器の代わりになるSi発振器を商品化しました（図 3.5.11 参照）。これではエピシールと呼ばれる技術を用い、Si チップ内の真空空洞に静電力で動く Si 共振子が作られています[11]。2007 年よりカリフォルニア州サンノゼにある InvenSense 社は加速度・角速度センサなどの慣性センサを商品化し（図 3.9.10 参照）[12]、2016 年に TDK ㈱に買収され TDK-InvenSense 社となりました。この他にもカリフォルニア大学デービス校で指紋検出用の超音波センサアレイを開発しましたが[13]、これによる Chirp Microsystem 社も TDK ㈱に買収されています。この他最近の例では圧電スピーカーの xMEMS などもあります。これらの中には製造ラインを持たない会社もあり、後に述べるスウェーデンの Silex Microsystems 社をはじめ台湾の TSMC 社などがファウドリとして、MEMS の受託生産を行っています。

この他米国では試作開発などのため様々な試みが行われてきました。ある程度標準化された工程で、受託した MEMS の試作を乗り合いの MPW（Multi Project Wafer）として請け負う試みも行われました。これは 1993 年から国防高等研究計画局 DARPA（Defense Advanced Research Project Agency）の支援を受けてスタートし、1998 年に MUMPs（Multi-User MEMS Processes）というプログラムで商業化されましたが、LSI と異なり標準化しにくい MEMS では限界があります。

2004 年に SVTC（Silicon Valley Technology Center）という会社ができ、8 インチラインでカリフォルニア州サンノゼ、その後テキサス州オースティンでも、LSI とは異なる多様な半導体デバイスの試作や受託生産を行なっていましたが、2012 年 10 月に閉鎖されました。多様化に対応しながら採算を合わせるのは容易ではありません。

カリフォルニア州にある A.M. Fitzgerald & Associates 社は 2003 年に創立され、技術戦略のコンサルティングや設計から試作までを行って量産ファウンドリに移行させる支援をしています。ここでは主に大学の設備を使って試作するコンパクトな形で行っています[14]。

カナダでは、アルバータ州エドモントンに MEMS ファウンドリ Teledyne Micralyne 社があります。1986 年にスタートしたアルバータ大学（Univ. of

Alberta）のプロジェクトをベースに、1998年にMicralyne社が設立され、標準的なプロセスをプラットフォームにして発展し2019年にTeledyne社に買収されています。Teledyne社はこの他オンタリオ州ウォータールーにある産業用映像機器のDALSA社を2010年に買収し、これはTeledyne DALSA社というMEMSファウンドリになっています。

欧州では、公的研究機関（ドイツのフラウンホーファ（Fraunhofer）研究機構（FhG）、フランスのグルノーブルにあるMINATEC、ベルギーのiMEC（Interuniversity Micro Electronics Center）、フィンランドのVTT、スイスのCSEM、オーストリアのSilicon Austria Labsなど）が、大学の成果などの完成度を上げて企業とつなぎ、スタートアップ企業の育成などにも貢献しています。また産業界からの委託研究を受けることでニーズに応える形で貢献しています。小さな内部応力で厚くできるエピタキシャルpoly Si（Epi-poly Si）膜がスウェーデンのウプサラ大学、フラウンホーファ研究機構などが関わって実現されました[15)]。またフィンランドのVTTでは、周波数源として使用するSi共振子の共振周波数の温度依存性に関する基礎研究などを行っています[16)]。このように欧州ではリスクをかけられる大学や研究機関が企業からの課題を担って基盤技術などに貢献しています。

欧州の大企業ではRobert Bosch社がMEMSを大きく展開し、2021年に世界のMEMS企業で最大の売り上げを達成しており[9)]、2026年からは300mmウェハでMEMS量産を計画しています。イタリア・フランスのSTMicroelectronics社は自社製品を作りながらMEMSファウンドリも運営しています。これらの会社では上で述べたエピタキシャルpoly Si（Epi-poly Si）膜を、自動車用ジャイロ（図3.9.8参照）や小形の3軸角速度センサ[17)]などに使用しています。ポリSi貫通配線を強みとするスウェーデンのSilex Microsystems社が、専業のMEMSファウンドリとしては最大の売り上げを達成しております[9)]。容量型加速度センサの自前製品を持つスイスのSafran Colibrys社や、LSIメーカから発展したドイツのX-fab Silicon Foundries社などのMEMSファウンドリもあります。この他のMEMS関連企業で、厚膜SOI（Silicon On Insulator）に強みを持つフランスのTronic's Microsystems社は、MEMSファウンドリとして慣性センサの自前生産もしておりましたが、2016年にTDK㈱に買収されてTDK Tronics社となりました。またフィンランドのVTI Technologies Oy社は容量型加速度センサなどを製造してましたが、2012年5月に㈱村田製作所に買収されてMurata Electronics Oy社となっています。

アジアについては、シンガポールの公的研究機関IME（Institute of Micro Electronics）がMEMS試作を受託して、開発したものを台湾のTSMC（Taiwan Semiconductor Manufacturing Co.）社で生産する例などが見られます。IMEはフラウンホーファ研究機構などの欧州の公的研究機関と同様に（この2.1節の最後に説明）、企業資金を得ることを通して産業界のニーズを知るとともに、政府補助金を使って採算の合いにくい試作サービスを可能にしています[18]。台湾ではTSMC社以外に、APM（Asia Pacific Microsystems）社などのMEMSファウンドリもあります。中国では政府が半導体部品関係を後押しして、SIMIT（Shanghai Institute of Microsystem and Information Technology）などの研究機関で開発・少量生産を行い、また8インチラインを有するMEMSファウンドリなどもあります。

日本のMEMSの産業化を見ると、1990年頃までわが国のMEMSは世界の一翼を担っていました。例としては、㈱豊田中央研究所で開発されたピエゾ抵抗型の圧力センサ（図3.9.2参照）が1980年代に自動車のエンジン制御に使われ、排気ガス対策に貢献しました[19]。1987年に横河電機㈱では振動型圧力センサ（図3.9.3参照）を開発し、現在も生産し続けています[20]。またSiを深くエッチングするためRobert Bosch社で開発されたBoschプロセスによるDeep RIE（Deep Reactive Ion Etching）[21]の装置を住友精密工業㈱が1995年に製品化しMEMS分野に大きく貢献しました[22]。2000年頃からグローバル化が進み、日本では企業内での開発が弱体化して、新たにMEMSを始めた多くの会社が正しく判断できずに、外部から持ち込まれた技術を安易に取り入れて失敗しました。同じピエゾ抵抗型3軸加速度センサを数社以上が作るという2006年頃の異常な状況は日本企業の弱さを象徴しており[23)]、関わったほとんどの企業はこの分野から撤退しました。容量型に比べてピエゾ抵抗型は、消費電力が大きいため携帯機器などには使えません。日本企業は2010年頃から、海外ベンチャ企業などとM&Aで提携することで開発力の弱さをカバーするように変わってきました。日本のMEMSファウンドリは2005年頃に公的資金にも支えられて生まれましたが、自社向けデバイスを優先したためほとんど撤退し[24)]、世界における地位が相対的に低下してきました[25)]。しかし日本のMEMSも、MEMSマイクロホンなどをMEMSファウンドリとして供給しているソニーセミコンダクタマニュファクチャリング㈱、またMEMSマイクロホンを自ら製造しながら海外のMEMSファウンドリも使って供給する日清紡マイクロデバイス㈱、スマートホン用の磁気コンパス（図3.9.11参照）を製造する旭化成㈱、光技術をベースにしたMEMSの試作・製造工場を持つ浜松ホトニクス㈱、装置（Deep RIE）からMEMSデバイス（リングジャイロ）やMEMSファウンドリ（㈱シリコンセンシングシステムズジャパン）まで繋げて展開している住友精密工業㈱、この他最近の例では非鉛のKNN（$(K, Na)NbO_3$）による圧電膜を成膜したウェハを住友化学㈱が供給しています。中古の設備を用い、また費用の掛かる設備は持たずに東北大学の「試作コインランドリ」も使いながら、採算が合いにくいMEMS試作を請け負う㈱メムス・コア（2.2でも触れますが、「4.ベンチャ企業の創出と運営」で本間孝治が説明）など、特徴あるMEMSビジネスもあります。

以上、それぞれの地域での特色ある取り組みを見てきましたが、米国では株主優先化、技術の進化やグローバル化などで、1990年代初頭に米国企業が基礎研究から撤退し、日本の大企業も中央研究所を閉鎖しました。1982年に「スモールビジネスイノベーション開発法」が米国でスタートし、イノベーションは自由度の高いスタートアップ企業に任せる方向のプログラムで新しいIT企業などを生み出してきました。このプログラムでは未来産業創造に向けた課題の提示や、公的支援および製品を調達して市場創造につなげる支援などを行ってきました[26)]。欧州では公的研究機関が研究費のある割合を企業からの委託研究で得る仕組みがあるため社会のニーズを知り、また大学と企業の間をつないでニーズに応え試作品の完成度を上げて産業に結び付けており、先に紹介したエピタキシャル poly Si（Epi-poly Si）の場合のようにリスクをかけられる大学や公的研究機関が企業からの課題を担うなどの努力をしています。これに対して日本では公的研究機関や大学に産業界の問題点が伝わらないため、製品につながる研究は少なく、ニーズに応えたスモールビジネスなども生まれにくい状況にあります。組織間の壁を低くし、現状を改善して新技術が産業に結び付くよう努力していく必要があります。また大学などでは形式的に論文の数で研究を評価する傾向があり、一連の試作設備がそろってなくても開発でき、採択されやすい新しさだけのテーマを選定することも問題です。企業でもアイデアを実現するために設備投資をするわけにはいかず、しかし設計試作の経験を持たないで外部委託するとほとんど失敗します。このような課題を解決するため企業が人材を派遣し、教えられながら自分で試作開発を行う「試作コインランドリ」が東北大学に作られており、また展示室で実際の MEMS を見たり（図 2.3.5 参照）、集積された広い知識・情報を活用できるようにしてあります（図 2.3.1 と図 2.3.2 参照）。本誌の「5. 大学の産業創出拠点」で戸津健太郎が紹介する「試作コインランドリ」は、4/6 インチウェハ用の古い設備を用いて時間貸しで使うもので、今まで 300 社以上が利用しており、ここでは製品製作も認められています。この他つくばにある産業技術総合研究所には 8-12 インチウェハを処理できる共用施設 MNOIC（MicroNano Open Innovation Center）があり、受託開発などを行っています。また文部科学省マテリアル先端リサーチインフラ（ARIM（Advanced Research Infrastructure for Materials and Nano-technology in Japan））が全国の大学や研究機関の先端共用設備を提供し、そこで収集された実験データを利活用可能な形で蓄積することが行なわれています。

このような課題について、日経 BP 社による“MEMS テクノロジー”の 2006 年版[28] や 2007 年版[29] および 2008 年版[30] や 2009 年度版[31] などを参考にして頂きたいと思います。

以下では、センサ・MEMSで成功するビジネスと失敗するビジネスについて具体例を紹介しながら述べてみたいと思います。

成功するビジネス

① 競争力のある技術を有する場合

・DMDのミラーアレイを材料から開発したTexas Instruments社（米）

・エピシールでMEMS発振器を開発したSiTime社（米）

・MEMSを形成した蓋をLSI上にAl-Ge共晶接合し、スマートホン用の集積化加速度・角速度センサを提供するInvensense社（米）（現在TDK-Invensense社（日米））

・FBARのAlN膜厚制御やパッケージングを追求したBroadcom社（米）

② 大学・公的研究機関・企業のコラボレーション

・カリフォルニア大学バークレイ校→Analog Devices社（米）
表面マイクロマシニングによる集積化加速度センサ

・ウプサラ大学（スウェーデン）→フラウンホーファ研究機構（独）→STMicroelectronics社（伊，仏）やRobert Bosch社（独）Epi-poly Siの加速度センサやジャイロ

・米国のベンチャ企業など →IME（シンガポール）→TSMC社（台湾）他

③ 設備投資を最小限にして協力し合う場合

・大学などの設備を利用するA. M. Fitzgerald and Associations合同会社（米）

・譲り受けた設備をベースに、大学の施設も利用する㈱メムス・コア（日本）

・大学の施設を発展させたMicralyne社（現在Teledyne Micralyne社）（カナダ）

④ 得意な分野を持ち、システムの要素として展開するセンサ・MEMS

・光関係で強みを持ちセンサ・MEMSを自社生産する㈱浜松ホトニクス（日本）

失敗するビジネス

① 市場が見えてから参入する場合

② 外部から持ち込まれる技術を安易に取り込む場合

・2006年頃に数社以上が試みて撤退した「ピエゾ抵抗型3軸加速度センサ」の例[23)]

③ 大きくし過ぎたビジネス

・2004年から2012年のSVTC社（米）

④ 目先の公的支援に頼った無節操なビジネス

・2005年頃の公的資金による日本のMEMSファウンドリが自社向きデバイスを優先し撤退[24)]（成功しているピュアファウンドリの例、Silex Microsystems（スウェーデン）、TSMC（台湾））

以下では、産業界の人たちとの活動による、産業創出を支援するプログラムを紹介します。

SEMICON Japanと呼ばれる半導体関係の装置や材料などの展示会が、東京ビッグサイトで開催されています。1996から毎年「SEMIマイクロシステム/MEMSセミナー」という講演会を行ってきました。現在は戸津健太郎が代表となりSTS（Semiconductor Technology Symposium）の中でSmartセンシング/MEMSデバイスセッションとして続いています。2006年に第10回記念イベントとして製作した「MEMS携帯ストラップ」の写真や製作工程を、図2.1.1に示します。これは東京エレクトロン㈱の円城寺啓一氏の発案により、図のように国内のMEMS関連企業がボランティアとして協力し合って製作したものです[32)]。このように企業間で協力し合ってMEMSデバイスを製作することもできます。

集積回路では、微細化による性能向上と同時に、今後はMEMSとのヘテロ集積化などによる多様化も大切です。しかし設備が必要でリスクをか

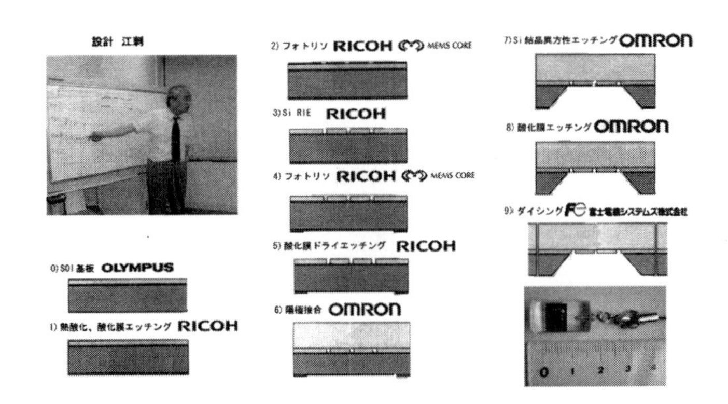

図 2.1.1　MEMS 関連企業の回り持ちで製作した MEMS 携帯ストラップ

けることにもなりますので、その開発は容易でありません。大学ではまとまった設備を維持できず、会社ではリスクをかけられません。上で述べたように将来の産業のネタに不足し、開発が容易な同じような製品に多くの企業が集中する傾向が特に日本ではあります。一般社団法人 日本経済連合会が関係した、文部科学省の科学技術振興調整費による「先端融合領域イノベーション創出拠点の形成」で「マイクロシステム融合研究開発拠点」というプロジェクト（代表 小野崇人）を、2007 年から 2016 年までやってきました[31]。図 2.1.2(a)には、「1.2.5 教授時代後期」で説明した LSI と MEMS をヘテロ集積化する、マイクロシステム融合研究開発拠点の構成を示してあります。これには競合しない複数の企業が参加し、同図(b)のように、台湾にある LSI ファウンドリの TSMC 社で製作した直径 8 インチ（20 cm）の乗り合い LSI ウェハを切り出し、直径 4 インチ（10 cm）のウェハにしてその上に MEMS を製作しました。

ハイテク技術は大量に使われるものでないと採算が合わずビジネスとして成り立ちにくいのですが、多品種少量生産でも採算が合うようにして必要なものを必要な数だけ供給する工夫が求められていると思います[33]。これには設備の有効利用だけでなく研究開発の効率化なども課題であり、競争だけでなく協力関係も重要です。日本の場合は、大学は文部科学省関

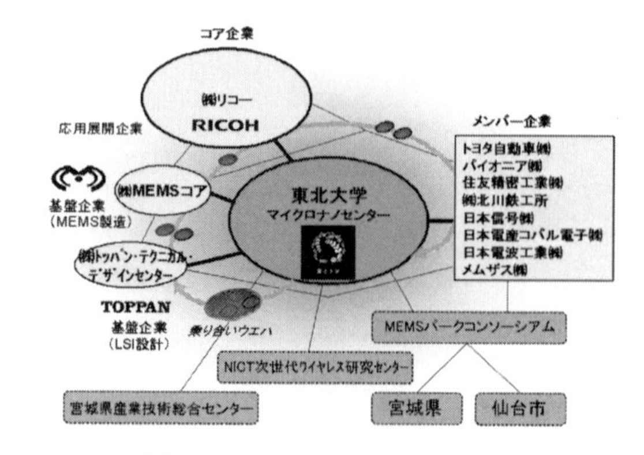

(a) マイクロシステム融合研究開発拠点

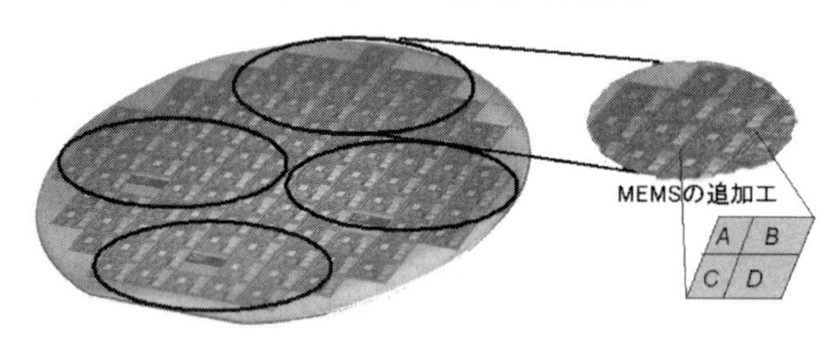

(b) LSI と MEMS をヘテロ集積化するための乗り合いウェハ

図 2.1.2　LSI と MEMS をヘテロ集積化するマイクロシステム融合研究開発拠点

係なのに対し、産業技術総合研究所は経済産業省と縦割り社会で、大部分を公的資金で運用するため、産業化に繋がりにくいことが課題です。また公的資金だけに依存すると予算獲得や評価などにばかり時間を費やすことになりがちです。

我々は国外から学ぶため連携も行っていて、図2.1.3にはドイツのフラウンホーファ研究機構との協力関係を示してあります。同機構では、72の研究所や研究ユニットをドイツ各地の大学などに点在させており、ここを通して大学の成果の完成度を上げ、効率よく産業に結び付けることなどが行われています[34)]。また1/3程の資金は企業からの委託研究で得る仕組みで、社会のニーズを知りインセンティブを持つ形になっています。同図

(a)のように当時の藤井黎仙台市長は、2005年にフラウンホーファ研究機構の本部を訪問し、仙台市とフラウンホーファ研究機構との友好協定を締結しました。それ以来毎年合同シンポジウム（フラウンホーファ in 仙台）（同図(b)）を開催してきました。2012年から東北大学に同機構のプロジェクトセンタが発足し、それ以来フラウンホーファ研究機構の人が常駐しています。公的研究機関で産業に結び付く研究が行われている欧州では、その技術を産業に生かしたいと思っており、また日本の企業は製品化のネタを探しているので、両者をつなぐ目的もあります。

この他ベルギーにあるiMECのアジア戦略連携校として2012年から共同セミナーなどを行いました。これでは充実した設備と人材のiMECと、自由度の高い東北大学とが補完的な関係で協力し合いました。

研究室での資金調達や特許の扱いについて述べます。「1.2 研究の経緯」で述べたように、大学院生時代に西澤先生の半導体研究所の自作設備を参考にして一連の半導体試作設備を製作することができたので、維持費もかからず自由度のある形で初期試作を中心とした研究を行うことができました。「1.2.4 教授時代前期」で説明した1990年から2008年頃は、毎年250回ほど会社からの訪問者の相談に乗っていました。図1.2.26で説明したように、会社から毎年10人ほどの受託研究員を受け入れてましたが、一社あたり300万円/年の研究費を頂いてましたのでそれが運転資金にな

(a) フラウンホーファ研究機構と仙台市の交流協定調印式（ミュンヘン）(2005/7)

(b) 第1回フラウンホーファシンポジウム in 仙台 (2005/10/19)

図2.1.3　フラウンホーファ研究機構（ドイツ）との協力関係

り、文部科学省からの科学研究費を頂いたときは装置を購入して新しいことを始めました。会社からの人たちは産業界からのニーズを先取りした形で試作開発を行い、学生や職員はベースとなる新しい技術を開発しましたが、研究室での成果はオープンな形で発表し合いました。会社の方が関わった特許は、会社と私が出願人となり、関わった人たちが発明者となって取得しましたが、申請や維持の費用は会社に出してもらい、製品化する場合は会社に自由に使ってもらいました。しかし製品化しない場合は研究室で活用させてもらい、別の会社で製品化されたものもあります。2004年に大学の独立行政法人化（独法化）に伴い、個人ではなく大学として特許を保有することなったので、それからは会社と大学の共願となりました。なおこの初期、会社が大学に社員を派遣して研究した特許も大学の単独出願とする動きが一時ありましたが（日本経済新聞2005/7/19の1面）、その後大学と会社の共願が認められました[35)]。

「1.2.5 教授時代後期」で説明したように、経済産業省からの依頼で産業技術総合研究所と協力して研究開発を行うことにしました。これをきっかけに、申請して大きな公的資金も使わせてもらうようにし、大規模集積回路（LSI）の上にMEMSを形成するヘテロ集積化の研究を実施しました。台湾のTSMCのようなファウンドリにLSIを発注しましたが、0.18 μm ルールの8インチLSIの場合にフォトマスク代が2,000万円、半ロット12枚のウェハ代が400万円かかり、これが0.13μm ルールの場合はこれらの2倍の費用が掛かります。このため最先端研究開発支援プログラム（FIRST）に応募して2009年より5年間実施しました。また小野崇人教授を中心として2008年から10年間、「マイクロシステム融合研究開発拠点」というプログラムを実施しましたが、これでは図2.1.2で説明したようにトヨタ自動車やリコーなどの競合しない国内11社による乗り合いウェハとして製作しました。この場合の特許の扱いについてトヨタ自動車から、複数の企業が関わる場合は大学で保有してほしいとの要望があり、パテントバスケットという形にして大学が申請や維持の費用を出して保有することにしました。

工学研究科を定年退職した2014年以降は、東北大学の「西澤潤一記念研究センター」に居て「マイクロシステム融合研究開発センター」に所属しています。次の「2.2 設備の共用と使いやすくする工夫」でも説明するように、ここには会社から派遣された人が一連の半導体設備を利用して試作開発を行う「試作コインランドリ」があり、これは利用料による独立採算に近い形で運用されています。この場合の特許関係は全てそれぞれの会社でやってもらいます。これらについては「5 大学の産業創出拠点」で戸津健太郎教授が説明します。

参考文献

1 G.E. Moore : Cramming more components onto integrated circuits, Electronics, (April 19/1965) 114-117 (G.E. Moore : Cramming more components onto integrated circuits, Proc. of the IEEE, 86, 1 (1998) 82-85).

2 P.E. Haggerty : Integrated electronics – a perspective (Section 1, Integrated electronics seen from different viewpoints), Proc. of the IEEE, 52, 12 (1964) 1400-1405 (日本語訳, F. Seitz and N.G. Einspruch : "シリコンの物語", 内田老鶴圃 (2000) 255-263).

4 C.V. Katen and T.R. Braun : An inexpensive, portable ink-jet printer family, Hewlett・Packard Journal, 36, 5 (1985) 11-20.

5 F. Goodenough : 表面マイクロマシーニング技術で自動車エアバッグ用加速度センサを量産へ, 日経エレクトロニクス, 540 (1991) 223-231. (F. Goodenough : Airbags boom when IC accelerometer sees 50 G, Electronic Design (1991/8/8) 7 pp).

6 L.J. Hornbeck : Digital light processing and MEMS : timely convergence for a bright future, Micromachining and Microfabrication' 95, Part of SPIE's Thermatic Applied Science and Engineering Series (1999) 3-21.

7 DLP－光を受け継ぐ者たち－, 日経エレクトロニクス, 919-925 (2005/2/28-2005/5/9).

8 R.C. Ruby, A. Barfknecht, C. Han, Y. Desai, F. Geefay, G. Gan, M. Gat and T. Verhoeven, High-Q FBAR filter in a wafer-level chip scale package, IEEE Int. Solid-State Circuit Conf. (ISSCC) (2002) 184-185.

9 服部毅のエンジニア論点, Semiconportal (2022/10/6), https://www.semiconportal.com/archive/blog/insiders/hattori/221006-memsrankign.html

10 P.V. Loeppert and S.B. Lee : SiSonicTM-the first commercialized MEMS microphone, Solid-State Sensors, Actuators, and Microsystems Workshop (2006) 27-30.

11 江刺正喜, J. McDonald, A. Partridge : Si技術を使ったMEMS発振器 水晶発振器の置き換えを狙う, 日経エレクトロニクス, 923 (2006/4/10) 125-134.

12 J. Seeger, M. Lim and S. Nasiri : Development of high-performance, high-volume consumer MEMS gyroscopes, Solid-State Sensors, Actuators, and Microsystems Workshop (2010) 61-64.

13 X. Jiang, H.Y. Tang, Y. Lu, X. Li, J.M. Tsai, E.J. Ng, M.J. Daneman, M. Lim, F. Assaderaghi, B.E. Boser and D.A. Horsley : Monolithic 591 × 348 ultrasonic fingerprint sensor, IEEE MEMS 2016 (2016) 107-110.

14 A.M. Fitzgerald, C.D. White and C.C. Chung : "MEMS product development : from concept to commercialization", Springer (2021).

15 K. Kirsten, B. Wenk, F. Ericson, J.Å. Schweitz, W. Riethmüller, P. Lange : Deposition of thick doped polysilicon films with low stress in an epitaxial reactor for surface micromachining applications, Thin Solid Films, 259, 2 (1995) 181-187.

16 A. Jaakkola, M. Prunnila, T. Pensala, J. Dekker and P. Pekko : Determination of doping and temperature dependent elastic constants of degenerately doped silicon from MEMS resonators, IEEE Trans. on Ultrasonics, Ferroelectrics, and Frequency Control, 61, 7 (2014) 1063–1074.

17 L. Prandi, C. Caminada, L. Coronato, G. Cazzaniga, F. Biganzoli, R. Antonello and R. Oboe : A low-power 3-axis digital-output MEMS gyroscope with single drive and multiplexed angular rate readout, 2011 IEEE ISSCC (2011) 104-105.

18 三宅常之：シンガポールが官民協力を加速，戦略的"研究"で知識集約を目指す，日経マイクロデバイス (2006/9) 86-87.

19 知久健夫　五十嵐伊勢美：半導体歪み計素子による二，三の測定，自動車技術，18, 9 (1964) 706-711.

20 K. Ikeda, H. Kuwayama, T. Kobayashi, T. Watanabe, T. Nishikawa and T. Yoshida : Silicon pressure sensor with resonant strain gages built into diaphragm, Tech. Digest of the 7th Sensor Symposium (1988) 55-58.

21 F. Laermer, A. Schilp, K. Funk and M. Offenberg : Bosch deep silicon etching : improving uniformity and etching rate for advanced MEMS applications, Proc. MEMS' 99 (1999) 57-60.

22 野沢善幸：Bosch型エッチャーによるシリコン深堀り技術，J. Vac. Soc. Jpn, 53, 7 (2010) 446-453.

23 <3軸加速度センサ> 3mm角製品が続々登場200円切りで普及が本格化，日経エレクトロニクス，(2006/9/11) 71-77.

24 医療MEMSで不況を乗り切る，日経マイクロデバイス (2009/2) 104-105.

25 撤退相次ぐMEMSマイクや加速度センサー，日経マイクロデバイス (2009/5), 80-81.

26 山口栄一：日本におけるイノベーションと科学の同時危機，応用物理 89, 8 (2020) 427-432.

27 和賀三和子：日本のMEMS研究には何が欠けているか，日経マイクロデバイス (2006/9), 71-77.

28 日経マイクロデバイス，日経エレクトロニクス共同編集："MEMSテクノロジー2006 －アプリケーションからデバイス，装置・部材まで－"，(2006) 日経BP社.

29 日経マイクロデバイス，日経エレクトロニクス共同編集："MEMSテクノロジー2007 －用途拡大・大量生産時代のアプリ，デバイス，装置・部材まで－"，(2007) 日経BP社.

30 日経マイクロデバイス，日経エレクトロニクス共同編集："MEMS Technology 2008

－イノベーションと異分野融合をもたらす－", (2008) 日経 BP 社.
31 日経マイクロデバイス，日経エレクトロニクス共同編集："MEMS Technology2009 － MEMS がもたらすイノベーションと異分野融合－", (2009) 日経 BP 社.
32 江刺正喜：MEMS コラボレーション，SEMI News (2007/11-12) 22-23.
33 江刺正喜：「必要な物を必要な数だけ作る」, Ricoh Technical Report, 25 (1999/11) 3-4.
34 フラウンホーファ日本代表部：フラウンホーファ研究機構 (2019).
35 「東北大での反乱に見るボタンの掛け違い」, 日経エレクトロニクス (2005/1/31) 98-104.

2.2　設備の共用と使いやすくする工夫

MEMSの開発には試作設備が必要です。大学は会社よりもリスクをかけられるので、設備を共用して完成度の高い研究開発を行えば、新しい産業に貢献できる可能性もあります。江刺は1970年代にISFET開発のため半導体プロセス装置を自作しました。この20mm角Siウェハプロセス用の施設を図1.2.21や図1.2.22で紹介しましたが、これは単純で全体の工程を経験でき、自由度も高いため初期試作用の共用施設に適しています。図2.2.1はMEMS開発などに使用している施設ですが、同図(a)はこの自作設備をベースとした「東北大学 機械・知能系共同棟クリーンルーム」です。

同図(b)は図1.2.23や図1.2.24で紹介したベンチャー・ビジネス・ラボラトリー（VBL）で、現在はマイクロ・ナノマシニング研究教育センター(マイクロ・ナノセンター（MNC)）と呼ばれています。多様な設備を利用でき、主に大学の研究室で共用されています。この施設を設置したとき、学外からは学内のどこかの研究室との共同研究のような形で利用して頂くことにしました。これは画一的なルールにしないで多様性を持たせるためで、筆者の研究室のようにオープンにして競争前の技術を共用してもらうこともできるし、また研究室によっては必要な機密保持契約などを結んで共同研究することもできるようにするためです。電子メールを利用して多くの利用者と情報交換ができることが共同利用に役立ちましたが、ラボラトリー長として利用者に考えを伝えた内容がIBMのユーザ誌の前書きに転載されました[1)]。使いたい人がいつでも使えるように、管理の都合からではなくユーザの立場から利用法を決めることが大切で、以前に登録しておいて利用申請するとか、講習会に出た人しか利用できないとかの制約を設けません。装置を使っている人と一緒に覚えてもらい、また使い方を教える人はメンテナンスなども含め詳細まで教えます。これによって装置を知っている人が複数いることになり、維持のための負荷を分散し、また卒業などで人が代わっても装置を継続して動かしていくことができます。設備はそれを提供した研究室でも利用料を支払い、最も使う人に管理者に

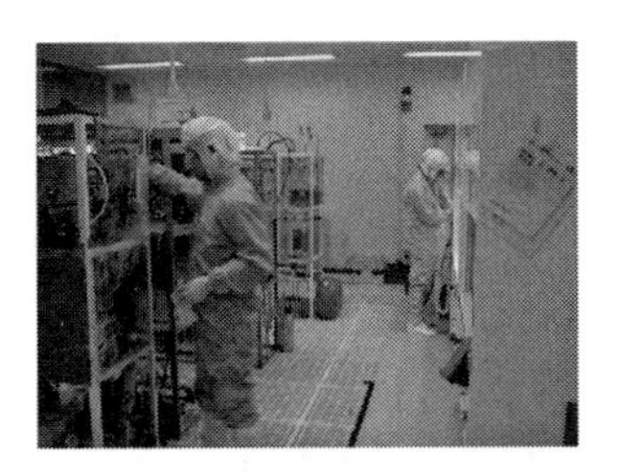

(a) 東北大学 機械・知能系共同棟クリーンルーム（初期試作）（自作設備がベース）

(b) 東北大学 マイクロ・ナノセンター（MNC）（多様な設備の共同利用）

(c) 東北大学 西澤潤一記念研究センター（試作コインランドリ）（試作開発・製品製作）（㈱トーキンの設備がベース）

(d) ㈱ MEMS コア（仙台市泉区）（開発請負）

図 2.2.1　MEMS 開発などに使用される施設

なってもらうなど、設備を共同利用するための工夫をしています。日本の大学では欧米の大学に比べ、このような共同利用があまり行われてきませんでした。

同図(c)は「5. 大学の産業創出拠点」で戸津健太郎が説明する、東北大学にある「マイクロシステム融合研究開発センター（μMIC）」という組織の、「西澤潤一記念研究センター」の建物です。ここでは大学に人材を派遣して、時間貸しの設備で試作開発や製品製作を行う「試作コインランドリ」が活用されています[2)]。

同図(d)は MEMS などの試作や工程の一部を請け負う㈱メムス・コアで、「4. ベンチャー企業の創出と運営」で、同社会長の本間孝治が詳しく紹介します。なお(c)や(d)の設備は半導体工場からもらい受けた 40 年ほど前の装置をベースにしています。

試作コインランドリがある東北大学の西澤潤一記念研究センターは、

「ミスター半導体」と呼ばれた東北大学元総長の西澤潤一先生が半世紀近く運営して半導体産業を支えて来られた、「財団法人 半導体研究振興会」の建物を利用しています。ここには豊富な場所があるため、外部からいろいろな設備をもらい受けて活用しており、特に学内の終了したプロジェクトや定年退職した教授の研究室の設備などを受け入れて利用してもらっています。ここには試作コインランドリとして使用する1,800 m^2 のクリーンルームの他にも広いクリーンルームがあります。大形の工作機械の他、ガラス加工や溶接、またウォーターレーザ加工やサンドブラスト加工などの設備、材料置場などのある工場も利用できます。この工場は学内の自動車を作るサークルなどに利用してもらっています。建物の3階に図2.2.2(a)の「プロトタイプラボ」と呼んでいるモノつくりの場があります。モノつ

(a) プロトタイプラボ

(b) 工具整理棚

(c) 真空部品整理棚

図2.2.2　プロトタイプラボ、工具整理棚および真空部品整理棚

くり関連のスタートアップ企業や中高生の実習などに広く利用してもらっています。簡単な工作機械や3Dプリンタなどがあり、同図(b)のような工具棚の工具の他、部品や測定機器などが探しやすく整理してあります。クリーンルームの下の部屋には装置や部品などを整理してあり、同図(c)は整理した真空部品の棚です。

図2.2.3は部品を分類した引出しとその内部の写真、およびそれらをExcelファイルのキーワード検索で探せるようにした表の一部です。また図2.2.4には、プロトタイププラボのある測定設計室内のレイアウト、および棚や引出しを検索するためのExcelファイルの一部を示してあります。

(a) 引出しの棚

(b) 引出し内部

棚(A~Z) 引出(1~100)		1	2	3	4	5
C1	電子機構部品 1	C1-1 みの虫クリップ	C1-2 バナナプラグ	C1-3 矢形プラグ	C1-4 クリップ・プラグ小	C1-5 端子(バナナソケット)
		C1-11 BNCコネクタ(2)	C1-12 BNCコネクタ(3)	C1-13 Nコネクタ	C1-14 SMCコネクタ	C1-15 マルチ端子コネクタ
		C1-21 センサ	C1-22 大形スイッチ	C1-23 小形スイッチ	C1-24 ロータリスイッチ	C1-25 つまみ
		C1-31 多回転ボリウム	C1-32 バーニアダイアル、多回転ダイアル	C1-33 リレー	C1-34 リードリレー	C1-35 テスタリード線 → C-46?
		C1-41 穴あきPC板	C1-42 ソケット付PC板	C1-43 Cu張PC板	C1-44 レタリングセット、仕切板	C1-45 スチロールコン(大)
		C1-51 大形電解コン	C1-52 ノイズ吸収部品	C1-53 フェライトコイル	C1-54 タイマ,圧電スイッチ→移動	C1-55 コア付コイル
C2	電子機構部品 2	C2-1 放熱部品	C2-2	C2-3	C2-4 74LS 00~99 IC	C2-5 74LS 100~ IC
		C2-11 アナログIC	C2-12 AD・DA、メモリIC、フォトカップラ	C2-13 マイクロプロセッサ、アクティブフィルタIC	C2-14 未整理IC	C2-15 電源用IC
		C2-21 電源アダプタ12V	C2-22 電源アダプタ15V, 19V 高電圧	C2-23	C2-24 未整理Tr	C2-25 電力用Tr
		C2-31 高速整流ダイオード	C2-32 大電流ダイオード	C2-33 整流用ダイオードブリッジ	C2-34 LED付SW	C2-35 LED
		C2-41	C2-42 ディジタルパネルメータ	C2-43 パワーコントローラ	C2-44 電子ブザー、電話着信センサ	C2-45 ディジタルパネルメータ
D1	抵抗 (5%)	D1-1 <1Ω	D1-2 1~9.9Ω	D1-3 10Ω	D1-4	D1-5
		D1-11 1kΩ	D1-12	D1-13	D1-14	D1-15 10kΩ
		D1-21	D1-22	D1-23 1MΩ	D1-24 10MΩ<,	
D2	抵抗 (1%)	D2-1 <1Ω	D2-2 1~9.9Ω	D2-3 10Ω	D2-4	D2-5
		D2-11 1kΩ	D2-12	D2-13	D2-14	D2-15 10kΩ
		D2-21	D2-22	D2-23 1MΩ	D2-24 10MΩ<,	
E1	注射針他	E1-1 注射器	E1-2 栓付ガラス容器1	E1-3 栓付ガラス容器2	E1-4 栓付ガラス容器3	E1-5 栓付ガラス容器4
		E1-11	E1-12	E1-13 テープ、リトマス試験紙	E1-14 ピセイン(エッチングマスク用黒ワックス)	E1-15
E2	絶縁カバー他	E2-1 熱電対絶縁管	E2-2 端子用ガイシ	E2-3 絶縁キャップ小	E2-4 絶縁キャップ中1	E2-5 絶縁キャップ中2
E3	圧着端子	E3-1 絶Y圧着端子1.25-3mm, 1.25-4mm	E3-2 Y圧着端子1.25-3mm, 1.25-3.5mm, 2-3.5mm	E3-3 Y圧着端子3.5-4mm, 5.5-4mm	E3-4 Y圧着端子1.25-5mm, 3.5-5mm, 8-5mm	E3-5 Y圧着端子 2-5mm, 5.5-6mm

(c) 引出しの分類表

IC名	機能	個数	引出No	MOS・ECL・フラットパッケージ
AN7824	電源 → -24V	1	A2-14	
79012P	電源 -12V 1A	1	A2-14	
9B	電源 -3V	5	A2-14	フラット
7905A	電源 -5V 1.5A	11	A2-14	
7906	電源 -6V	2	A2-14	
LM3940	電源 5V→3V 1A	1	A2-14	
48M033	電源 3.3V 0.5A	4	A2-14	
2933B	電源 3.3V 1A	10	A2-14	
LM3940	電源 → +3.3V	4		
78M05	電源 5V 1A	15	A2-14	
2940CT	電源 5V 1A	1	A2-14	
TA78L005	電源 5V 0.15A	9	A2-14	
48M05F	電源 5V 0.5A	1	A2-14	
2905B	電源 5V 1A	7	A2-14	
78DM05S	電源 5V	2	A2-14	
TA781	電源 → 5V, 12V	2		
7808	電源 8V	15	A2-14	
7809	電源 9V 1A	1	A2-14	
7810	電源 10V 1A	1	A2-14	
7812P	電源 12V 1A	7	A2-14	
7815	電源 15V	15	A2-14	
MC7HL15	電源 15V	20	A2-14	
7818	電源 18V	1	A2-14	
MC7824	電源 24V 1.5A	2	A2-14	
LM723	可変電源 2-37V	10	A2-14	
LM317	可変電源 1.2-37V 0.15A	15	A2-14	
μA78MG	電源 → +5V~+30V 可変	3		
M8930	可変電源 0.8-5V 0.3A	5	A2-14	
TL431	可変シャントレギュレータ	11	A2-14	
ML4815	スイッチングコントローラ 2A	1	A2-14	
MAU102	絶縁電源 5V → 5V	8	A2-14	
MAU106	絶縁電源 5V → ±5V	4	A2-14	

(d) 引出し内部の分類表（電源ICの例）

図2.2.3　部品を整理した引出しの写真、および引出しやその内部の分類表

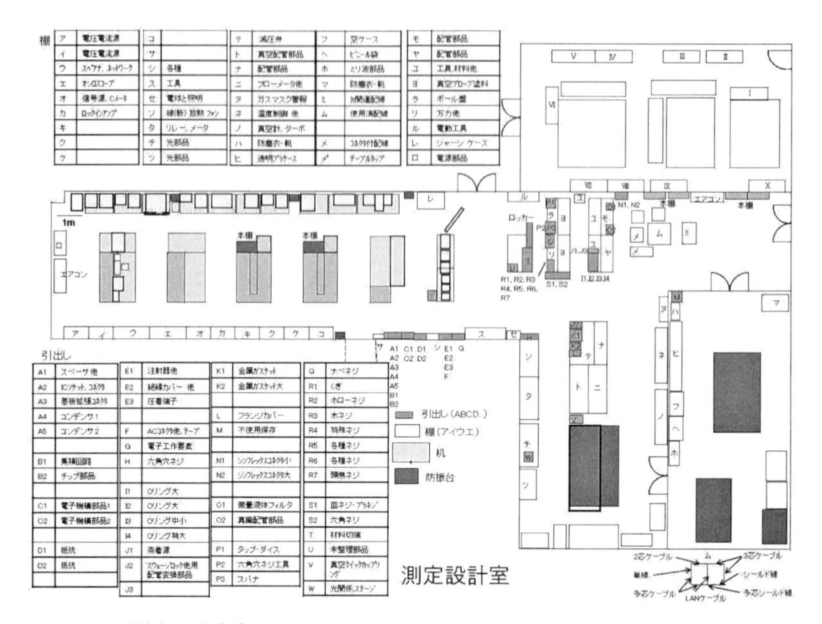

図 2.2.4 測定設計室内のレイアウト、および棚や引出しの検索用 Excel ファイル

参考文献

1 江刺正喜：創造性を発揮させるコラボレーション －組織の活力はやわらかな管理運営から生まれる－, IBM USERS, 440 (1998/12) 1-2.

2 K. Totsu, M. Moriyama, Y. Suzuki, M. Esashi : Accelerating MEMS development by open collaboration at hands-on-access fab, Tohoku University, Sensors and Materials, 30, 4 (2018) 701-711.

2.3　多様な知識へのアクセスと情報提供

専門分野が細分化する中で多様な技術を使いこなすには、幅広い知識を集積して効率よくアクセスできる必要があります。特に大学の役割として、適切な情報提供サービスを行えることが重要です。オープン化し最新の情報が集まるようにして整理し、相談に来た会社などに提供してきました。その場合に、会社の公開できない資料などは持ち帰ってもらいました。技術の歴史的経緯や問題点などをお伝えし、少し先のところから始めてもらうようにすると、企業活動には有効です。このため論文などを集めた文献ファイルを項目ごとに作成し、年代順に整理して探しやすくしてあります。図2.3.1は1,000冊ほどの文献ファイルを整理した棚の写真で、また図2.3.2は必要な文献ファイルをExcelのキーワード検索で探せるようにした表の一部です。

多くの会社の人が相談に来ていたので、この文献ファイルの棚や表は大変役に立って情報を提供して喜んで頂き、そのため図1.2.26で説明したように、多数の会社から受託研究員が派遣されておりました。研究室では会社からの人たちがニーズを持って研究開発してオープンに発表し合うことで学生を刺激してくれて、また研究室の成果を社会実装してくれたのが良かったと思っています。

図2.3.1　1,000冊ほどの文献ファイルを整理した棚の写真

A~W (B5)	ファイル名	File name
A1	フォトエッチング(1)露光	Photoetching (1) Exposure
A2	フォトエッチング(2)MEMS用露光	Photoetching (2) Exposure for MEMS
A3	フォトエッチング(3) マスクレス露光、マスク作製、マイクロニック、ナノシステムソリューション	Photoetching (3) Maskless exposure, Mask making, Microniclaser
(A4)	フォトエッチング(4)マスク作製	Photoetching (4) Mask making
(A5)	フォトエッチング(5)露光、レジスト	Photoetching (5) Exposure, Resist
A6	プログラマブル照明	Programmable exposure
A7	フォトエッチング(6)レジスト塗布、リフトオフ	Photoetching (6) Resist coating, Lift-off
A8	フォトエッチング(7)レジスト	Photoetching (7) Resist
A9	フォトエッチング(8)	Photoetching (8)
A20	エッチング液(1)	Etchant (1)
A21	エッチング液(2)	Etchant (2)
(A22)	エッチング液(3)	Etchant (3)
(A23)	エッチング液(4) プリント板 表	Etchant (4) Printed board, Tables
A25	シリコンエッチング(等方性)電気化学エッチ	Si etching (isotropic), Electrochemical
A30	シリコン結晶異方性エッチ(1) EPW, TMAH, ヒドラジン	Si unisotropic etching (1) EPW, TMAH, Hydrazine
A31	シリコン結晶異方性エッチ(2)KOH 表面荒れ	Si unisotropic etching (2) KOH, Surface roughness
A32	シリコン結晶異方性エッチ(3)コーナ補償	Si unisotropic etching (3) Corner compensation
(A33)	Si結晶異方性エッチング	Si unisotropic etching
A34	Ptエッチストップ、ガルバニックエッチストップ	p+ etchstop, Galvanic etchstop
A35	pnエッチストップ	pn etchstop
A40	STSのDeep RIE, CVD	STS deep RIE, CVD
A41	市販Deep RIEシステム(STS以外)	Commercial deep@ RIE system (except STS)
A42	RIE (1) SiのDeep RIE(欧州)	RIE (1) Si deep RIE (Europe)
A43	RIE (2) SiのDeep RIE(米国)	RIE (2) Si deep RIE (USA)
A44	RIE (3) SiのDeep RIE(日本、アジア)	RIE (3) Si deep RIE (Japan, Asia)
A45	RIE (4) 凸凹汚染、低温、モデリング、シミュレーション化、ガス残留物除去、スカロプス対策	RIE (4) Roughness, Low Temp., Modelling, Simulation, Scallops
A46	RIE (5) PZT、ポリイミド他 SF6、磁性体	RIE (5) PZT, Polyimide, Magnetic material etc., SF6
A47	RIE (6) 方式、装置	RIE (6) Equipment
A48	RIE (7) プラズマ発生(ICP、NLD他)	RIE (7) Generation of plasma (ICP, NLD etc.)

図 2.3.2　文献ファイルをキーワード検索できるようにしたExcelの表

図2.3.3はMEMS関連で書いた書籍です。同図(a)は作り方などのシーズから書いた『はじめてのMEMS』森北出版（2011）（230頁）[1]、(b)は応用分野のニーズから書いた『これからのMEMS-LSIとの融合』森北出版（2016）（151頁）[2]、(c)は月刊誌「トランジスタ技術」の別冊付録として書いたMEMSの入門書『半導体微細加工技術－MEMSの最新テクノロジー』CQ出版社（2020）(75頁)[3]、また(d)は英語版の専門書をエディタとして出版した『3D and Circuit Integration of MEMS』Wiley-VCH（2021）(544頁)[4] という本です。

この分野の系統的な集中講義をMEMSセミナーということで、各地で毎年3日間行ってきてます。今まで22回開催しましたが、図2.3.4に第4回以降の開催地や参加者数を示してあります。参加費は無料で、使用したパワーポイントの印刷物やCDなども無料で配布し、十分大きな部屋を用意して、参加申し込み不要で自由に受講していただいております。手間を省いて、講義内容を良くします。なおこれに要する費用は、後で説明する「MEMSパークコンソーシアム」から出して頂いております。

(a) シーズから書いた「はじめての MEMS」(2011) とニーズから書いた「これからの MEMS-LSI との融合 -」(2016)

目次

半導体微細加工技術
MEMSの最新テクノロジ

アナログウェア No.13

(b) MEMS の入門書「半導体微細加工技術 -MEMS の最新テクノロジー」(2020)

図 2.3.3　MEMS 関連で書いた書籍

Introduction
1 Overview (M. Esashi (Tohoku Univ.(Japan)))
System on chip
2. Bulk micromachining (X. Li (SIMIT(China)))
3. Enhanced bulk micromachining based on MIS process (X. Li (SIMIT(China)))
4. Epitaxial poly Si surface micromachining (M. Esashi (Tohoku Univ.(Japan)))
5. Poly SiGe surface micromachining (C. Low (TDK InvenSense Inc. (USA)))
6. Metal surface micromachining (M. Sasaki (Toyota Tech. Inst. (Japan)))
7. Heterogeneously integrated aluminum nitride MEMS resonators and filters (G. Piazza (Carnegie 8. MEMS using CMOS wafer (W. Fang (Nat. Tsing Hua Univ.(Taiwan)))
9. Wafer transfer (M. Esashi (Tohoku Univ.(Japan)))
10. Piezoelectric MEMS (T. Kobayashi (AIST(Japan))))
Mellon Univ. (USA)))
Bonding, sealing and interconnection
11. Anodic bonding (M. Esashi (Tohoku Univ.(Japan)))
12. Direct bonding, (H. Takagi (AIST (Japan)))
13. Metal bonding (J. Froemel (Tohoku Univ. (Japan)))
14. Reactive bonding (K. Vogel (Fraunhofer ENAS(Germany)))
15. Polymer bonding (F. Niklaus (KTH (Sweden)))
16. Soldering by local heating (L. Lin (U. C. Berkeley (USA)))
17. Packaging, sealing and interconnection (M. Esashi (Tohoku Univ.(Japan)))
18. Vacuum packaging (M. Esashi (Tohoku Univ.(Japan)))
19. Buried channels in monolithic Si (K. Maenaka (Univ. of Hyogo (Japan))
20. Through-substrate-vias (Z. Wang (Tsinghua University (China)))

(c) 専門書「3D and Circuit Integration of MEMS」(2021)

図 2.3.3　MEMS 関連で書いた書籍

第4回	2006年 8/23-25	東京	参加者	280名		
第5回	2007年 8/22-24	仙台	参加者	80名		
第6回	2008年 8/20-22	福岡	参加者	150名		
第7回	2009年 8/4-6	名古屋	参加者	100名		
第8回	2010年 8/5-7	つくば	参加者	211名		
第9回	2011年 8/9-11	京都	参加者	170名		
第10回	2012年 8/22-24	東京	参加者	226名		
第11回	2013年 8/7-9	筑波大	参加者	110名		
第12回	2014年 8/5-7	大阪	参加者	140名		
第13回	2015年 8/5-7	豊橋	参加者	161名		
第14回	2016年 8/3-7	仙台	参加者	116名		
第15回	2017年 7/31-8/2	川崎	参加者	181名		
第16回	2018年 8/2-4	名古屋	参加者	72名		
第17回	2019年 7/29-31	川崎	参加者	134名		
第18回	2020年 8/19-21	リモート	申込者	280名		
第19回	2021年 8/2-9	リモート	申込者	288名		
第20回	2022年 8/8-8/10	香川	現地参加	12名	Web参加	249名
第21回	2023年 8/8-8/10	北九州	現地参加	27名	Web参加	174名
第22回	2024年 8/21-8/23	仙台	現地参加	58名	Web参加	187名

図 2.3.4　3 日間の MEMS 集中講義

この他、サンプルなどを実際に見て頂けるように、図2.3.5に示す5部屋の展示室を設置してあります。また展示されているポスターなどはホームページから見ることができます[5)]。

「仙台MEMSショールーム」はMEMSのサンプルを説明書付きで展示してあり、講演会のための部屋としても使っています。代表的なMEMSの初期のサンプルなどもありますが、これは1999年にTransducers'99というこの分野の国際会議が仙台で行われ10回記念で展示会を開催した時、展示物を譲り受けて見てもらえるようにしたものです。

「近代技術史博物館」はエレクトロニクスの技術史に関する展示室で、本誌の「3. エレクトロニクスを中心とした近代技術史」の内容もこれに関係し、その展示物などは3の各節でも紹介します。ここにはエジソンの蓄音機（フォノグラフ）などの多くの装置やサンプル、書籍などを寄贈して頂きました。この部屋の中央部分は未来技術のコーナで、図1.2.35や図3.4.17でも説明する100×100アクティブマトリックス電子源を用いた超並列電子ビーム描画装置（プロトタイプ）や、市販されている静電浮上リニアモータの鉄道模型および静電浮上のランプを展示しております。

2012年まで「近代技術史」という集中講義を毎年3日間実施してきました。これは技術の流れや先人の工夫を知るだけでなく、幅広い分野を理解するのにも役立ちます。本誌の「3. エレクトロニクスを中心とした近代技術史」の内容は、川添良幸名誉教授が主催しているオンラインの「伊達な大学院」にて無料で学んでいただけるようにしています[6)]。2005年12月14日に俵政美氏にお願いしてT型フォードとA型フォードを寄贈していただきました。工学部の東の位置に「自動車の過去・未来館」を工学研究科で建ててくれて、土日でも自由に見ていただいてます。自動車部のサークルの人などが走れるようにしてくれましたが、エンジンをかけると排気ガスが出るのでこの建物では窓を大きく開けられるようにしています。

「自作集積回路・装置室」では、1.2.3で説明した自作の集積回路の関係や、使用してきた試作装置の例を紹介しており、会議室としても使用しています。1960年代の西澤先生が半導体研究所を始められたころの試作装置はガラス管を溶接でつないで作られており、無欠陥Siを気相成長させる装置の配管系が展示されています。1970年代の江刺が製作した常圧化学気相成長（CVD）装置を展示しています。この時代にはバルブやテーパー管式流量計などが市販されていましたが、ほとんどの部品は不要になった装置から外して使いました。2010年以降に戸津健太郎を中心として運営している「試作コインランドリ」では、40年ほど前に㈱トーキンなどで使っていた古い半導体製造装置を現在まで使用しておりますが、この展示室には「試作コインランドリ」で使われている深堀用反応性イオンエッチング（Deep RIE）装置の内部を見て頂けるようにしています。この部屋では西澤潤一先生の研究成果も紹介してありますが、その本格的なものは仙台市川内にある旧半導体研究所（現在 東北大学入試センター）に西澤記念資料室として、自宅から移転した西澤先生の仕事部屋や蔵書(8,000冊）と共に展示してあります。

「ビジネスマッチング室」では、試作コインランドリを利用しに来ている会社などが情報交換して協力できるように、それぞれの会社のカタログやサンプルなどを展示してあります。また試作コインランドリの装置や、「4．ベンチャ企業の創出と運営」で本間孝治が説明する㈱メムス・コア、東北地域のMEMS関連会社などを紹介しています。また大学で開発した装置類は仙台市の秋保にある㈱テクノファインで製作して供給できるようにしていますが、そのカタログも展示してあります。

これらの展示室は西澤センターの2階にありますが、その廊下ではヒューレット・パッカード社や横河電機㈱などによる初期の測定器などを見て頂けるようにしています。なおその他の古い装置はクリーンルームの下の階に保存してあり、関心のある方にはご覧いただけるようにしてあります。廊下にはこの他、会社などで開発したもので商品化に至らなかったものを展示する「みせびらかしコーナ」もあります。2008年頃に㈱本田技術研究所で開発した積層型の3次元ICや[7]、東京三洋㈱による血圧計などが展示されいます。この他西澤先生の著書や、毎年蔵王で開催していた講習会を本にした「半導体研究」（全46巻）も見ることができます。ま

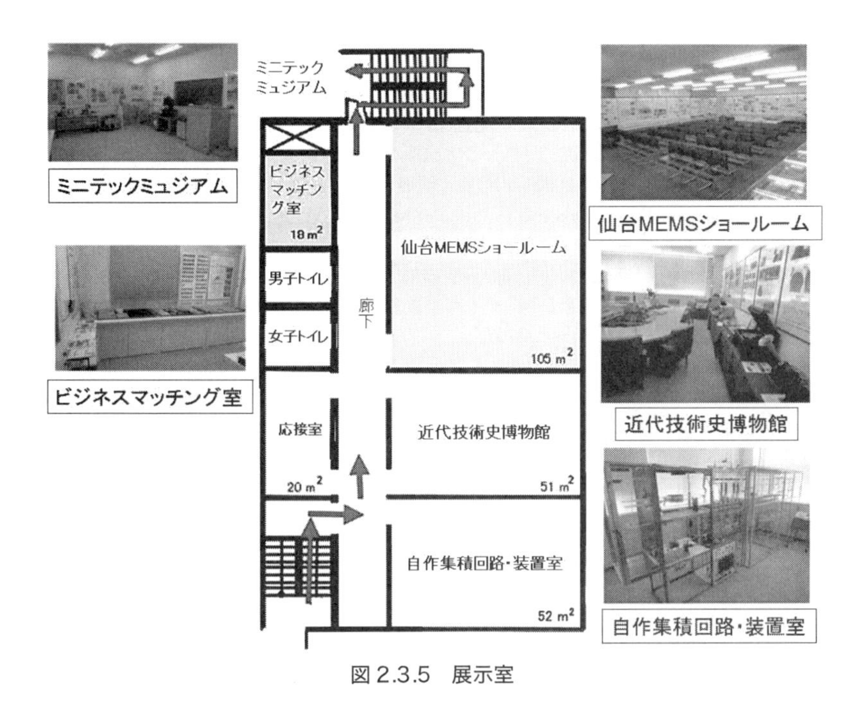

図 2.3.5　展示室

たMEMS関係の学会や研究会の資料もそろっています。この他、電子レンジでの温度分布計測などに使われる8×8の赤外線センサアレイを動作させて展示しています。試作コインランドリのパンフレットや、展示室のポスターをまとめたものなどを持ち帰り頂けるようにしてます。

「ミニテックミュジアム」は少し離れた場所に在りますが、ここにはMEMSの試作や組立・検査などに使われる装置を使う順に並べて展示してあります。シリコンバレーのサンノゼにある「テックミュジアム」では以前、一般市民の方々に半導体を理解してもらうため製造装置を並べて展示していました。なおこの「ミニテックミュジアム」には、真空ポンプや真空計あるいは電子分光装置の要素なども展示してあり、装置を自作できる助けになるようにしています。

参考文献

1 江刺正喜 : “はじめての MEMS”, 森北出版 (2011).

2 江刺正喜, 小野崇人 : “これからの MEMS – LSI との融合 –”, 森北出版 (2016).

3 江刺正喜 : “半導体微細加工技術 MEMS の最新テクノロジー”, アナログウェア No.13 (トランジスタ技術 2020 年 11 月号別冊付録) CQ 出版社 (2020).

4 M. Esashi ed. : “3D and Circuit Integration of MEMS”, Wiley VCH (2021).

5 西澤潤一記念研究センター内の展示室紹介,
http://www.mu-sic.tohoku.ac.jp/nishizawa/index.html.

6 「伊達な大学院」, 江刺 正喜 , エレクトロニクスを中心とした近代技術史 (全 10 回),
https://brainnavi-online.com/set/3707 .

7 N. Miyakawa, E. Hashimoto, T. Maebashi, N. Nakamura, Y. Sacho, S. Nakayama, and S. Toyoda : Multilayer stacking technology using wafer-to-wafer stacked method, ACM J. on Emerging Tech. in Computing Systems, 4 , 4 (2008) 20 (15 pp).

2.4　人材育成

学生時代には問題意識を持たずに知識を詰め込んでいます。これに対して会社ではニーズを先取りし問題意識を持てますが、勉強したくなった時には時間や機会がありません。実際に試作などの実体験を経て問題意識を持ち、脳に受け入れ態勢を準備して勉強してくださいと言っています。1.2.3で述べた1980年代に集積回路教育を行っていた頃、ご一緒させていただいた上智大学の庄野克房教授から”学生を比較して競争させてはいけません”とアドバイスを頂きました。いろいろな学生をそれぞれに成長させてあげるのが、良い教育だと思っています。

MEMS分野の活動を通して人材育成を行ってきました[1)]。広い協力関係を持つため1,000人以上に、メールで研究会やセミナーなどの案内を送付しています。2004年から仙台市を中心に行っている「MEMSパークコンソーシアム」には、年会費5万円で50社程が参加しています。もともと情報をすべて公開しているため参加企業にはそれほど特典はないのですが、集まった会費で図2.3.4のMEMS集中講義を開催したり、後の図2.4.6で紹介するiCANという国際コンテストに学生を派遣したりしています。

図2.4.1は「MEMS人材育成事業」というプログラムです。これはe-ラーニングによる基礎講座および試作実習などを行い、開発したいテーマで試作しながら一連の工程を学ぶというものです。同図右の例は、それで開発して㈱メムス・コアで生産している微差圧計です。このプログラムでは費用として参加企業から100万円を頂いています。

社会に役立つことが誇りで喜びでなければならないという基本的な姿勢で、私は各種の要求に応える中でやってきました。学生の人たちにも、要求に応えながらその中で自分を成長させてくださいとお話ししています。そのほうが独りよがりにならず、また役に立てて喜んでもらえれば、やりがいも感じられます。受験競争を経て大学に入学した学生が勉学意欲を失う、いわゆる5月病の対策として、1999年ころに東北大学では一年生が研究室に来て自由に研究してもらう創造工学研修というのをはじめまし

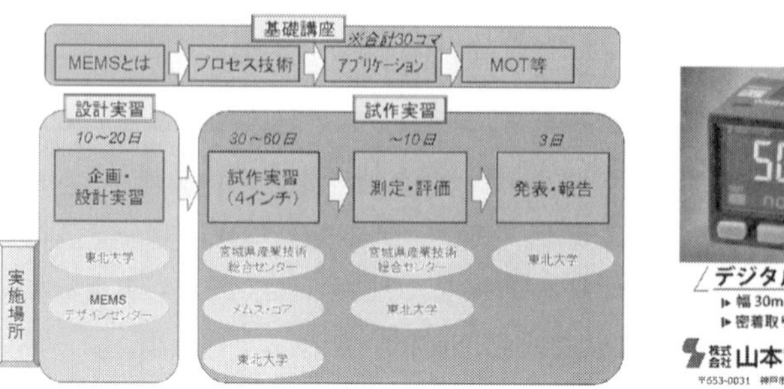

図 2.4.1　MEMS 人材育成事業

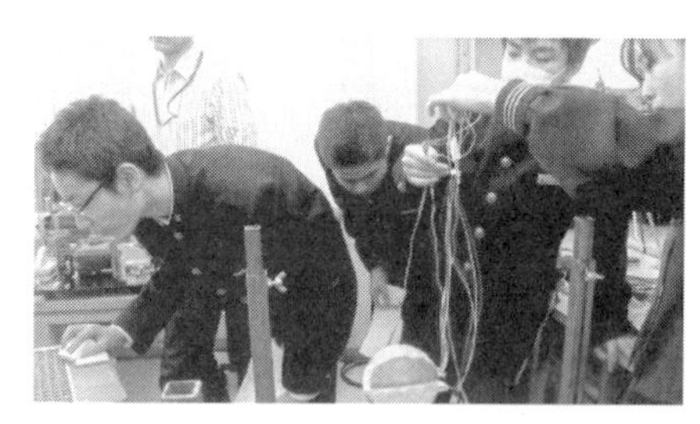

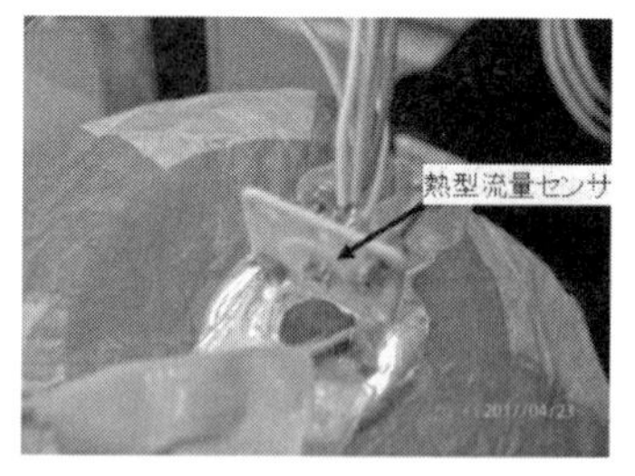

図 2.4.2　紙風船の研究（秋田県由利本荘市立大内中学校）（2017 年）

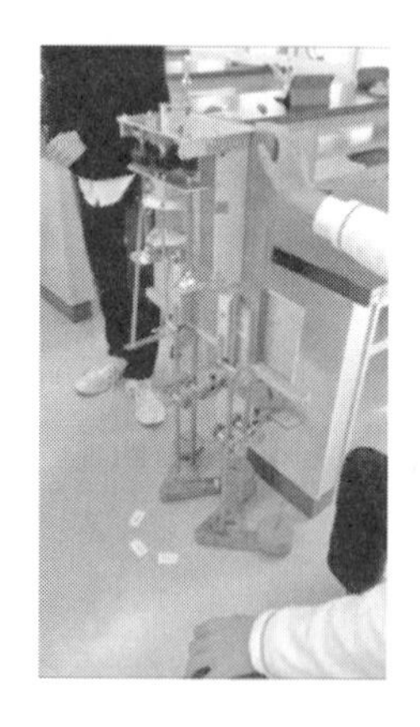

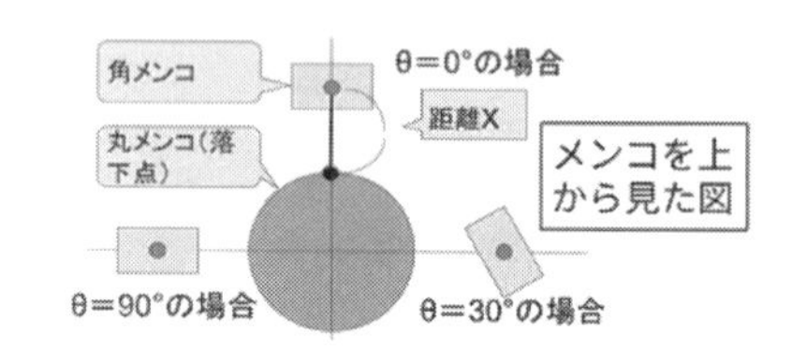

角度＼距離	3 cm	4 cm	5 cm	6 cm
0°	24	22	26	27
30°	16	19	18	16
60°	15	19	12	8
90°	18	9	18	17

角メンコが浮き上がった回数(30枚中)

図 2.4.3　メンコ発射装置および実験結果（宮城県仙台第三高等学校物理部）（2021 年）

た。視覚障害者に役立つ点字表示装置を製作し、米国に行って発表してもらいました。伸びようとする学生にその機会を与えれば、他の学生も刺激されて、大学教育がよい方向に進むと期待しています。

この他、若い人たちにモノつくりを経験し将来につながるモチベーションを持ってもらう活動を行っています。図2.4.2は秋田の中学生の手伝いをして、紙風船の研究をした例です。風船の穴の部分に熱型流量センサ（原理は図3.9.12参照）を取り付けてあります。また図2.4.3は高校生の手伝いで、メンコ（私が小さい頃はパッタと呼んだ）の発射装置を、図2.2.2で紹介したプロトタイプラボで作ったもので、第19回高校生シンポジウムで最優秀賞を受賞しました[2)]。

図2.4.4のような東京の高校生（早稲田塾）へのモノつくり教育を、2006年から毎年行ってきました[3)]。同図(a)はそのスケジュールの例ですが、(b)のようにフォトリソグラフィの実習を毎回行いました。スーパーナノメカニックスというプログラムでは(c)のように、高柳健次郎が初めて実現した半電子式テレビ（図3.8.10参照）を再現し、ニポー板（図3.8.2参照）と呼ばれる孔の開いた円盤を回しブラウン管で画像を表示する実験などを行いました。またスーパーIoTプログラムでは同図(d)左のように、センサを用いたスマートホン応用システム（スマホアプリ）を作成しました。遠藤理平氏（NPO法人Natural Science）に講義をして頂きましたが、わからなくて手をあげると同法人の大学生らが駆けつけて個別指導する形で行われました。これの成果発表会は同図（d）右のように会社(株)リコー）で行い、会社の人にも聞いて頂きました。

このスーパーナノメカニックスのプログラムで優れた発表を行ったグループには、図2.4.5のように台湾や中国の大学に一緒に行ってもらいました。中国の北京大学に行ったときに、同大のProf. Haixia Zhang（Alice）がやってる学生コンテストの優勝チームが成果を発表してくれました。それはスーパーマリオブラザーズというニンテンドーのゲームで、通常はレバーを動かしてマリオが障害物を乗り越えるものですが、体に加速度センサを付けて自分で飛び跳ねて乗り越えるものにしてました。これを見せて

	第1回	第2回	第3回	第4回	第5回	第6回		
	12月17日	12月24日	2月11日	3月4日	3月25日	4月1日	4月2日	4月3日
	日	日	日	日	日	日	月	火
	秋葉原校	東北大学 青葉山キャンパス	秋葉原校	秋葉原校	秋葉原校	東北大学　青葉山キャンパス		
	開会式	講義&実習	講義&実習	プレゼン&講義	講義&実習	講義&実習	実習&見学	講義&実習
10:00 12:00	オープニング 認定証授与 プログラム概要紹介 メンバー紹介 〈12:30終了予定〉	講義 「東北大学とメカニクス 〜ものづくりの歴史〜」	メカニクス分解実習 事前調査発表	メカニクス分解実習	センサ組立て実習①	MEMS実習①	MEMS実習③	MEMS工場見学① MEMSコア
		昼食〈学食にて〉	昼食	昼食	昼食	昼食〈学食〉	昼食〈学食〉	
13:00		ナノメカニクス& マイクロマシニング 施設見学	メカニクス分解実習	メカニクス分解実習 プレゼンテーション	センサ組立て実習②	MEMS実習②		MEMS工場見学② 東北セミコンダクタ…
		休憩	休憩	休憩	休憩	休憩		休憩
15:30 17:30		メカニクス分解実習 に向けての オリエンテーション	メカニクス分解実習 グループワーク &ディスカッション	センサ組立て実習 に向けての オリエンテーション	センサ組立て実習③	センサ組立て実習プレゼンテーション	MEMS実習④ SEMによる観察	まとめ(MEMSコアにて) 仙台駅へ移動
		新幹線で東京へ				留学生との交流 〈懇親会〉		新幹線で東京へ
17:30			ティーパーティー 〈懇親会〉		ティーパーティー 〈懇親会〉			

(a) スケジュール (2006 年 -2007 年)

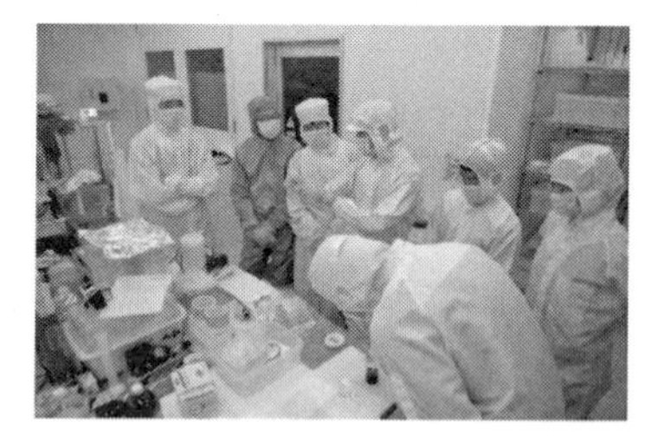

(b) 西澤センターのクリーンルーム (試作コインランドリ) でのフォトリソグラフィの実習

(c) ニポー板を用いた半電子式テレビの実験 (左) と集合写真 (右)
(スーパーナノメカニックスプログラム)

図 2.4.4　高校生 (東京 早稲田塾) へのモノつくり教育 (2006 年−)

(d) センサを用いたスマホアプリの作成の講義（左）と発表会（右）
（スーパー IoT プログラム）

図 2.4.4　高校生（東京 早稲田塾）へのモノつくり教育（2006 年－）

図 2.4.5　高校生たちを引率した国立青華大学（台湾）（2007 年）（左）や北京大学（中国）（2008 年）（右）への訪問

もらって国際大会にすることを提案し、それ以来 iCAN という学生たちの国際モノつくりコンテストが毎年開催されてきました[4)]。iCAN は International Contest of Application in Nano/micro technologies から、2018 年に International Contest of innovAtioN に変わりました。図 2.4.6 にその例を紹介しますが、同図(a)は京都大学の学生による TEMS（Talking Equipment for Manual Sign）で指文字手話[5)]を音声に変換するもの、(b)は郡山北県立工業高校の学生による Baby informer で、赤ちゃんがうつ伏せになって時間が経過したら、母親のスマホに泣いた顔が出るようにして、うつ伏せ寝を防止しようとするものです。この iCAN から生まれたスタートアップ企業もあります。

小形で自由度の高い半導体試作設備を維持しながら、設備の利用や情

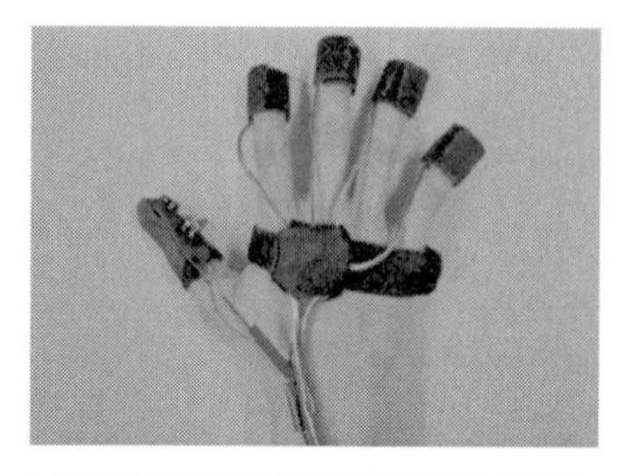

(a) TEMS（指文字手話を音声に変換）
iCAN'11 優勝、京都大

(b) Baby informer（赤ちゃんがうつ伏せになって時間が経過したら、母親のスマホに連絡）、iCAN'16、郡山北県立工業高校

図 2.4.6　モノつくりコンテスト iCAN の例

報の活用が自由にできるオープンな環境を創ってきました。バーチャルではなくて実体験を持つ中で，問題意識を持って勉強し，自分を磨くように指導しています。ニーズに応え具体的に役立つものを実現することに誇りと喜びを感じてもらうようにしていますが、将来のリーダはこのような人になってもらいたいと思います。

競争社会の中で共通の物差しが無いまま、使った研究費の多さや論文の数などで、点数主義化して評価する傾向にあります。本来はできるだけお金を使わずに役立つ成果を上げるべきです[6)]。また論文の数などは良い研究の結果として増えるもので、論文の数が目標になり、そのための小振りな研究になれば創造性などに逆効果をもたらすのではと危惧しています。「競争的より協調的」「評価よりは自由競争」など、できるだけ原点に立って考えることにしています。人材を育てないと研究成果も出ないので、研究はいわば教育の一環で派生するともいえます。上手くいって自信を持たせられるように、良いテーマ、適切なアドバイス、設備や情報などの環境整備を心がけています。

若い人の邪魔をせず自由度を保ちながら協力し合うと同時に、自分が楽しくやることが大切だと思います。学生を比較して競争させるようなことや、誇りを失わせるようなことをすべきではありません。学生にそれぞれ別のテーマをやってもらってきましたが、これは指示待ちの人間にならない点では有効ですが、密接に対応してあげないと学生は何をすべきか分からなくなりがちです。

「良い子ぶりっこ（論文の数）」より、「役に立つ嬉しさ」を大切にし、有用な人材を育てて新産業の種になる技術が大学から生まれるようにしていきたいと思います[7]。

参考文献

1 江刺正喜：マイクロシステム研究の経験から考える工学教育，工学教育，56，6(2010) 95-100.
2 金子俊郎：第19回高校生シンポジウム「SDGsが拓く未来社会－集まれ高校生研究者－，[最優秀賞]「メンコで負けたくない（宮城県仙台第三高等学校)」，プラズマ・核融合学会誌，98，4(2022) 190-195.
3 戸津健太郎：身の回りの機械に使われているMEMS（東北大学－早稲田塾のスーパーナノメカニクスプログラム），第4章，1．江刺正喜　監修："MEMSマテリアルの最新技術"，シーエムシー出版(2007).
4 国際イノベーションコンテスト，
http://www.mu-sic.tohoku.ac.jp/ican/index.html
5 ヘレンケラー物語，https://helenkeller.jp/publics/index/5D/.
6 江刺正喜：研究評価のパラメータは"研究成果÷研究費用"，InterLab（オプトロニクス社）(1999/6) 23-26.
7 江刺正喜：良い子ぶりっこよりも夢の実現を －大学における産学協同研究のあり方，Scientia, 5(2001/5) 3-6.

第3章　エレクトロニクスを中心とした近代技術史

エレクトロニクスの近代技術史に関し、東北大学 西澤潤一記念研究センターの近代技術史博物館 http://www.mu-sic.tohoku.ac.jp/museum/ に公開している展示品などを使用して3.1から3.10で説明し、それぞれの「おわりに」ではこのような技術史から学んだ研究例や歴史との関連なども紹介します。

3.1　通信

本稿の話題に関わる通信関係の歴史を図3.1.1に示します。有線通信と

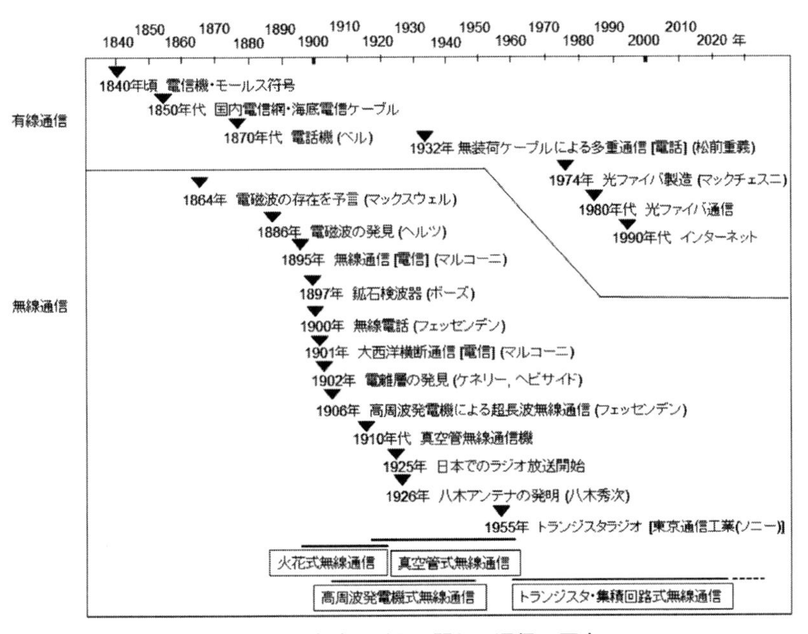

図3.1.1　本稿の話題に関わる通信の歴史
（太線は四角で囲んだ無線通信が使われた時代）

無線通信について説明しますが、これらによって電信などのディジタル信号や電話などのアナログ信号が送られます。その後光通信や通信ネットワークについて述べますが、近年の電子メールやインターネットなどではアナログ信号もディジタル信号に変換して通信します[1]。「3.1.4 おわりに」では小さなナノ構造の応用例を紹介します。

3.1.1　有線通信のはじまり

図 3.1.2 は 1854 年 M. ペリーが来日した時、江戸幕府に献上したモールス電信機の原理です[2]。電信にはモールス符号が使われ、先の尖った鋼針を紙テープに押し付けてモールス符号の長短の線を記録しました。

英国にあるグラスゴー大学のW. トムソン（ケルビン卿）は、図3.1.3(a)

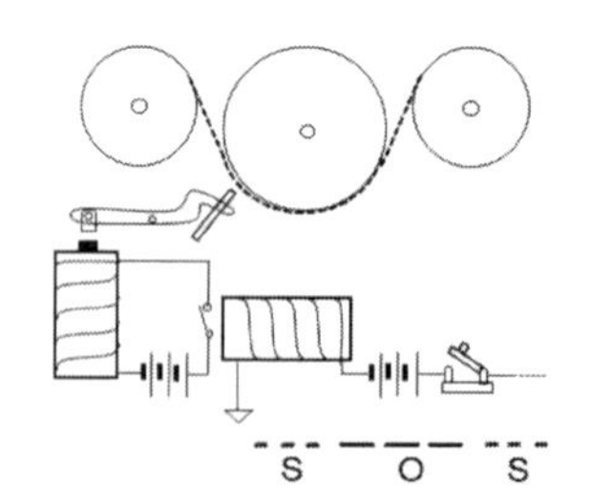

図 3.1.2　モールス電信機とモールス符号の例（SOS）

(a) 光ガルバノメータ（左）と上部を外したもの（右）

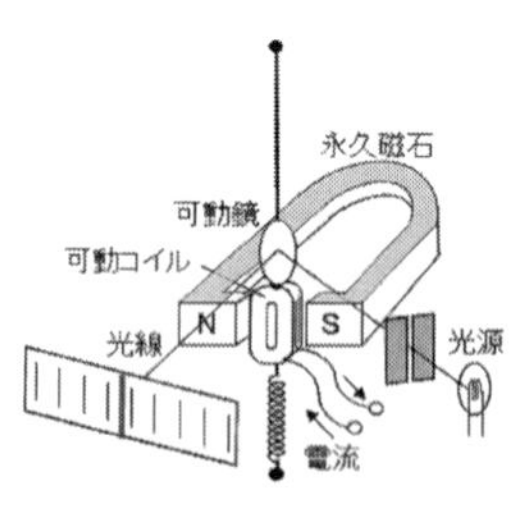

(b) 光ガルバノメータの構造

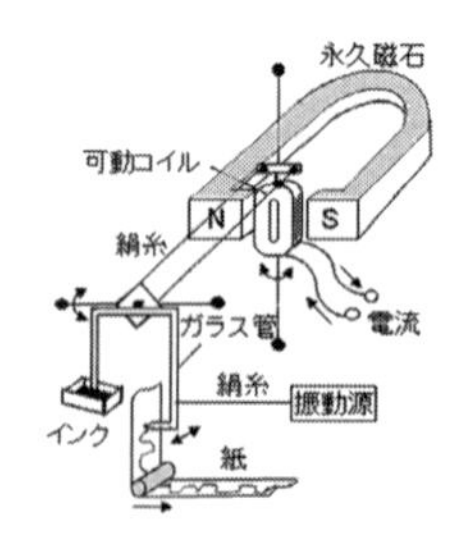

(c) サイフォンレコーダの構造

図 3.1.3　光ガルバノメータとサイフォンレコーダ

(b) のような光ガルバノメータを開発しました。これは電磁力で鏡が動く構造です[3)]。

その後トムソンは1867年に、通信結果が紙に記録される同図（c）のサイフォンレコーダを開発しています[3)]。図のようにインクが出るノズルが電磁力により動く構造で、これはその後「7. 記録と印刷」の図3.7.16で紹介するインクジェットオシログラフに発展しました。1850年代に英国内で電信網がつくられ、英仏間に海底ケーブルも設置されました。この受信には図3.1.3で説明した光ガルバノメータや、その後はサイフォンレコーダが使われました。大西洋横断海底ケーブルは1866年に使用できる状態になりました。その前の1858年にいったんつながり英国のビクトリア女王と米国のブキャナン大統領の間で祝電が交換された時、1分間に2ワードしか送信できませんでした[4)]。これは海底ケーブルの配線抵抗と海水中での静電容量で信号から減衰するためです。

電話には図3.1.4のようなマイクロホンやヘッドホンの送受話器が必要です。1970年代にA. ベルによる電磁式のマイクロホン、またD.E. ヒューズやT. エジソンによる炭素粒間の抵抗変化を用いたカーボンマイクロホンが現れ[2)]、その後は圧電式や静電容量式などのマイクロホンが使われています。またベルのヘッドホンには電磁式が使われましたが、その後スピーカには電磁式、ヘッドホンやイアホンには電磁式や圧電式が使われています。

図3.1,4　電磁式ヘッドホンとカーボンマイクロホン

3.1.2　無線通信

J.C. マックスウェルは1864年に図3.1.5(a)のような電磁波（電波）の存在を予言しました。これは電流の変化によって磁界が生じる「マックスウェル・アンペールの法則」と、磁界の変化で電界や変位電流が生じる「ファラデーの電磁誘導の法則」によるものです。1886年にH. ヘルツが図3.1.5(b)に示す装置で、電波の存在を確認しました[5]。これでは誘導コイルに電流を流しておきスイッチで切断したときに電流が流れつづけようとする、自己誘導により大きな誘導起電力が発生して、ギャップに断続的な火花放電が起きることによります。この時に近くにあったループ銅線の微小ギャップにわずかな火花が観察されました。この時の電波の周波数は100MHz程度でした。なお周波数の単位にはヘルツの名が使われています。

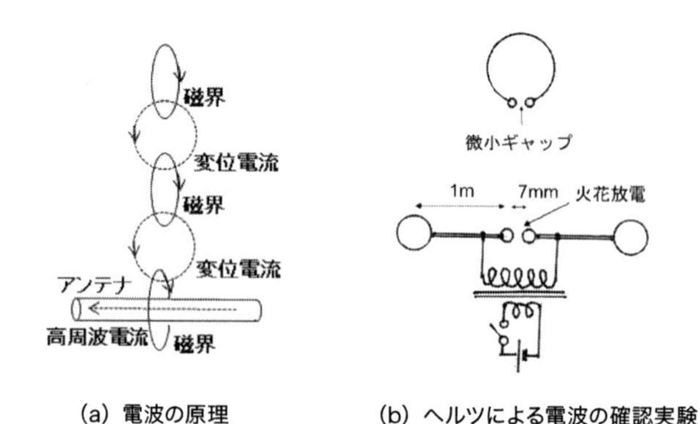

（a）電波の原理　（b）ヘルツによる電波の確認実験

図 3.1.5　電波の原理とヘルツによる電波の確認実験

（参考1）電波は、1桁ずつ波長が短く（周波数が高く）なるにしたがって、超長波（VLF）（波長100km〜10km、周波数3kHz〜30kHz）から、長波（LF）（30kHz〜300kHz）、中波（MF）（300kHz〜3MHz）、短波（HF）（3MHz〜30MHz）、超短波（VHF）（30MHz〜300MHz）、極超短波（UHF）（300MHz〜3GHz）、マイクロ波（SHF）（3GHz〜30GHz）、ミリ波（EHF）（30GHz〜300GHz）と呼ばれ、情報伝送量は多く、指向性は強くなります。

イタリアのG. マルコーニが、1895年に火花式無線による電信の通信に成功しました[6)]。図3.1.6のように、送信には誘導コイルとギャップによる火花放電が、受信には金属粉末を封入したコヒーラが用いられました。2.4kmの通信に成功した時の周波数は40MHz（波長は7.5m）程度でしたが、その後周波数が低い電波が使用されました。1901年には大西洋横断通信も行われましたが、その時は820kHzの中波が用いられました。コヒーラはフランスのE. ブランディが、電極間の金属粉末の表面酸化膜が電波の電圧で絶縁破壊し、直流電流が流れることを見つけたもので、イギリスのO. ロッジが電波検知に用いました。導通後に元の絶縁状態にするためデコヒーラで機械的な衝撃を与えます。その後金属粉末に少量の水銀を加えたものを挟むことにより信号パルスが通過した後に元の状態に戻る、水銀コヒーラが大西洋横断通信などに用いられました。また不要な周波数成分を減らし通信距離を延ばすため、コイル（L）とコンデンサ（C）を用いたLC同調回路が使用されました。日露戦争の時1905年に、ロシアのバルチック艦隊を発見した信濃丸から「敵艦見ゆ」の無線電信を、火花式の三六式無線電信機を使用して中継しながら戦艦三笠に伝え、これが日本海海戦の勝利に結びつきました[1)]。

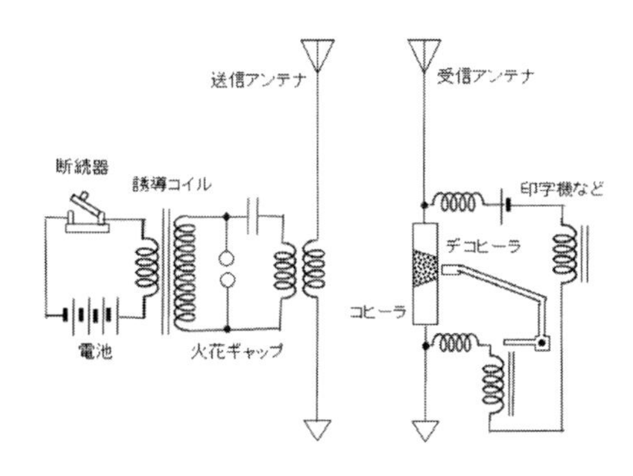

図3.1.6　火花式無線通信機（送信機（左）と受信機（右））

1mm以下の狭い電極間隔における火花放電は、瞬滅放電と呼ばれてギャップ間で往復振動して断続しながら減衰することが、回転鏡による写真撮影などで知られていました[2)]。これにつながるLC同調回路の共振で送信周波数が決りますが、1900年に米国のR.A.フェッセンデンが、火花放電の断続周波数を上げたアーク放電などを用いて持続電波を発生させ、カーボンマイクロホンによる抵抗変化で変調することにより（同様な変調法は図3.1.9参照）無線電話を可能にしました。フェッセンデンは1903年に希硫酸の電解液中に白金電極を入れて、一方向に電流が流れる整流作用による電解検波器を発明しています。このような整流作用のある鉱石検波器やダイオードは図3.1.7(a)のような無線電話の受信機で、音声を取り出す検波に用いられました。方鉛鉱（PbS）や黄鉄鉱（FeS_2）のような半導体鉱石と金属を接触させた鉱石検波器では整流作用があることが、1874年にF.ブラウンによって知られていました。これは1897年にJ.C.ボーズにより無線通信に使われました[7)]。鉱石検波器の写真を図3.1.7(a)に示します。なお同図(b)は二極真空管を検波に用いた回路ですが、高い周波数にはその後も鉱石検波器が用いられました。真空管の無線機への応用については図3.1.9以降で説明します。

1906年に前述のフェッセンデンは多くの電極を持つ回転子を高速回転させる高周波発電機を用い、50kHz（波長6,000m）の長波による通信に成功しました[8)]。周波数が3kHzから30kHzの超長波の電波は100kmか

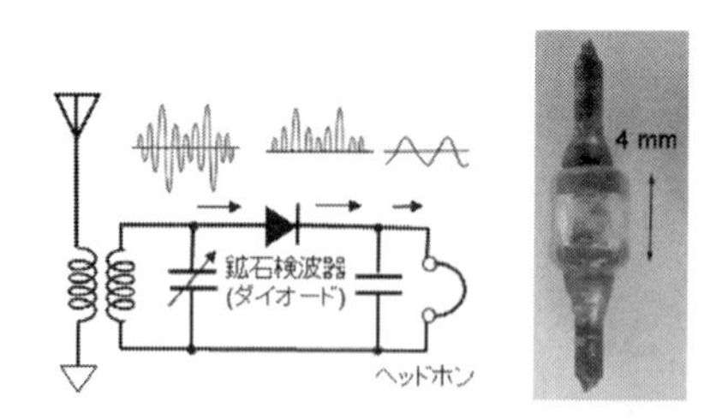

(a) 鉱石（ダイオード）検波回路と鉱石検波器

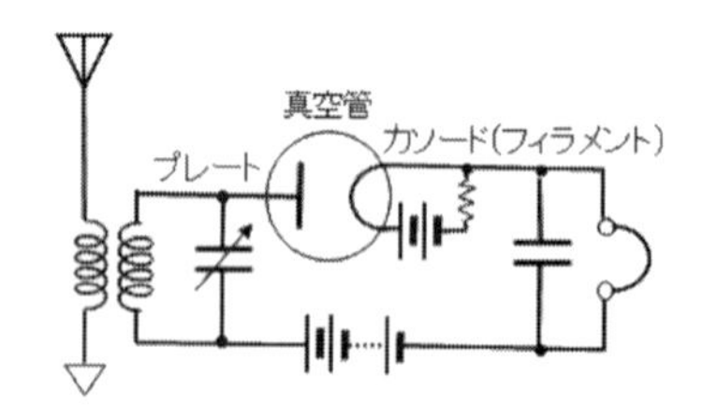

(b) 二極真空管を用いた検波回路

図3.1.7　受信機の検波回路

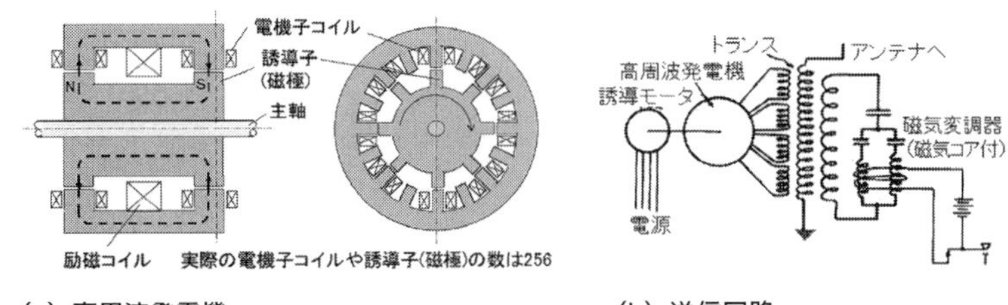

(a) 高周波発電機　　(b) 送信回路

図 3.1.8　高周波発電機とそれを用いた送信機

ら10kmの非常に長い波長を持ち、地表面に沿って伝わり遠距離通信ができますが、これには大きな出力と大規模なアンテナが必要となります。

愛知県刈谷市の宇佐美送信所にある無線通信機は1929年から1993年まで超長波無線通信に用いられ、ここにはドイツ製のテレフンケン式高周波発電機が展示されています[9]。周波数は17.4kHz（波長17km)、出力は600kWで、高さ250mの8本（480m間隔で4本2列）のアンテナを使用していました。なお1941年からの太平洋戦争で、これが12月8日の真珠湾攻撃命令の暗号電報「ニイタカヤマノボレ1208」を発信するのに使われました[5]。この高周波発電機は全体が38トン、回転部分（直径1.87m、胴部1.1m）が21トンで、三相誘導電動機（交流）を直流発電機に直結し、回転数を制御するのに適した直流電動機を介して高周波発電機を回しました。図3.1.8(a)に高周波発電機の構造を示します。固定された外周部分に励磁コイルと電機子コイルがあり、外周部と内部の回転する部分（誘導子）は鉄でできています。励磁コイルに直流電流を流すと磁界が生じ、誘導子の磁極が回転すると磁界が変化して、外周の固定部にある電機子に起電力が発生します。磁極の数は256で、毎分1,360回転（毎秒22.7回転）し、これにより周波数5.8kHz（256 × 22.7）の高周波電流が発生します。この周波数（5.8kHz）をトリプラーと呼ばれる逓倍回路により3倍にすることで17.4kHzの超長波が得られます。トリプラーには鉄心の磁気コア入りトランスが用いられ、磁気コアの飽和による波形歪で3倍波を生じさせます。

同図(b)は変調器を含む送信回路の例です[8]。この例では磁極の数が1,500で毎分約3,600回転する、100kHzで出力200kWの高周波発電機を用いています。電波のオン・オフ変調を行うには、コイルの直流電流による磁気コアの飽和を用いた磁気変調器（過飽和リアクトル）が使用されています。

真空管を用いた、発振回路による送信機や再生式受信機で構成された無線電話機が、1912年に米国のE.H.アームストロングらにより開発されました[10]。当時の真空管は登場したばかりで大電力に使えませんでしたので、しばらくは上で述べた高周波発電機が無線通信の送信に使われました。なお真空管については、3.3電子デバイスの3.3.2で紹介します。図3.1.9は三極真空管を用いた送信と受信の回路です。送信機で特定の周波数を発生させる発振回路では、帰還増幅回路（図3.1.10）による正帰還を使用しますが、再生式受信機でも感度を上げるのに正帰還が用いられました。送信回路には無線電話用にカーボンマイク（図3.1.4参照）が使われています。なおその後高周波特性の良い五極真空管が発明されて、無線通信に使われました。

図3.1.9の送信機に用いる発振回路や、再生式受信機の回路は、プレート電流の信号成分をグリッドに帰還させたもので、図3.1.10のような帰還増幅回路を構成しています。この回路では真空管による利得をK、帰還率をβとすると、入力電圧eiと出力電圧eoの比である増幅率GはK/(1 −

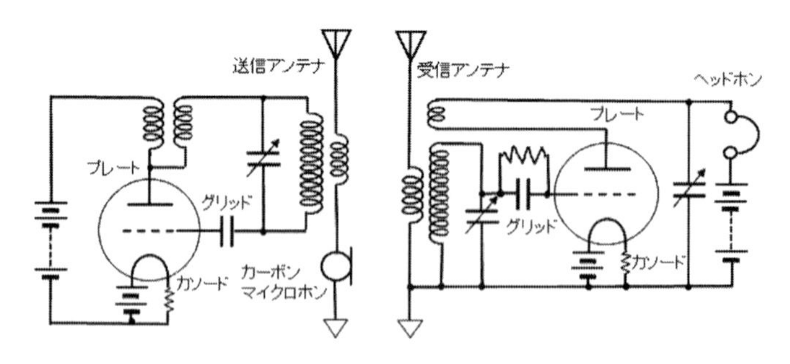

図3.1.9　真空管式無線電話（送信機（左）と再生式受信機（右））

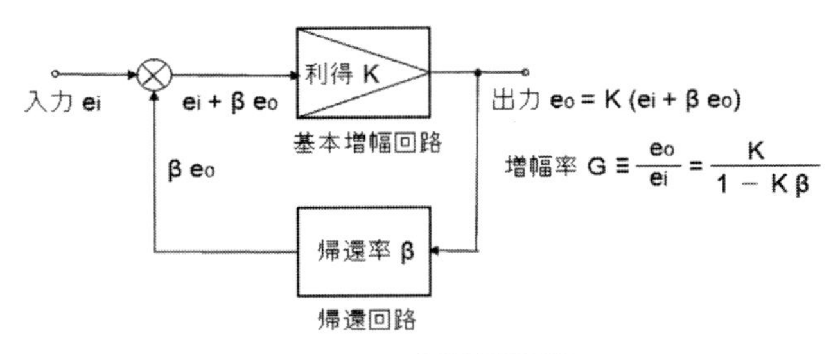

図 3.1.10　帰還増幅回路

Kβ）になります。Kβが1になるとこれは発振回路になって送信機に使われます。Kβが1に近い値であると、Gは基本増幅回路の利得Kよりも大きくすることができます（例えばKβが0.9だとGは10Kとなる）。これが再生式受信機で感度を増大できる理由です。

1902年に前述したフェッセンデンが、ヘテロダイン法を提案しています。これは電波の周波数に、それと少し異なる周波数の局部発振の信号を非線形素子で混合させると、うなりの周波数として音声をヘッドホンで聞くことができるというものです。これを発展させたスーパーヘテロダイン受信機の原理と、それによる真空管式ラジオ受信機を図3.1.11に示します。受信周波数f1の信号と受信機内部の局部発振器による周波数f2の信号を周波数混合器に入れると、その非線形性により差の中間周波数f1 − f2を作ることができます。これを中間周波フィルタを通過させて増幅し、検波を行うことで音声信号にする、スーパーヘテロダイン受信機が前述のアームストロングらによって1918年に開発されました[11)]。これにより高い感度と良い選択性を持つ受信機が使われるようになりました。

地球レベルでの電波伝搬の仕方を図3.1.12に示します[2)]。無線通信の初期には地球表面に沿って伝搬する（超）長波の周波数が使われました。1902年に、A.E. ケネリーやO. ヘビサイドによって電離層が発見されると、中波や短波は電離層と地表の間を反射して伝搬することが明らかになり、中波や短波が使われて小形のアンテナで多くの情報を送れるようになりました。これを用いる不特定多数を対象としたラジオ放送は、1920年の

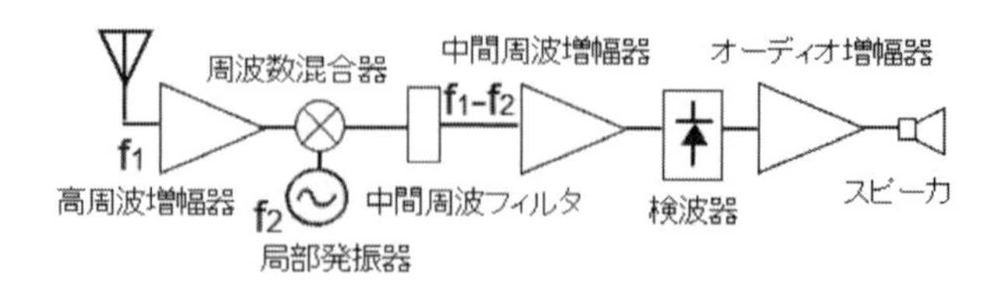

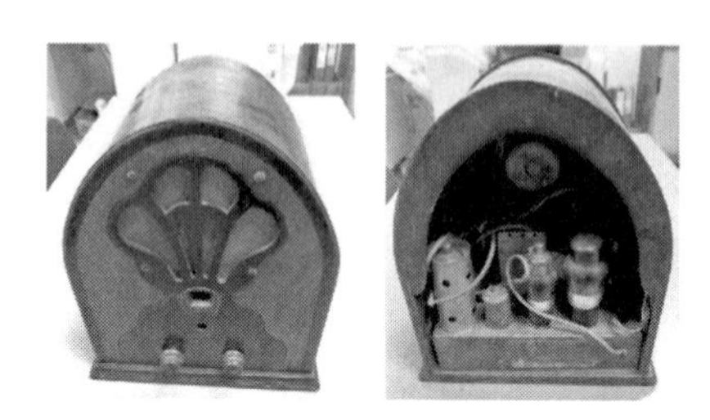

図 3.1.11　真空管式スーパーヘテロダイン受信機

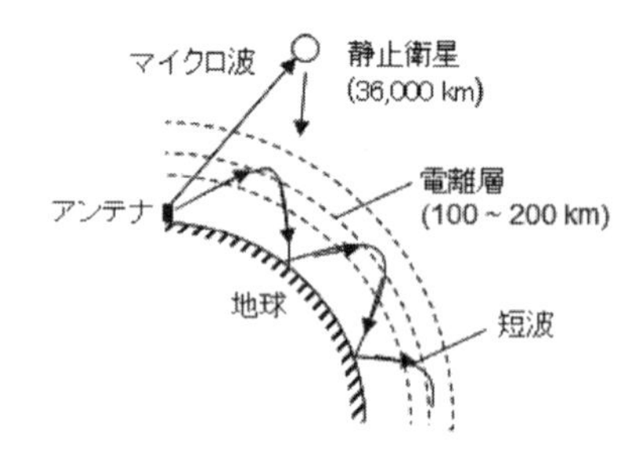

図 3.1.12　電波伝搬

アメリカ KDKA の開局をきっかけに始まり 12)、日本では 1925 年に東京放送局が開局しました 5)。

なお、さらに高い周波数のマイクロ波では図 3.1.12 のように電離層を透過するため、静止衛星に届いて衛星通信や衛星放送に使われます。電波の速度は光と同じ秒速 30 万 km ですので、静止衛星の高さ（上空 3,600km）までの電波の往復時間は 0.24 秒となり、この時間遅れを生じることになります。

1948 年に米国のベル研究所でトランジスタが発明され（3.3 電子デバイ

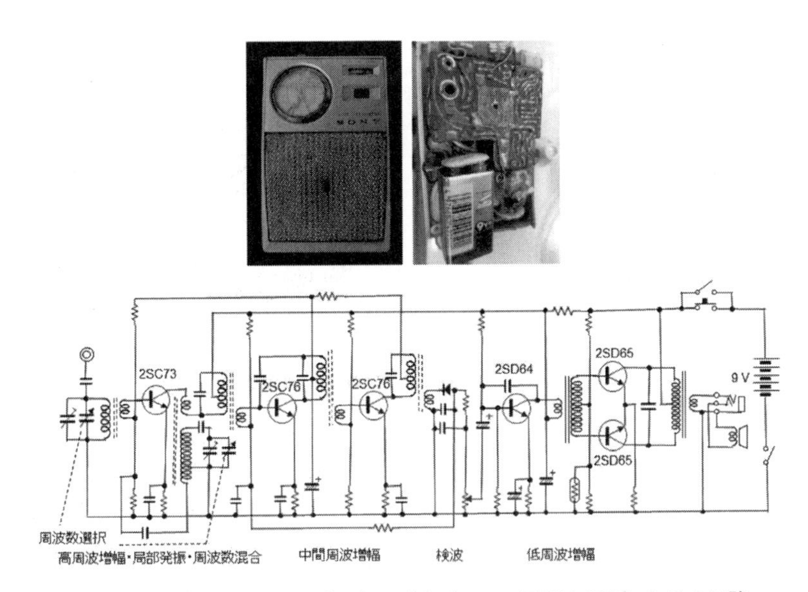

図 3.1.13　初期のトランジスタラジオ（ソニー TRW-621）とその回路

スの 3.3.3 参照)、これを用いてトランジスタラジオが東京通信工業㈱（現在のソニー㈱）より 1955 年に発売されました[13)]。これにより小形で乾電池によってスピーカを鳴らせる、スーパーヘテロダイン方式のラジオが普及しました。図 3.1.13 のものは 1960 年に発売されたものですが、時計付きでその表面を動かすとタイマー付きラジオとなります[14)]。同図にはその回路も示してあります。

1912 年のタイタニック号の沈没以来、海上の安全に対する無線の重要性が認識され、ある大きさ以上の船舶には無線機の設置が義務付けられました[15)]。1923 年に発生した関東大震災では、通信施設が寸断されましたが、この船舶通信が通信手段に使われて米国の電信会社に伝わり、世界各国からの救援が集まるきっかけとなりました[15)]。

特定の方向に強い指向性を持つ無線用アンテナとして、1928 年に八木秀次により八木・宇田アンテナが報告されました[16)]。その原理と写真を図 3.1.14 に示してあります。輻射器は長さが 1/2 波長のダイポールアンテナ

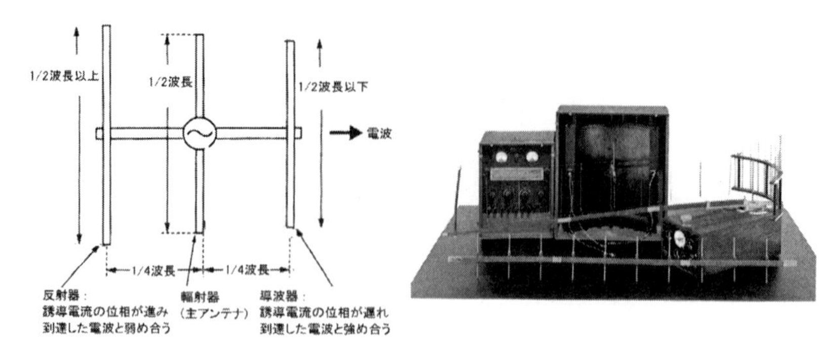

図 3.1.14　八木・宇田アンテナ（東北大学電気通信研究所）

で、それから出る電波は、短い導波器では誘導電流の位相が遅れて同位相で強め合い、長い反射器では逆位相で弱め合うことで導波器方向に指向性を持ちます。第二次世界大戦の時、日本軍には採用されませんでしたが、1942 年に日本軍がシンガポールを占領した時、八木・宇田アンテナが英国軍のレーダに使われていることがわかり、その経緯は「ニューマン文書」に残されています [17]。またこのアンテナは 1945 年に広島や長崎に投下された原子爆弾で、電波の反射により地上までの距離を測り、地上から約 500 m 上空で起爆するのに用いられました [18]。

3.1.3　多重通信・光通信と通信ネットワーク

有線電話の通信には、多数本の電線と路線中の信号減衰を防ぐためのコイル（装荷線輪）が用いられていましたが、20 世紀の真空管が使える時代に入り、図 3.1.15 のような無装荷ケーブルによる多重通信が使われるようになりました [19]。これは 1932 年に松前重義が提案したもので、多数の電話信号を異なる複数の搬送波で変調して 1 本の線にまとめて送信し、受信して各周波数に分けた後に復調し多チャンネル化するものです。この前年の 1931 年に満州事変が勃発しました。1939 年にこの無装荷ケーブルで東京から海峡を渡り、朝鮮半島を縦断して当時の満州までの 3 千 km をつなぎ、50km ごとに中継器を使用して 6 回線の電話通信を可能にしました。

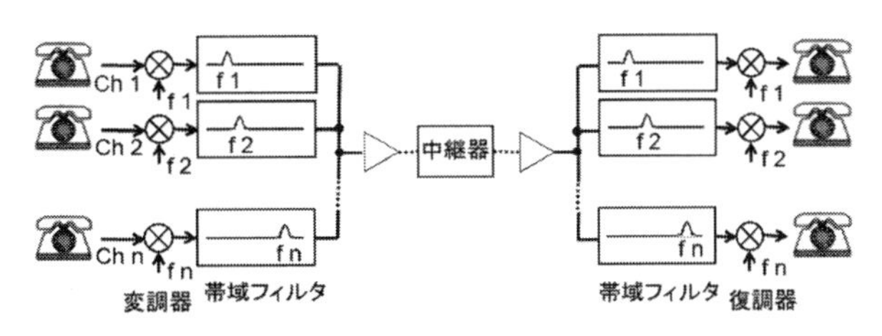

図 3.1.15　無装荷ケーブルによる有線多重通信

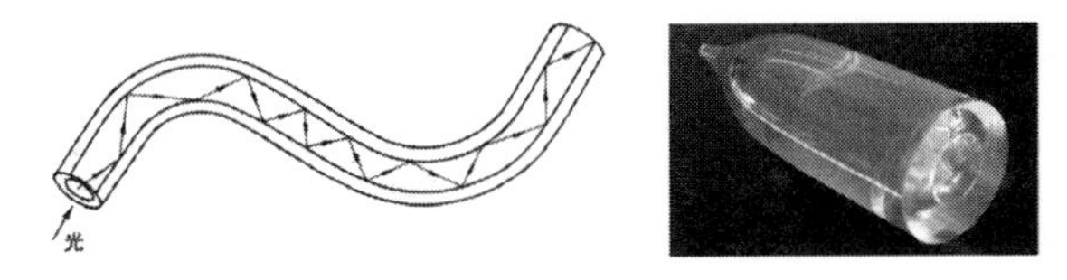

図 3.1.16　通信用光ファイバの原理と線引前のコア付ガラス（写真）

1858年の大西洋横断海底ケーブルにおいて、ケーブルの抵抗や静電容量などによる電気信号の減衰で伝送速度が制限されたことを3.1.1で述べました。これに対して光ファイバを用いると、伝送損失が小さく伝送帯域が広いため遠くまで大量の情報を送ることができます。図3.16に通信用光ファイバの原理を示してありますが、直径125μmの細いガラスファイバの内側のコアと呼ばれる部分に高屈折率のガラスがあり、図のように光が全反射して伝送されます。同図には光ファイバを細く線引する前のコア付ガラスの写真も示してあります。

1970年代に光ファイバの製造技術が開発され、1980年頃から光通信が実用化されました[20)]。ベル研究所のJ.B.マックチェスニは1974年にMCVD（Modified Chemical Vapor Deposition）と呼ばれる方法で石英ガラス管の中にコアガラスの原料（$SiCl_4$、$GeCl_4$、O_2）を流し、酸水素炎を移動させながら石英管の外側から加熱してガラス管内にSiO_2とGeO_2の微粒子を堆積させました。この方法ではGeO_2の蒸発を抑えることができます。酸水素炎の温度を上げて石英を軟化させると表面張力で収縮し中空部が無い構造ができ、それを線引きします。その後1977年にNTTの伊澤達夫らはガラス微粒子を軸方向に堆積させるVAD（Vapor Phase Axial

Deposition）と呼ばれる方法を開発し、これによって長い光ファイバ母材を連続的に製造することができるようになりました。図 3.1.17 には、石英系光ファイバが改良されて損失が、レーリ散乱や赤外吸収で決まる限界まで減らされた様子が示されています[15),20)]。波長が 0.8μm 以上の近赤外光が光通信に用いられ、この波長帯域で電気信号を光に変換する半導体レーザ（LD）や、送られてきた光信号を電気に変換する光検出器（PD）が実現されました（3.5 機能部品の 3.5.1 で説明）。それに用いられた半導体材料は図 3.1.17 の上に示す通りです。長距離大容量光通信には通信距離を延ばせる損失が少ない 1.3μm 帯や 1.5μm 帯の近赤外光と、コア径 10 μm ほどのシングルモード（SM）光ファイバが用いられます。波長分散が少ない（伝搬速度が波長で変わらない）1.3μm 帯では、光パルスの拡がりを小さくできます。0.85μm 帯はコアの中央ほど高い屈折率を有する屈折率分布（GI（Graded Index））光ファイバが用いられますが、この場合はコア径が 50μm 程と大きいため LD や PD との接続が容易で、LAN（構内ネットワーク）ケーブルなどの中距離・中容量の光通信に用いられています。

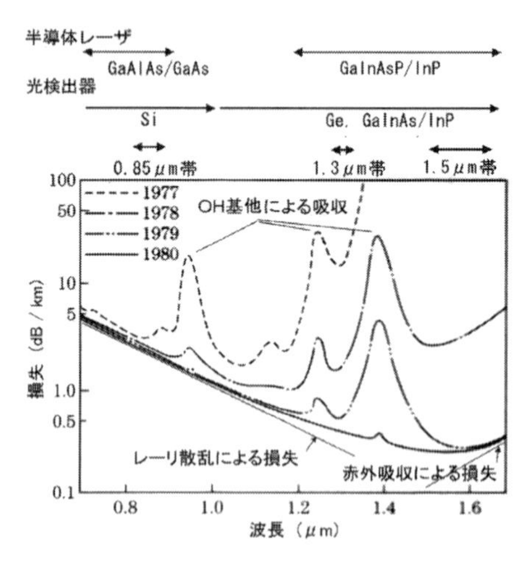

図 3.1.17　光ファイバの損失低減、およびそれぞれの通信波長帯で使える半導体材料

1980年代の時分割多重（TDM（Time Division Multiplexing））通信から、波長多重（WDM（Wavelength Division Multiplexing））通信に変わり、2000年頃からは高密度波長多重（DWDM（Dense Wavelength Division Multiplexing））通信が使われて、通信容量は10年で100倍程の割合で増大してきました。この進歩の割合は半導体の集積化やメモリの記憶容量の増大と同様で、これらが情報通信技術の進歩をもたらしました。図3.1.18はここで述べたDWDM光通信の構成です。ディジタル信号によりオン/オフした異なる波長（λ1～λn）の半導体レーザ（LD）の光を、合波器で一本の光ファイバに通し伝送します。これを分波器でそれぞれの波長に分け、光検出器（PD）で電気信号に変換します。図3.1.18のLDにはそれぞれの波長に対応した回折格子を持つ分布帰還型（DFB（Distributed Feed-Back））レーザが用いられます。またEr^{3+}イオンを添加した光ファイバに波長1.48μmのLDによる励起光を通すことによって、1.5μm帯の光を増幅する光ファイバ増幅器を使用します。合波器や分波器の原理を図3.1.19に示しますが、これには長さの違う複数の導波路によるアレイ導波路回折格子（AWG（Arrayed Waveguide Grating））を用います。

図3.1.15で紹介した有線多重通信は電話のアナログ信号でしたが、現在の光通信や有線・無線通信では高速ディジタル信号が用いられます。コンピュータや通信の高速・大容量化で、我々は多くの情報を得たり、リアル

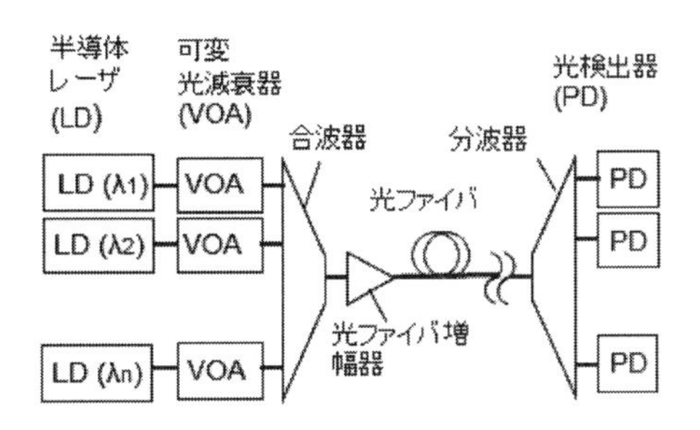

図3.1.18　高密度波長多重（DWDM）光通信

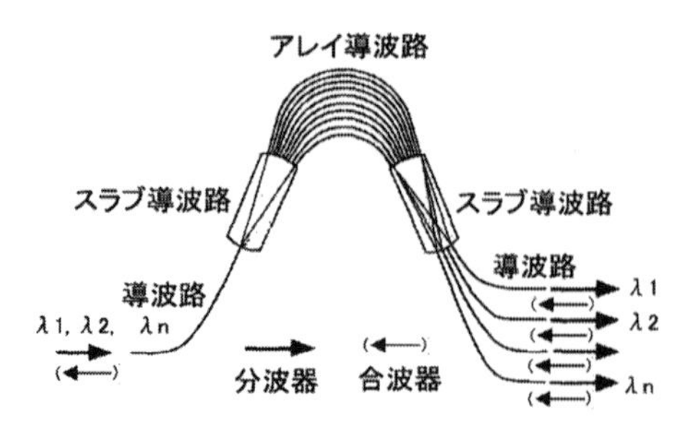

図 3.1.19　アレイ導波路回折格子（AWG）による合波器と分波器

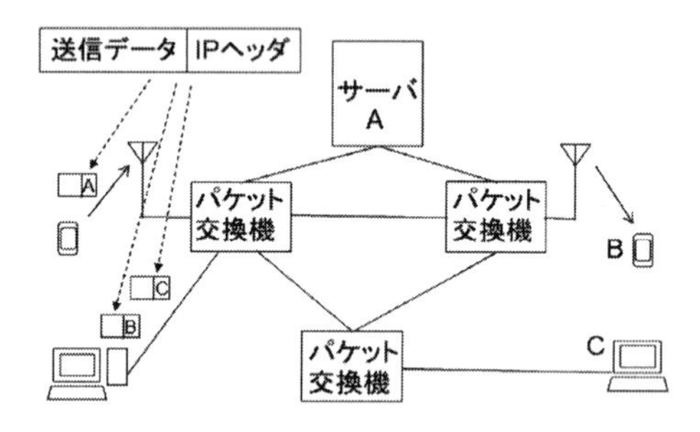

図 3.1.20　パケット通信網

タイムで打合せしたりできるようになっていますが、それに関連した通信ネットワークの進歩について述べます。米ソ冷戦時代に、核攻撃に備えるため分散通信網が米国の国防高等研究計画局（ARPA）で敷設され、それを発展させた ARPANET が 1969 年に大学間コンピュータネットワークとして実現されました [15]。これには DEC 社のミニコンピュータが用いられ、これらを有線で結ぶパケット通信網が形成されました。その後無線パケット通信網の ALOHANET なども生まれ、これらが光通信で相互接続（インターネット）されました。図 3.1.20 は現在用いられているパケット通信網の構成ですが、それぞれの端末から送信データと IP ヘッダ（宛先データなど）のパケットが送られ、パケット交換機を経由しながら宛先に届くようになっています。なおサーバに大量のデータを持たせて利用し合うこともできます。

3.1.4　おわりに

以上、江戸末期の開国の時代から、日露戦争、満州事変、太平洋戦争、米ソ冷戦から現代まで、通信技術の進歩について述べてきました。最後に近代技術史に学んだ新しい研究の例を紹介します。

図3.1.21には2007年に発表されたナノチューブラジオを示してあります[21)]。図3.1.5で説明したように、電波はアンテナ電流の変化で生じる磁界の変化により、変位電流や電界の変化を生じて伝搬します。直径10nmで長さ0.6μmのカーボンナノチューブ（CNT）では機械的共振周波数が250MHz程になるので、その周波数の電波による電界の静電引力で機械的に共振させることができます。この際、電界放射で先端から放射された電子電流が、この振動で変調され検波器として用いることができます。なおアノード電圧による静電引力で共振周波数を変え、目的の周波数にチューニングすることも可能です。筆者はこのラジオによるビーチボーイズの曲（グッドバイブレーション）を、学会で聞かせて頂きました。

正帰還により感度を増大させた再生式受信機とその原理を、図3.1.9と図3.1.10で説明しました。振動子を用いた液中での原子間力顕微鏡（AFM（Atomic Force Microscope））に、この原理を応用した例を図3.1.22で紹介します[22)]。振動子は数μm厚の水晶片持ち梁（同図(c)の左）です。液中では液の粘性で振動が減衰（Q値が低下）しますが、同図(a)のように正帰還させることによって、同図(b)のようにQ値を増大させ、再生受信機と同様に感度を大きくすることができます。このため同図(c)の右に示すように、液中でもnmレベルの画像を取得することが可能になり

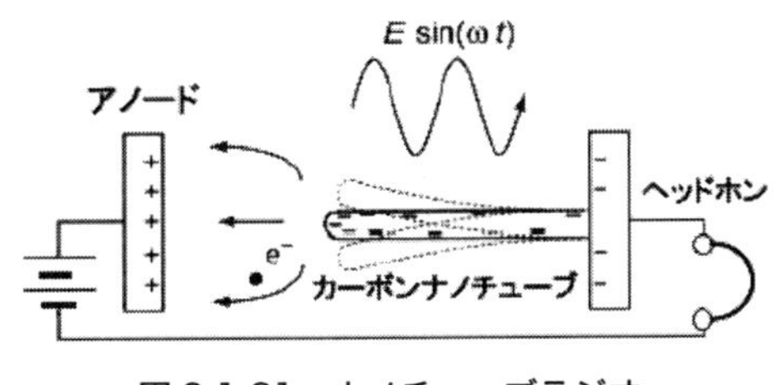

図3.1.21　ナノチューブラジオ

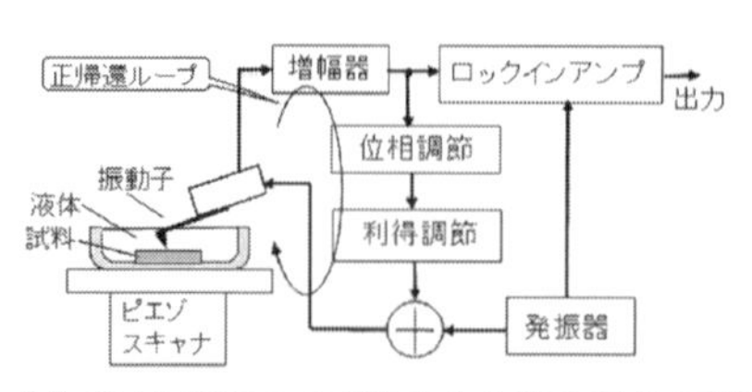

(a) 液中振動子の Q 値を向上させる正帰還回路

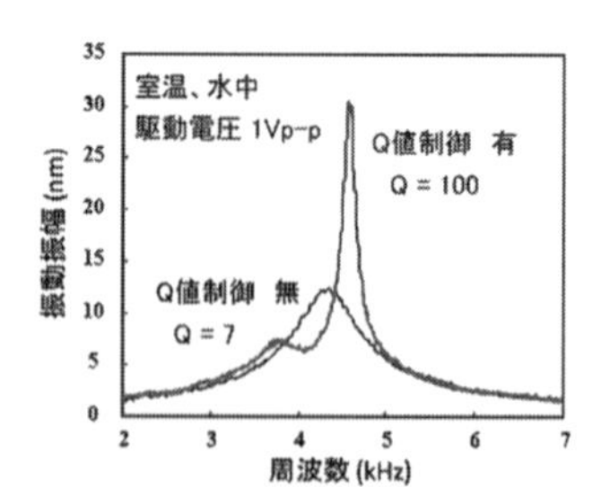

(b) 正帰還による電気的な Q 値向上

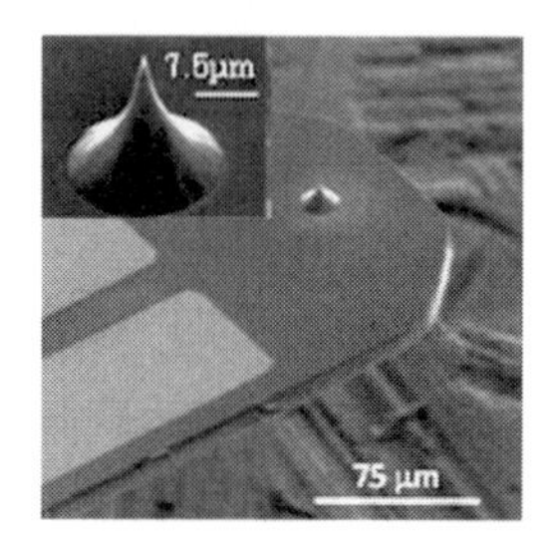

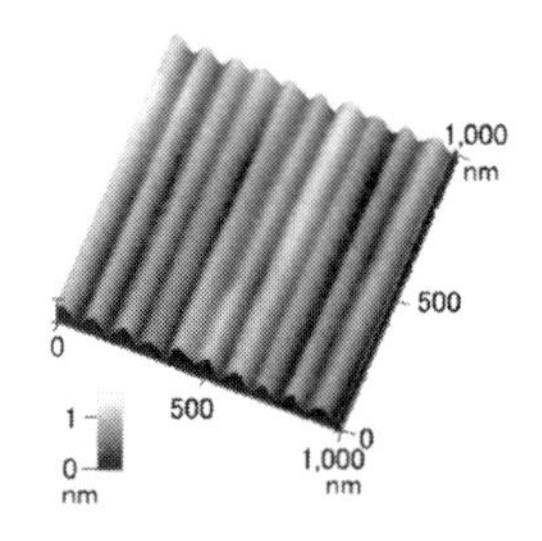

(c) 水晶片持ち梁振動子と回折格子の液中 AFM 像

図 3.1.22 正帰還による液中原子間力顕微鏡（AFM）の感度向上

ます。

参考文献

1 相良岩男：20 世紀エレクトロニクスの歩み（1）～（15），日経エレクトロニクス，No.659（1996/4/8）～ No.701（1997/10/20）.

2 奥村正二：“「電気」誕生 200 年の話”，築地書館（1987）.

3 高木純一：“電気の歴史”，オーム社（1967）.

4 松本栄寿：海底電信とガルバノメータ，計測と制御，36（1997）595.

5 無線百話出版委員会（編）：“無線百話”，クリエイト・クルーズ（1997）.

6 S.G. Marconi: Radio telegraphy, Proc. of the IRE, 10 (1922) 215-238.（Proc. of the IEEE, 85 (1997) 1526-1535）.

7 J.C. Bose : On the selective conductivity exhibited by certain polarizing substances, Proc. of the Royal Soc. London, vol.LX (1897) 433-436.

8 E.F.W. Alexanderson: Trans-oceanic radio communication, Proc. of the IRE, 8 (1920) 263-285.（Proc. of the IEEE, 87 (1999) 1829-1837）.

9　依佐美送信所 基本構造,
https://yosami-radio-ts.sakura.ne.jp/contents/summary_equip01.html.
10　W.O. Swinyard : The development of the art of radio receiving from the early 1920's to the present, Proc. of the IRE, 50 (1962) 793-798.
11　J.L. Hogan Jr : The heterodyne receiving system, and notes on the recent Arlington-Salem tests, Proc. of the IRE, 1 (1913) 75-102. (Proc. of the IEEE, 87 (1999) 1979-1890).
12　D.G. Little : KDKA : the radio telephone broadcasting station of the Westinghouse electric and manufacturing company at east Pittsburgh, Pennsylvania, Proc. of the IRE, 12 (1924) 255-276. (Proc. of the IEEE, 86 (1998) 1279-1287).
13　福田益美 : 高周波デバイスの日本史（後編）トランジスタの誕生からHEMTの応用まで, RFワールド, 98 (2009) 132-143.
14　Radiomusium, https://www.radiomuseum.org/r/sony_trw_621trw62.html.
15　城水元次郎 : "電気通信物語", オーム社（2004).
16　H. Yagi: Beam transmission of ultra short waves, Proc. of the IRE, 16 (1928) 715-741. (Proc. of the IEEE, 85 (1997) 1864-1874).
17　佐藤源貞 : 電波史に残る八木秀次博士の業績とその生涯, RFワールド, 31 (2015) 131-134.
18　福田益美 : 高周波デバイスの日本史（前編）火花放電式から真空管の発明・発展まで, RFワールド, 8 (2009) 136-143.
19　エレクトロニクス発展の歩み調査会（編）: "エレクトロニクス発展の歩み", 東海大学出版会 (1998).
20　中原基博 , 枝広隆 , 稲垣伸夫 : 光ファイバの低損失化 , 応用物理 , 50 (1981) 1008-1020.
21　K. Jensen, J. Weldon, H. Garcia and A. Zetti : Nanotube radio, Nano Letters, 7 (2007) 3508-3511.
22　A. Takahashi, M. Esashi and T. Ono : Quartz-crystal scanning probe microcantilevers with a silicon tip based on direct bonding of silicon and quartz, Nanotechnology, 21 (2010) 405502 (5 pp).

3.2 計算機

計算機関係では、アナログ計算機について説明します。その後ディジタル計算機について[1) 2)]、機械式から電気機械（リレー）式、さらに電子式（真空管やLSI）への発展について述べ、「3.2.3 おわりに」では暗号機エニグマ、および1ビットプロセッサや面積計を紹介します。図3.2.1は本稿の話題に関わる計算機の歴史です。

3.2.1 アナログ計算機

アナログの乗算には図3.2.2の計算尺が使われました。これは対数で表示されており、カーソルを移動させると次式の関係で乗算値を求めることができます。なお対数はスコットランドのJ. ネピアが1614年に使いはじめました[1)]。

$$\text{Log A} + \text{Log B} = \text{Log AB}$$

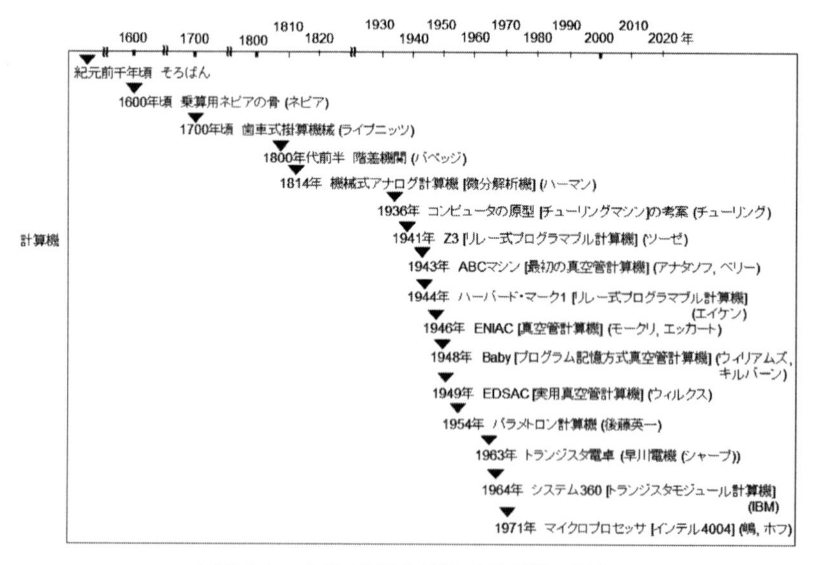

図 3.2.1 本稿の話題に関わる計算機の歴史

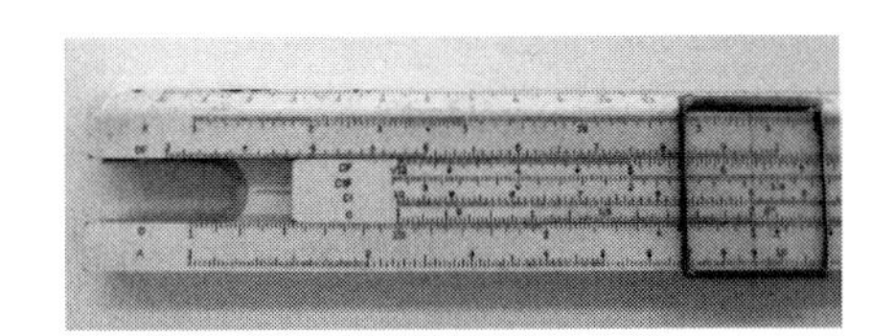

図 3.2.2　計算尺（例 1.5 × 2 = 3）

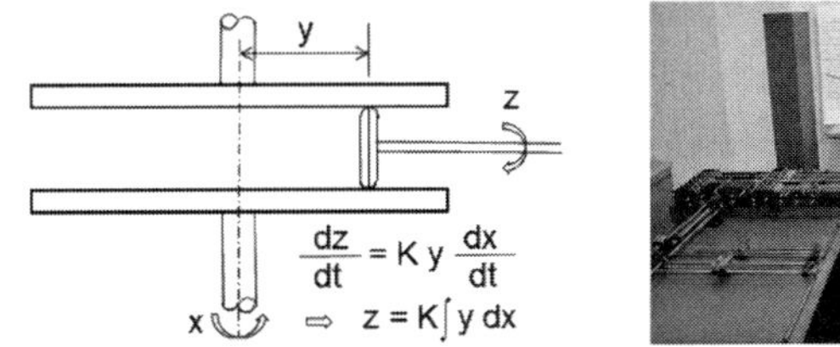

図 3.2.3　機械式アナログ計算機の要素例（左）と微分解析機（右）

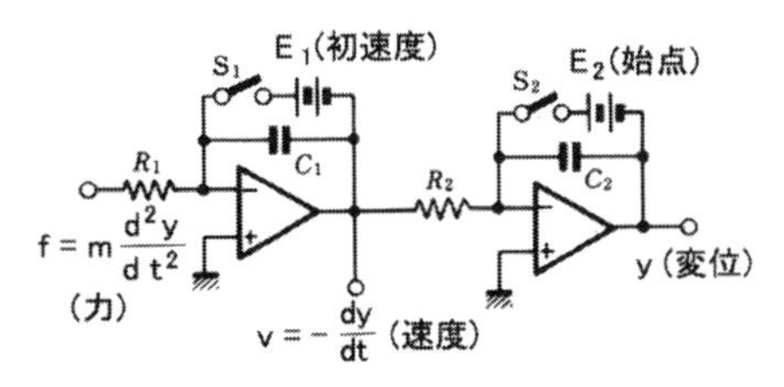

図 3.2.4　演算増幅器によるアナログ計算機

微分方程式を解くための、微分解析機と呼ばれる機械式アナログ計算機が作られており、図 3.2.3 にその要素の例を示します [3) 4)]。これは 1814 年に B.H. ハーマンが製作したもので、対向した 2 枚の円盤の 1 枚が角度 x だけ回った時に、中心から y の所で挟まれた別の円盤が回転すると、その角度 z は図中に示すように y の積分値になります（K は定数）。微分解析機は、東京の中央線飯田橋駅近くにある東京理科大学の近代科学資料館に展示されており、見ることができます。

演算増幅器を用いた電気的なアナログ計算機が使われました [5)]。これによる積分回路を図 3.2.4 に示しますが、始点 E2 や初速度 E1 を設定して質量 m の物体を力 f で動かした際の速度 v と変位 y が求まります。

3.2.2　ディジタル計算機

加算・減算には、紀元前1000年頃に中国でつくられた「志那そろばん」を起源とするそろばんが使われてきました[2)]。

対数を発見したネピアは乗算用の道具（算木）である「ネピアの骨」を1600年頃に考案しました[1) 2)]。これは図3.2.5のように、ある数字の1から9までの積について、10位と1位の数字が斜線の左上と右下に書かれてある細い板を用い、これをn本並べると1位の数字列で繰り上がりの無い乗算ができ、10位の数字列を左にずらしてこれを加算すると、n桁×1桁の乗算値が求まるというものです。

歯車を用い桁上りができる機械式加算器には、1642年にフランスのB.パスカルによって作られたパスカリーナがあります[6)]。機械式の乗算・除算器は、1700年頃ドイツのG.W.ライプニッツによって「段付き歯車式」として作られました。これは「出入歯車式」に発展し、図3.2.6の機械式手回し計算機として、1963年にトランジスタ電卓が現れるまで使われました。同図(a)は外観、(b)は内部の構成要素、(c)は動作の説明です[7)]。上の置数器のレバーを動かし各桁の数字の位置に被乗数をセットします。ハンドルを手前にまわすと、この数が下の累算器の数に加えられます[2)]。乗数に等しい回数だけ回せば、乗算した結果が累算器に現れ、左に回転数が表示されます。桁上げ器で桁をずらしながら行うと多数桁どうしの乗算

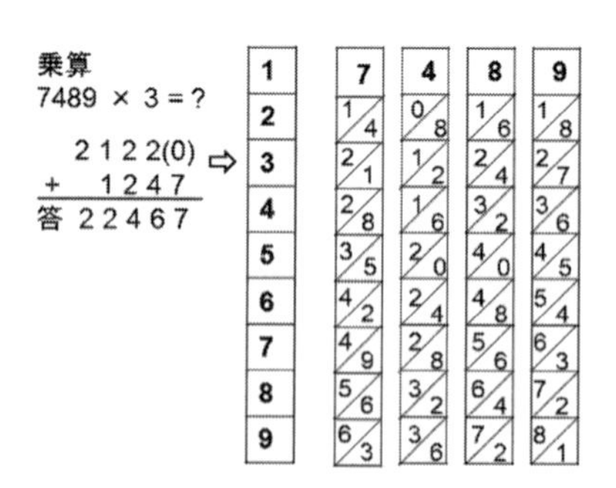

図3.2.5　ネピアの骨

(a) 外観写真

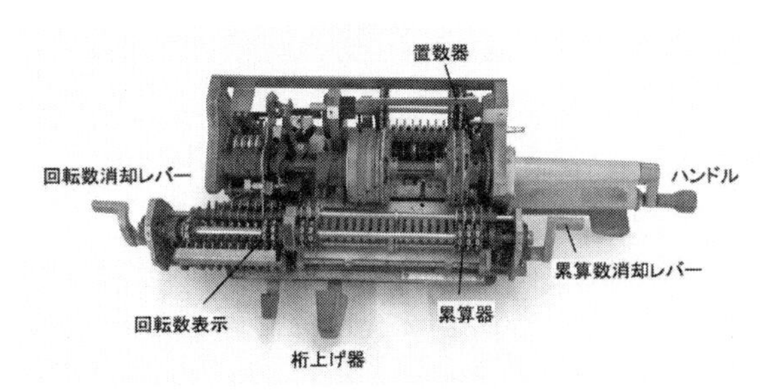

(b) 内部の簡略化した構成要素

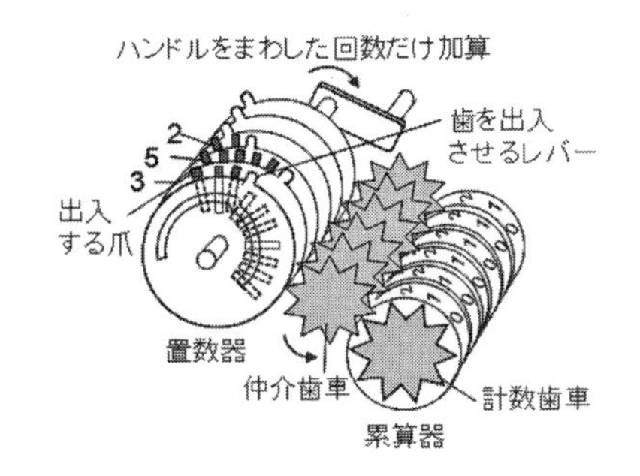

(c) 動作の説明

図 3.2.6　機械式手回し計算機

ができます。ハンドルを反対方向に回すと逆に累算器の数から引かれるようになっており、除算も行うことができます。

以前は関数の値を数表で調べることが行われていました。関数は下の例に示すように、べき級数展開を用いて多項式で表すことができます。

$$f(x) = f(0) + f'(0)x + \frac{f''(0)}{2!}x^2 + \cdots + \frac{f^{(n)}(0)}{n!}x^n$$

$$e^x = 1 + x + \frac{x^2}{2!} + \cdots + \frac{x^n}{n!} + \cdots ,$$

$$\sin x = x - \frac{x^3}{3!} + \frac{x^5}{5!} - \cdots + (-1)^n \frac{x^{2n+1}}{(2n+1)!} + \cdots ,$$

図3.2.7のような、隣どうしの差による階差表を用いると、この多項式の値を、乗算することなく加算のみで求めることができます[2)]。これを利用した歯車式の計算機である階差機関（Difference engine）をイギリスのC. バベッジが研究しました[8)]。図3.2.8はこの階差機関の要素ですが、歯車の周囲に0から9の番号が付いています。0の歯の内側に突起bが出ています。歯車の中央には軸(A)があり、それには突起aが付いており、軸を上に動かして（動作1)、突起aを突起bと同じ高さにして軸を回すと突起がぶつかる位置から歯車は回転して回転角に対応した数値を記憶させることができます。歯車の回転を別の数値を記憶した歯車に伝えると加算した数値になります。

バベッジはこの装置を完成することはできませんでしたが、スウェーデンのシュウツ父子が実際に動作するものを1853年に実現しました。なおバベッジは、孔の開いたパンチカードの読取装置を備えて汎用性を持たせた、解析機関（Analytical engine）と呼ばれるプログラム可能な機械式計算機の研究も手掛けていました[1)]。このカード読み取りのやり方は18世紀末にフランスのJ.M. ジャカールにより織機に使われていたもので、その後1890年頃にアメリカでホレリス式統計機や計算機などに広く使われるようになりました[1)]。

イギリスのA.M. チューリングは、1936年の大学院生時代に仮想計算機

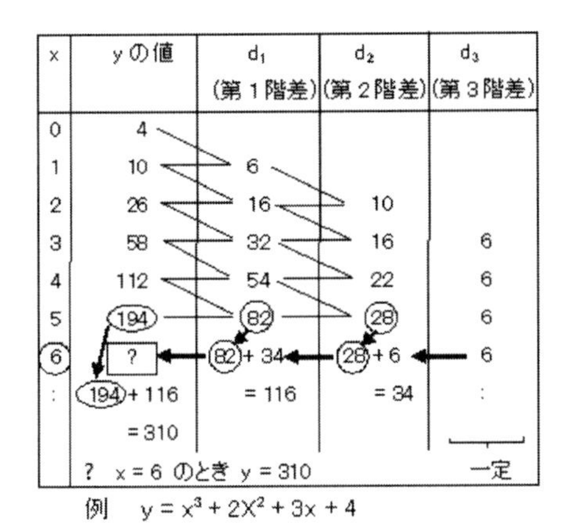

x	yの値	d_1（第1階差）	d_2（第2階差）	d_3（第3階差）
0	4			
1	10	6		
2	26	16	10	
3	58	32	16	6
4	112	54	22	6
5	194	82	28	6
6	?	82 + 34	28 + 6	6
:	194 + 116	= 116	= 34	:
	= 310			一定
	?　x = 6 のとき y = 310			

例　$y = x^3 + 2X^2 + 3x + 4$

図 3.2.7　階差表とその使い方

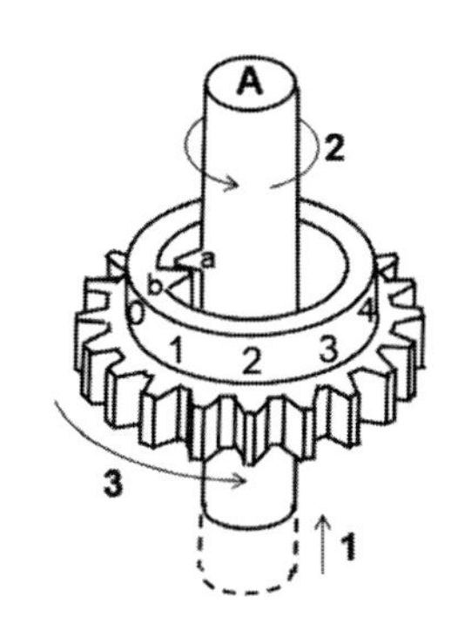

図 3.2.8　階差機関の要素

（チューリングマシン）として、計算機の設計理論に関する論文「計算可能数についての決定問題への応用」を発表しました[1) 9) 10)]。図 3.2.9 にチューリングマシンの構成を示します。左右に動けて書き込みや読み出しが可能なテープ（記号 : S_0, S_1, S_2, …）と、有限個の内部状態（q_0, q_1, q_2, …）を持つ回路からなります。このマシン（有限オートマトン）の動作は、4 項系列として $q_iS_jS_kq_l$ という命令で表わされ、この命令の種類は次の 4 つです。

(1)　$q_iS_jS_kq_l$　: 内部状態 q_i でテープ記号 S_j を読みだした時、内部状態を q_l にして記号 S_k を書き込みます。これを $q_iS_j \rightarrow q_lS_k$ と表します。

(2)　$q_iS_jRq_l$　: $q_iS_j \rightarrow q_l$ 右 1 コマシフト

(3)　$q_iS_jLq_l$　: $q_iS_j \rightarrow q_l$ 左 1 コマシフト

(4)　$q_iS_jq_kq_l$　: あらかじめ与えられた条件（命題）が

成立するとき $q_iS_j \rightarrow q_kS_j$

成立しないとき $q_iS_j \rightarrow q_lS_j$

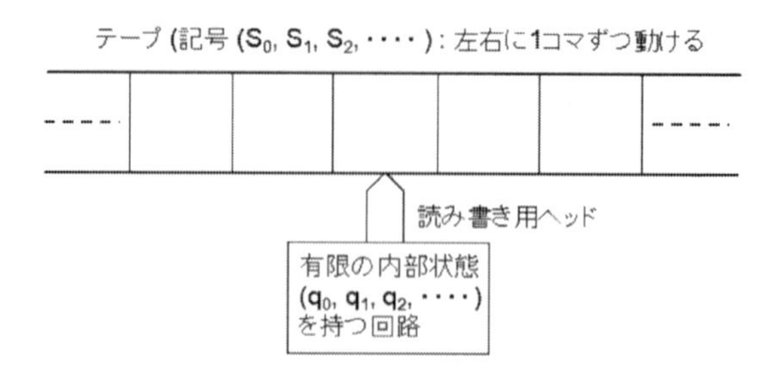

図 3.2.9　チューリングマシン

「3.2.3 おわりに」で説明するように、1939 年に始まった第二次世界大戦ではドイツがエニグマと呼ばれる暗号作成解読機を用いましたが、チューリングはその解読機（ボンブ）の開発に携わりました。

それまでの歯車などを用いた機械式計算機に代わり、電磁式リレーを用いた電気機械式計算機が使われるようになり、1941 年にその Z3 をドイツの K. ツーゼが開発しました[1]。図 3.2.10 でリレー式計算機の要素を説明します[7]。同図(a)は電磁リレーの基本動作で、鉄心に巻いたコイルに通電することでリレーが動作し片持ち梁が動いて接点との接続を切り替えます。(b)には論理否定の NOT 回路を示しており、A の入力スイッチが導通状態になってリレーが動作すると出力は低電位に変わり、$\bar{A}$ と表現されます。(c)は論理和の OR 回路で、2 つの入力スイッチ A と B のどちらかが導通状態だと出力は高電位となり、A+B と表現されます。(d)は論理積の AND 回路で、2 つの入力 A と B の両方が導通状態の場合に出力は高電位となり、A・B と表現されます。(d)は記憶（メモリ）動作をする自己保持回路で、スイッチ S を一旦導通させると出力は高電位の 1 の状態を保持することになりますが、これは導通したスイッチ R を通してリレーに電流が供給されるためです。スイッチ R を切断すると出力は低電位の 0 の状態に戻ります。(f)は 2 進数の加算回路（A＋B＝C）の 1 桁分を示してあります。図で An、Bn、Cn は 2 進数の n 桁目数字を表します。下の n－1 桁からの桁上がりや、上の n＋1 桁への桁上げもあります。

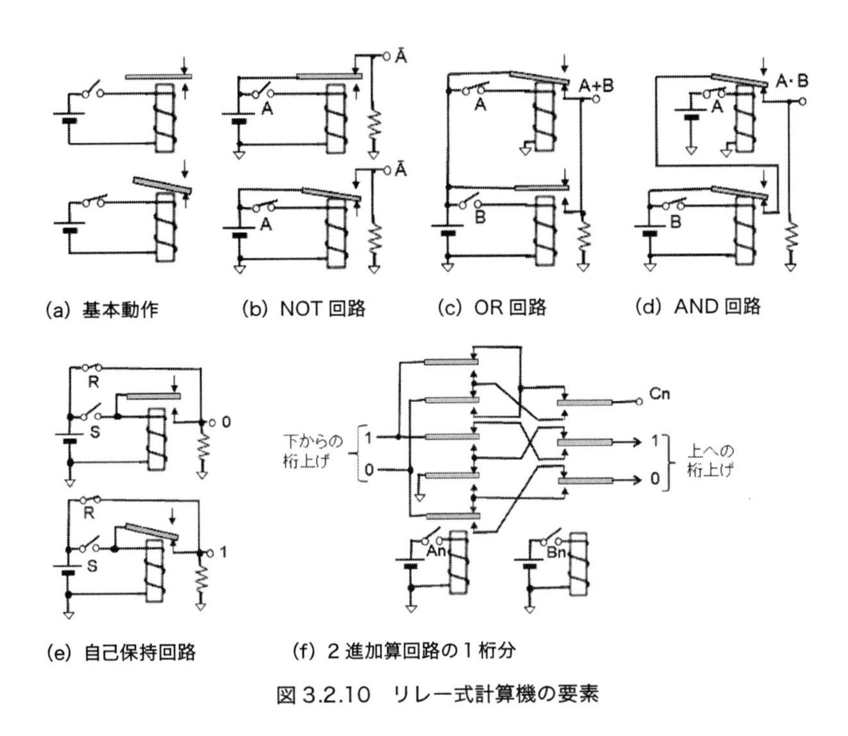

(a) 基本動作　(b) NOT回路　(c) OR回路　(d) AND回路

(e) 自己保持回路　(f) 2進加算回路の1桁分

図3.2.10　リレー式計算機の要素

ツーゼによるZ3には大きな桁数の数字を扱えるように、浮動小数点形式の2進数（例:1536 = 1.5×2^{10}）が使用され、指数部（例:10）と仮数部（例:1.5）の数値ペアで表現しました[1)]。またZ3はプログラマブル計算機で、同氏はアルゴリズムを記述するプログラミング言語の前身（プランカルキューレ）も提案しています。

その後、1944年にH.H.エイケンによって大型のリレー式計算機（ハーバード・マークⅠ）がIBM社の協力で作られ、ハーバード大学に寄贈されました[1)]。これは10進固定小数点式のもので、紙テープからプログラムを読み込むプログラマブル計算機でした。

1943年、米国ではJ.アタナソフとC.F.ベリーによる真空管式のABC（Atanasoff-Berry Computer）マシンが作られました。これは2進数を用いて加減算し、連立一次方程式をガウスの消去法で解く専用マシンとして作

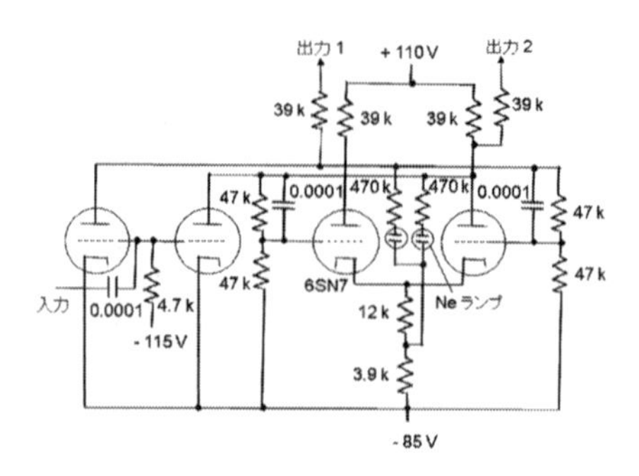

図 3.2.11　ENIAC の真空管によるカウンタの回路（一部）

られました[1]。1500本の真空管と31本のサイラトロン（図3.6.16参照）を使用しました。

第二次世界大戦の時に米国で、温度なども考慮した弾道計算で表を作るため、J.W. モークリと J.P. エッカートらは ENIAC（Electronic Numerical Integrator And Computer）を開発しました[11]。これは 18,000 本の真空管を用い、10 進 10 桁の固定小数点式で、プログラムは配線やスイッチでセットするものでした。完成したのは終戦後の 1946 年で、弾道計算の表には役に立ちませんでした[1]。図 3.2.11 には真空管によるカウンタの回路（一部）を示してありますが、これは記憶にも使われる双安定回路と呼ばれるものです。

電子計算機に用いられた各種の記憶装置を図 3.2.12 で紹介します[12]。上で述べた ABC マシンには同図(a)のようなコンデンサによる再生式キャパシタメモリが用いられました[1]。これは1,500個のコンデンサが付いた円筒を廻しながらその電圧を順番に読み込み、自然放電した分を加えた電圧を書き込んでリフレッシュ（再生）をするもので、現在用いられる DRAM（Dynamic Random Access Memory）の原型と言えます。

最初のプログラム記憶方式計算機 Baby は、1948 年にイギリスで F.C. ウィリアムズと T. キルバーンによって作られました。これの記憶装置には(b)のブラウン管を用いた静電メモリ（ウィリアムズ・キルバーン管）が使用されました。ブラウン管の電子線による電荷を外部電極で読みだし、繰り返し電子線を与えてリフレッシュするもので、6インチのブラウン管に2048ビットが記憶されました[1)7)]。

はじめて実用になったプログラム記憶方式の計算機は、1949年にイギリスのM.V.ウィルクスらによるEDSAC（Electronic Delay Storage Automatic Calculator）です。その記憶装置には(c)の水銀遅延線メモリが使われました[12)]。圧電素子の水晶が電気音響変換に使われ、超音波のパルス列を水銀の中で伝搬させました。その信号を戻して循環させることにより動的に記憶するようにしてあります。水銀遅延線の長さ1.5mに544ビットが記憶され、1msecで循環しました。EDSACでは32本の遅延線を用いて2kバイトを記憶しています。

(d)はリング状のフェライトコアを磁化させる磁気コアメモリで[13)]、1949年に米国のJ.W.フォレスタらが発明しました[2)]。外径1.3mm程のコアがマトリックス状に配置されて縦横の駆動線でアドレッシングを行い、この2本分の電流により磁化の向きが反転します。目当てのコアが磁化反転した場合に、斜め方向に通したセンス線に電流が流れてデータが読み出されます。これは破壊読出しなので再度データを書き直す必要があります。この他禁止線に通電することで読み書きできないようにすることができます。3μsec程で読み書きができ、内部記憶装置として半導体メモリが現れるまで使われました。

外部記憶装置として、(e)の磁気ドラムメモリが使用されました[12)]。これは磁性体薄膜を表面に持つ円筒が高速回転し、複数の磁気ヘッドで磁気的に書込や読出を行うもので、ドラムが回転し磁界が変化するため非破壊で読み出すことができます。これはその後磁気ディスクに置き換えられました。なお磁気を用いた(d)と(e)は、電源を切っても記憶を保持する不揮発性メモリです。この外部記憶に関しては「3.7の記録と印刷」の3.7.2で記憶用ディスクなどを紹介します。

真空管式計算機では真空管の寿命が課題でした。そのため真空管が多数使われる演算部を磁気コアで実現した図3.2.13のパラメトロン計算機

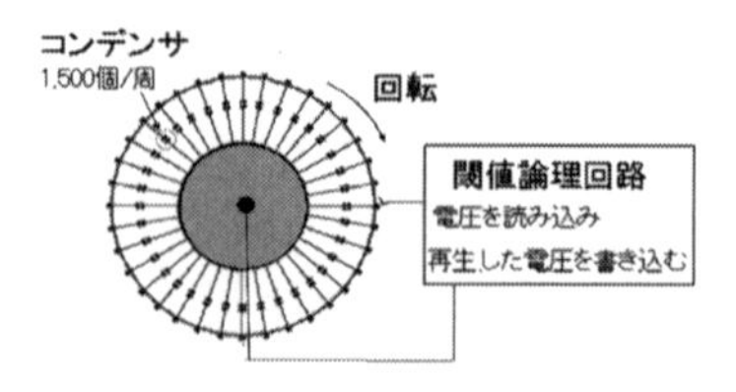

(a) コンデンサによる再生式キャパシタメモリ

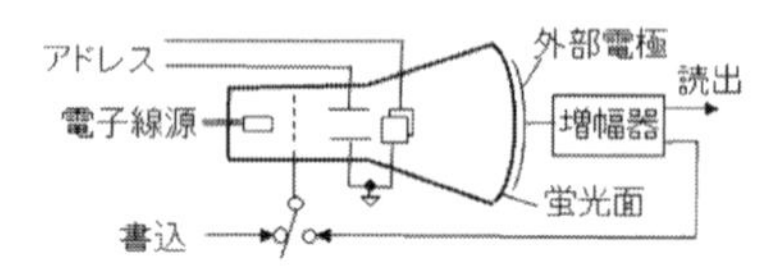

(b) ブラウン管を用いた静電メモリ（ウィリアムズ・キルバーン管）

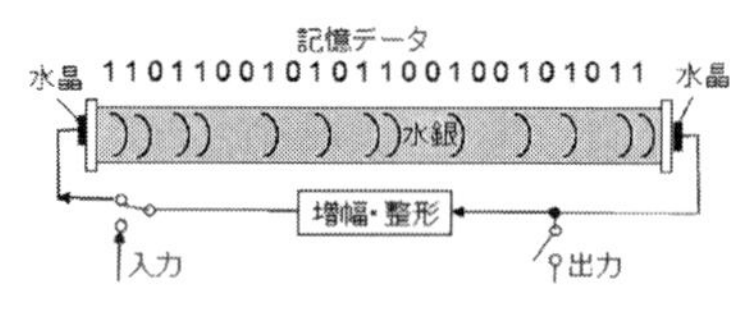

(c) 水銀遅延線メモリ

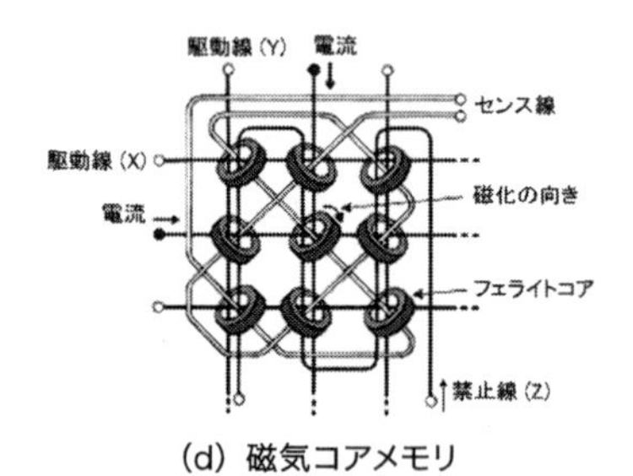

(d) 磁気コアメモリ

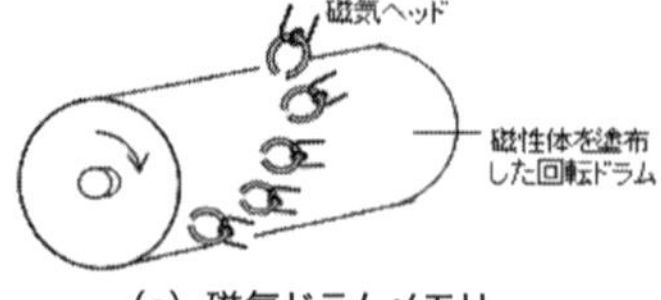

(e) 磁気ドラムメモリ

図 3.2.12　各種の記憶装置

が、日本の後藤英一によって1954年に発明されました[14)]。非線形素子を含む振動系をその共振周波数fの2倍の周波数2fで励振すると周波数fの振動が増大する、パラメータ励振（同図(a)）を利用します。これはブランコを揺らすときに体を上下したり、フーコーの振子が空気摩擦で減衰しないように紐を上下に動かしたりする時と同じです。

この原理によるAND・OR回路を同図(b)に示します。これでは同図(a)右の回路要素を組み合わせてあり、周波数2fで3種類の位相（0、2π/3、4π/3）を持つ励起信号（Ⅰ、Ⅱ、Ⅲ）を用います。この動作を(c)で説明すると、101と102への入力信号が正位相（+1）と逆位相（−1）の場合

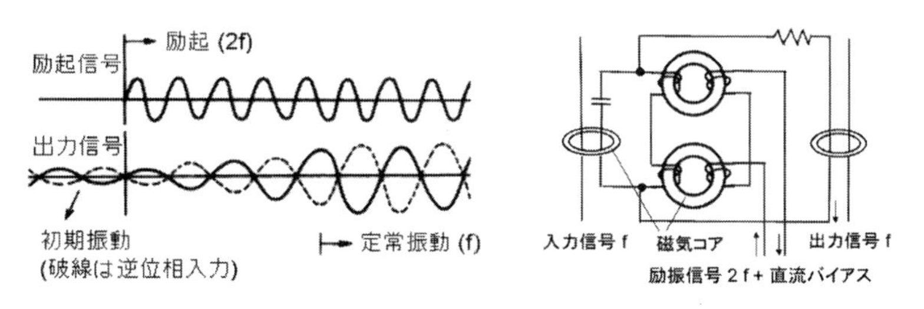

(a) パラメータ振動の励起と回路要素

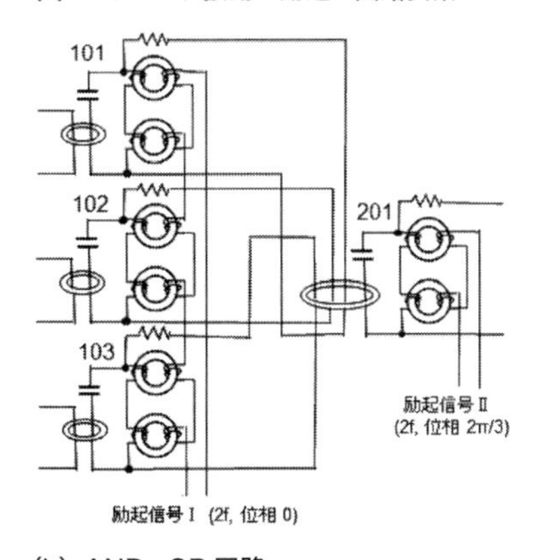

(b) AND・OR回路

+1の時OR演算
−1の時AND演算

101	102	103 の位相	201への駆動信号	201の発振位相	
−1	−1	−1	−3k	−1	AND
−1	+1	−1	−1k	−1	AND
+1	−1	−1	−1k	−1	AND
+1	+1	−1	+1k	+1	AND
−1	−1	+1	−1k	−1	OR
−1	+1	+1	+1k	+1	OR
+1	−1	+1	+1k	+1	OR
+1	+1	+1	+3k	+1	OR

(c) AND・OR動作（kは結合係数）

図3.2.13　パラメトロン計算機による論理演算回路

図 3.2.14　テンキー式電卓（キャノーラ 130）

に、後段の 201 への駆動信号は表のようになり、演算を指定する 103 への入力信号の位相で AND 演算と OR 演算を切り替えることができます。パラメトロン計算機は 1958 年に商用化されましたが、その後トランジスタやさらに集積回路（IC）が計算機に使われるようになりました。トランジスタを用いた計算機の例として、電子式卓上計算機（電卓）について説明します。1963 年に早川電機㈱（現在のシャープ㈱）から国産初の電卓であるコンペット XS-10A が市販されましたが、それまでは図 3.2.6 で説明した機械式手回し計算機が使われていました。図 3.2.14 はテンキー電卓であるキャノン㈱のキャノーラ 130 で、1964 年に発売されトランジスタ 600 個とダイオード 1600 個を使用しています。

大型の計算機は、IBM 社で 1964 年頃からトランジスタやダイオードなどをモジュールにして用いたシステム 360 や、その後集積回路を用いたシステム 370 へと進歩してきました。

はじめてのマイクロプロセッサであるインテル 4004 が 1971 年に市販されました。図 3.2.15 にその構成を示してありますが、中央処理ユニット（CPU（Central Processing Unit））の 4004 にデータ記憶用 RAM（Random Access Memory）の 4002 とプログラム記憶用 ROM（Read Only Memory）の 4001 および出力拡張ポートの 4003 を組み合わせて使用します。4004 は

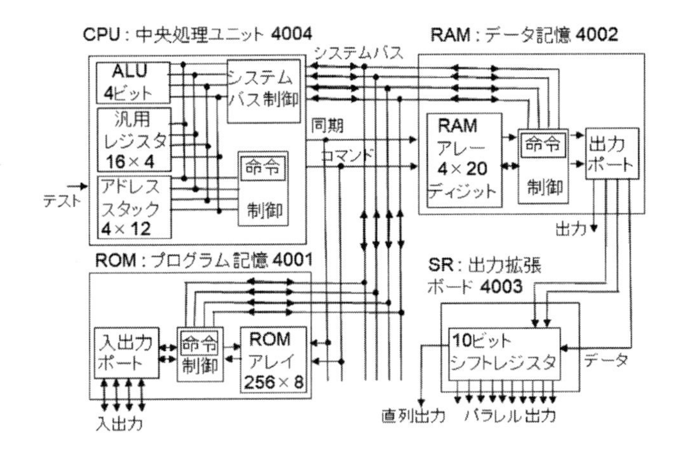

図 3.2.15　はじめてのマイクロプロセッサ（インテル 4004）と周辺用集積回路

2,300 個のエンハンスメント（E）型 p チャネル MOS 電界効果トランジスタ（MOSFET）（図 3.3.13 参照）（チャネル長 10μm）からなり、4 ビット幅で 108 kHz のクロック速度で動作します。嶋正利や M.E. ホフらによって実現されました [15]。

3.2.3　おわりに

計算機の歴史について述べてきましたが、最後に関連する話題を紹介します。

上のチューリングに関する説明で、第二次世界大戦中にドイツがエニグマと呼ばれる暗号作成解読機を用いた話をしましたが、その原理を図 3.2.16 で説明します [16] [17]。スクランブラーと呼ばれるロータ 1、ロータ 2、ロータ 3 を入れて使用しますが、その組み合わせが鍵になります。換字式と呼ばれる方式で、アルファベット 26 文字分のキーボードで、ある入力キー（例では A）が－V につながると、ロータ 3 の内部結線で、別の文字に変わってロータ 2 に入り、そこでまた別の文字になってロータ 1 を通り、反射器の後、逆にロータ 1、ロータ 2 およびロータ 3 を通って、この場

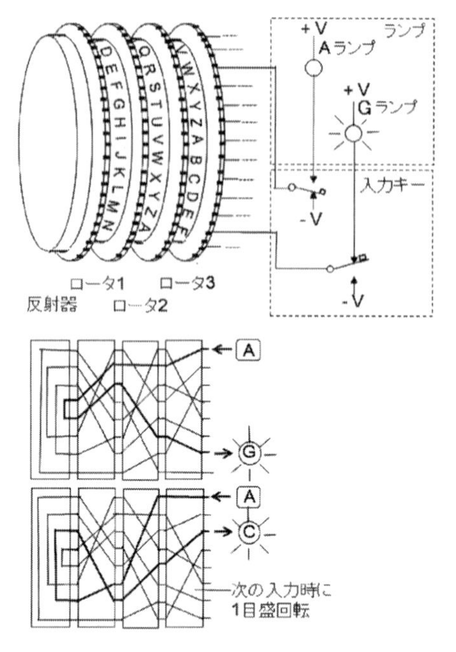

図 3.2.16　暗号機エニグマの原理
(下図はアルファベット 26 文字分のものを 8 文字分で説明)

合には暗号 G に変換されてそのランプを点灯させます。次のキーで 2 文字目（例では同じ A）を入力するとロータも連動して動き、対応した暗号アルファベット、この場合は C が点灯する仕組みになっています。

ドイツの暗号機は進化してローレンツ暗号機に変わり、それを解読するためイギリスでは真空管を 1500 本使った解読機（コロッサス）を製作しました[1)]。

次に我々の研究室で 1984 年に製作した、ビットシリアル並列画像処理用の 1 ビットプロセッサエレメント（PE）の集積回路（図 1.2.18 (a) の写真）を紹介します[18)]。設計・製作・テストは、1.2.3 で紹介した自作のプログラムや装置で行いました。図 3.2.17 には (a) ブロック図、(b) 回路図、(c) レイアウト図、(d) チップ上のこの回路の写真、および (e) 機能と命令

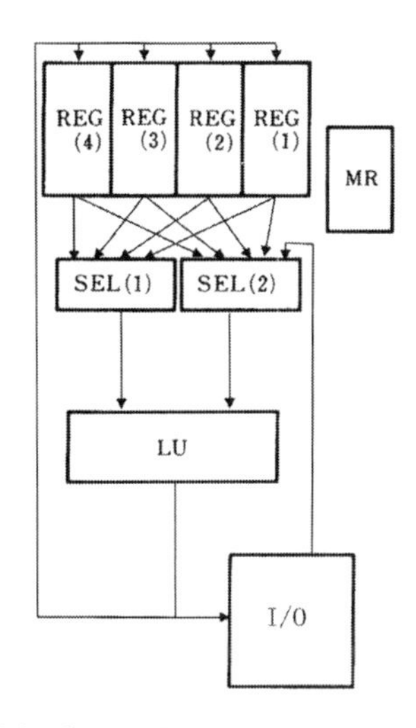

(a) ブロック図

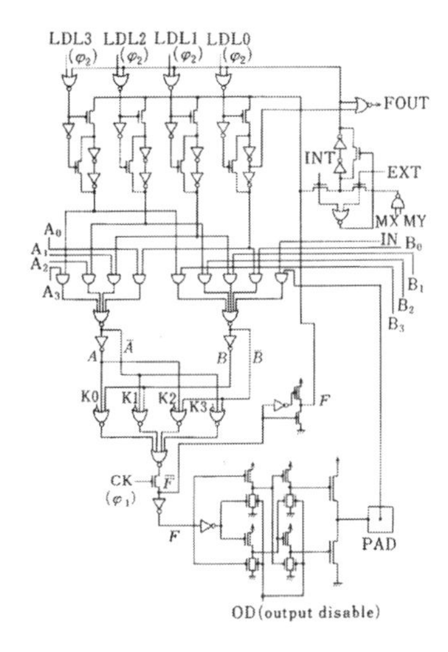

(b) 回路図

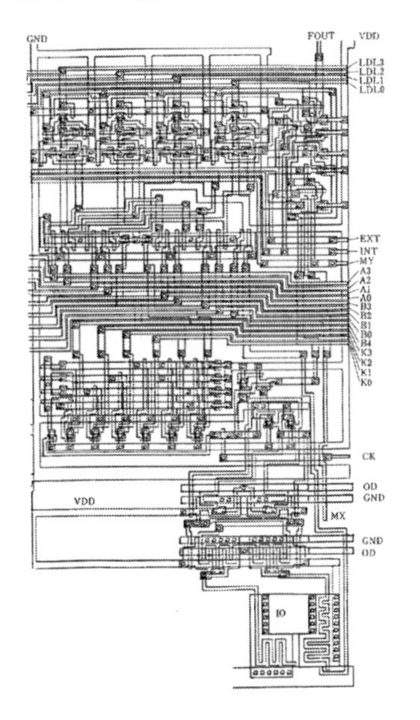

(c) レイアウト図

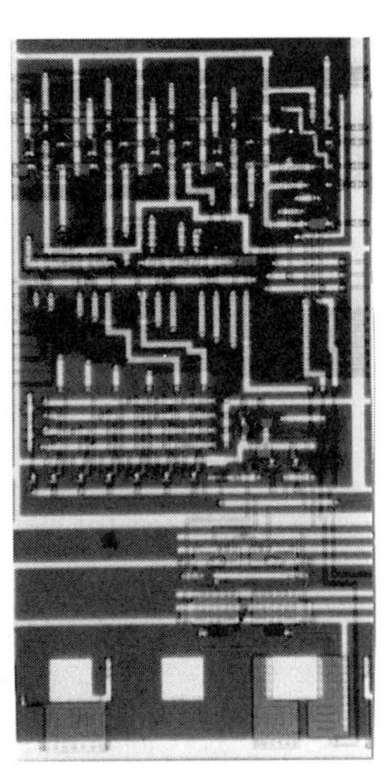

(d) チップ上の回路の写真

図 3.2.17　1 ビットプロセッサエレメント（小松昭雄氏による設計・製作）

K3	K2	K1	K0	関数F
0	0	0	0	0
0	0	0	1	$\bar{A} \cdot \bar{B}$
0	0	1	0	$A \cdot \bar{B}$
0	0	1	1	$\bar{B}$
0	1	0	0	$\bar{A} \cdot B$
0	1	0	1	$\bar{A}$
0	1	1	0	$A \oplus B$
0	1	1	1	$\bar{A} + \bar{B}$
1	0	0	0	$A \cdot B$
1	0	0	1	$AB+\bar{A}\bar{B}$
1	0	1	0	A
1	0	1	1	$A + \bar{B}$
1	1	0	0	B
1	1	0	1	$\bar{A} + B$
1	1	1	0	$A + B$
1	1	1	1	1

演　算
① R ←F (IN, R)
② R ←F (R, R)
③ OUT←F (R, R)

$$F=\overline{\overline{K_0}+A+B}+\overline{\overline{K_1}+\overline{A}+B}+\overline{\overline{K_2}+A+\overline{B}}+\overline{\overline{K_3}+\overline{A}+\overline{B}}$$

15 … 0

OD	K3	K2	K1	K0	LDL 3	LDL 2	LDL 1	LDL 0	A1	A0	B1	B0	IN	INT	EXT

OD　：出力禁止
K3～K0　：LU関数指定
LDL3～LDL0：レジスタ入力選択
A1, A0　：LU オペランド選択(A 入力)
B1, B0　：LU オペランド選択(B 入力)
IN　：入力データ→LU B 入力
INT　：マスクレジスタ入力(内部データ)
EXT　：マスクレジスタ入力(外部データ)

(e) 機能（上）と命令コード（下）

図 3.2.17　1 ビットプロセッサエレメント（小松昭雄氏による設計・製作）

コードを示してあります。チャネル長 10μm の n チャネル MOSFET 1200 個から成る、エンハンスメント(E)型とデプレッション(D)型による ED 型 nMOSIC で、5mm × 4mm のチップ上に 8 回路分が形成されています。セレクタ（SEL）で、ロジックユニット（LU）への入力を選択し、4 つのレジスタ（REG）どうし、または I/O 端子からの入力（IN）とレジスタの間で(e)のような演算を行います。その結果をレジスタか I/O 端子を通してメモリに書き込みます。このため(e)のような 16 ビットの命令コードが PE に与えられます。2 次元並列処理を行うときは全 PE に同じ動作をさせますが、特定の PE だけ動作を停止させるためのマスクレジスタ（MR）が備えられています。

アナログ計算機に関連する話題として、面積計（プラニメータ）を取り上げます[19]。その写真と原理を図 3.2.18 に示します。2 本の棒が繋がって

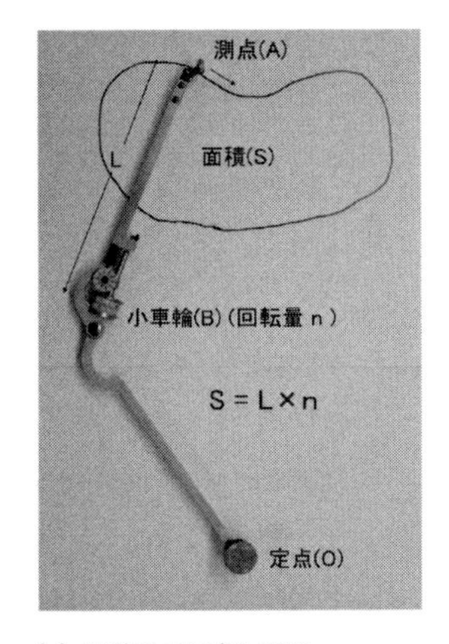

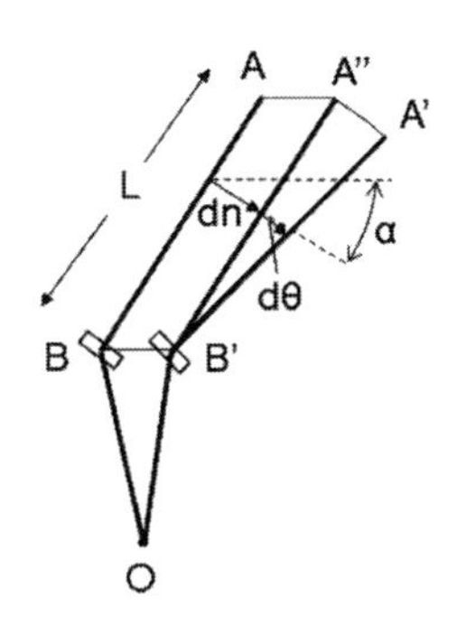

(a) 面積計の写真と原理　　(b) 測点の動きと小車輪の回転の関係

図 3.2.18　面積計（プラニメータ）の写真と原理

曲がる部分に小車輪(B)が付いています。片側の棒は端部の定点(O)を支点に回ります。他の棒は長さがLで、端の測点(A)を持ち、面積(S)を測りたい部分の周囲を動かして一周させますが、小車輪はその棒に直角に動き、その動きに対応する回転量nを用いると、面積(S)はS＝L×nで求まります。同図(b)でその動作を説明します。AがA'まで動く時、小車輪はBからB'まで動くとします。AからA'への移動は平行移動AA"と回転移動A"A'に分けられます。棒の平行移動量は、小車輪の回転量をdn、回転移動量を$d\theta$とすれば、棒ABの移動によって覆われる面積dAはLdn＋$L^2 d\theta/2$となります。小車輪の回転方向が棒ABの進む方向となす角度をαとすると回転量dnはBB' $\cos\alpha$となります。閉曲線一周で求まる面積Sは、dAの式を積分して以下のように求まります。ここで回転移動$d\theta$に関する積分は一周でゼロになり、第2項は消えます。

$$S = \oint dA = \oint L dn + \oint L^2 d\theta/2 = L \times n$$

参考文献

1　大駒誠一："コンピュータ開発史"，共立出版（2005）．
2　小田徹："コンピュータ史"，オーム社（1983）．
3　A.B. Clymer : The mechanical analog computers of Haannibal Ford and William Newell, IEEE Annals of the History of Computing, 15, 2 (1993) 19-34.
4　和田英一：微分解析機，情報処理，52，3 (2011) 368-373.
5　R.M. Howe : Fundamentals of the analog computer: circuits, technology, and simulation, IEEE Control Systems Magazine, 25, 3 (2005) 29-36.
6　F.W. Kistermann : Blaise Pascal's adding machines: new findings and conclusions, IEEE Annals of the History of Computing, 20, 1 (1993) 69-76.
7　高橋英俊："電子計算機の誕生"，中公新書 273 (1972)．
8　A.G. Bromley : Charles Babbage's analytical engine, 1838, IEEE Annals of the History of Computing, 20, 4 (1993) 29-45.
9　A.M. Turing : On computable numbers, with an application to the Entscheidungsproblem, Proc. of the London Mathematical Soc. Ser 2, 42 (1937) 230-265.
10　星子幸男："コンピュータ回路工学"，森北出版 (1983)．
11　A.W. Burks : Electronic computing circuits of the ENIAC, Proc. of the IRE, 35 (1947) 756-767.（Proc. of the IEEE, 85 (1997) 1172-1180）．
12　J.P. Eckert : A survey of digital computer memory systems, Proc. IRE, 41 (1953) 1393-1405.（Proc. IEEE, 85, 1 (1997) 181-183）．
13　TDK，第 94 回「磁気記録の技術史」の巻，https://www.tdk.com/ja/tech-mag/ninja/094.
14　長森享三，吉澤聖一：パラメトロンを用いたディジタル回路，エレクトロニクス (1958/3) 918-925.
15　嶋正利：マイクロプロセッサの 25 年，電子通信学会誌，62, 10 (1999) 997-1017.
16　D.J. Crawford, P. Fox : The autoscritcher and the superscritcher : aids to cryptanalysis of the German Enigma cipher machine, 1944-1946, IEEE Annals of the History of Computing, 14, 3 (1992) 9-22.
17　WIKIPEDIA, Enigma rotor details. https://en.wikipedia.org/wiki/Enigma_rotor_details.
18　江刺正喜："半導体集積回路設計の基礎"，培風館（1986）．
19　西山豊：面積を測る，https://yutaka-nishiyama.sakura.ne.jp/math2010j/measuring_j.pdf.

3.3　電子デバイス

本稿の話題に関わる電子デバイスの歴史を図3.3.1に示します。電子の発見、真空管について述べた後、半導体電子デバイスとして特にMOSFETにおけるゲート絶縁膜界面での不安定性の説明を行います。「3.3.4 おわりに」では太平洋戦争時の近接信管や、陽極分割マグネトロンによるマイクロ波の発生に触れ、最後にゲルマニウム成長型トランジスタの製作工程を紹介します。

3.3.1　電子の発見

英国のS.W. クルックスが1875年頃に製作した図3.3.2のクルックス管は、真空にした内部に陽極と陰極を入れた放電管で、陰極からの負電荷を持つ陰極線によりガラス壁が輝き陽極の影が観察されました。1800年代後半にドイツのJ. ブリュッカーらによって陰極線の性質が明らかになり

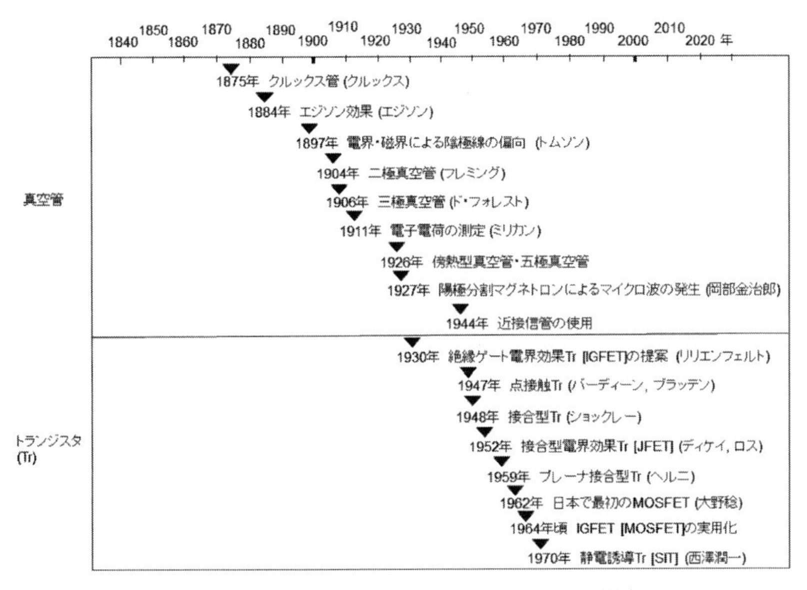

図 3.3.1　本稿の話題に関わる電子デバイスの歴史

ました[1)]。1895年には透過性のあるX線が陽極から出ることをドイツのW.C. レントゲンが発見しています。S.W. クルックスは写真乾板が感光することに気づいてはいましたが、当時はX線の発見には至りませんでした。

英国のJ.J. トムソンは1897年に、図3.3.3のようにして電界や磁界によって陰極線を偏向させる実験を行いました。偏向領域の長さをl、ドリフト領域の長さをLとすると、電界Eによる変位yと磁界Bによる変位xから、陰極線を構成する粒子の速度が分かり、これから粒子の電荷eと質量m_eの比（比電荷）（e/m_e）が次のように求められました[1)]。なおこの頃から粒子は電子と呼ばれるようになりました。

$$\frac{e}{m_e}=\frac{E}{B^2 l L}\cdot\frac{x^2}{y}$$

1911年に米国のR.A. ミリカンによって、X線で帯電した油滴を垂直な電場をかけて止めたり、落下させたりする実験が行われました。これによって電子の電荷eが下のように測定され、これと上の式から電子の質量m_eが9.1×10^{-31}kg（水素原子の1/1840）と求められました[1)]。図3.3.4にその測定法を示します[2)]。X線で帯電した空気分子を付着させた油滴

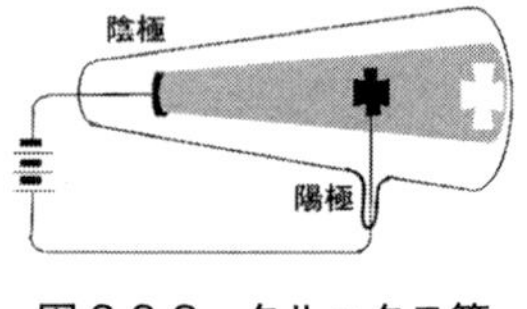

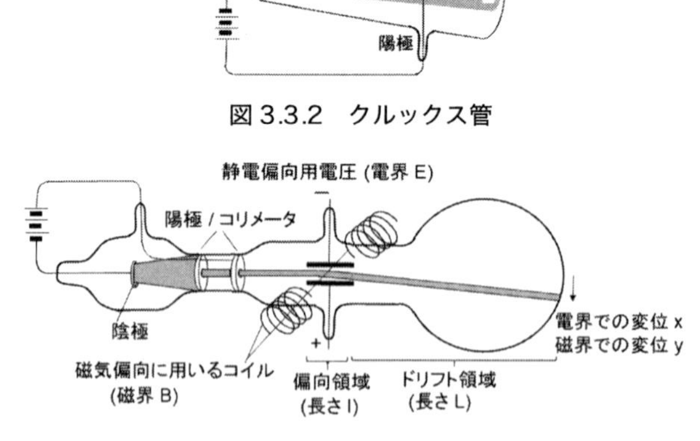

図3.3.2　クルックス管

図3.3.3　電界や磁界による陰極線の偏向

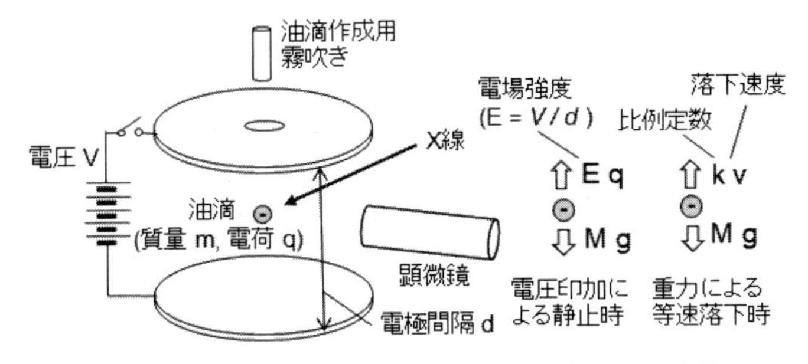

図3.3.4　ミリカンが行った電子の電荷を測定する実験

（質量m）は、帯電して電荷qを持ちます。電極間の電界Eによる静電力qEを受けたとき、これが重力mg（gは重力加速度）と等しくなると、油滴を浮上し静止させることができます。ここで電界強度Eは電圧Vを電極間隔dで割った値です。電圧をかけないで電界がかからないと、油滴は落下し空気の抵抗を受けます。この抵抗力と重力がつりあうと、油滴は等速で落下します。この抵抗力は油滴の落下速度vに比例するのでその比例定数をkとするとkvと表せて、これが重力mgすなわち静電力qEと等しくなり、下の式が得られます。この油滴の電荷qは電子の電荷eの整数倍であるため、これからeは1.6×10^{-19}クーロン［C］と測定されました。

$$q = \frac{kv}{E}$$

3.3.2　真空管

T. エジソンによる実験で、図3.3.5のように白熱電球中に金属の電極を入れ、これをフィラメントに対して－(マイナス）にすると電流は流れないが、＋(プラス）にすると電流が流れました[3)]。これは1884年に発表されてエジソン効果と呼ばれました。しかし当時はまだ、上で述べたようにして電子の性質が明らかにされる以前でした。

英国のA. フレミングはエジソン効果を検波（整流）に利用し、図3.3.6

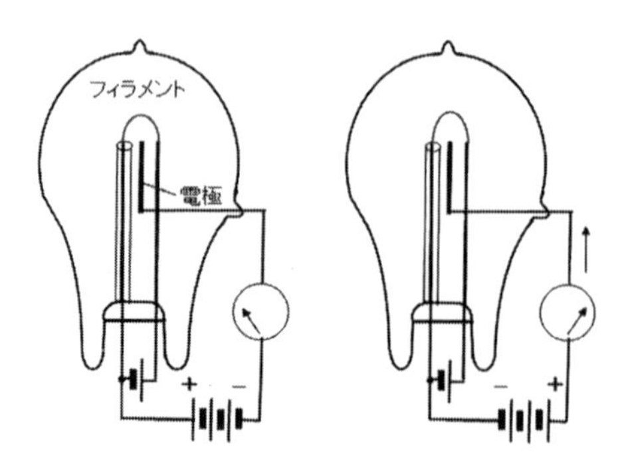

図 3.3.5　エジソン効果

(a)のようなフィラメントによるカソード（陰極）とプレート（陽極）からなる、二極管と呼ばれる真空管を1904年に発表しました[4)]。その2年後の1906年に米国のL.de フォレストは、同図(b)のように格子状の（コントロール）グリッドと呼ばれる電極をカソードとプレートの間に入れた三極管を発明しました[5)]。グリッドの電圧でプレート電流を制御できて増幅や発振が可能になり、当時はオーディオンと呼ばれました。米国のI. ラングミュアは熱電子放出を研究し、トリウム（Th）をタングステン（W）フィラメント表面に形成したトリウムタングステンフィラメントを1913年に発明しました[6)]。Thは仕事関数が小さくて電子を放出しやすいため、Wフィラメントの場合（2,400℃）よりも低温の1,600℃で使えるようになりました。このようなフィラメントからの電子放出を用いる直熱型に対して、バリウム・ストロンチューム・カルシウムの酸化物（(BaSrCa)O）を持つニッケル（Ni）のカソード（陰極）を用い、アルミナ（Al_2O_3）で被覆したWヒータによってこれを加熱する傍熱型（同図(c)）が使われるようになり、これによりヒータ加熱に交流電源を用いることもできるようになりました[4)]。その後、入力用コントロールグリッドとプレートの間の静電容量を減らすためにスクリーングリッドを入れた四極管や、さらに陽極で発生する二次電子を陽極に戻すサプレッサグリッドを入れた五極管（同図(d)）が1926年に開発され、五極管は高周波増幅に用いられました[4)]。

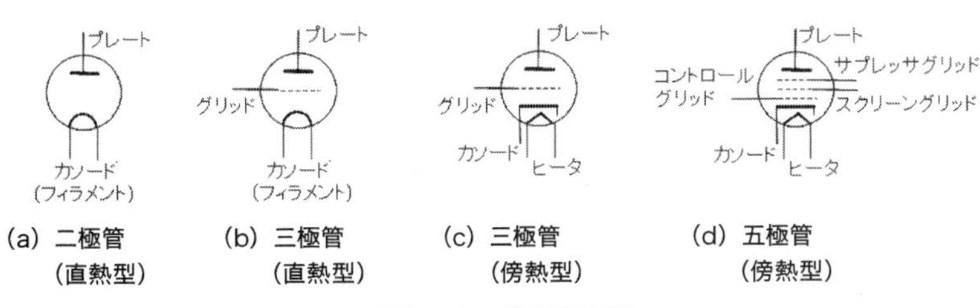

図 3.3.6　各種真空管

図3.3.7に各種小形真空管の写真を示していますが、これにはST（スタンダード・チューブ）管やGT（ガラス・チューブ）管の他、1939年からのMT（ミニチュア・チューブ）管や1955年からのSMT（サブミニチュア・チューブ）管、またメタル管や1959年に米国のRCA社で開発された超小型のニュービスタなどがあります。

図3.3.8は大型真空管の写真ですが、三極送信管や水冷三極送信管の他、水銀封入整流管（図3.6.23でその使用例を紹介）や電力制御用の水銀封入三極管（サイラトロン）（図3.6.16でその動作を説明）などがあります。サイラトロンは半導体の場合のサイリスタ（SCR）（「3.6 電源と動力源」の図3.6.18で説明）と同様に、入力信号によるトリガで電流が流れ続けます。「3.3.4 おわりに」の近接信管で、その使用例を紹介します。

図 3.3.7　小形真空管の写真
（左からST管、GT管、MT管、サブミニチュア管、メタル管、ニュービスタ）

図 3.3.8　大型真空管の写真
（左から三極送信管、水冷三極送信管、水銀封入整流管、水銀封入三極管（サイラトロン））

3.3.3　半導体電子デバイス

米国のベル研究所でJ.バーディーンとW.ブラッテンにより、図3.3.9の点接触トランジスタ（Tr）が1947年に発明されました[7]。n型ゲルマニウム（Ge）の結晶基板（ベースB）にエミッタEとコレクタCの針を50μmほどの間隔で立てたものです。基板Bに対してコレクタCにはマイナスの電圧を印加しておき、エミッタEにプラスの電圧をかけて電流Ieを流すと、図の特性に示すようにコレクタ電流Icが大きく流れ、増幅作用が確認されました[7]。この現象は、基板であるn型Ge中の電子によるベース電流IbはエミッタEから流れ込みますが、基板表面にはp型反転層が形成されており、そのホール（正孔）はコレクタCに電流Icとして流れ込みながらエミッタEの針から供給されるためと説明できました。100Vの電源Vccと40kΩの負荷抵抗R_Lで125倍の電力利得（電力増幅率）でした。1948年にバーディーンとブラッテンの名前で、親会社のウェスタン・エレクトリック社によって特許出願が行われ公表されました。図3.3.9には同社製の点接触トランジスタの写真を示しますが、ガラスで封止されているため内部の構造を見ることができます。

ベル研究所でバーディーンやブラッテンと同じグループだったW.ショックレーは1949年に、図3.3.10(a)に示すpn接合ダイオードの理論を発表しました[8]。図左のように順方向（p型をn型より正）に電圧を印加

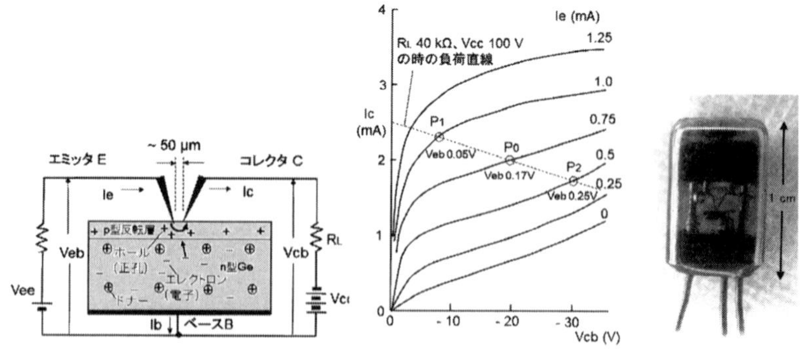

図 3.3.9　点接触トランジスタ

すると、p型からのホールやn型からの電子の注入が生じ、それらが拡散しながら反対側にあるn型の電子やp型のホールと結合することで電流が流れます。図右のように逆方向（p型をn型より負）に電圧を印加した場合は電流が流れず、整流作用を示します。

図3.3.10(b)に示すバイポーラトランジスタ（Tr）はショックレーによって1948年に理論が提示されました[8)]。左右2つの点接触構造に代わり、左右にpn接合を持つ面接触構造で、接合型トランジスタとも呼ばれます。図の例はnpnトランジスタの場合ですがpnpトランジスタもあります。左側のpn接合に順方向の電圧を印加すると（図左）、n型のエミッタ（E）から中央にあるp型のベース（B）に電子が注入されます。右側のpn接合に逆方向電圧を印加しておくと、注入された電子の大部分は10μmより薄いベースを通り抜けてn型のコレクタ（C）へ流れます。ベース中のホールとの再結合などによるベース電流I_Bに対するコレクタ電流I_Cの比である（エミッタ接地）電流増幅率は大きな値になります。図右のように左側

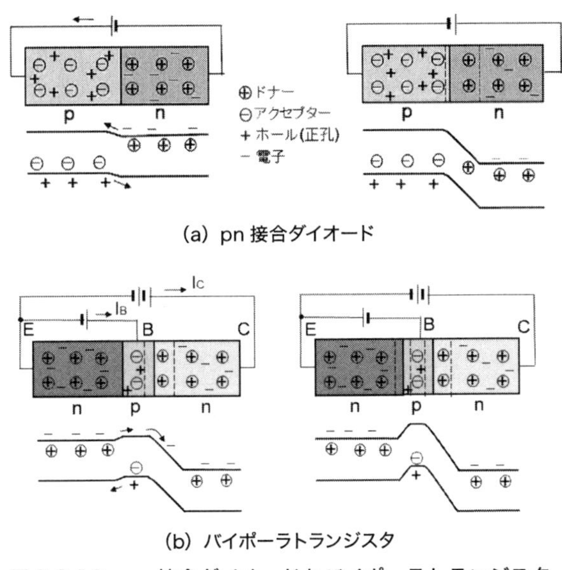

図3.3.10　pn接合ダイオードとバイポーラトランジスタ

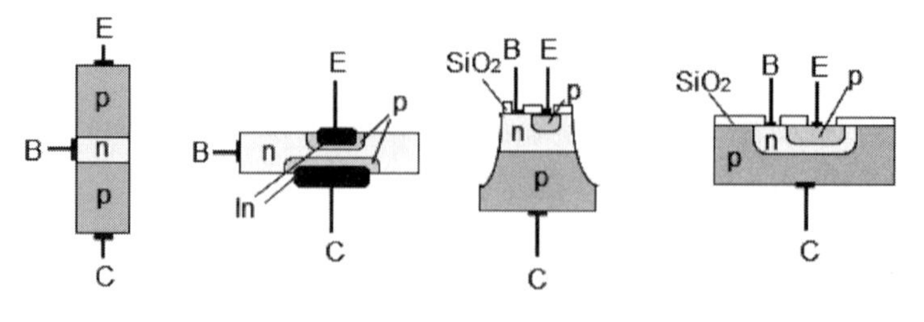

図 3.3.11 バイポーラトランジスタの進歩（例 pnp 型 Tr）

の pn 接合に逆方向の電圧が印加された場合にはコレクタ電流は流れません。

半導体材料は Ge からシリコン（Si）に変わり、結晶技術の進歩などでバイポーラ Tr は実用化され、作り方も改善されてきました。図 3.3.11 にバイポーラ Tr の進歩の様子を示してあります [9) 10)]。同図(a)の成長型は Ge 結晶を融液から引き上げる段階で p 型や n 型の不純物を添加し、その結晶を縦方向に切断して作るもので 1950 年に製作されました（「3.3.4 おわりに」の最後に製作工程を説明）。同図(b)の合金型はインジウム（In）の粒を n 型 Ge の上に乗せ、熱処理することで p 型層を形成して製作するもので、1952 年に実現され製品化も行われました。その後は Si 結晶を用いて酸化膜（SiO_2）の開口部から不純物を選択的に拡散させて p 型層や n 型層を作る、拡散型が用いられるようになりました。1956 年に C.A. リーが同図(c)のように選択拡散でエミッタ（E）を形成した後、周辺を切り落としたメサ Tr を開発しました。1959 年に J. ヘルニは同図(d)のようなプレーナ Tr を実現しました。これでは選択拡散を繰り返してベース（B）とエミッタ（E）を形成しますが、pn 接合の表面が SiO_2 で覆われて特性が安定になります。この拡散型プレーナ Tr がバイポーラトランジスタの集積回路に使われることになりました [10)]。

1951 年にショックレーは、逆バイアスされた pn 接合の空乏層により、電流の通過する幅をかえる接合型電界効果トランジスタ（JFET（Junction

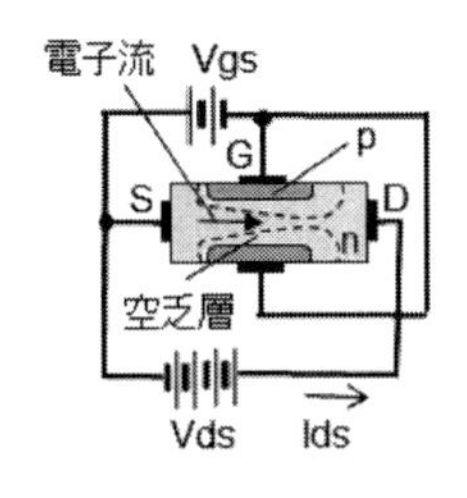

(a) 接合型 FET (JFET)

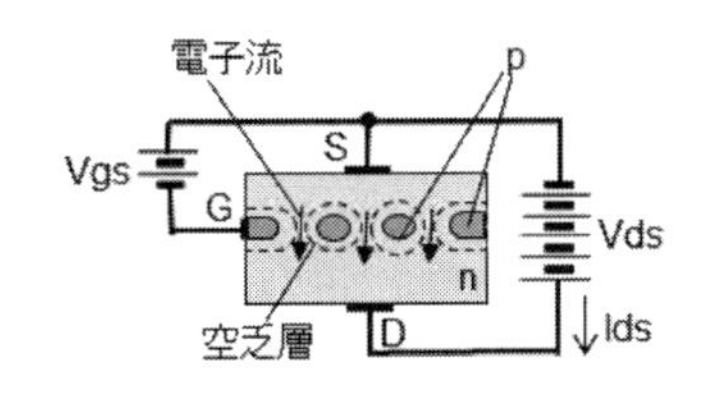

(b) 静電誘導トランジスタ (SIT)

図 3.3.12　接合型 FET（JFET）と静電誘導トランジスタ（SIT）（n チャネル Tr）

Field Effect Transistor)）を提案しました[9]。ショックレーの指示で翌年1952年に、G.C. ディケイとI.M. ロスは図3.3.12(a)に示す構造のJFETを実現しました[9]。ゲートに印加した電圧Vgsで空乏層が拡がって電流が流れるチャネルの幅が狭くなりドレイン電流Idsが減少します。JFETではゲートにほとんど電流が流れないため入力抵抗が大きくなります。

1970年に西澤潤一は同図(b)のような静電誘導トランジスタ（SIT (Static Induction Transistor)）を発表しました[11]。これではチャネルが短いためにドレイン電流Idsを大きくすることができます。

絶縁ゲート電界効果トランジスタ（IGFET）はバイポーラトランジスタに先立ち、1930年にJ.E. リリエンフェルトにより提案され特許が取得されましたが、実用化するには1964年頃までかかりました[12]。図3.3.13はIGFETであるMOS（Metal Oxide Semiconductor）電界効果トランジスタ（MOSFET）の構造とその特性です。同図(a)はnチャネルMOSFETで、p型Si基板の表面にソース（S）とドレイン（D）のn型拡散層を形成し、その間のnチャネル（n型反転層）表面に薄い酸化シリコン（SiO_2）による絶縁膜とその上にゲート（G）電極が形成されています。同図(b)はpチャネルMOSFETで、n型Si基板にp型のソース・ドレイン拡散層を形成しています。同図(c)には1962年に日立の大野稔によって日本で最初に作られたMOSFETの写真を示してあります[13]。同図(d)（e)にnチャネルMOSFETの特性を示しますが、ゲートにプラスの電圧Vgsを印加して、それが閾値電圧（V_T）を越えるとマイナスの電荷が基板表面に生じてn型の反転層が形成され、ソース・ドレイン間に電流（Id）が流れます。このV_Tが正の場合は(d)のエンハンスメント（E）型、V_Tが負でVgsが0Vの場合でも電流が流れるものは、(e)のデプリーション（D）型と呼ばれます。後で述べるようにSiO_2/Siの界面を安定化する技術が確立されてゆくことでMOSFETは実用化され[12]、今日の高密度集積回路（LSI）の主役となりました。

SiO_2/Si界面における課題を分類して図3.3.14に示してあります[14]。以下ではこれらがどのように克服され、その研究成果が活用されていくこと

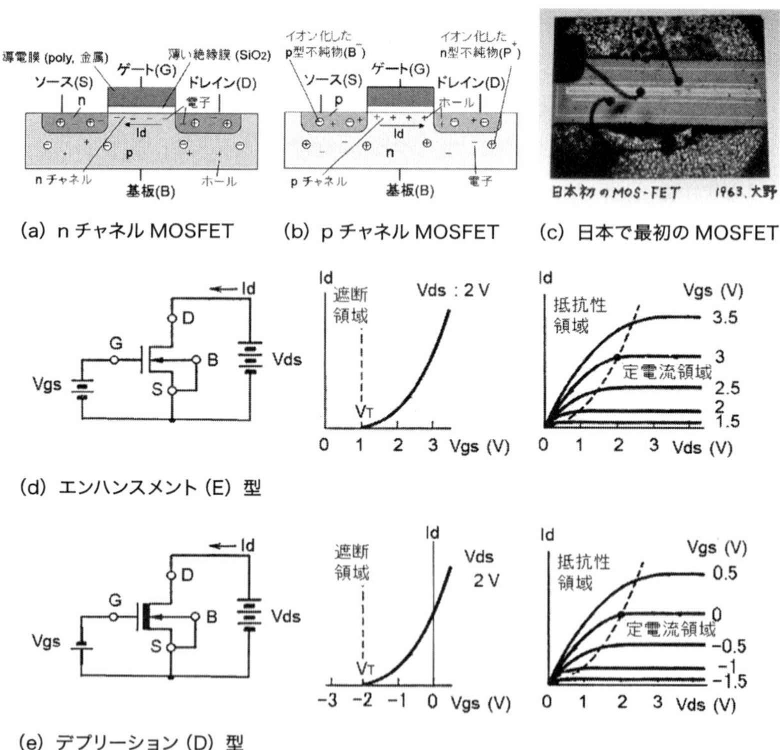

図3.3.13 MOS電界効果トランジスタ

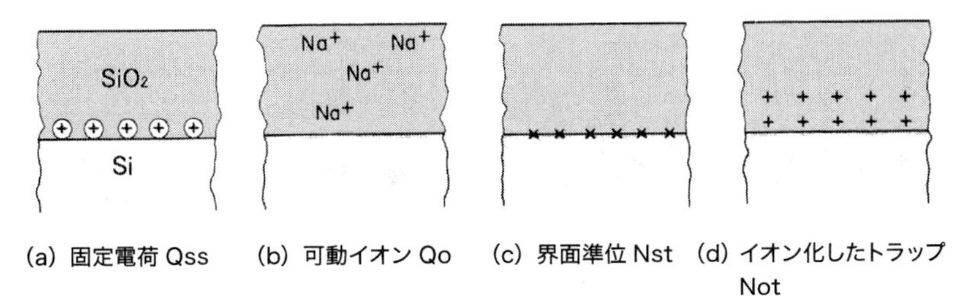

(a) 固定電荷 Qss　(b) 可動イオン Qo　(c) 界面準位 Nst　(d) イオン化したトラップ Not

図 3.3.14　MOS 構造の SiO_2/Si 界面における課題

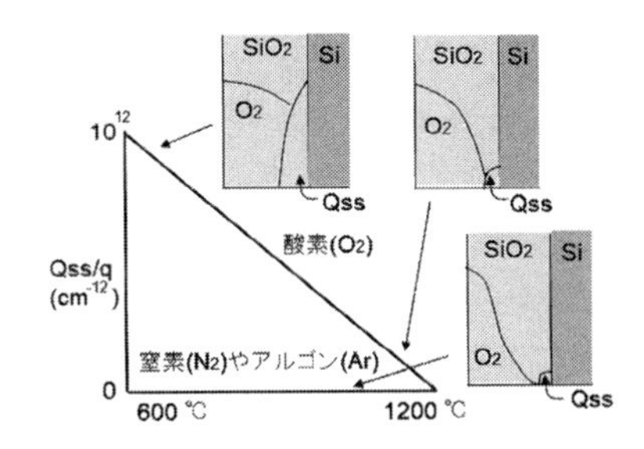

図 3.3.15　固定電荷 Qss の処理温度・雰囲気依存性

になったかについて説明します。

図 3.3.14(a)の固定電荷 Qss は、隣接した4つの酸素原子と結合するはずの Si 原子が、一部は結合せずに Si が正電荷を持った状態になることに起因するものです。Si を熱酸化して SiO_2 を形成する際に Qss が生じる過程を図 3.3.15 で説明します[14]。酸素（O_2）雰囲気では SiO_2 表面から酸素原子が内部に拡散しますが温度が低いと反応しにくいため、SiO_2 と Si の界面で結合しない Si 原子が多くなり Qss が生じます（左上）。温度が高い場合には拡散した酸素原子が Si と結合し Qss は少なくなります（右上）。熱酸化膜を窒素（N_2）やアルゴン（Ar）の雰囲気で熱処理すると、内部の酸素原子が Si と結合して Qss は減少します（右下）。

図 3.3.14(b)の可動イオン Qo について説明します。これは SiO_2 中の Na^+ などのアルカリイオンによるものです。図3.3.16はゲート（金属やpoly Si）－ SiO_2－p 型 Si 構造の MOSFET において、温度を上げて同図上のよ

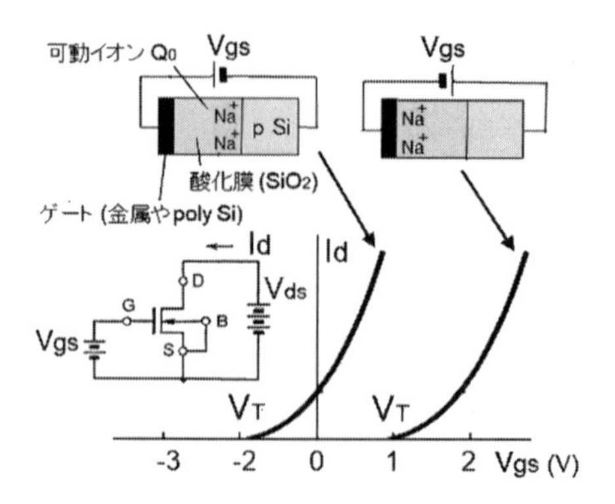

図 3.3.16　バイアス電圧－温度（BT）処理による可動イオン Qo の移動

うにバイアス電圧 Vgs を印加するバイアス電圧－温度（BT）処理をした後の特性の変化です。ゲート電圧 Vgs をプラスにすると酸化膜（SiO_2）内の可動イオン Qo が Si 側に移動するため、p 型 Si 表面が n 型に反転し易くなり、反転層に変化する閾値電圧（V_T）が負方向にシフトします。逆に Vgs をマイナスにした後は Qo がゲート電極側に移動し閾値電圧（V_T）は正方向にシフトします。このような V_T がシフトする不安定性は SiO_2 中に燐（P）を入れる燐処理によって Na^+ イオンが動かないようにして解決できますが [15)]、現在は清浄度を上げてアルカリイオンを含まないようにした酸化膜が用いられています。

図 3.3.14(c) に示している界面準位 Nst は、図 3.3.17 のように SiO_2/Si 界面の酸素原子が未結合のダングリングボンド状態にあることによります。Nst は電荷を持ったり持たなかったりと状態が変化して、チャネル中の電荷と結合する不安定性を生じます。これは水素原子（H）を結合させて安定化させることができ、図 3.3.17 のように SiO_2 表面にアルミニウム（Al）を付けて熱処理したときに、吸着している水分子と Al が反応して Al の酸化物が生じ、その時に発生した水素原子が SiO_2/Si 界面に達しこの役目を果たします。図 3.3.18(a) に示すプラズマ CVD で形成したアモルファス Si（a-Si）の場合、同図(b)のような未結合のダングリングボンドに、同図

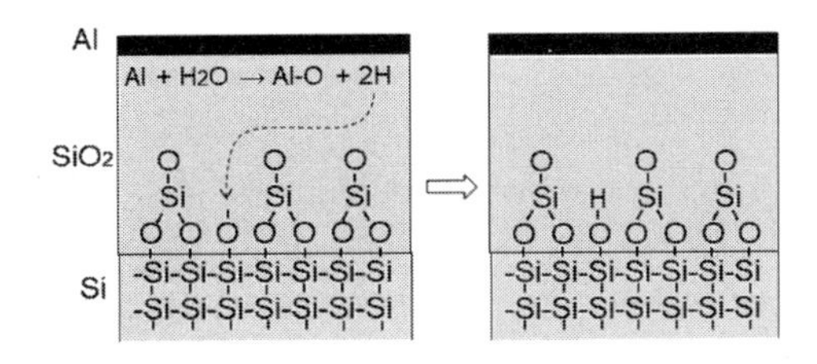

図 3.3.17　水素による界面準位 N_{st} の低減

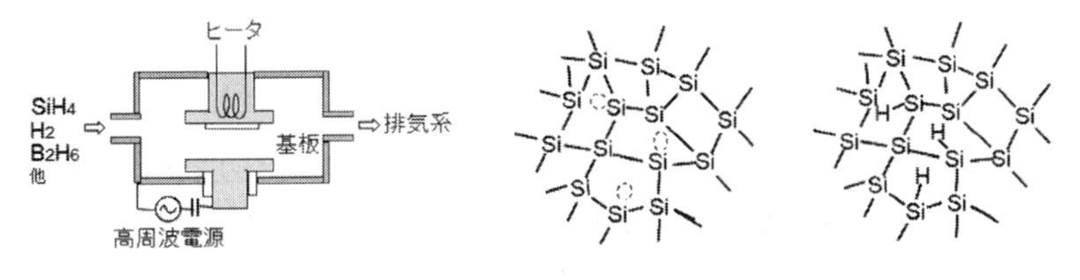

(a) プラズマ CVD による a-Si の堆積　(b) 未結合（ダングリングボンド）のある a-Si　(c) 水素化 a-Si

図 3.3.18　水素化アモルファス Si（水素化 a-Si）

(c)のように水素を結合させて安定化させた水素化 a-Si にすることで、電子の易動度を向上させることができます。これは液晶ディスプレイ（図 3.8.12）や有機 EL ディスプレイ（図 3.8.13）のアクティブマトリックス回路で画素ごとに電圧をオンオフする薄膜トランジスタ（TFT）、a-Si 太陽電池などに応用されています[16)]。

図 3.3.14(d)に示すイオン化したトラップ Not は、酸化膜内部の原子が電荷を持つ状態です。図 3.3.19 は、この電荷を有するトラップを不揮発性メモリ（記憶素子）に用いた例です[17)]。同図(a)のようにチャネル上に薄い SiO_2 膜、チャージトラップ層の SiN 膜、SiO_2 膜およびゲートが形成されています。薄い SiO_2 膜を通してトンネル電流で SiN 膜に電荷を注入し、あるいは逆に電荷を取り去ることで、1 か 0 の情報を書込んで不揮発性メモリとして使うことができます。同図(b)はこのチャージトラップ型不揮発性メモリを LSI 上に積層して形成した、3DNAND フラッシュメモリの回路と構造（2010 年頃）ですが、現在では 300 層ほど積層した 1T

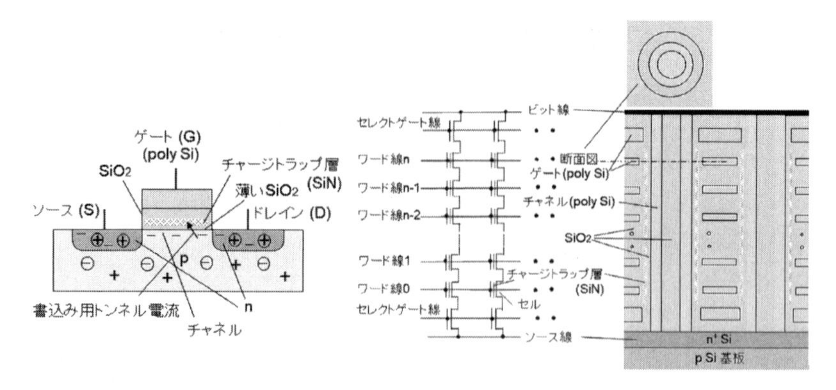

(a) 構造と原理　　(b) 3DNAND フラッシュメモリの回路と断面構造

図 3.3.19　イオン化したトラップ Not を用いるチャージトラップ型フラッシュメモリ

(テラ) (10^{12}) ビットほどのチップが作られ、メモリスティックなどに大量に使われています[18]。なお「3.4 集積回路」の図 3.4.16 では、ゲート絶縁膜の間に導体層を持つ浮遊ゲート型の 3DNAND フラッシュメモリについて、その製作工程を説明します。

3.3.4　おわりに

ここでは太平洋戦争時に用いられた真空管の話題として、米国の近接信管と日本の陽極分割マグネトロンを取り上げます。

ジョンズ・ホプキンズ大学では、高射砲の砲弾が目標の飛行機に近づくだけで爆発するようにして命中率を上げた近接信管（VT 信管）を開発しました[19]。砲弾から出る 100 MHz 程の電波が飛行機で反射されたとき、それを受信して速度の違いによるドップラー効果で生じた送信波と反射波の周波数差を検知します。目標の飛行機と砲弾が 20 m 以内に接近すると、それが検知されるため時限タイマーを用いなくてすみ、命中率が 20 倍向上しました。その構造と回路図を図 3.3.20 に示します[20) 21]。送信器がそのまま反射波の検波器となり、周波数差による 200 Hz の信号を増幅し、図 3.3.8 の写真で紹介したサイラトロン（図 3.6.16 で動作を説明）で爆薬に点火します。砲弾発射時の10,000 G程の加速度や激しい回転に耐える必要があり、真空管には図3.3.7に示したサブミニチュア管が用いられ、その長手方向を砲弾の進行方向と一致させて壊れなくしてあります。電池の自己放電を避けるため、ガラスカプセルに入った電解液が砲弾発射の衝撃で破れ、積層電池の電極間に入って電池が起動するようにしてありますが、これは保管時に爆発しないようにする安全装置の役目も果たしています。1944年6月のマリアナ沖海戦から全艦装備され、第二次世界大戦中に2,200万個製造されました[19]。これは不発弾が回収されて技術が漏洩しないよう、海上でだけ使用されました。

陽極分割マグネトロンは、電子レンジなどでマイクロ波を発生するのに現在も使われている真空管です。マグネトロンは米国のA.W.ハルによって1921年に発表されたもので、図3.3.21に示すように、フィラメント（陰極）を陽極の円筒で囲んだ構造です。軸方向に磁界（H）を印加すると陰

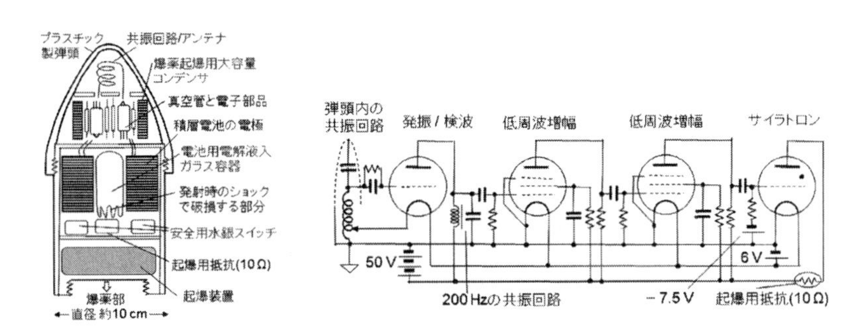

図3.3.20　近接信管の構造と回路図

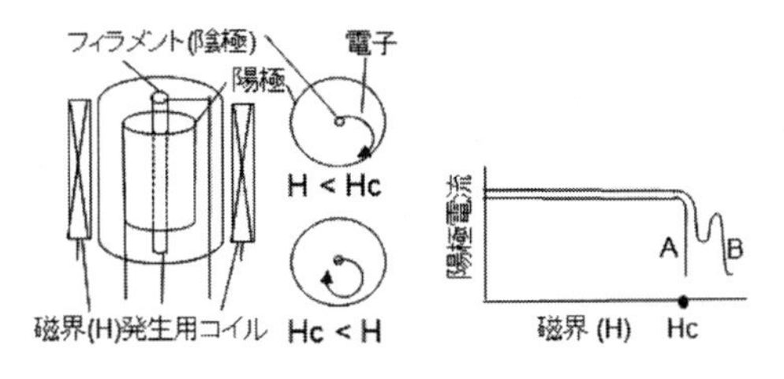

図3.3.21　マグネトロンの構造と原理、および陽極電流の磁界依存性

極からの電子は磁界によって曲げられ、それが臨界磁界（Hc）よりも強くなると電子は陽極に達しなくなるため、右図のAのように電流が流れなくなります。東北大学の岡部金治郎は、BのようにHcより大きな磁界で電流が流れる学生実験の結果をヒントに、1927年にマイクロ波の発生に成功しました[22]。

図3.3.22(a)は東北大学に残されている8分割の陽極分割マグネトロンの写真です。同図(b)のように陽極分割マグネトロンに線をつなぐと、電気信号が反射して高周波の電波を発生しますが、このとき陽極を多数分割するほど高い周波数を発生させることができます。同図右のようにカソードからの電子が塊（電子群）となって陰極の周囲を回転し、陽極の電界で駆動されたり電極に電荷を誘起したりするエネルギーの授受を行います[23]。図3.3.21に示したBの電流は、この電気信号の反射が原因でした。

船舶のレーダでは電波の周波数が高いほど上に曲がらず遠くまで届くため、太平洋戦争中にマイクロ波のレーダが求められました。図3.3.23は霜田光一（東京大学名誉教授）が戦時中の大学院生時代に製作した、マイクロ波用鉱石スーパーヘテロダイン受信機の構成です（詳細な回路図は

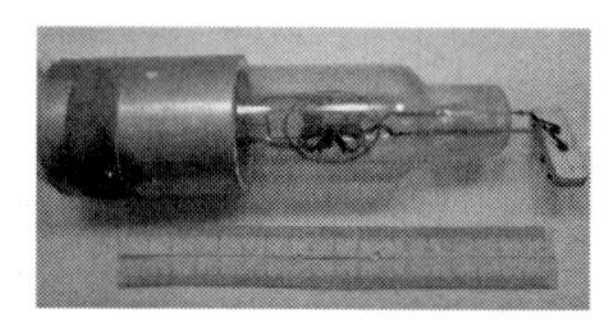

(a) 写真

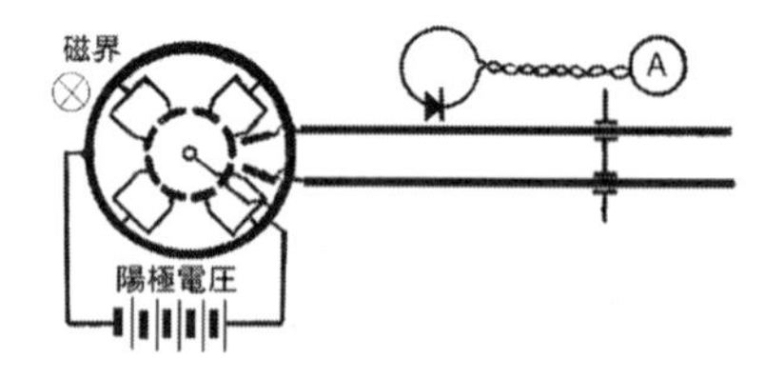

(b) マイクロ波発生の原理

図3.3.22　マイクロ波用陽極分割マグネトロン

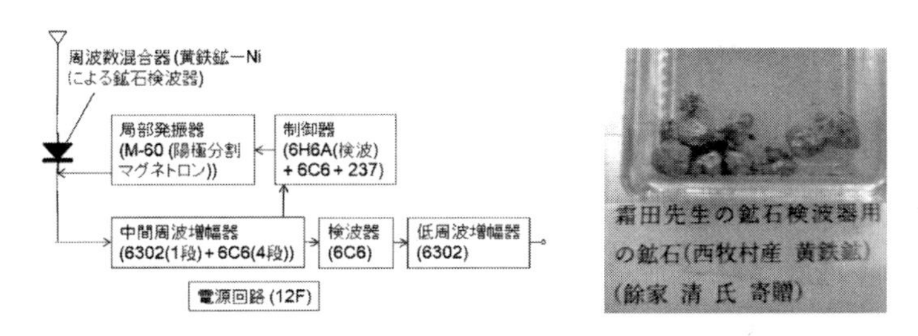

図 3.3.23　マイクロ波用鉱石スーパーヘテロダイン受信機
(周波数 3GHz)(括弧は使われている真空管）と、それの鉱石検波器に用いられた西牧村産の黄鉄鉱

文献 24 参照)[24)]。「3.1 通信」の図 3.1.11 で説明したスーパーヘテロダイン受信機で、局部発振器に陽極分割マグネトロンを使用し、周波数混合器には黄鉄鉱（FeS_2）にニッケル（Ni）の針を立てた鉱石検波器を用いています。図3.3.21 には、この鉱石検波器に用いられた西牧村産の黄鉄鉱の写真も示します。

終戦直前に日本では静岡県の島田実験所に科学者を集め、大形マグネトロンによる電波兵器を開発しましたが[25)]、これには多くの科学者が動員され、ノーベル賞を受賞した朝永振一郎なども関わりました[22)]。

最後に初期のバイポーラトランジスタがどのように作られたかを説明したいと思います。図3.3.11 (a) で説明した成長型トランジスタは、トランジスタラジオのためにソニーで製作されました。図 3.3.24 にはこのトランジスタ 2T5 型の製作工程を示します[26)]。はじめに二酸化 Ge（GeO_2）を還元して Ge 棒（インゴット）を作り (1)、その溶融部を移動させるゾーン精製で高純度にします (2)。溶融 Ge に種結晶 Ge を接触させ回転しながら引上げて結晶を成長させます (3)。この時コレクタ層用の n 型の不純物 (Sb)、ベース層用の p 型の不純物（Ga）およびエミッタ層用の n 型の不純物（Sb）を必要な濃度になるように順次添加していきます。なお改良された 2T7 型ではエミッタ用不純物にリン（P）を使用しました。この後成長させた結晶を縦に切り出し研磨・化学処理を行います (4)。p 型ベース層の厚さは 15 ～ 25μm にしてあります。コレクタとエミッタをパッケージの端

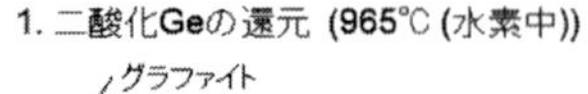

2. Geインゴットのゾーン精製
(純度 99.99999999%)

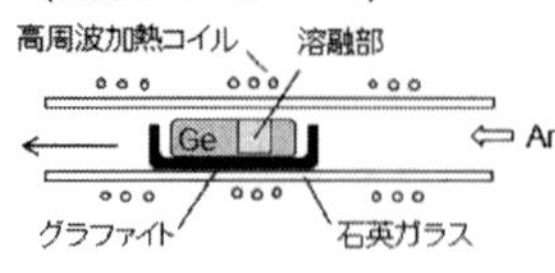

3. 回転引き上げ法による結晶成長

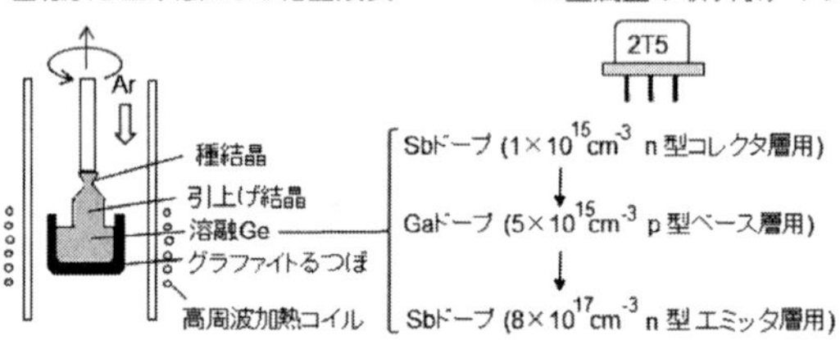

4. 成長させた結晶を縦に切り出し・研磨・化学処理

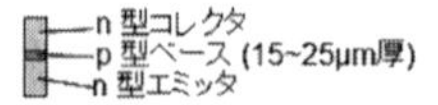

5. パッケージの端子に半田付け

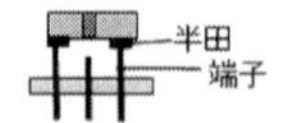

6. ベース層にAu線をパルス電圧印加で溶接

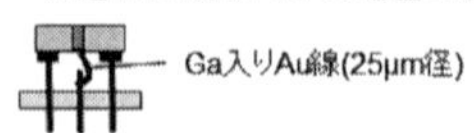

7. 金属蓋の取り付け・テスト

2T5

図 3.3.24　npn 型ゲルマニウム成長型バイポーラトランジスタ（ソニー 2T5 型）の製作工程

子に半田付けし(5)、Ga を入れた Au 線をパルス電圧でベース層に溶接します(6)。この時 Au 線が n 型のコレクタ層やエミッタ層に接触することになっても、Ga により pn 接合が形成されショートは生じません。最後に金属蓋を取り付けて完成します(7)。

なお図 3.1.13 で説明した初期のトランジスタラジオで初段に使われている 2SC73（旧名称 2T73）は、この成長型トランジスタです。

参考文献

1　S. ワインバーグ（本間三郎訳）:“電子と原子核の発見”, 日経サイエンス社(1986).
2　“フォトサイエンス物理図録”, 数研出版(2011).
3　J.W. Howell : Conductivity of incandescent carbon filament, and of the space surrounding them, Proc. the AIEE, XIV (1897) 27-53（Proc. of the IEEE, 86 (1998) 583-594).
4　日本電子機械工業会電子管史研究会 編 :“電子管の歴史”, オーム社(1987).
5　L.de Forest : The audion – detector and amplifier, Proc. of the IRE, 4 (1914) 15-29 (Proc. of

the IEEE, 86, 9 (1998) 1881-1888).

6 I. Langmuir : The pure electron discharge and its applications in radio telegraphy and telephony, Proc. of the IRE, 3, 3 (1915) 261-293 (Proc. of the IEEE, 85, 9 (1997) 1496-1508).

7 J. Bardeen and W.H. Brattain : Physical principles involved in transistor action, Physical Review, 75, 8 (1949) 1208-1226.

8 W. Shockley : The theory of p-n junctions in semiconductors and p-n junction transistors, The Bell System Tech. J., 28, 3 (1949) 435-489.

9 I.M. Ross : The invention of the transistor. Proc. of the IEEE, 86, 1 (1996) 7-28.

10 奥山幸祐 : 半導体の話，SEAJ Journal, 114 (2008/5) – 147 (2014/11).

11 H. Tango and J. Nishizawa : Potential field and carrier distribution in the channel of junction field effect transistor, Solid State Electronics, 13, 2 (1970) 139-152.

12 R.G. Arns : The other transistor : early history of the metal-oxide-semiconductor field effect transistor, Engineering Science and Education Journal (1998/10) 233-240.

13 大野稔 : MOSトランジスタの開発小史，応用物理，66, 3 (1997) 222-227.

14 B.E. Deal : The current understanding of charges in the thermally oxidized silicon structure, J. Electrochem. Soc., 121, 6 (1974) 198C-205C.

15 P. Balk and J.M. Eldridge : Phosphosilicate glass stabilization of FET devices, Proc. of the IEEE, 57, 9 (1969) 1558-1563.

16 W.E. Spear and P.G.Le Comber : Substitutional doping of amorphous silicon, Solid State Communication, 17 (1975) 1193-1196.

17 Y. Fukuzumi, R. Katsumata, M. Kito, M. Kido, M. Sato, H. Tanaka, Y. Nagata, Y. Matsuoka, Y. Iwata, H. Aochi and A Nitayama : Optimal integration and characteristics of vertical array devices for ultra-high density, bit-cost scalable flash memory, IEEE IEDM Tech. Dig. 2007 (2007) 449-452.

18 福田昭 : 福田昭のセミコン業界最前線（2019/12/12), https://pc.watch.impress.co.jp/docs/column/semicon/1223976.html.

19 NHK取材班編 : “太平洋戦争 日本の敗因 電子兵器 カミカゼを制す”，角川文庫 (1995).

20 貞重孝一 : 真空管時代のリーディングエッジ電子機器，映像情報メディア学会誌，55, 1 (2001) 70-75.

21 VT信管（近接信管）回路図, http://home.catv.ne.jp/ss/taihoh/vacuumtubes/radar/vtcirct.htm.

22 エレクトロニクス発展の歩み調査会（編) : “エレクトロニクス発展の歩み”，東海大学出版会 (1998).

23 水間正一郎，朝永振一郎，高尾磐夫 : “超短波電磁管”，コロナ社 (1948).

24 霜田光一 : 国産マイクロ波レーダーの開発－霜田光一の戦時研究－第1回［電波探知機・電波探信儀用鉱石検波器の研究]，O plus E, 33, 10 (2011) 1044-1052.

25 科学朝日（編) : “独創技術たちの苦闘”，朝日選書 485 (1993).

26 木内賢 : ラジオ用ゲルマニウムグロン型高周波トランジスタの開発，半導体シニア協会ニュースレター，63 (2009/7) 27-30.

3.4 集積回路

本稿の話題に関わる集積回路（IC（Integrated Circuit））関係の歴史を図3.4.1に示します。集積回路の始まりと基本要素について述べた後、微細化・高集積化の流れ、複雑化・高度化への対応に着目した話題、積層構造の集積回路について述べます。「3.4.5 おわりに」では開発や少量生産をディジタルファブリケーションにあたるマスクレス直接描画で行う、アクティブマトリックス電子源による超並列電子ビーム描画装置を紹介します。

3.4.1 集積回路の始まりと基本要素

1959年2月にJ. キルビーが考案したICを図3.4.2に示します。Ge基板上に2つトランジスタが形成され、基板を利用した抵抗（R1-R8）やコンデンサ（C1、C2）が作られ、ワイヤボンディングで接続されています[1)]。これに対して図3.4.3のR. ノイスによるプレーナ型は基板上に配線も形成された現在用いられている形で、同じ年（1959年）の7月に提案されています。

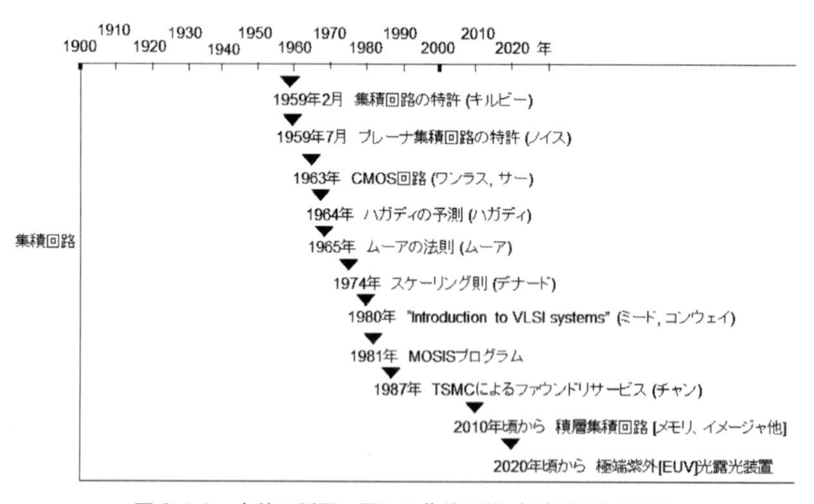

図3.4.1 本稿の話題に関わる集積回路（IC）関連の歴史

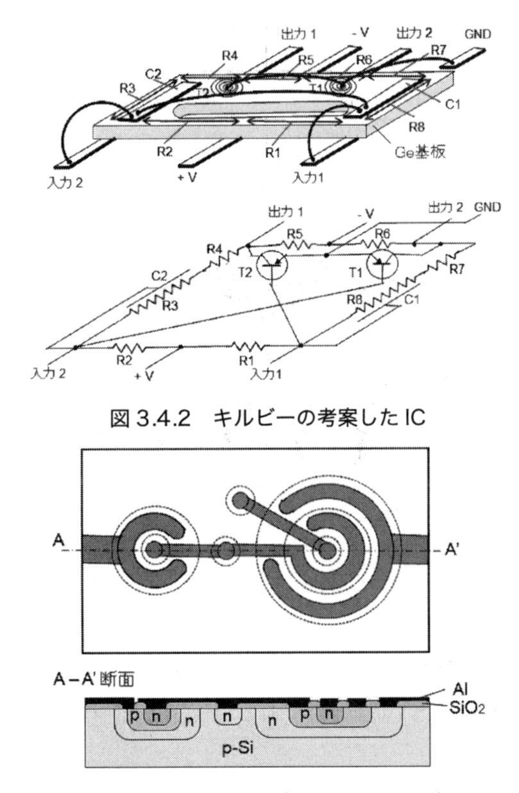

図 3.4.2　キルビーの考案した IC

図 3.4.3　ノイスの考案したプレーナ型 IC

シリコンウェハ上に多数の IC チップが作られ、IC は微細化による高集積化が進み（図 3.4.6 参照）、大規模集積回路（LSI（Large Scale Integration））から、さらに超大規模集積回路（VLSI（Very Large Scale Integration））などと呼ばれるようになってきました。

IC にはエンハンスメント（E）型の n チャネル MOSFET（nMOSFET）と p チャネル MOSFET（pMOSFET）を用いた、図 3.4.4 の相補型 MOS（CMOS（Complementary Metal Oxide Semiconductor））と呼ばれる回路が主に用いられています[2)]。これをロジック回路に用いると nMOS か pMOS のどちらかの FET だけしか導通しないため、出力が変化するときにしか電

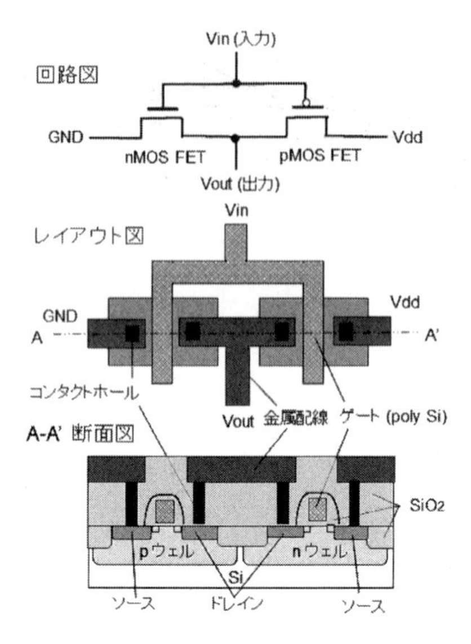

図 3.4.4　CMOS 回路のレイアウトと断面

流が流れず、低消費電力なため多数の回路を集積化するのに適しています。このCMOS回路は1963年にF. ワンラスとC.T. サーによって発表されました。

図3.4.5にはロジック回路で記憶に用いられる半導体メモリを分類してあります。ワード線にアドレス情報を入力してビット線で読み出します。同図(a)と(b)は電源が入っていないと情報が消える揮発性メモリのRAM（Random Access Memory）で、これにはコンデンサに電荷を貯めて定期的に再生（リフレッシュ）する(a)のDRAM（Dynamic RAM）と、再生の必要が無い双安定回路を用いる(b)のSRAM（Static RAM）があります。これに対して(c)（d）（e)は不揮発性メモリのROM（Read Only Memory）です。(c) のマスクROMはチップ製作時に“1”や“0”の情報が作り込まれます。(d)のPROM（Programmable ROM）はユーザが情報を書き込むものですが、その後の変更はできません。ワード線とビット線の間に大きな電圧を印加して2つの逆向きダイオードを短絡させます。(e)はユー

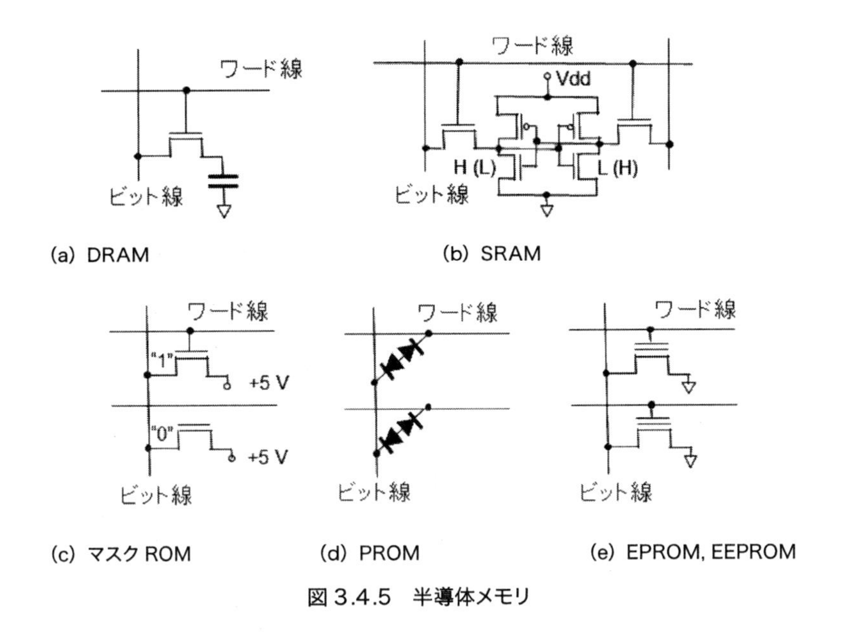

図 3.4.5　半導体メモリ

ザが書き換えることができるもので、EPROM（Erasable PROM）は紫外線を照射することですべてのデータを消去するもの、EEPROM（Electrically Erasable PROM）はデータごとに書き換えできるものです。図3.3.19 や後の図 3.4.16 で説明する NAND フラッシュメモリの場合は、ブロック単位で消去します。

3.4.2　微細化・高集積化

IC は微細化による高集積化で指数関数的に進歩し、通信や情報処理などで社会を発展させてきました。図 3.4.6 には最小寸法とチップ上の素子数（DRAM の場合）を年代に対してプロットしてあります[3)]。図の上にはウェハサイズの変化も示しますが、現在では 1000 億（10^{11}）個ほどのトランジスタから成る LSI チップを直径 300 mm の Si ウェハ上に多数製造することができます。テキサスインスツルメント社の社長 P.E. ハガティは、1964 年に「ほんの数社（五つ程度）が工業の必要全需要の 90% かそれ以

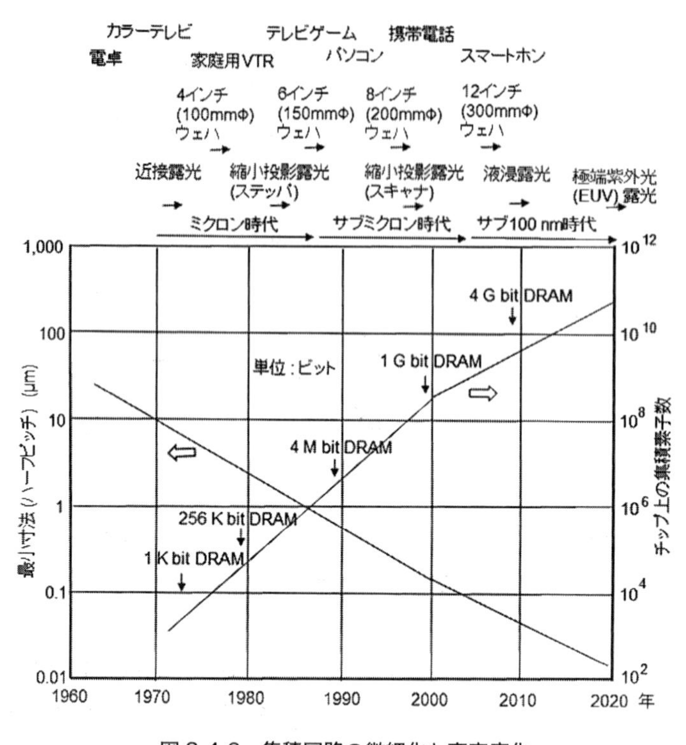

図 3.4.6　集積回路の微細化と高密度化

上を供給する」と将来を予測しました[4)]。これはフォトマスクのパターンを一括転写する製作法が、集積回路の異常な進歩を可能にすることによります。東京大学の高木信一教授が述べているように[5)]、微細化による高集積化の進歩により、その付加価値で大きな利益がもたらされて、研究開発や設備投資が可能になり、それが繰り返されることにより独占化が進みます。また1965年にG. ムーアは1チップに入る素子数は2倍/1.5年（約100倍/10年）になると述べました（ムーアの法則）[6)]。集積回路はこれらの予測に近い形で進歩してきました。

1974年に米国のR.H. デナードが、MOSトランジスタの寸法を1/Kに縮小したとき、他のパラメータはどのようにすればよいかという、比例縮小

パラメータ	縮小率
ゲート酸化膜厚 (tox)	1 / K
ゲート長 (L)	1 / K
チャネル幅 (W)	1 / K
接合深さ (Xj)	1 / K
ドーピング濃度 (Na)	K
電圧	1 / K
電流	1 / K
スピード	K
消費電力	$1 / K^2$
集積度	K^2

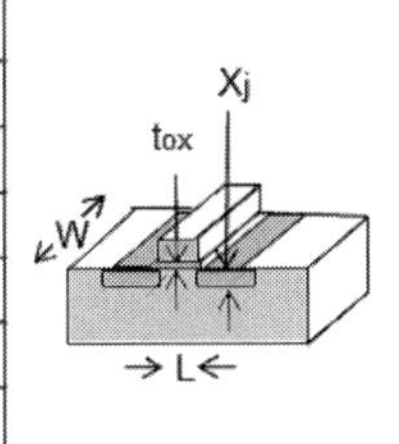

図 3.4.7　比例縮小則

則と呼ばれる設計指針を示しました[7)]。図3.4.7はプレーナ型MOSFETの比例縮小則です。パターン幅3nmの最先端集積回路では3次元化しており、チャネルを縦にして両側にゲートを持つFinFETや、チャネルの周囲をゲートで取り囲むGAA（Gate All Around）FETが使用されています。

ICは原版にあたるフォトマスク（レチクル）をウェハ上のフォトレジストに転写してパターニングする、フォトリソグラフィで製作されます。図3.4.6の上部にそれの変遷を示しました[3)]。初期には図3.4.8(a)のようにガラスのフォトマスクをウェハに重ねる密着露光から始まりました。1970年頃から近接（プロキシミティ）露光と呼ばれる方法で、フォトマスクとウェハの間隔を少し開けて、わずかに斜めの2方向から光を照射し、パターン端部での光の回折を打ち消すことが行われました。パターンの微細化に対応し、1980年代初期から図3.4.8(b)に示す縮小投影露光が使われるようになりました。投影露光ではフォトマスクはレチクルと呼ばれます。いくつかのチップごとにウェハをステップ状に動かしてレチクルのパターンをレンズで縮小してウェハ上に露光するステッパから、1990年代にはレチクルとウェハを移動させながら露光するスキャナに変わってきました。さらに2007年頃からは、レンズとウェハの間に空気より屈折率の大きな水を入れる液侵露光と呼ばれる方法が使われてきました。また光源に用

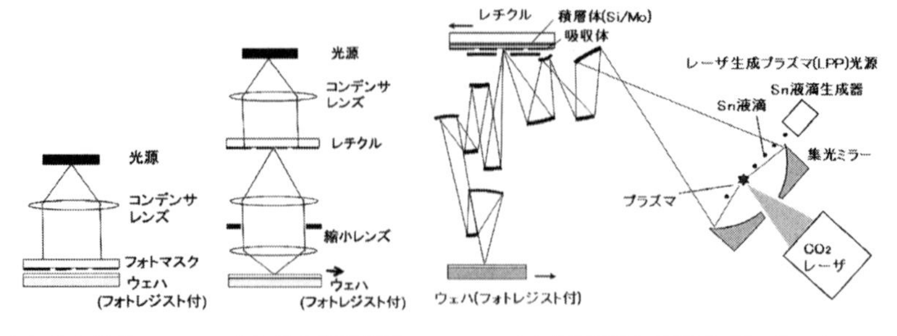

(a) 密着露光
（近接露光）

(b) 縮小投影露光
（ステッパ、スキャナ）

(c) 極端紫外（EUV）光スキャナ
[L. Fomenkov, Source Workshop 2019]

図 3.4.8　パターニング技術の進歩

いる光は短い波長に変わっていき、1980年頃からは水銀ランプのg線（波長436nm）、1990年頃からは水銀ランプのi線（波長465nm）、その後1995年頃からはエキシマレーザのKrF光（波長248nm）、2000年頃からエキシマレーザのArF光（波長193nm）が使われています。2020年頃からは図3.4.8(c)に示す波長13.5nmの極端紫外（EUV : Extreme Ultra Violet）光によるスキャナが用いられています。また複数回露光する多重露光なども使用されます。

3.4.3　複雑化・高度化

微細化が進み続け、ICは高密度集積回路（LSI（Large Scale Integration））となり複雑化・高度化してきましたが、高度な設備が必要でフォトマスク代も高額になります。必ずしも大量生産品だけではないため、多様な用途に対応する工夫が行われています。

ICは図3.4.9のように分類できます[3)]。大きくアナログICとロジックICに分けられ、両者を持つミックスドシグナルICなどもあります。図のように、標準設計による汎用ICに近いものから個別設計によるカスタムIC、さらにユーザ設計で機能を持たせるプログラマブルICがあります。

ロジックICの標準設計による特定用途ICにはASSP（Application

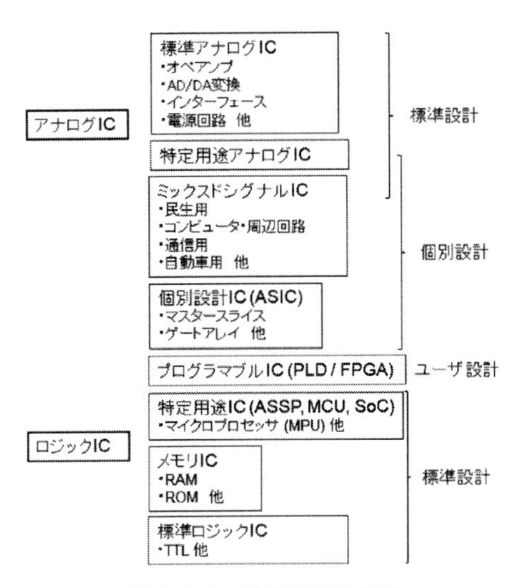

図 3.4.9　集積回路の分類

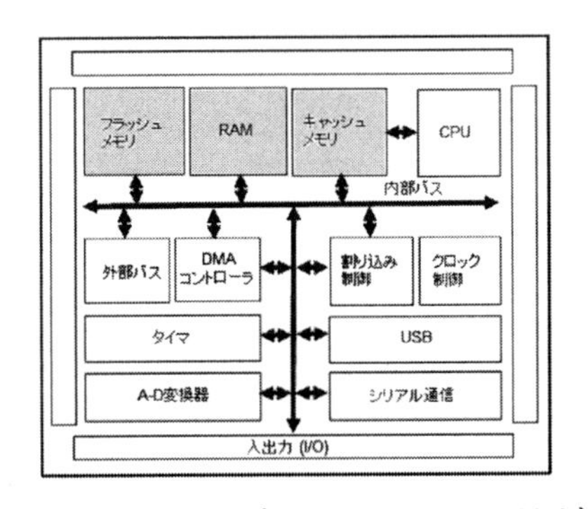

図 3.4.10　MCU（Micro Controller Unit）

Specific Standard Product）やMCU（Micro Controller Unit）あるいはSoC（System on a Chip）、MPU（Micro Processor Unit）などがあります。図3.4.10にはMCUの構成例を示してありますが、演算処理を行うCPU（Central Processing Unit）や各種メモリ、制御回路やインターフェース回路などが内部バスに接続されています[8)]。目的に合わせて作られる個別設計ICはASIC（Application Specific IC）と呼ばれ、各種の機能ブロックを

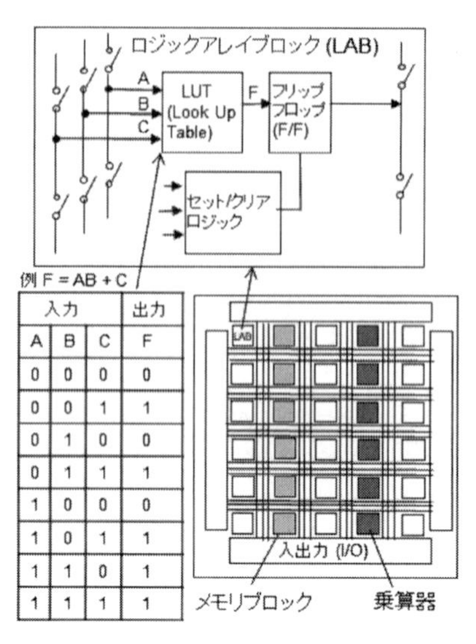

入力			出力
A	B	C	F
0	0	0	0
0	0	1	1
0	1	0	0
0	1	1	1
1	0	0	0
1	0	1	1
1	1	0	1
1	1	1	1

図 3.4.11　FPGA（Field Programmable Gate Array）

製作したウェハを用いて配線層だけ個別に設計・製作して作られるもので、マスタースライスやゲートアレイなどがあります。ICの複雑化が進むため設計コストの割合が大きくなり、個別設計のASICから標準設計によるASSPが使われる割合が増加しています[8)]。

この他プログラマブルICと呼ばれる、ユーザがプログラムで機能を設定し専用ハードウェアとして使える、PLD（Programmable Logic Devices）やFPGA（Field Programmable Gate Array）があります。図3.4.11はFPGAの例ですが、LAB（Logic Array Block）やメモリブロックなどが多数配列しており、外部からのプログラムでハードウェアの論理回路を自由に組むことができるので、様々な演算ブロックを並列や直列などに接続した最適で高速な回路を実現することができます[9) 10)]。LABにはLUT（Look Up Table）と呼ばれるメモリがあり、演算結果を書き込んでおく形で使用できます。FPGAには内部に電気的に書き換えができる不揮発性メモリを持つものがあり、この場合には電源を入れるたびに機能を設定する必要はあ

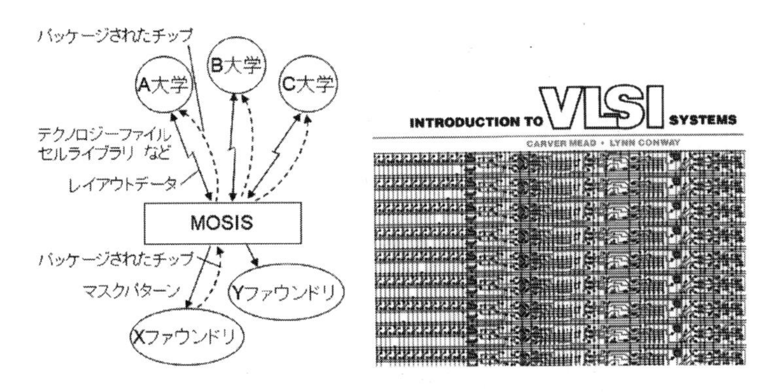

図 3.4.12　MOSIS と設計の教科書

りません[8)]。

IC は進化するほど複雑になり、設計や試作開発を短期間に低コストで行うことが課題になります。米国では 1981 年から図 3.4.12 に示す MOSIS (Metal Oxide Semiconductor Implementation Service) と呼ばれるプログラムが始まりました[11)]。コンピュータネットワークでつながった各大学などから、設計データを集めてマスクパターンを作成し、IC 製造メーカでウェハ上に異なるチップをまとめて製作したマルチプロジェクトウェハとするものです。このウェハを分割（ダイシング）した IC チップは、パッケージに装着してそれぞれの大学などに届けられます。この設計と製造を分離する案を主導した米国カリフォルニア工科大学の C. ミードおよび L. コンウェイによる設計の教科書 "Introduction to VLSI systems"（図 3.4.12 右）が 1980 年に出版されて使われ、翌年には日本語版も出版されて[12)]、日本でも IC 設計の教育が行われました[13) 14)]。

このような設計と製造を分離する分業案を参考にして、1987 年に台湾の M. チャン（Morris Chang、張忠謀）は IC 製造の前工程（ウェハ加工）を請負生産する会社の TSMC（Taiwan Semiconductor Manufacturing Company）社を設立しました[15)]。

図 3.4.13 は半導体ビジネスの分業化の状況ですが、以前の半導体産業で

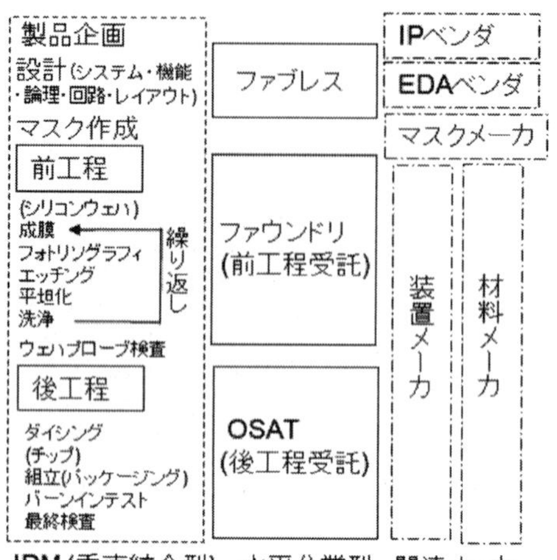

図 3.4.13　半導体ビジネスの分業化

はIDM（Integrated Data Manufacturer）や垂直統合型と呼ばれ、集積回路の設計から前工程（ウェハ加工）や後工程（組立・テスト）を同じ会社などで一貫して実施していました。それが請負会社により、「ファブレス」と呼ばれる設計から、「ファウンドリ」による前工程（ウェハ加工）、およびOSAT（Outsourced Semiconductor Assembly and Test）と呼ばれる後工程（組立・テスト）に分かれて実施され、それらに使用する設計ツールや装置また材料などの企業が協力し合って発展してきました。これによってAppleやQualcommなどの情報通信企業も生まれてきました。

ファウンドリで作られたウェハをダイシングしないでユーザに渡すことがあります。これはユーザ側でウェハに加工を施したい場合で、そのために競合しないメーカや大学の研究室が乗り合いで製作したウェハを図3.4.14に示します。IC上にMEMS（Micro Electro Mechanical Systems）などを形成して高機能部品を製作するヘテロ集積化に用いられます[16)]。こ

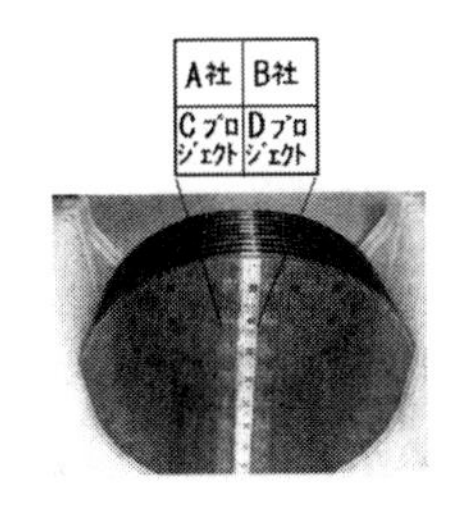

図3.4.14　乗り合いウェハ
(右は不特定多数用のレーザ消去ウェハ)

れを安価に実現するため不特定多数のチップを一緒にしたレーザ消去ウェハ（図3.4.14右）もありますが、この場合には情報漏洩を防ぐため発注者以外のチップはレーザで壊してあります[17]。

3.4.4　積層構造の集積回路

ウェハの張り合わせやLSI上に形成した積層構造などによって、三次元化や異種のものを組み合わせたヘテロ集積化が2010年頃から行なわれ、高機能CMOSイメージャや3D NANDフラッシュメモリなどが実現されるようになりました。

図3.4.15は回路付センサウェハと信号処理ウェハを、ウェハ状態で張り合わせた例です[18]。これでは絶縁膜とCu端子を研磨しておいて(1)、プラズマで表面を活性化した後に直接接合するハイブリッドボンディングと呼ばれる技術を用います(2)[19]。ウェハ加工後にチップ化します（3)。これでは両ウェハの金属パットどうしを2μmほどのピッチで高密度に接続することができます。この技術を用いた裏面照射CMOSイメージャは、「3.8撮像と表示」の図3.8.6で紹介します。

図3.4.16にはデバイス表面で積層した浮遊ゲート型3D NANDフラッシュメモリの製作工程（一部）と対応する回路を示します[20]。ウェハ上に、制御ゲートとなるpoly SiとSiO_2を多層に堆積した後(1)、反応性イオンエッチング（RIE）で垂直に穴を開け(2)、poly Siを途中までエッチングしてpoly Siに横方向の凹みを入れます(3)。次にSiO_2とpoly Siを堆積

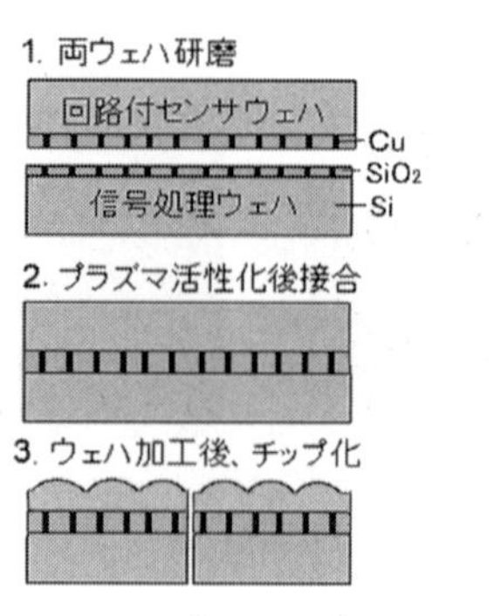

図 3.4.15　ハイブリッドボンディング

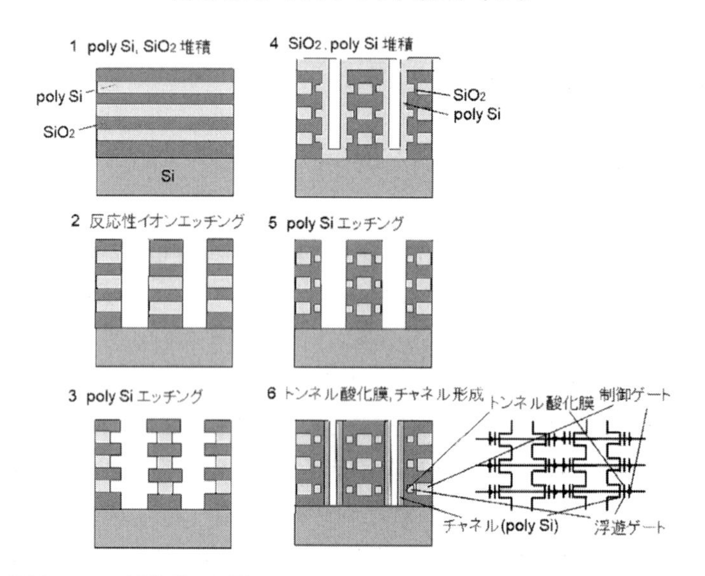

図 3.4.16　浮遊ゲート型 3D NAND フラッシュメモリの製作工程と回路

し(4)、poly Si を途中までエッチングして浮遊ゲート層を残します(5)。その後薄いトンネル酸化膜と FET のチャネルになる poly Si を形成します(6)。この後制御ゲートの各 poly Si 層へ配線を接続する穴開けなどを行うことになります。回路図に示すように層の数だけ直列の NAND フラッシュメモリが形成されています。200 層ほどの積層構造を持ち、1 チップでT（テラ：10^{12}）ビットほどの記憶容量を持つものもあります。この浮遊ゲートにトンネル電流で、電子を注入して書き込んだり引き抜いて消去したりすることができます。多層構造にすることで、平面で製作した場合に比べ微細化しなくても済み、また多数の電荷を記憶に用いることができます。浮遊ゲートに注入する電荷の量を多段階にして複数ビット（例えば4ビット）を記憶させる多値記憶も行われています。なお本シリーズ3回目の図3.3.19で紹介したように、浮遊ゲートの代わりに窒化シリコン膜のトラップをイオン化して記憶させるチャージトラップ型3D NANDフラッシュメモリも用いられています。

3.4.5　おわりに

高密度化し続ける集積回路に関し、その進歩する技術を如何にして活用できるかなどについて述べてきました。

最先端のICではパターンの最小寸法は3nm程になり、そのためのEUV露光装置（図3.4.8(c)）は1台200億円ほどで、試作・生産設備には大きな設備投資が必要です。ICを製作するのに用いられるレチクル（フォトマスク）を電子ビーム描画で製作するのにも大きな費用がかかります。このためICの市場は大きくなり続けるにも関わらず、1964年にP.E. ハガティが予測したように供給できる企業の数は限られます。

型を使わずコンピュータのデータをもとに直接の試作や少量生産を行う、3Dプリンタ（「3.7 記録と印刷」の図3.7.21）のようなディジタルファブリケーションが可能になっています。ICでもこれを可能にするため、ウェハ上に電子ビームで直接描画するマスクレス露光を目的に、スループットの大きな超並列電子ビーム描画装置が開発されてきました[21) 22)]。図3.4.17はこのためのアクティブマトリックス100 × 100電子源を用いた超並列電子ビーム描画装置のプロトタイプです。高密度の電子源アレイを駆動するには高集積度のLSIを使用しますが、これにはトランジスタの寸法を小さくするため低電圧（10V）で駆動できる電子源を必要とします。同図(a)はこのためのナノクリスタルSi（nc-Si）電子源で、HF中でSiを陽極酸化して形成したナノ粒子のカスケード構造を用いて加速した弾道電子を、薄いTi/Au（1nm/9nm）の電極（あるいは炭素によるグラフェン単分子層）を通して放出させています。同図(b)はこれによる電子源の写真と、等倍露光による露光結果の写真です。同図(c)には、これを用いた1/100描画装置の構成を示します。10mm角のSiに形成した100 × 100のnc-Si電子源アレイから、同図(d)のように貫通配線でアクティブマトリックス駆動用のLSIに接続してあり、その断面構造やLSIの写真を示します。LSIには同心円状に電圧を印加して電子光学系の収差補正ができるようになっています[20]。同図(e)は駆動用LSIに使われた100 × 100のうち1電子源分の回路を示してあります。同図(f)は駆動用LSIの動作を確かめたものです。電子源の入力容量は0.2pFですが、動作試験用プローブの入力容量は10pFと大きいため、実動作の1/100の動作時間で試験を行い、4個の駆動回路（Cell［0, 1, 2, 3］）の動作を確かめました。同図(g)はプロトタイプとして製作した超並列電子ビーム描画装置の写真です。なおアクティブマトリックス電子源の製作工程や電子源ユニットなどについては、「1.2研究の経緯」の図1.2.35で説明しました。

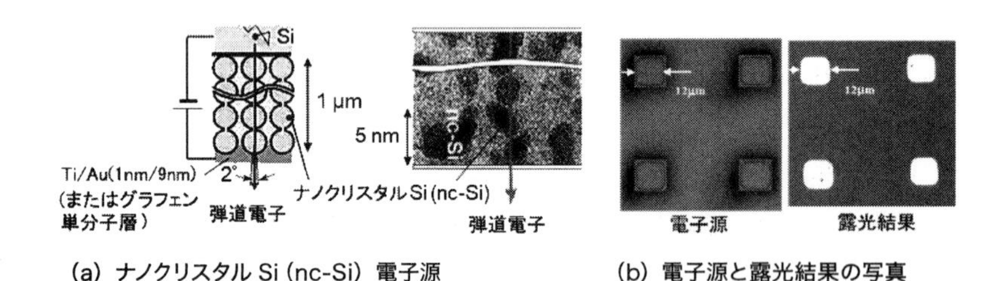

(a) ナノクリスタルSi (nc-Si) 電子源　　(b) 電子源と露光結果の写真

図3.4.17　アクティブマトリックス100 × 100電子源を用いた超並列電子ビーム描画装置

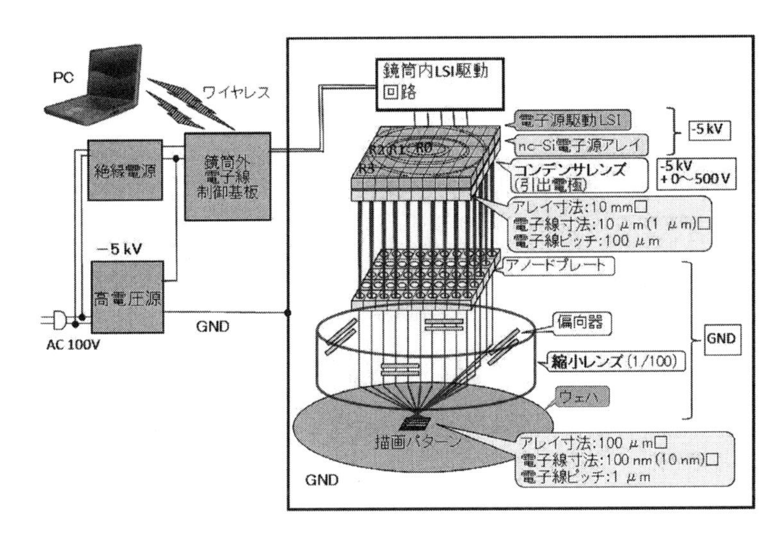

(c) 描画装置の構成

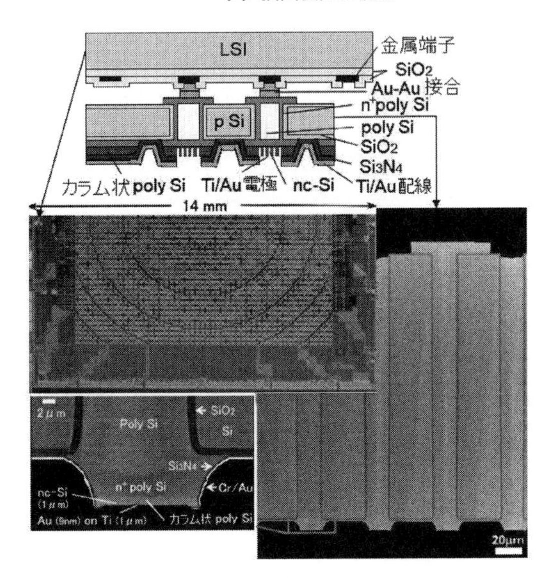

(d) アクティブマトリックス電子源

図 3.4.17　アクティブマトリックス 100 × 100 電子源を用いた超並列電子ビーム描画装置

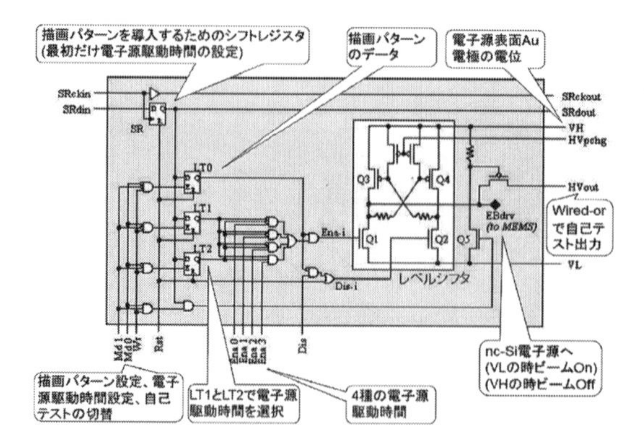

(e) 駆動用 LSI の 1 電子源分の回路

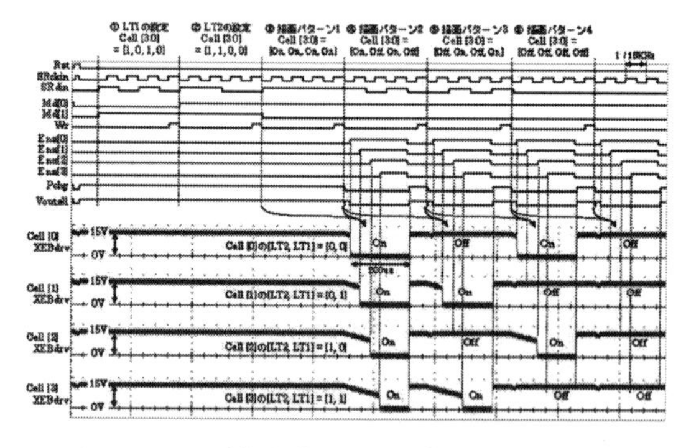

(f) 駆動用 LSI の動作

(e) 駆動用 LSI の 1 電子源分の回路

図 3.4.17　アクティブマトリックス 100 × 100 電子源を用いた超並列電子ビーム描画装置

参考文献

1　J. Kilby : Invention of the integrated circuit, IEEE Trans. on Electron Devices, ED-23, 7 (1976) 648-654.

2　鴨志田元孝 : "改訂版 ナノスケール半導体実践工学", 丸善（2013).

3　電子情報技術産業協会（編）: "よく分かる！半導体", 産業タイムズ社（2012).

4　P.E. Haggerty : Integrated electronics seen from different viewpoints, Integrated electronics – A perspective, Proc. of the IEEE, 52, 12 (1964) 1400-1405 (日本語訳, F. Seitz and N.G. Einspruch : "シリコンの物語", 内田老鶴圃（2000) 255-263).

5　高木信一 : 初心者のための半導体デバイス入門講座, サイエンス & テクノロジー主催セミナー（2023/2/20).

6　G. Moore : Cramming more components onto integrated circuit, Electronics（1965/4/19) (Proc. of the IEEE, 86, 1 (1998) 82-85).（日本語訳, F. Seitz and N.G. Einspruch : "シリコンの物語", 内田老鶴圃（2000) 265-271)

7　R.H. Denard, F.H. Gaensslen, H. Yu, V.L. Rideout, E. Bassous and A.R. Leblanc : Design of ion-implanted MOSFET's with very small physical dimensions, IEEE J. of Solid-State Circuits, SC-9, 5 (1974) 256-268 (Proc. of the IEEE, 87, 4 (1999) 668-678).

8　佐野昌 : "半導体衰退の原因と生き残りの鍵", 日刊工業新聞社（2012).

9　圓山宗智 : 私のスペシャル IC 製作！FPGA MAX10 の研究, トランジスタ技術 (2016/4) 130-136.

10　岩田利王 : パソコンに開発ツールをセットして LED を光らせる, トランジスタ技術 (2015/11) 54-60.

11　上田和宏 : その他の国におけるマルチプロジェクトチップサービス, 電子情報通信学会誌, 77, 1 (1994) 52-55.

12　C. Mead and L. Conway : "Introduction to VLSI systems", Adson-Wesley Pub.,（1980) (日本語訳, 菅野卓雄, 榊裕之 : "超 LSI システム入門", 培風館（1981)).

13　庄野克房 : "集積回路工学", 東京大学出版会（1984).

14　江刺正喜 : "半導体集積回路設計の基礎", 培風館（1986).

15　朝元昭雄, 小野瀬拡 : TSMC の企業戦略と創業者・張忠謀（モーリス・チャン), https://www.kyusan-u.ac.jp/imi/publications/pdf/jimimivol.46_content_a.pdf.

16　江刺正喜, 田中秀治 : LSI 上 MEMS によるヘテロ集積化, エレクトロニクス実装学会誌, 20, 6 (2017) 372-375.

17　鈴木裕輝夫 他 : 表面実装型集積化 MEMS のためのレーザ消去 CMOS-LSI マルチプロジェクトウェハへの深い TSV の作製, 第 33 回「センサ・マイクロマシンと応用システム」シンポジウム,（2016) 24pm2-B-6.

18　大池祐輔 : CMOS イメージセンサの現状と将来展望, 応用物理, 89, 2 (2020) 68-74.

19　S. Arkalgud : Application of direct bonding in MEMS, MEMS Engineer Forum（MEF) 2018（2018/4/25).

20　福田昭のセミコン業界最前線, ついにベールを脱いだ Intel-Micron 連合の超大容量 3D NAND 技術（2015/12/10), https://pc.watch.impress.co.jp/docs/column/semicon/734478.html.

21 江刺正喜，宮口裕，小島明，池上尚克，越田信義，菅田正徳，大井英之："超並列電子ビーム描画装置の開発－集積回路のディジタルファブリケーションを目指して－"，東北大学出版会（2018）．

22 M. Esashi, H. Miyaguchi, A. Kojima, N. Ikegami, N. Koshida, and H. Ohyi : Development of a massively parallel electron beam write（MPEBW）system: aiming for the digital fabrication of integrated circuits, Japn. J. of Applied Physics 61 , SD0807 (2022) 1 -19 .

3.5　機能部品

機能部品として、レーザなどの光デバイス、水晶振動子（共振子）などの圧電デバイス、磁気デバイスを取り上げます。本稿の話題に関わるそれらの歴史を図3.5.1に示します。「3.5.4 おわりに」では、キュリー夫妻が圧電デバイスで放射線を測定した話や、原子時計とそれによる全地球測位システム（GPS（Global Positioning System））に関して説明します。

3.5.1　光デバイス

照明に用いられたアーク灯と白熱電球を図3.5.2に示します。1809年に英国のH.ディヴィーが発明したアーク灯は、2本の炭素棒の先端を触れさせて通電し、離すとアーク放電による発光が持続するものです。図左のようにして火花間隔を適正に維持するように工夫されており[1]、1882年に銀座へ設置されました。

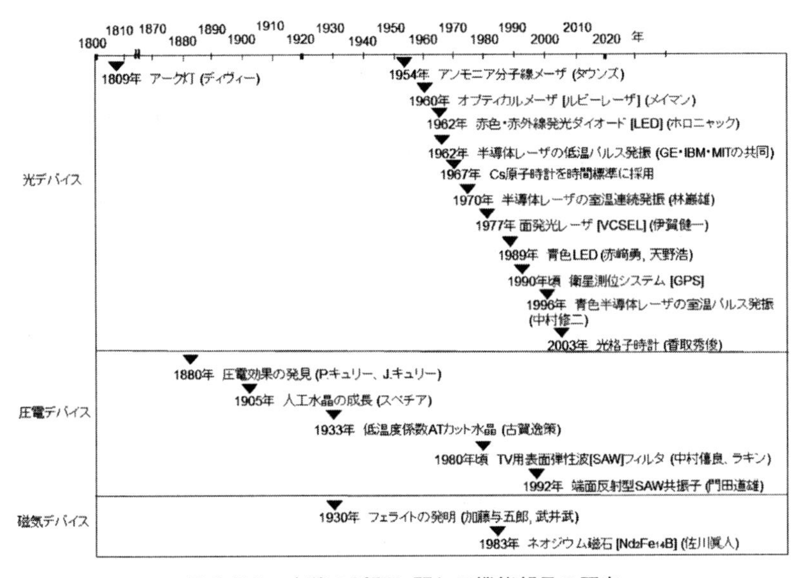

図3.5.1　本稿の話題に関わる機能部品の歴史

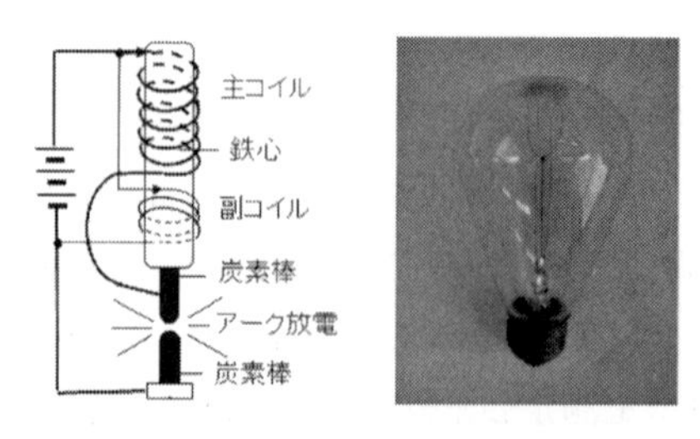

図 3.5.2　アーク灯（左）と白熱電球（右）

白熱電球は 1879 年にイギリスの J.W. スワンが炭素繊条を使ったものを発明し、同年 T. エジソンが、竹から作った炭素をフィラメントに用いて実用化しました。その後 1909 年に米国の W. クーリッジが、引き延ばした線引タングステンによる丈夫なフィラメントの白熱電球を発明し、さらに 1913 年に米国の A. ラングミュアがアルゴンガスを封入しフィラメントの蒸発を防いで、広く使われるようになりました[2)]。

蛍光灯は 1926 年にドイツの E. ゲルマーが発明し、1937 年に米国で製品化されました。

発光ダイオード（LED（Light Emitting Diode））は、1962 年に米国の N. ホロニャックがⅢ－Ⅴ族の化合物半導体による赤色・赤外線 LED を発明しました。1968 年に黄緑色、1972 年に黄色の LED が開発されています。当初 LED の発光輝度は低かったのですが、西澤潤一による結晶成長技術の研究などにより実用レベルの高輝度化が達成されました。1989 年に青色 LED が赤﨑勇と 天野浩により開発され、1993 年に中村修二がその量産化に成功しました。1995 年に緑色の LED が実現されて 3 原色がそろい、1996 年には青色 LED と黄色の蛍光体を組み合わせた白色 LED が登場しました。図 3.5.3 (a) は InGaAlP 系による赤色 LED、同図 (b) は InGaN 系による青色・緑色 LED の断面構造と動作原理です[3)]。

LED は長寿命でしかも消費電力が少なく、同じ明るさの LED と蛍光灯および白熱電球を比較すると（図 3.5.4)、LED は白熱電球に対し約 1/10、蛍光灯に対して約 1/2 の電力しか消費しません。

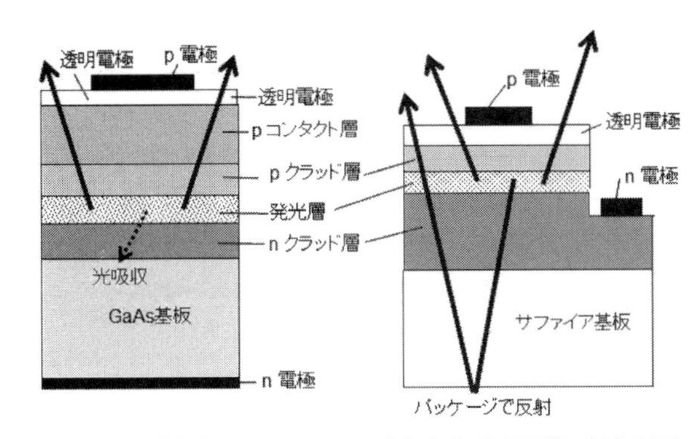

(a) InGaAlP 系赤色 LED　　(b) InGaN 系青色・緑色 LED

図 3.5.3　発光ダイオードの断面構造と動作原理

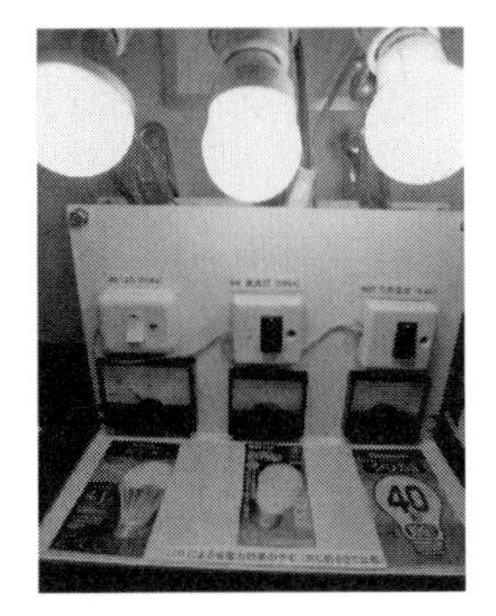

図 3.5.4　左から LED（4W）・蛍光灯（8W）・白熱電球（40W）

つぎに位相がそろった細いビーム状の光を出せるレーザについて説明します。図 3.5.5 は 1954 年に米国の C.H. タウンズが発明したアンモニア分子線のメーザ（Maser（Microwave Amplification by Stimulated Emission of Radiation））です [4)]。分子線源からのアンモニア分子は集束器により、上準位の分子は中心に向かって力を受け、下準位の分子は発散するため、上準位の分子が空洞共振器に入ります。上準位の分子数が下準位の分子数より多い反転分布状態になると、誘導放出と呼ばれる現象により、波長や位相および振動方向や進行方向がそろった電磁波（24GHz のマイクロ波）を発生します。この技術が光のレーザに発展しました。

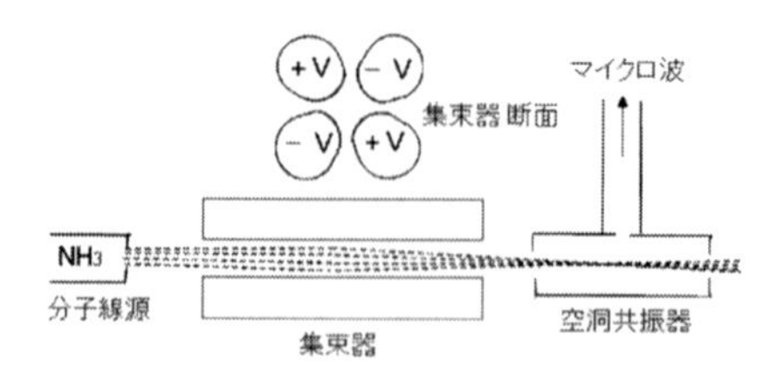

図 3.5.5　アンモニア分子線メーザ

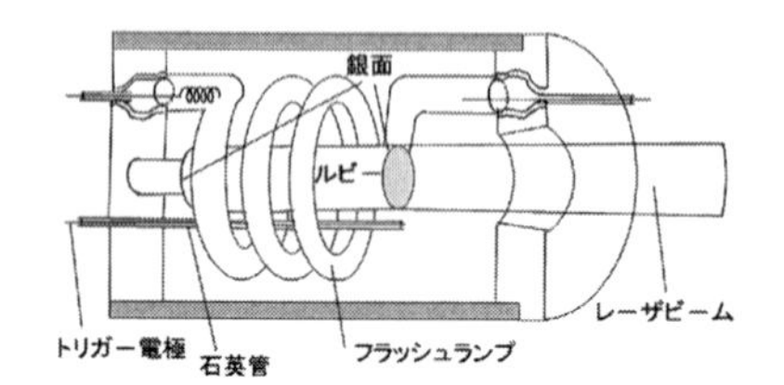

図 3.5.6　ルビーレーザ（オプティカルメーザ）

西澤潤一らは 1957 年に、半導体レーザ（当時の名称は半導体メーザ）を考案して特許を出願しました。1958 年に米国の A.L. ショーロウ と C.H. タウンズは、ファブリ－ペロー干渉計を共振器に用いたメーザの提案を行い、これをきっかけに研究が盛んになり [5]、光のメーザはその後レーザ（Laser（Light Amplification by Stimulated Emission of Radiation））と呼ばれるようになりました。

1960 年に米国の T.H. メイマンが図 3.5.6 に示すルビーレーザ（当時の名称はオプティカルメーザ）の発振に成功しました [4) 6)]。これではルビー（Cr^{3+} を添加した Al_2O_3 の結晶）の対向する 2 面に銀を蒸着し、片側の銀面は薄くて光を透過する膜か中央に穴が開いたものを用い光を取り出します。らせん型のフラッシュランプで励起し、波長 694.3nm の赤色のパルス光を発生させました。

1960 年代になるとガスレーザ（HeNe レーザ、Ar レーザ、CO_2 レーザ）や固体レーザ（Nd:YAG レーザ）が発明さました。

半導体レーザは 1962 年に GE、IBM、MIT のグループでパルス発振や液体窒素温度での連続発振に成功し、その後 1970 年にベル研究所の林巌

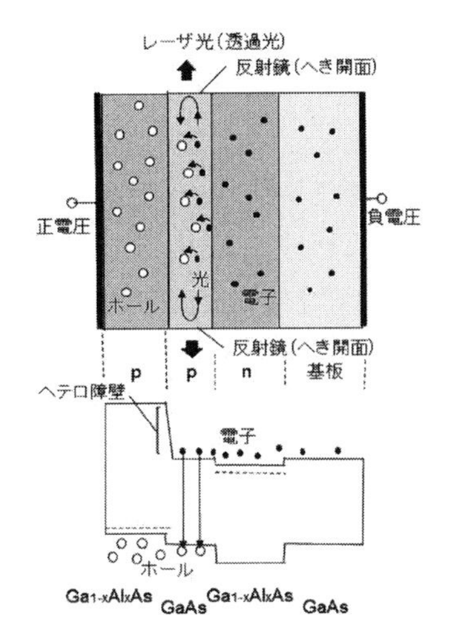

図 3.5.7　二重ヘテロ接合半導体レーザ

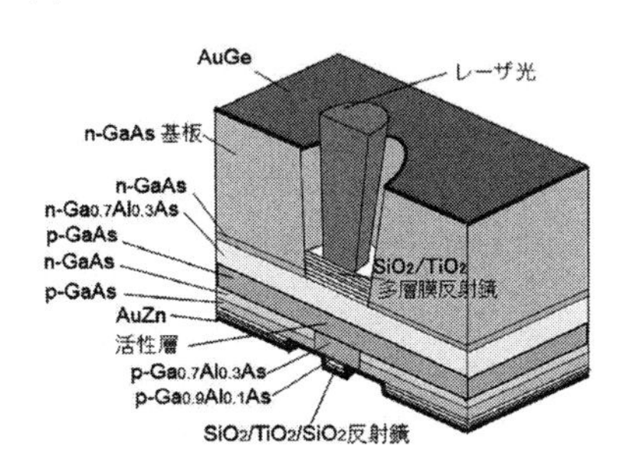

図 3.5.8　面発光レーザ（VCSEL）

雄が図3.5.7のようなGaAsとGaAlAsによる二重ヘテロ接合半導体レーザ（波長800 nm）で室温連続発振させました[7]。この半導体レーザは光通信や光記録などに用いられています。

伊賀健一は1977年に、図3.5.8の面発光レーザ（VCSEL（Vertical Cavity Surface Emitting Laser））（波長800 nm）の開発に成功しました[8]。また1996年には中村修二により青色半導体レーザの室温パルス発振が行われ[9]、その後室温連続発振も可能にしました。

3.5.2　圧電デバイス

圧力により電圧が生じる圧電効果は、1880年にP.キュリーとJ.キュリーの兄弟によって発見されました。逆に電圧を印加することで変形を生じる逆圧電効果は、1881年にG.リップマンが予測したものをキュリー兄弟が確認しました[10)]。図3.5.9(a)には水晶の圧電効果と逆圧電効果を示しますが、これは組成のSiO_2における電荷の片寄り（Siが正でOが負）による分極で生じるものです。第一次世界大戦の1917年に、フランスのP.ランジュバンはドイツの潜水艦を音波で探知する目的でこれを使用しました。

1921年に米国のW.G.キャディは最初の水晶発振回路を開発しましたが、それ以来水晶は一定の周波数を発生させる周波数源として用いられています。図3.5.9(b)には、この周波数源として用いられる水晶の厚み滑り振動共振子を示しますが、その共振周波数は厚みで決まります。水晶はクウォーツウォッチとして時計にも用いられていますが、この場合は同図(c)のような音叉共振子として32.768kHzの共振周波数で用いられます。天然水晶からはじまり現在では人工水晶が用いられていますが、水熱合成による人工水晶の育成は1905年にイタリアのG.スペチアによって行われました。

周波数源や時間源としての水晶には、その共振周波数が温度で変わらないことが要求されます。古賀逸策は1933年に、温度に対して安定な水晶共振子のためのATカットを見つけ、それ以来これが周波数源用の水晶

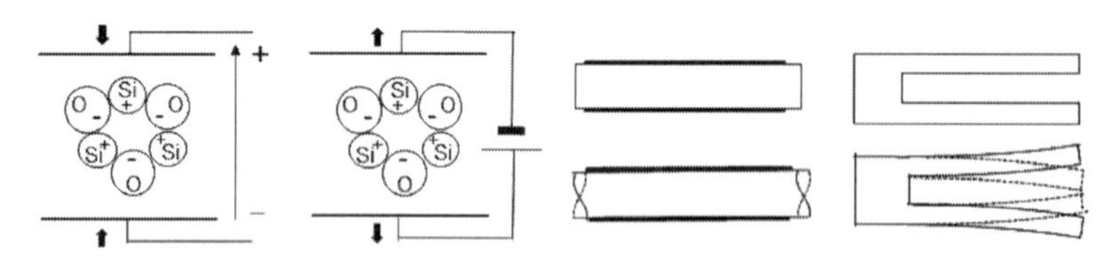

(a) 圧電効果（左）と逆圧電効果（右）　(b) 厚み滑り振動共振子（周波数源用）　(c) 音叉共振子（時計用）

図3.5.9　水晶の圧電効果・逆圧電効果と水晶共振子

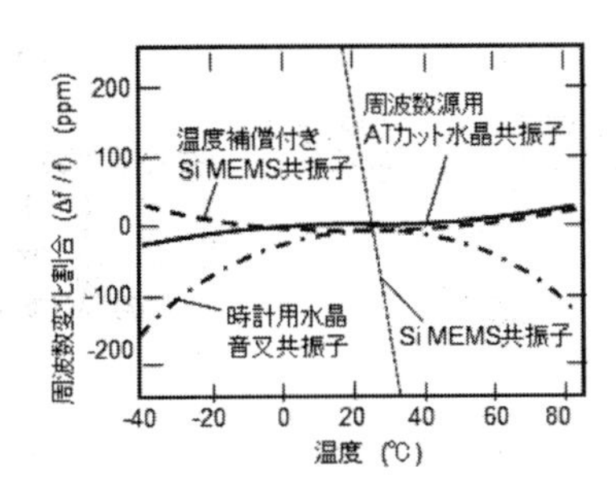

図 3.5.10　周波数源用 AT カット水晶共振子、時計用水晶音叉共振子、Si MEMS 共振子、および温度補償付き Si MEMS 共振子のそれぞれの温度特性

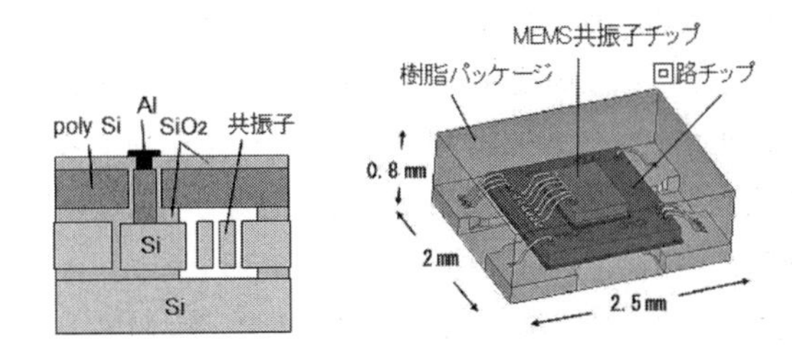

図 3.5.11　Si MEMS 共振子

に用いられています[10]。図 3.5.10 には各種共振子の温度に対する周波数変化の割合を示してあります。それは周波数源用の AT カット水晶（厚み滑り振動）共振子、時計用水晶音叉共振子、次の図 3.5.11 で説明する Si MEMS（Micro Electro Mechanical Systems）共振子、およびその温度補償付きのものです[11]。

図 3.5.11 は米国の SiTIME 社による Si MEMS 共振子です。Si チップ内部の真空空洞に、静電引力で動かす Si の共振子が作られています[12]。この MEMS 共振子チップを、温度補償や周波数調整を行う回路チップの上に重ね、樹脂パッケージで封止しています。

圧電共振子は周波数フィルタとしても重要な働きをし、ラジオやテレビ、無線機などに用いられています。図 3.5.12 は表面弾性波（SAW（Surface Acoustic Wave））共振子の例ですが、ニオブ酸リチウム（$LiNbO_3$）やタン

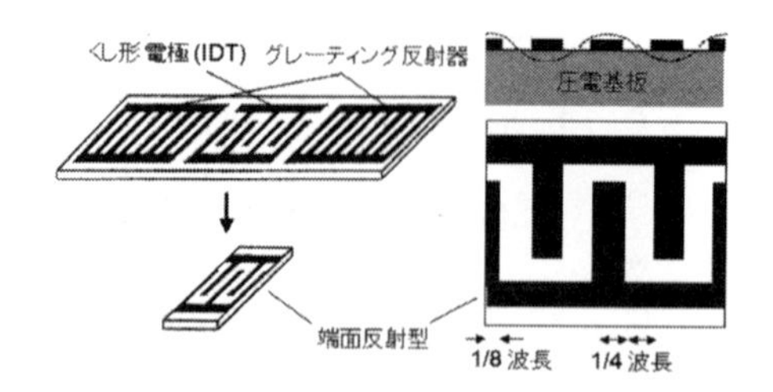

図 3.5.12　表面弾性波（SAW）共振子

タル酸リチウム（$LiTaO_3$）などの圧電単結晶基板上にくし形電極（IDT（Inter Digital Transducer））が形成されており、1980 年頃からテレビなどに使われてきました。共振周波数はIDT電極の周期（電極幅1/4波長と間隔1/4 波長）で決まり、その電極対に高周波電圧を印加すると、周期が 1/2 波長になる表面弾性波（図の右上）を生じます。これは基板上を伝搬するため、両側に格子状のグレーティング反射器を形成して、高い Q 値を持つ共振型フィルタとして使うことができます（図の左上)。IDT の両端の電極幅を 1/8 波長にして結晶の端面で反射させる（図の右）、小形化した端面反射型（図の左下）が、1992 年に門田道雄により開発され使われています [13)]。

無線の通信容量を増やすには周波数を高くする必要があり、GHz 帯の周波数が用いられるようになりました。SAW 共振子では電極やその間隔が狭くなり過ぎるため、バルクの共振を使う薄膜バルク音響共振子（FBAR（Film Bulk Acoustic Resonator））が使用されています。図3.5.13にその断面構造を示しますが、(a) は 1980 年に東北大学の中村僖良によって最初に発明された FBAR です [14)]。圧電膜である酸化亜鉛（ZnO）薄膜の上下に電極があり、これらが薄い SiO_2 付 Si ダイアフラムの上に形成されています。なお米国の K.M. ラキンも同じ年に FBAR を発表しました。現在使われている FBAR は同図(b)のように、窒化アルミニウム（AlN）を圧電膜に使用し、その下に空洞を設けて振動エネルギの損失を防いでいるものです [15) 16)]。この他同図(c)のように FBAR の共振子の下に音響多層膜

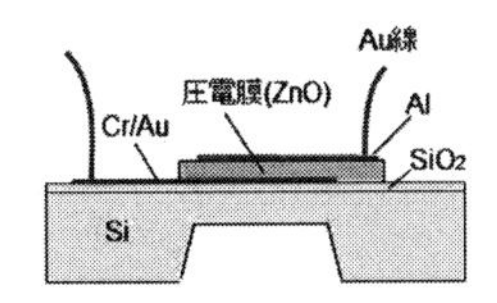

(a) 発明当時の FBAR

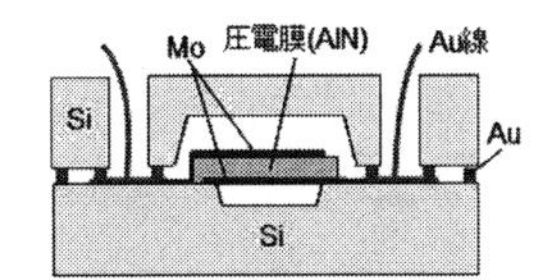

(b) 共振子の下に空洞がある FBAR

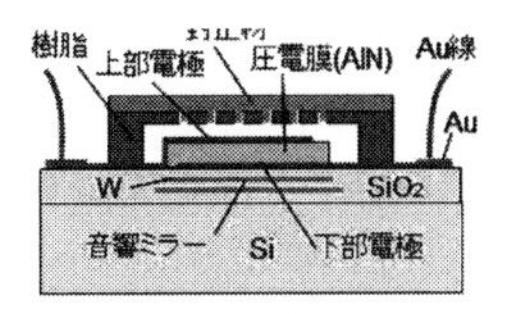

(c) 音響ミラー付 FBAR (SMR)

図 3.5.13　薄膜バルク音響共振子（FBAR）

による音響ミラーを用いて振動エネルギの損失を防ぐ SMR（Solidly Mounted Resonator）も用いられています[17]。なお同図(b)(c)には、共振子に蓋をする構造として示してあります。FBAR では水晶振動子と同様に共振周波数が圧電膜の厚さで決まるため、スパッタ堆積で圧電膜を形成するときに、必要な膜厚で均一の厚さに形成することが重要になります。

圧電材料としては、この他チタン酸ジルコン酸鉛（PZT（Lead Zirconate Titanate））が用いられますが、これは圧電スピーカなど機械的に動くアクチュエータなどに利用されています。

3.5.3　磁気デバイス

外部磁界を取り去ると磁化を失って元の状態に戻るのが軟磁性材料ですが、磁力線を通しやすい高透磁率の軟磁性材料であるパーマロイ（Ni 80、Fe 20）のめっき膜における磁場－磁束密度特性を図 3.5.14(a)に示します[18]。特性の傾きにあたる透磁率は 8,500 と大きく、「3.7 記録と印刷」の図 3.7.10 で説明する薄膜磁気ヘッドなどに用いられます。

これに対して磁界を取り去っても磁化が残る永久磁石などは硬磁性材料と呼ばれます。図 3.5.14(b)は各種永久磁石の減磁曲線で[19]、この減磁曲線は磁界（磁場 H × 真空の透磁率 μ_0）－磁束密度特性の第 2 象限にあたり、永久磁石の性能を表すのに用いられます。この永久磁石には磁界がゼロの時の磁束密度 B にあたる残留磁化、および磁束密度をゼロにするのに必要な負の逆磁界である保持力が大きいことが重要で、磁束密度と磁界

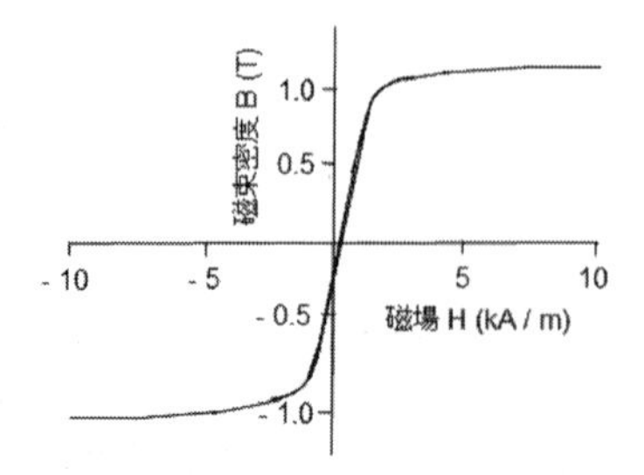

(a) 軟磁性材料であるパーマロイ（Ni 80、Fe 20）めっき膜の磁場－磁束密度特性

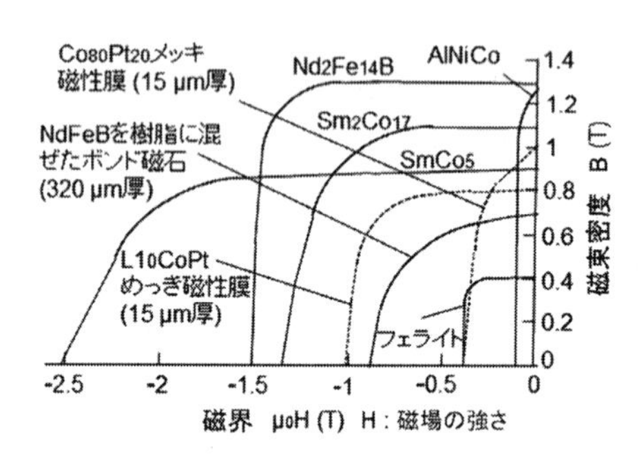

(b) 硬磁性材料である各種永久磁石の減磁曲線

図 3.5.14　磁性材料の磁気特性

の積が最大になる最大エネルギ積がその性能指標になります。1983 年に佐川眞人が報告したネオジウム磁石（$Nd_2Fe_{14}B$）が現在最も高性能で、しかもサマリウム（Sm）コバルト（Co）磁石よりも安価です。永久磁石はモータやスピーカなどに幅広く使われます。

高周波でも損失の少ない磁性材料として重要なフェライトは、1930 年に加藤与五郎と武井武によって発明されました [20)]。これは酸化鉄の粉末にさまざまな金属酸化物の粉末を混ぜ合わせ、高温で焼結して作られるセラミックスで高透磁率なため、これをコイルの中にコアとして入れるとコイルを貫く磁力線の数が増えるので、トランスなどの性能が向上します。フェライトのコアは抵抗が大きいため特に高周波での渦電流損失が少ない特徴があります。1935 年にこの関係で東京電気化学工業㈱（現在の TDK

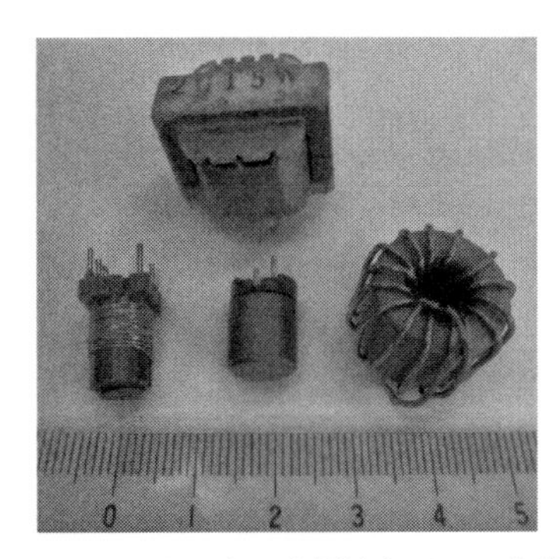

図3.5.15　フェライトによる高周波トランスと高周波コイル

㈱）が設立されました。図3.5.15の写真はフェライトによる高周波トランスと高周波コイルの例ですが、ラジオの中間周波トランスや、最近では直流を交流に変換するインバータ回路やスイッチング電源回路、あるいは電磁環境対策（EMC）などに欠かせない部品となっています。図3.5.14(a)で紹介した軟磁性材料にあたる「ソフト・フェライト」と、同図(b)の硬磁性材料（永久磁石）にあたる「ハード・フェライト」があります。

3.5.4　おわりに

M.(マリー）キュリーと夫のP. キュリーは放射線による電荷の測定に、図3.5.9(a)で説明した水晶の逆圧電効果を用いました。放射線の存在は写真乾板への感光作用で知られていましたが、図3.5.16のような装置によりウラン塩による放射線量を精密に測定することができました[21]。圧電効果をもつx板（xカット）の水晶を用いy軸方向に力を加えるとx方向に帯電することを利用し、その電荷が放射線による電離で生じた電荷と釣り合うようにする零位法で測定しました。これらの電荷の差の測定には、静電引力で鏡が向きを変える象限電位計が用いられました[22]。

次に時間標準となる原子時計について説明します。図3.5.17はセシウム(Cs) 133原子を用いたもので、電子の量子状態は状態1と状態2の2つを持ちますが、そのエネルギ差Eをアインシュタインの式 $E = h\nu$（hはプ

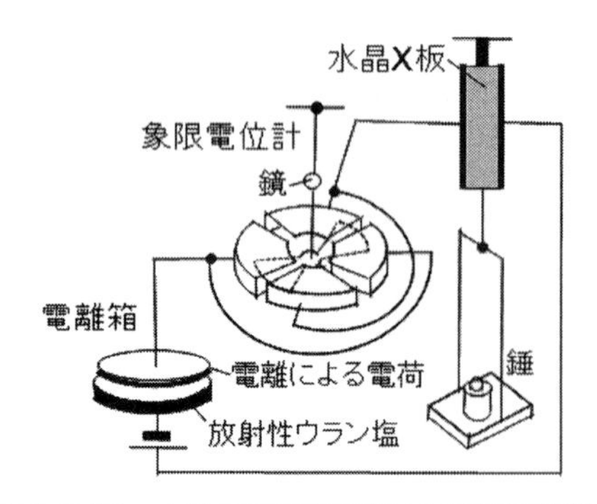

図 3.5.16　水晶の圧電性を用いた放射線計測

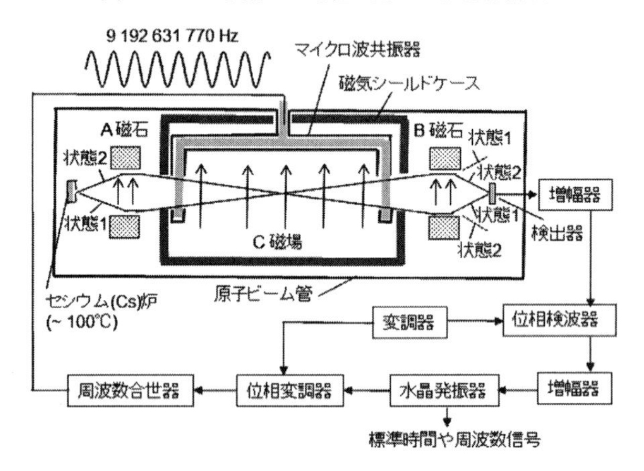

図 3.5.17　Cs 原子時計

ランク定数）で換算した周波数 ν は 9,192,631,770 Hz（約 9.2 GHz）となります。同図で Cs 炉から出た Cs 原子は、逆向きの電子スピンを持つ状態 1 と状態 2 からなります。状態 1 の原子は A 磁石で力を受けて上に曲がり、それは B 磁石でも上に曲がるため検出器に到達しません。同様に状態 2 の原子は磁石 A と磁石 B で下に曲がるため検出器に到達しません。ところが A 磁石を通過した原子に約 9.2GHz のマイクロ波を照射すると、状態変化（遷移）するため検出器に届くことになります。検出器に到達する原子の数が最大になるように図中の水晶発振器の周波数を調整することで、原子時計を実現することができます[23)]。このマイクロ波信号を9,192,631,770周期数えた時間を1秒とすることが1967年に決められ、これが時間標準に採用されました。

原子時計の高精度化に関する研究が進んで、2003年に光格子時計を香取秀俊が発明しました。これは10^{-16}～10^{-18}の精度を有し、Cs原子時計の場合は10^{-11}～10^{-13}、水晶発振器では10^{-5}～10^{-6}程です。

原子時計は、カーナビゲーショなどに使われる全地球測位システムのGPS衛星に搭載されています。このシステムは1990年頃から使われて、図3.5.18(a)のように4つのGPS衛星からの信号を測定点で受信します。衛星は原子時計による正確なタイミングで信号を送信し、その空間的位置は決められているので、受信した時刻から各衛星までの4つの距離を求めることが可能になります。これから4元連立方程式で測定点の座標xyzと時計の誤差Δtを知ることができます[23)]。

GPSの原理を具体的に説明します。衛星を識別するために、同図(b)のような疑似ランダム信号（C/Aコード）で電波を変調します[24)]。同図(c)には電波の搬送波をC/Aコードで位相変調（BPSK（Bi Phase Shift Keying)）する様子を示してあります。これによって電波は単一のキャリア周波数でなく広い周波数にスペクトルが拡散された状態になります。受信機では変調した時と同じC/Aコードで復調しますが、この場合の復調回路を同図(d)で説明します[25)]。衛星から受信した入力信号1はエクスクルーシブOR（XOR）（排他的論理和）回路でコードの一致を調べます。すなわち相関値をモニタしながら入力信号2の時間をずらして位相を変え、入力信号1の位相と合致させます。この位相差を用いて各衛星までの4つの距離を求めることができます。

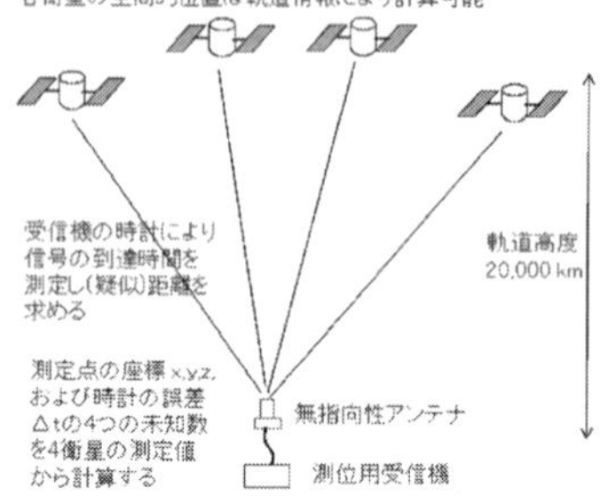

(a) 4つのGPS衛星によるxyz座標と時間の計測

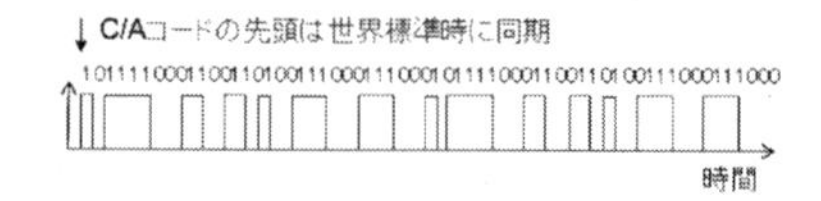

(b) 衛星識別用疑似ランダム信号（C/Aコード）

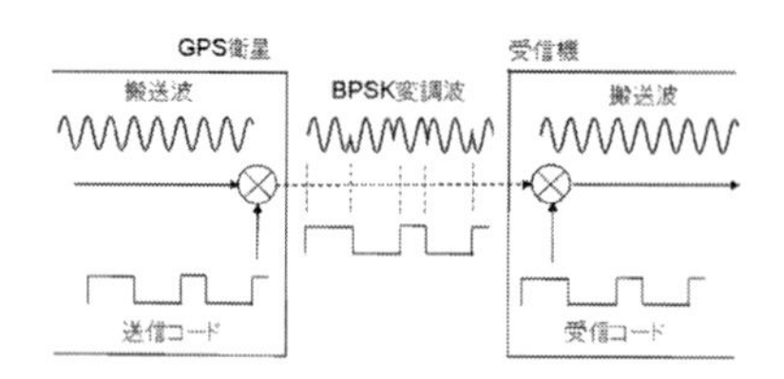

(c) C/Aコード変調によるGPS衛星から受信機への送信

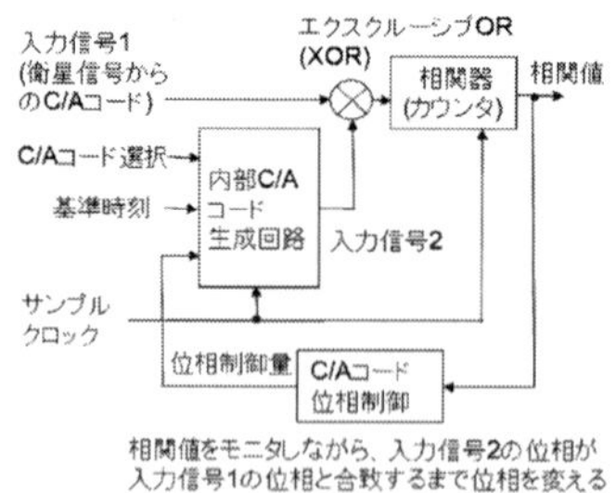

(d) 受信機内のC/Aコード復調回路

図3.5.18　GPSの要素

参考文献

1　奥村正二：“「電気」誕生200年の話”，築地書館（1987）.
2　E. シャリーン（柴田譲治 訳）：“図説 世界史を変えた50の機械”，原書房（2013）.
3　Rohm社LEDデバイスについて，
https://fscdn.rohm.com/jp/products/databook/applinote/opto/led/led_device_an-j.pdf.
4　霜田光一：“歴史をかえた物理実験”，丸善（1996）.
5　A.L. Schawlow and C.H. Towns : Infrared and optical masers, Phys. Rev., 112（1958）1940-1949.
6　T.H. Maiman : Stimulated optical radiation in ruby masers and superconductors, Nature, 187（1960）493-494.
7　N. Holonyak Jr. : The semiconductor laser : a thirty-five-year perspective, Proc. of the IEEE, 85, 11（1997）1678-1693.
8　伊賀健一：面発光レーザー：研究の経緯と発展，O plus E, 37, 10（2015）802-818.
9　中村修二：GaN系発光素子の現状と将来，応用物理，65, 7（1996）676-686.
10　渋谷和明：“やさしい水晶のおはなし”，電気書院（2007）.
11　M. Lutz : Industry-leading resonator technology and product line, MEMS Engineer Forum（MEF）2015（2015）.
12　江刺正喜，J. McDonald and A. Partridge : Si技術を使ったMEMS発振器 水晶発振器の置き換えを狙う，日経エレクトロニクス，923（2006）125-134.
13　門田道雄：実用化された弾性表面波デバイスと今後の動向，電子情報通信学会誌，91, 1（2008）41-48.
14　K. Nakamura, H. Sasaki and H. Shimizu : A piezoelectric composite resonator consisting of a ZnO film on an anisotropically etched silicon substrate, Jap. J. of Applied Physics, 20, Supplement 3（1981）111-114.
15　R.C. Ruby, A. Barlknechl, C. Han, Y. Desai, F. Geefay, G. Gan, M. Gat and T. Werhoeven : High-Q FBARs in a wafer-level chip-scale package, Proc. 2002 IEEE ISSCC（2002）184.
16　M. Small, R. Ruby, S. Ortiz, R. Parker, F. Zhang, J. Shi and B. Otis : Wafer-scale packaging for FBAR-based oscillators, 2011 Joint Conf. of the IEEE Intern. Freq. Control and the European Freq. and Time Forum（FCS）Proceedings（2011）.
17　R. Aigner, J. Ella, H.J. Timme, L. Elbrecht, W. Nessler and S. Marksteiner : Advancement of MEMS into RF-filter applications, Proc. of IEEE Electron Device Meeting（2002）897-900.
18　M. Glickman, T. Niblock, J. Harrison, I.B. Goldberg, P. Tseng and J.W. Judy : High permeability Permalloy for MEMS, Solid-State Sensors, Actuators and Microsystems Workshop, Hilton Head Island（2010）328-331.
19　O.D. Oniku. X. Wen, E.E. Shorman, B. Qi, A. Garraud and D.P. Arnold : Microfabricated permanent magnets for MEMS, Solid-State Sensors, Actuators and Microsystems Workshop（2014）OP18.
20　岡本明：フェライトの発明と工業化の歴史，RFワールド，10（2010）129-139.
21　尾上守夫：高周波水晶振動子の始まりと発展，RFワールド，12（2010）129-143.

22　高木純一："電気の歴史", オーム社（1967).
23　池上健：わかる！原子時計の仕組, RF ワールド, 34(2016) 109-120.
24　土屋淳：GPS（Global Positioning System), 第 2 回計測工学シンポジウム（1991) 65-74.
25　池田平補：お話「GPS 入門」, トランジスタ技術（2008-2) 109-120.

3.6　電源と動力源

電源と動力源では、電池、発電、電動機（モータ）、パワーエレクトロニクス（電力制御）などの技術史について述べます。図3.6.1は本稿の話題に関係する歴史です。「3.6.5 おわりに」で鉄道との関係や、化合物半導体パワーデバイス、胃酸電池による飲込み体温計などを紹介します。

3.6.1　電池

1800年にイタリアのA. ボルタは、亜鉛（Zn）と銅（Cu）の円板を交互に積み重ね、希硫酸で湿らせた毛織物をそれらの間に挟んだボルタ電池を発明しました。その1対分の原理を図3.6.2に示しますが、亜鉛はイオン Zn^{2+} となって電解液の希硫酸に溶けるため負電荷を持つ電子が溜まって負極となり、外部回路で電流が正極の銅から流れます[1)]。銅の表面では液中の水素イオン（H^+）が陰極からの電子を受け取り、水素ガス（H_2）

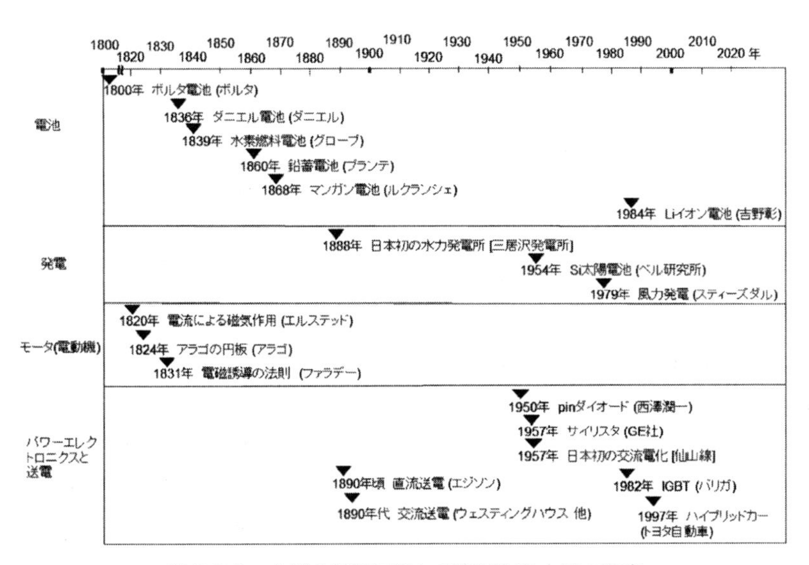

図3.6.1　本稿の話題に関わる電源と動力源の歴史

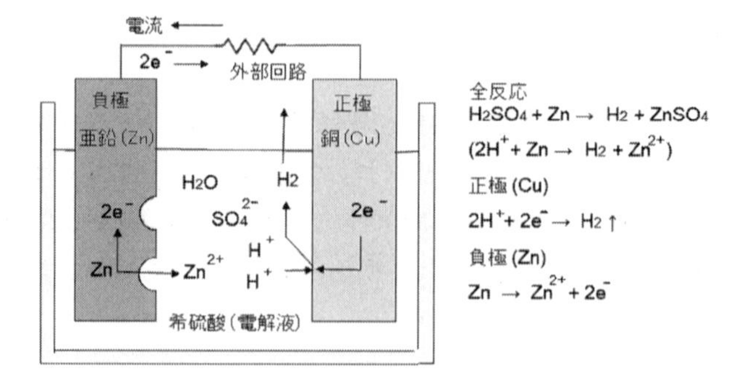

図 3.6.2　ボルタ電池

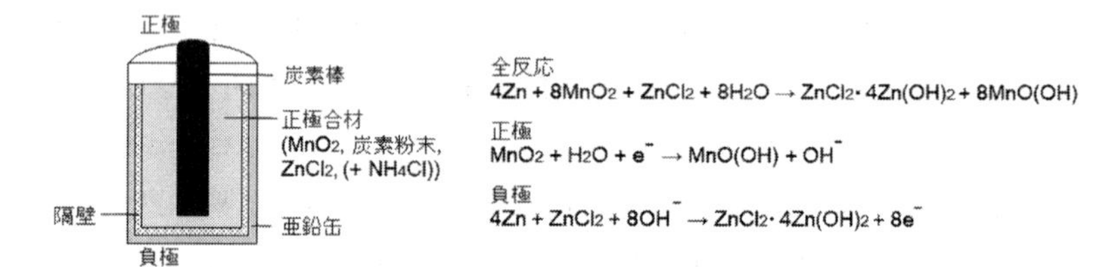

図 3.6.3　マンガン電池（乾電池）

が発生します。しかし銅表面は水素の気泡に覆われて電流が流れにくくなります。

1836年に英国のJ.F.ダニエルは、負極の亜鉛側の電解液に硫酸亜鉛（$ZnSO_2$）、正極のCu側の電解液に硫酸銅（$CuSO_4$）を用いて、それらの間に素焼き隔壁を使用したダニエル電池を開発しました[1)]。正極では硫酸銅の銅イオン（Cu^+）からCuが析出するため、H_2ガスの発生を防ぎ長時間使えるようになりました。

現在乾電池として使われているマンガン電池は、1868年にフランスのJ.ルクランシェが発明しました。図3.6.3は乾電池の構造と反応で、正極の炭素棒の回りに酸化マンガン（MnO_2）と炭素粉末および塩化亜鉛（ZnO_2）を主成分とするペースト状の電解液があり、隔壁を介して亜鉛缶の陰極とつながっています[1)]。以上の電池は一次電池と呼ばれ、あるエネルギ量を取り出すと電極や電解液は消耗して使えなくなります。

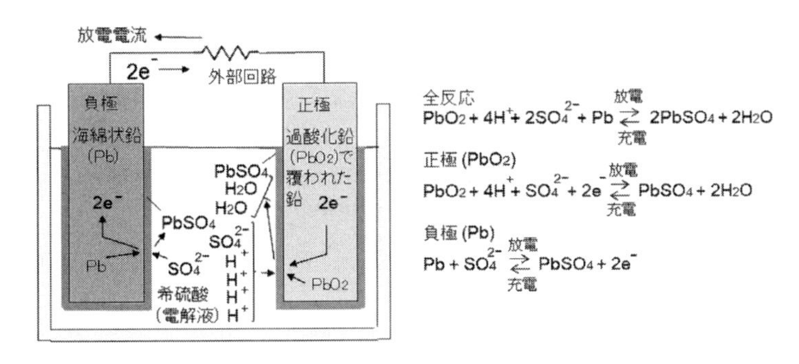

図 3.6.4　鉛蓄電池（二次電池）（図は放電時）

充電して何回も使える二次電池として、1860 年にフランスの G. ブランテは図 3.6.4 の鉛蓄電池を発明しました。正極の過酸化鉛（PbO_2）と負極の鉛は放電時に硫酸鉛（$PbSO_4$）に変わり、充電時には逆反応が生じます [1)]。現在は過充電時に発生する酸素と水素を触媒で水に戻す、メンテナンスフリー鉛蓄電池が使用されています。

電池から取り出せる単位重量当たりの出力（電力）（単位 : W）は出力密度（単位 : W/kg）と呼びます。電池から取り出し得るエネルギ（単位 : Wh）は、出力（電力）（単位 : W）を時間（単位 : h）で積分したもので、単位重量当たりでは重量エネルギ密度（単位 : Wh/kg）、単位体積当たりの場合は体積エネルギ密度（単位 : Wh/l（リットル））として表現されます。

現在各種電子機器や電気自動車などに用いられているリチウム（Li）イオン二次電池は大きなエネルギ密度を持ち、1984 年に吉野彰らによって発明されました。図 3.6.5 に示すように正極のコバルト酸リチウム（$LiCoO_2$）と負極の層構造炭素（グラファイト）からなり、電解液中には Li イオン（Li^+）を通す隔膜が在ります。放電時には負極の層構造炭素にある Li が電子（e^-）を残して Li^+ として放出され、正極では Li^+ が e^- と結合して $LiCoO_2$ として取り込まれます [2)]。充電時は逆反応で Li^+ が Li として負極の層構造炭素に取り込まれ、正極では $LiCoO_2$ から Li^+ が放出されます。

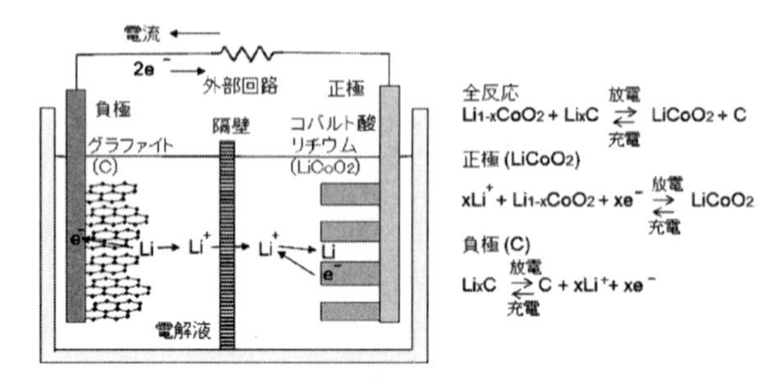

図 3.6.5　Li イオン二次電池（図は放電時）

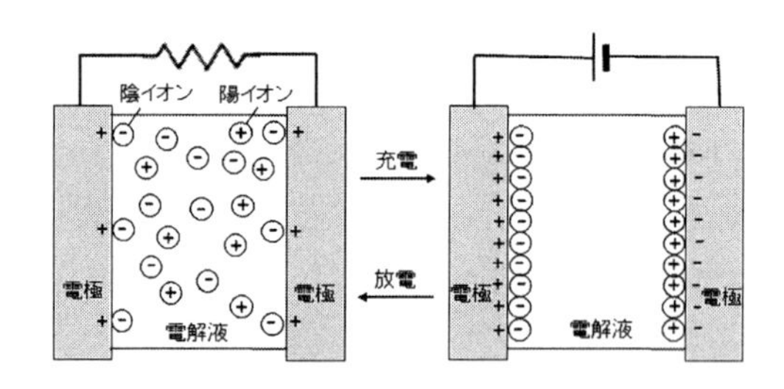

図 3.6.6　電気二重層キャパシタ

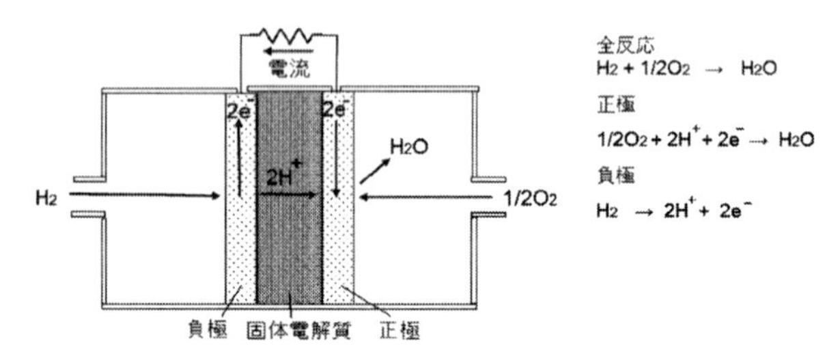

図 3.6.7　水素燃料電池

大きな電力を取り出したい場合、すなわち大きな出力密度が必要な場合には図 3.6.6 の電気二重層キャパシタ（EDLC）を使用することができます [3]。電池と異なり放電で電圧は低下し、重量エネルギ密度は電池より小さいですが、短時間でも大きな電力を使いたい時は役に立ちます。

1839 年に英国の W. グローブは図 3.6.7 の水素燃料電池を発明しました。水素イオン（H^+）を透過する固体電解質を用い、負極で水素ガスから H^+

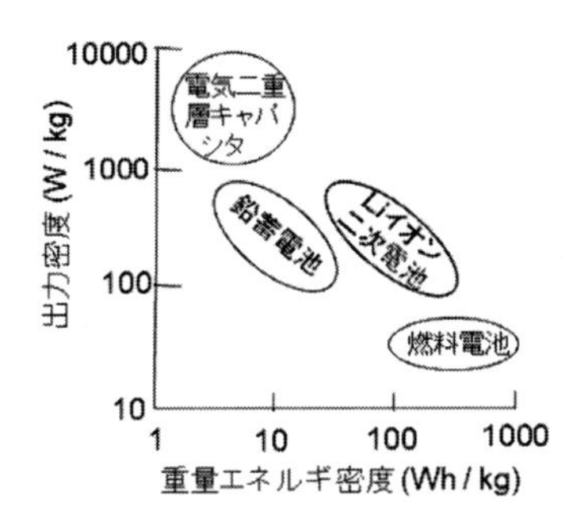

図 3.6.8　二次電池、電気二重層キャパシタおよび燃料電池の重量エネルギ密度と出力密度

を作って電子を放出させ、正極では酸素（O_2）とH^+と電子から水（H_2O）を生成し電気エネルギを発生します。

以上述べてきたものを重量エネルギ密度と出力密度に対してプロットすると図3.6.8のようになります。Liイオン二次電池では鉛蓄電池の場合より重量エネルギ密度は一桁ほど大きく、燃料電池では重量エネルギ密度は大きいが出力密度は小さく、電気二重層キャパシタではその逆になります。これらを組み合わせて使用する場合もあります。

3.6.2　発電

1831年に英国のM.ファラデーは、磁界の中を導体が動いたり磁界が時間的に変化したりすると電気が発生する電磁誘導の法則を明らかにし、これが発電に使われています。発電所には火力発電所など各種ありますが、図3.6.9左の仙台市にある三居沢発電所は日本で最古の水力発電所で、そこには当時の5kW直流発電機（図3.6.9右）も展示されています。1888年の創業当時は50の白熱電灯と1つのアーク灯による工場の照明に使われました[4)]。

現在の発電所で使われるのは図3.6.10のような三相交流発電機です[5)]。三相分の電機子巻線を外側に置いて、数千Vの交流電圧を発生させてい

図 3.6.9　日本最古の水力発電所（三居沢発電所）と設立時の直流発電機（5kW）

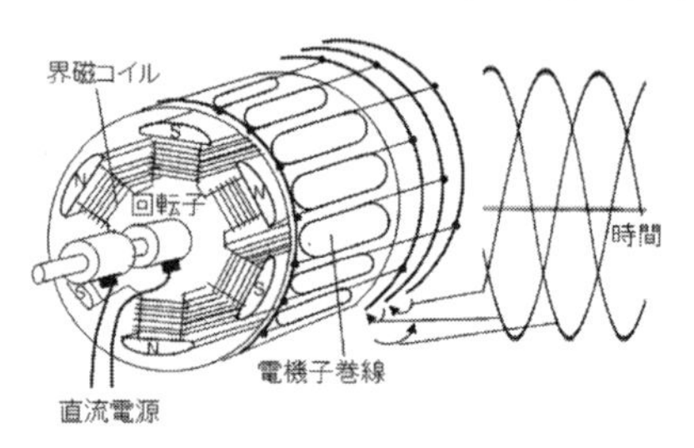

図 3.6.10　三相交流発電機

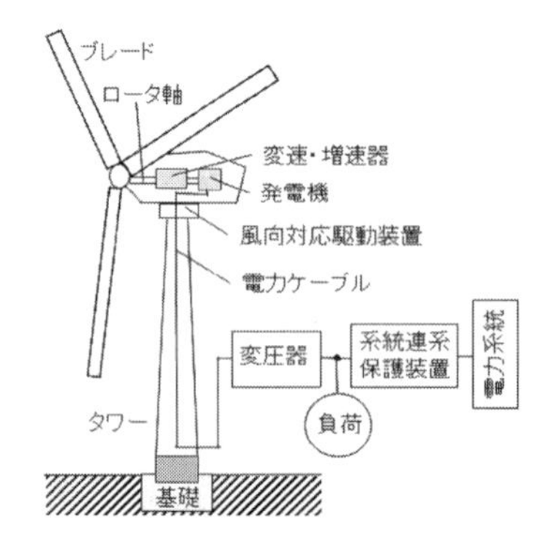

図 3.6.11　風力発電システム

ます。同じ回転軸に付いた直流発電機から供給される直流電流を中の回転子にある界磁コイル（電磁石）に流して、磁界を発生させています。

図 3.6.11 の風力発電は 1979 年にデンマークの H. スティーズダルによって市場向けに開発されました[6)]。

太陽光発電のシステムを図 3.6.12 に示してあります。シリコン太陽電池は 1954 年から使われはじめました。同図の住宅用太陽光発電システムの

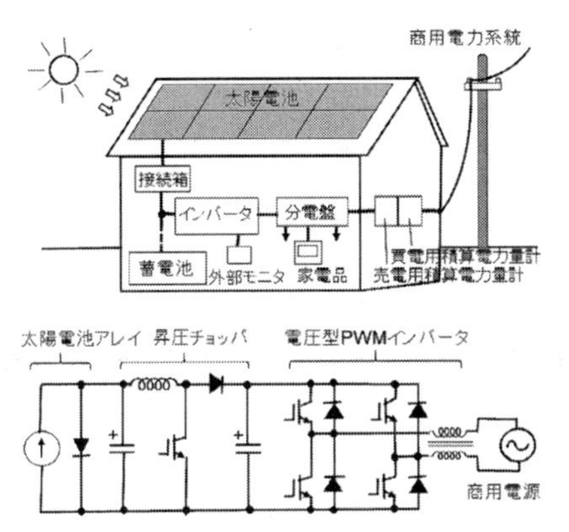

図 3.6.12　住宅用太陽光発電システムとインバータ

ように、余剰電力は後で述べるIGBT（図3.6.19(a)）を用い直流を交流にするインバータにより、商用電力系統に送り出されます[7]。

3.6.3　電動機（モータ）

電流による磁気作用は1820年にデンマークのH.C. エルステッドにより発見されました。図3.6.13には、これを発展させた整流子（ブラシ）付直流モータの原理を示します。電機子と呼ばれる回転する部分と、外部から磁場を与える固定子からなりますが、この例では固定子に永久磁石を用いています。

1824年にフランスのF. アラゴは、糸で水平につるした銅（Cu）の円板が下の磁石の回転に合わせて回ることを見つけました（アラゴの円盤）[5]。この動作は、発電のところで述べた電磁誘導の法則により磁界の変化で円板に誘導電流が生じ、これにより磁界が発生して回転すると説明できます。この原理を用いた誘導（インダクション）モータが使われており、その三相交流モータの構造を図3.6.14に示します。固定子のコイルで発生する磁界の回転により、中央にある導体の回転子が回ります。

図3.6.15の同期式モータはブラシレスモータとも呼ばれ、図3.6.13にあるような回転子の電流を切り替える整流子やブラシを使用しません[8]。こ

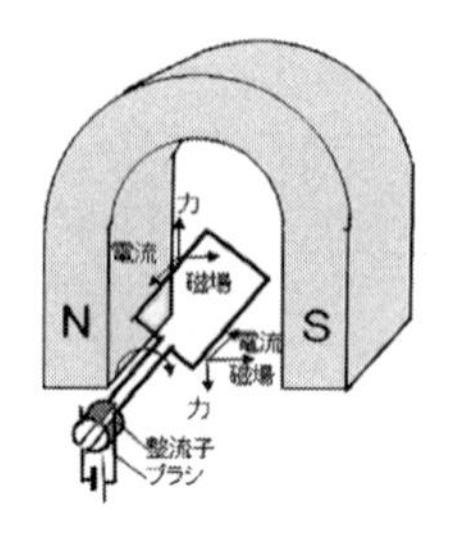

図 3.6.13　整流子（ブラシ）付直流モータの原理

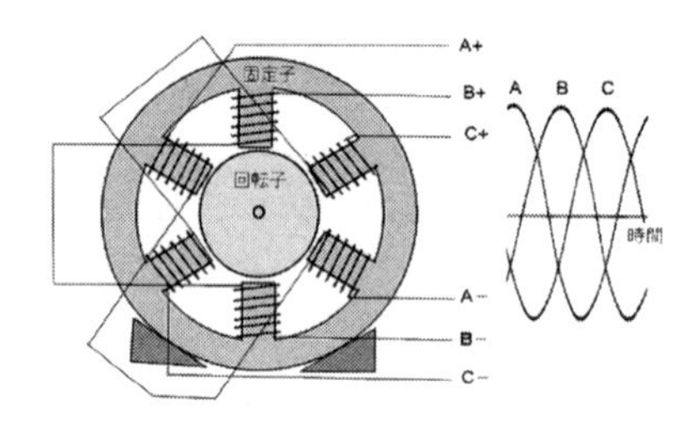

図 3.6.14　誘導（インダクション）モータ（三相交流モータ）

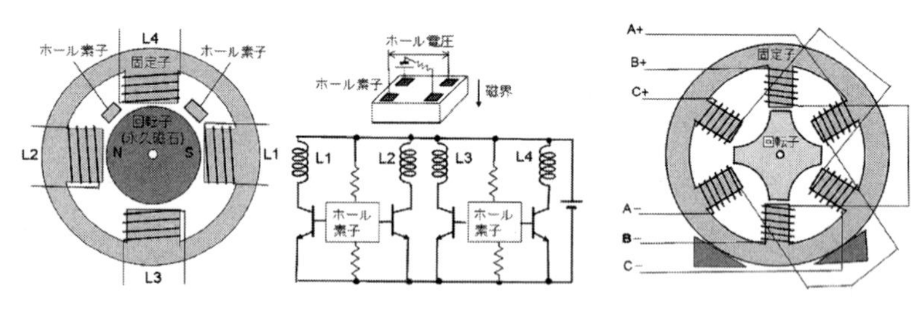

(a) 永久磁石モータとホール素子を用いた制御回路　　(b) スイッチトリラクタンスモータ

図 3.6.15　同期式モータ（ブラシレスモータ）

れでは図 3.6.15(a)のように、InSb を用いたホール素子[9]を磁気センサに使用して回転子の回転角を検出し、それによって固定子の電機子巻線の電流を制御するためです。同図(a)のような永久磁石を回転子に用いる永久磁石モータ（PM）と、同図(b)のように強磁性体の鉄（Fe）で突起を持つ構造を回転子に持つスイッチトリラクタンスモータ（SRM）があります。後者では回転角により回転子の磁気抵抗（リラクタンス）が変化するのに合わせて固定子の電流を切り替えます。このほか回転子に鉄と少量の磁石を持つ永久磁石リラクタンスモータ（PRM）もありますが、これは永久磁石用希少金属の使用量が少なくて済むため、ハイブリッドカー用の電動機などに用いられています[8)]。スイッチトリラクタンスモータにおける回転子の位置を検出するには、回転軸に取り付けた永久磁石とホール素子を用いる方法や、固定子にある電機子巻線の電流波形を用いる方法があります。

3.6.4　パワーエレクトロニクス

エレクトロニクスで電力を制御することにより、直流を交流に変換するインバータや、余剰エネルギの回生などが可能になりました。図3.6.16は熱陰極を持つ水銀封入三極（放電）管（サイラトロン）で、グリッド（G）のトリガ電圧で放電させると、電源が切れるまで放電電流が流れ続ける位相制御を行うことができます[10)]。「3.3 電子デバイス」の「3.3.4 おわりに」では、それを近接信管の点火に用いた例を紹介しました。この他に水銀を陰極に用い、励弧子やグリッドで放電を開始させる水銀封入整流管も使われました。それを用い1957年に日本で初めて実現された仙山線の交流電化について、「3.6.5 おわりに」で紹介します。

半導体の時代になり、1950年に図3.6.17に示すシリコンのpinダイオードが西澤潤一により発明されました[11)]。pn接合の間に低不純物濃度のi層

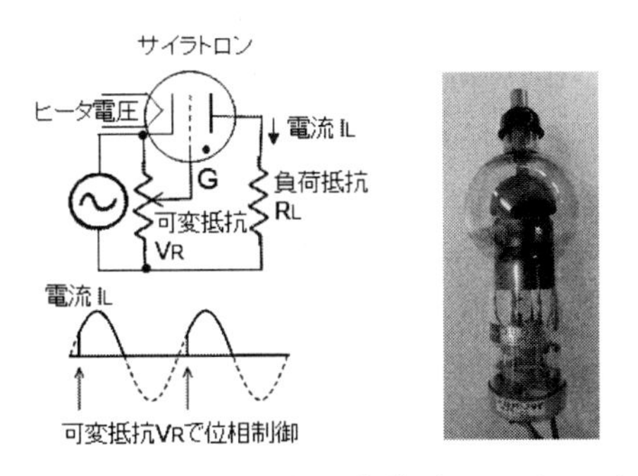

図3.6.16　水銀封入三極管（サイラトロン）

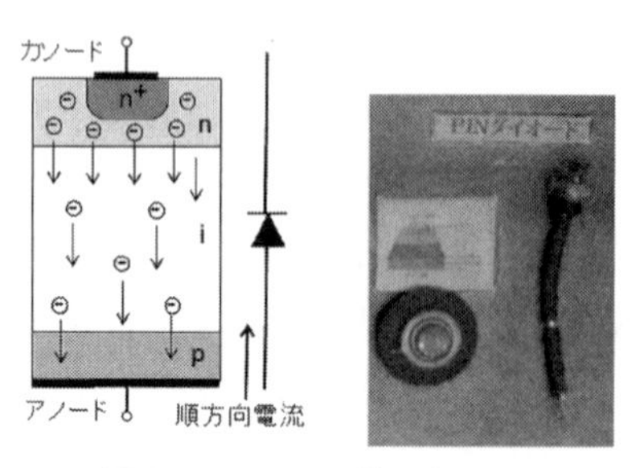

図 3.6.17　pin ダイオード

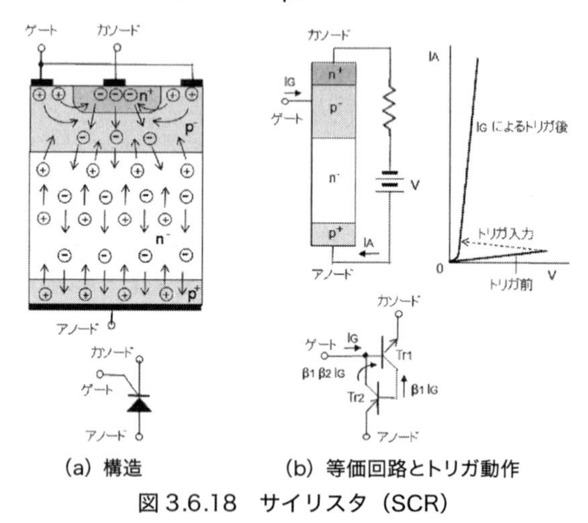

(a) 構造　　(b) 等価回路とトリガ動作

図 3.6.18　サイリスタ（SCR）

を入れることで、高電圧の整流を可能にしました。

1957 年に米国でサイリスタ（SCR（Silicon Controlled Rectifier））が開発されました[12]。図 3.6.18 に示す npnp の構造で、同図 (a) のようにゲートからのトリガ電流によりカソードからアノードに電子が流れますが、このとき逆方向にホールがアノードから注入されるため電荷が打ち消されて低抵抗になります。下は回路記号です。同図 (b) に示す等価回路のようにトランジスタが接続された形になっていて、右のグラフのようにトリガ入力により電流が流れ続けます（図 3.6.16 のサイラトロンと同様）。このためオフする時には電圧を切る必要があり、速度は遅くなります。ゲート電流を流

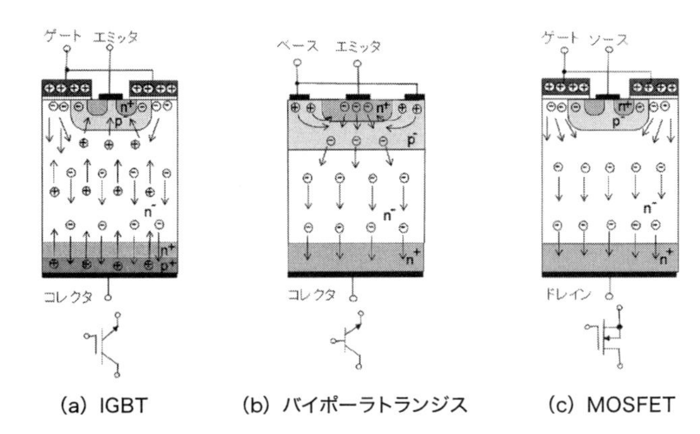

(a) IGBT　　(b) バイポーラトランジスタ　　(c) MOSFET

図 3.6.19　IGBT および電力制御用のバイポーラトランジスタと MOSFET

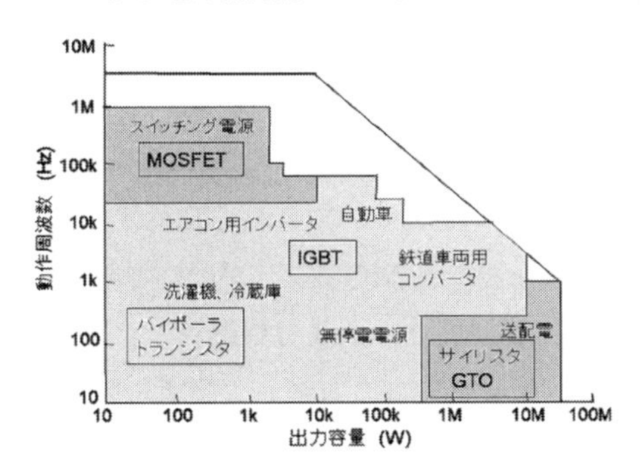

図 3.6.20　動作周波数と出力容量で分けたパワー半導体デバイスの応用分野

すことによってオフできる GTO（Gate Turn-off Transistor）も使われてきました[12)]。

サイリスタや GTO に比べて高速動作が可能な IGBT（Insulated Gate Bipolar Transistor）を、1982 年に米国の B.J. バリガが発明しました[12)]。図 3.6.19(a) に IGBT の構造や回路記号を示します。IGBT ではサイリスタと同様に電子とホールの両方を使うため低抵抗で大電流を扱うことができますが、ゲートで電流通路を遮断してオフにできるため高速になります。

図 3.6.19(b) と (c) には電力制御用のバイポーラトランジスタと MOSFET の構造も示してあります。

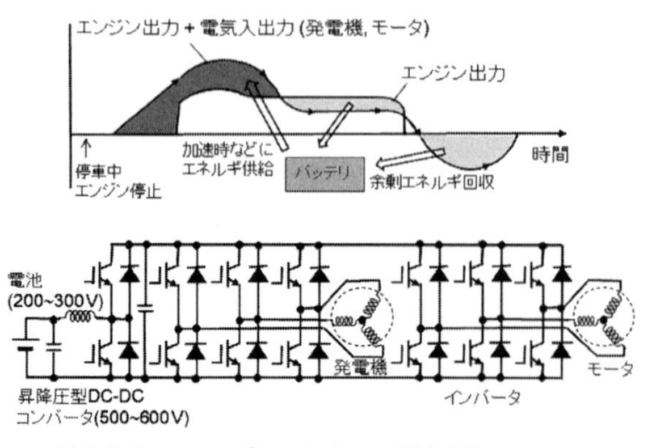

図 3.6.21　ハイブリッドカーの電力制御システム

動作周波数と出力容量で分けたパワー半導体デバイスの応用分野を図 3.6.20 に示します。IGBT やバイポーラトランジスタの他、大容量・低速動作の送配電などの用途にはサイリスタや GTO が、低容量・高速動作の小型スイッチング電源などには MOSFET が用いられます [12)]。

図 3.6.21 にはハイブリッドカーの電力制御システムを示してあります。IGBT によるインバータが電池によるモータ駆動に用いられ、減速時に発電機で余剰エネルギを回収（回生）しバッテリを充電することも行われています [13)]。

送電システムについて図 3.6.22 で説明します。1890 年頃は T. エジソンが同図(a)の直流送電を行いましたが、110V と低電圧であったため大きな電流（I）となり、送電線の抵抗（R）による電力損失（I^2R）が問題でした。米国の G. ウェスティングハウスや W. スタンレイおよび N. テスラは、その後同図(b)の交流送電を行いました。交流発電機の電圧をトランスで高電圧にすることで小電流にでき、送電線の抵抗による電力損失を少なくできましたが、対地静電容量を充放電することになるため、電力損失により長距離送電は困難でした。同図(c)のような高電圧直流送電を用いれば、静電容量の充放電による損失を無くすことができます。このため長距離電力伝送や、静電容量が大きくなる海底ケーブルでの電力伝送に適し

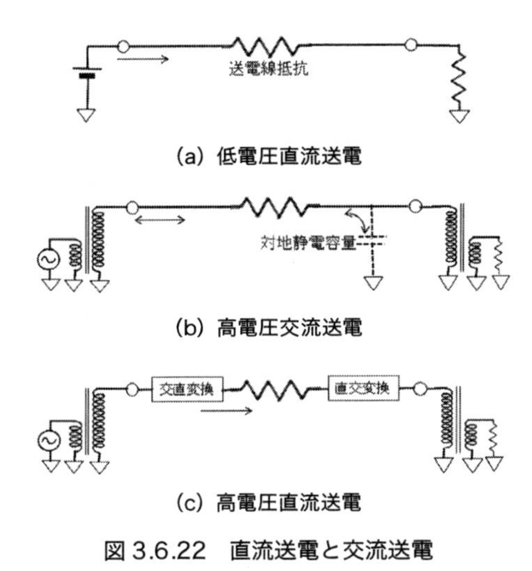

図3.6.22　直流送電と交流送電

ています。これには高電圧での交流から直流あるいは直流から交流への変換が必要で、パワー半導体がこれを可能にします。

3.6.5　おわりに

パワーエレクトロニクスに関係した、電気機関車や新幹線の進歩について説明します。真空管時代の電気機関車には「3.3.3 電子デバイス」の図3.3.8で写真を紹介した水銀封入整流管で大型のものが用いられました。これは日本発の交流電化が行われた仙山線で電気機関車に使われました。図3.6.23は水銀封入整流管を用いた位相制御により電流の大きさや向きを制御（電力・転流制御）する回路です[14)]。

新幹線のモータ駆動回路を図3.6.24に示します。1964年に始まった最初の0系では、同図(a)のようなpinダイオードと変圧器の端子切替が直流モータの制御に用いられました[15)]。1985年からの100系ではサイリスタが使用され、1992年からの300系ではGTOがパルス幅変調（PWM）に用いられて三相誘導モータを制御し、電力回生ブレーキが採用されました。1999年からの700系では同図(b)のような構成で、単相交流を直流にする

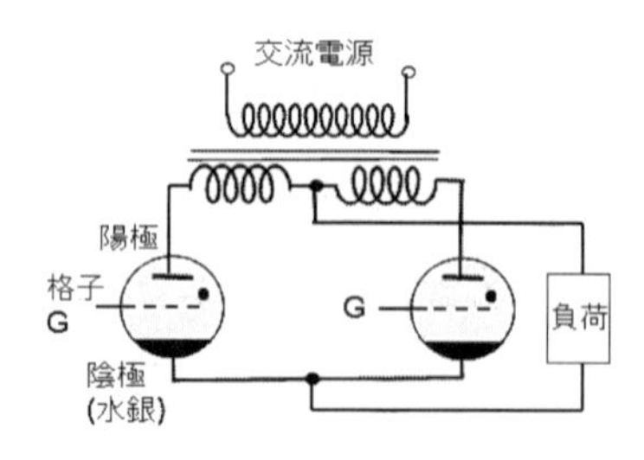

図 3.6.23　水銀封入整流管による電力・転流制御回路

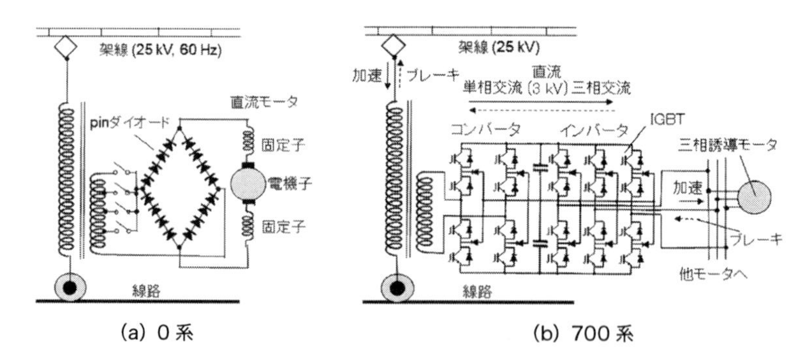

(a) 0 系　　　(b) 700 系

図 3.6.24　新幹線のモータ駆動回路

コンバータや、直流を三相交流にするインバータ（図 3.6.12 や図 3.6.21 参照）に IGBT が用いられました [15)]。なおこの IGBT の回路は電力回生ブレーキにも使われます。

2020 年から東海道新幹線の N700S 系で炭化ケイ素（SiC）の MOSFET が使用されて、700 系に対して電力消費が 22%削減され、冷却機構が簡素化されて駆動システムが小型・軽量化されました [16)]。図 3.6.25 は化合物半導体パワートランジスタの断面構造で、(a) は SiC の MOSFET で [17)]、(b) は窒化ガリウム（GaN）の高電子移動度トランジスタ（HEMT（High Electron Mobility Transistor)）です [18)]。SiC や GaN の化合物半導体は、大きなバンドギャップで高電圧を印加できます。また SiC は熱伝導率が大きいため高発熱に耐え大電力を扱うことができます。GaN の電子移動度は高く、(b) のものは GaN 表面の AlGaN/GaN のヘテロ構造による「2 次元

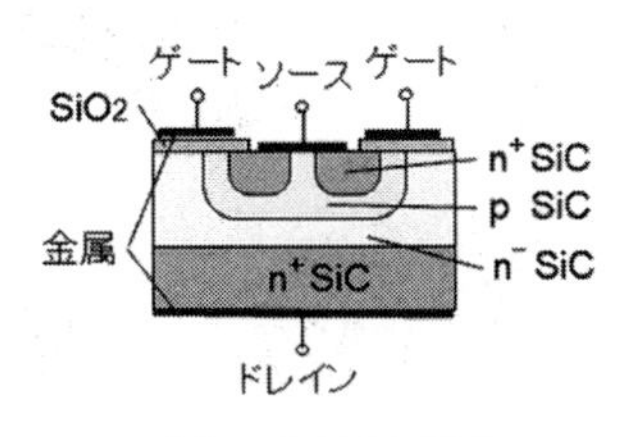

(a) SiC MOSFET

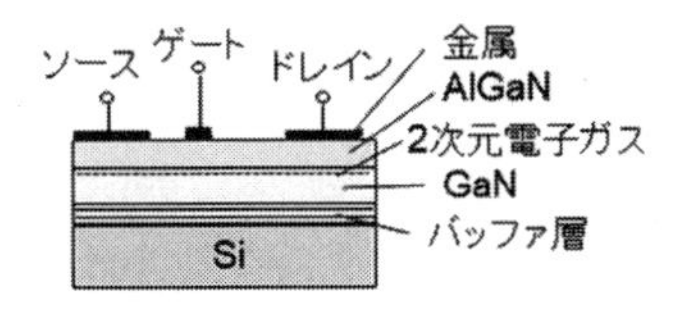

(b) GaN高電子移動度トランジスタ (HEMT)

図3.6.25　化合物半導体パワートランジスタ

電子ガス」を用いる高電子移動度トランジスタ（HEMT）のため、高周波動作に適しています。この構造は（111）面のSi基板の上にバッファ層を介してGaNを気相エピタキシャル成長させて作ります。ゲート金属によるショットキ接合でAlGaNに空乏層が生じ、これがゲート絶縁膜の働きをして2次元電子ガスに電界効果を及ぼしトランジスタとして動作します。(b)のAlGaNによるトランジスタはゲート電圧を印加しないとき導通するノーマリオン型ですが、ゲート電圧を印加すると導通するノーマリオフ型も作られています。なおAlGaAs/GaAsによるHEMTは㈱富士通研究所の三村高志によって開発され、衛星放送受信用のパラボラ・アンテナに内蔵され使われています[19)]。

環境エネルギによる発電やワイヤレス電力伝送なども用いられています。図3.6.26は胃酸による電池を用いて、体内にてワイヤレスで体温を測る飲込み体温計で、(a) はその回路と写真です[20)]。同図(b)には犬を用いた実験の結果を示しており、2個の飲込み体温計を使用した例ですが、麻酔をかけた犬に飲ませて目覚めていくときの体温の変化が計測されています。同様な胃酸電池を用いて飲み薬にIDタグを持たせ、体外から飲込んだ薬の量や種類を確認できるものが実用化されています[21)]。

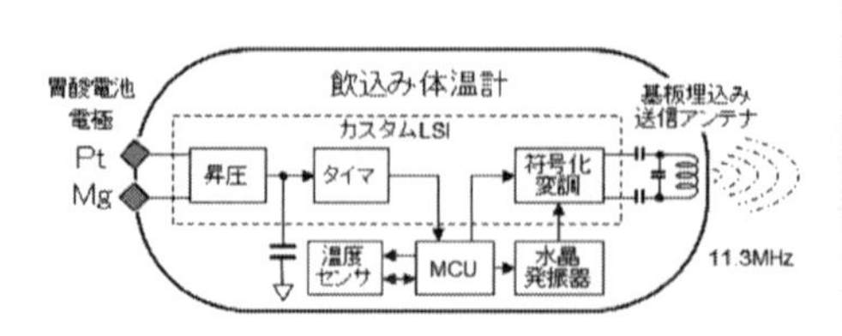

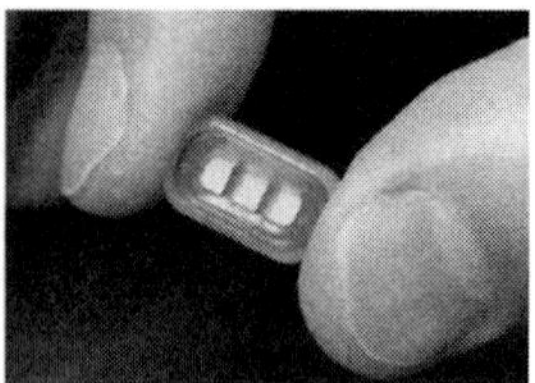

(a) 回路と写真

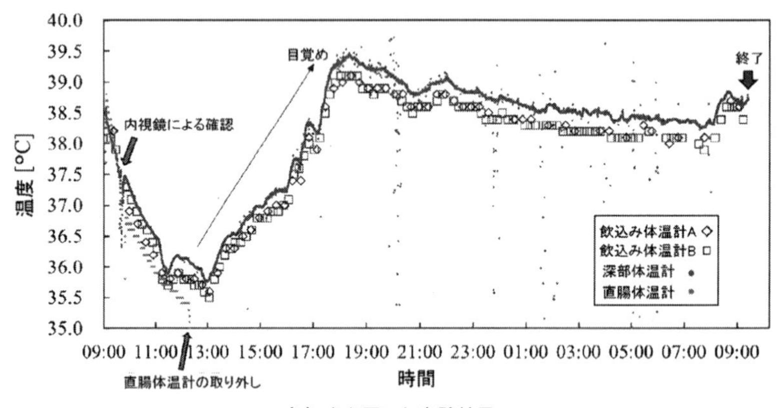

(b) 犬を用いた実験結果

図 3.6.26　飲込み体温計

参考文献

1　岡田和夫 : "電池のサイエンス", 森北出版 (1997).
2　西美緒 : "Li イオン二次電池の話", 裳華房 (1997).
3　岡村廸夫 : "電気二重層キャパシタと蓄電システム", 日刊工業新聞社 (1999).
4　漆山徳郎 : 歴史に耐え現在に生きる日本最古の水力発電所, 日本機械学会誌, 112 (1084) (2009) 158-159.
5　直川一也 : "電気の歴史", 東京電機大学出版局 (1985).
6　E. シャリーン (柴田譲治 訳) : "図説 世界史を変えた 50 の機械", 原書房 (2013).
7　大野榮一 : "パワーエレクトロニクス入門", オーム社 (2006).
8　千葉明 : SR モータの高効率化, 電気学会誌, 137, 12 (2017) 821-824.
9　柴崎一郎 : 半導体薄膜ホール素子の現状とその応用分野の展開, J. of Advanced Science, 17 (2005) 225-240.
10　日本電子機械工業会電子管史研究会 編 : "電子管の歴史", オーム社 (1987).

11 渡辺寧，西澤潤一：半導体の整流機構について（I），物性論研究，31（1950）70-84.
12 IGBT図書企画編集委員会，関康和："世界を動かすパワー半導体"，電気学会（2008）.
13 西浦彰，百田聖自：ハイブリッド車を支えるIGBT 両面冷却で電流密度を向上，日経エレクトロニクス，965（2007/11/19）103-109.
14 小野田芳光，岩城秀夫，守田啓一：各種産業への水銀整流器の応用，日立評論，別冊32号，（1959）64-73.
15 兎束哲夫，電気鉄道とパワーデバイス，SEAJ Journal, 159（2017/11）18-21.
16 上野雅之：GTOからIGBT，そしてSiCへパワーデバイスが新幹線を進化させる，日経エレクトロニクス，964（2017/10）101-108.
17 SiCパワーデバイスの基礎（Rohm社）（2023），https://pages.rohm.co.jp/rs/247-PYD-578/images/TWHB-16.pdf.
18 須田淳：ノーベル賞で注目のGaN研究の歴史を振り返る（2014/10/15），https://xtech.nikkei.com/dm/article/FEATURE/20141010/381871/.
19 T. Mimura, S. Hiyamizu, T. Fujii and K. Nunbu : A new field-effect transistor with selectively doped GaAs/n-AlxGa1-xAs heterojunctions, Jap, J. of Applied Physics, 19, 5（1980）1225-1227.
20 S. Yoshida, H. Miyaguchi and T. Nakamura : Development of ingestible thermometer with built-in coil antenna charged by gastrac acid battery and demonstration of long-term in vivo telemetry, IEEE Access, 9（2021）102368-102377.
21 H. Hafezi, T.L. Robertson, G.D. Moon, K.-Y. Au-Yeung and M.J. Zdeblick : An ingestible sensor for measuring medication adherence, IEEE Trans. on Biomed. Eng., 62, 1（2015）99-109.

3.7　記録と印刷

記録と印刷ではレコードやテープレコーダなどのアナログ記録、ハードディスクやCDプレーヤなどのディジタル記録、プリンタなどの印刷について述べます。「3.7.4おわりに」では、マイクロコンタクトプリンティングと3Dプリンタを紹介します。

図3.7.1は本稿の話題にかかわる記録と印刷の歴史です。

3.7.1　アナログ記録

音声や静止画・動画のアナログ記録について説明します。図3.7.2はフォノグラフと呼ばれる円筒式の蓄音機で、1877年にアメリカのT.エジソンによって商品化されました[1)]。左の写真のように硬蝋（ロウ）の円筒がゼンマイにより回転しますが、円筒表面には右図のように音の振動に対応した深さの溝が作られており、それを針で振動板に伝えて音を出す仕組みです。中央の写真は音を記録した円筒を入れる容器です。始めのころは円

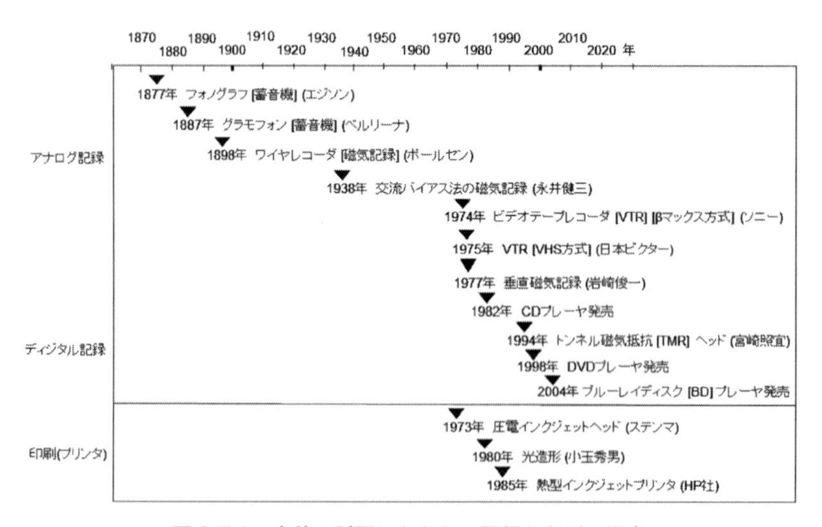

図 3.7.1　本稿の話題にかかわる記録と印刷の歴史

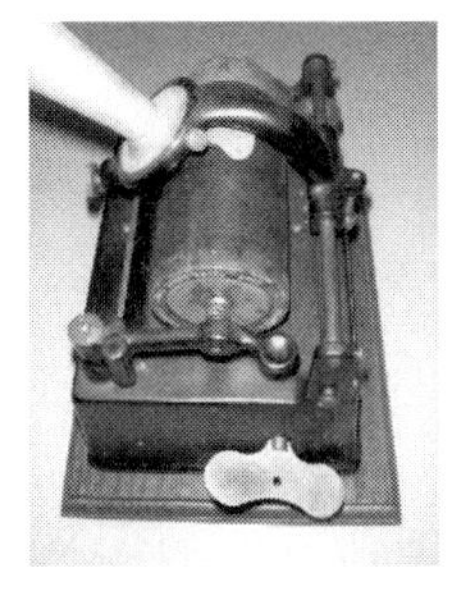

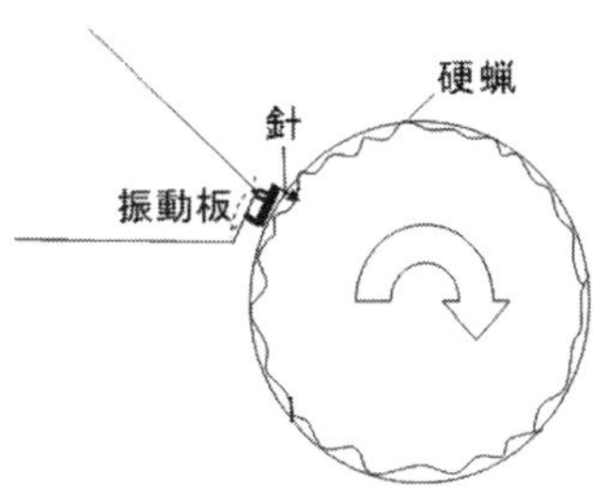

図 3.7.2　エジソンによるフォノグラフ（蓄音機）

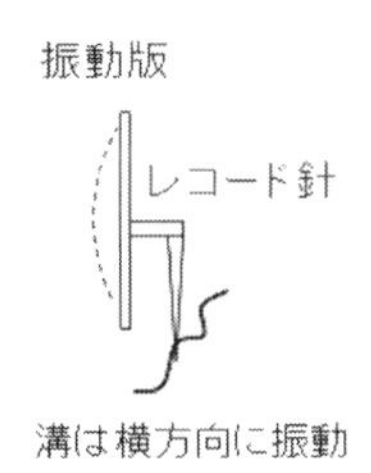

図 3.7.3　ベルリーナによるグラモフォンから発展したレコードプレーヤ

筒に錫（Sn）箔を巻き付けて記録していましたが、表面を削って記録し直すことができる硬蝋が使われるようになり、2 分間か 4 分間の記録が行われました。

アメリカの E. ベルリーナは 1887 年に、円盤式の蓄音機であるグラモフォンを発明し、これはその後レコードプレーヤ（図 3.7.3）として使われました。図中に示すように針が横振動して振動版を動かし、音を出す構造になっています。レコード盤はプレスして簡単に複製できることが大きな利点です。

1898 年にデンマークの V. ポールセンは磁気記録を行いました [2)]。これはワイヤレコーダと呼ばれ、図 3.7.4 のようにして直径 0.1mm のステンレス線を磁気コイルで磁化させて記録するものです。後に図 3.7.10(b)で説明する垂直磁気記録方式と同様に深さ方向に磁化します。マイクロホンから

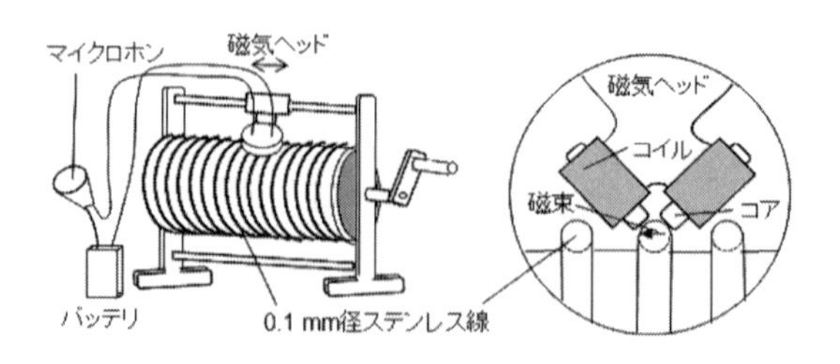

図 3.7.4　ポールセンによるワイヤレコーダ（磁気記録）

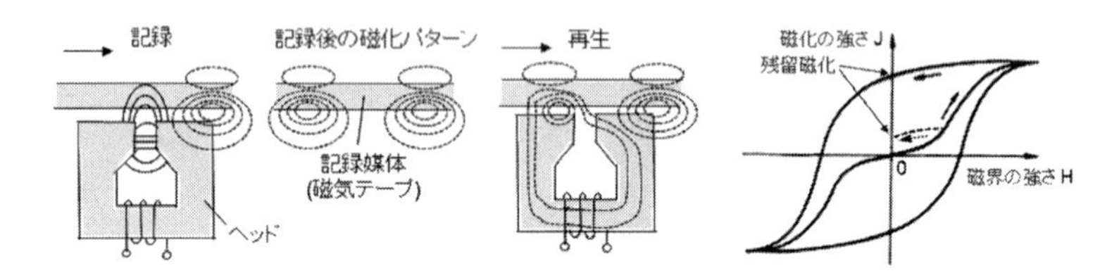

図 3.7.5　磁気記録（面内磁気記録）の原理

の音声信号に直流バイアス電圧を印加することにより歪を少なくしています。

この磁気記録はテープレコーダに発展し、図 3.7.5 のように磁気ヘッドで記録媒体（磁気テープ）を磁化させて記録することになりました [3]。記録媒体は二酸化クロム（CrO_2）などの磁性体粉末をプラスチックフィルムに塗布したものです。下の図のように、記録するときはヘッドで磁界を印加することにより記録媒体の面内方向に残留磁化ができ、また再生するときは記録媒体の上を同じヘッドが移動することで、残留磁化に対応した電圧がヘッドのコイルに誘起されます。

記録媒体の磁気特性にはヒステリシスや非直線性があり、記録や再生で信号が歪む問題があります。これに対して東北大学の永井健三は、図 3.7.6 のように記録情報に交流信号を重畳させる交流バイアス法を 1938 年に開発しました [4]。図の右のグラフで、300 Oe の交流バイアス磁界を印加した場合に信号磁界と残留磁化の関係が直線的になっていることが分かります。

図 3.7.7 (a) はこの磁気記録の実験装置で、それを発展させ東京通信工業

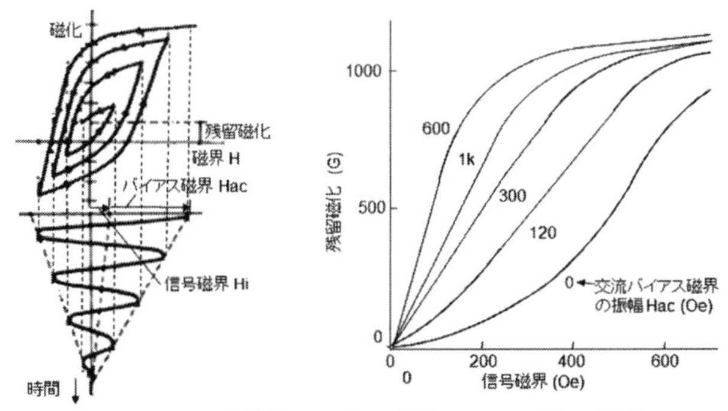

図 3.7.6　永井健三による交流バイアス法の原理

(a) 永井健三による磁気記録実験装置

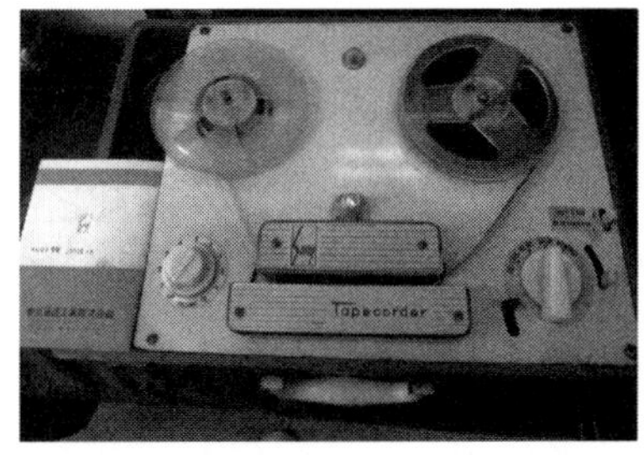

(b) 東京通信工業㈱（現在のソニー㈱）による初期の真空管式テープレコーダ

図 3.7.7　テープレコーダ

㈱（現在のソニー㈱）でテープレコーダとして1957年に実用化されました。同図（b）は初期の真空管式テープレコーダです。その後トランジスタや集積回路（IC）の利用、カセットテープなどで小形化が進みました。

ビデオテープレコーダ（VTR）は、ソニーからベータマックス方式（1974年）また日本ビクターからVHS方式（1975年）として商品化され、最終的にはVHS方式に統一されました[5)]。図3.7.8にはそのヘッドの構造と、磁気テープへ記録するときのフォーマットを示してあります。映像を記録するビデオトラックは、テレビの走査線に対応して磁気テープ（ビデオテープ）に斜めに記録します。またテープ端部の音声トラックには音声が記録されます。

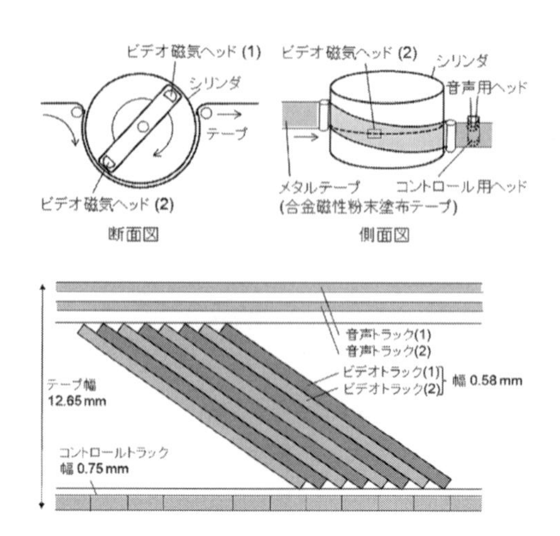

図 3.7.8 ビデオテープレコーダ（VTR）のヘッドおよびテープ記録様式

3.7.2 ディジタル記録

ディジタル記録に関して、ここでは磁気記録のハードディスク（HDD (Hard Disk Drive)）や光ディスクなどを紹介します。

図 3.7.9 の左上は 1970 年代に使われたミニコンピュータ用のハードディスクです。記憶容量は 10 Mbyte（80 Mbit）で、当時はディスクが外気に露出して回転しました。その後右上のような小形で大容量のものになり、ごみが入らないようにディスクが封止されました。図の下に示すようにディスクが回転し、その上でヘッドの付いたスライダが径方向に動きます。スライダの先には、この後で説明する記録用の薄膜磁気ヘッドと読み出し用の再生素子が付けられ、ディスクの回転による動圧でスライダが浮上し、ヘッドとディスクの間隔は 10 ～ 20 nm 程に保たれます[6)]。

図 3.7.10 は薄膜磁気ヘッドの断面構造で、飽和磁束密度の大きな Co-Ni-Fe 薄膜による軟磁性体磁気コアを用いて記録コイルで励磁します。同図 (a) は面内磁気記録に、同図 (b) は 2005 年頃から使われるようになった垂直磁気記録に、それぞれ使用されるものです[7)]。垂直磁気記録は 1977 年に東北大学の岩崎俊一によって実現されました。垂直磁気記録の場合

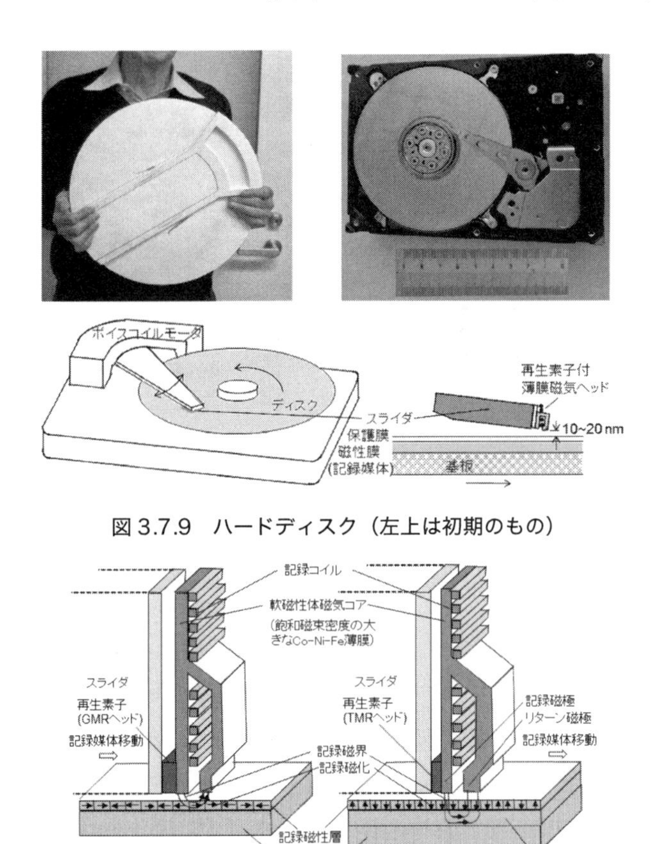

図 3.7.9　ハードディスク（左上は初期のもの）

(a) 面内磁気記録　　(b) 垂直磁気記録

図 3.7.10　薄膜磁気ヘッド（断面）

は、保持力の大きなCo-Cr系の記録磁性層の下に軟磁性体の裏打ち層があり、記録磁性層を垂直方向に磁化して記録します。隣り合うビットが異なる方向に磁化されている場合、面内磁気記録では記録磁化間での反発力による減磁界が生じるのに対し、垂直磁気記録では吸引力が働くため高密度の記録ができます。

初期には図3.7.5のテープレコーダの場合のように、コイルを用いて記

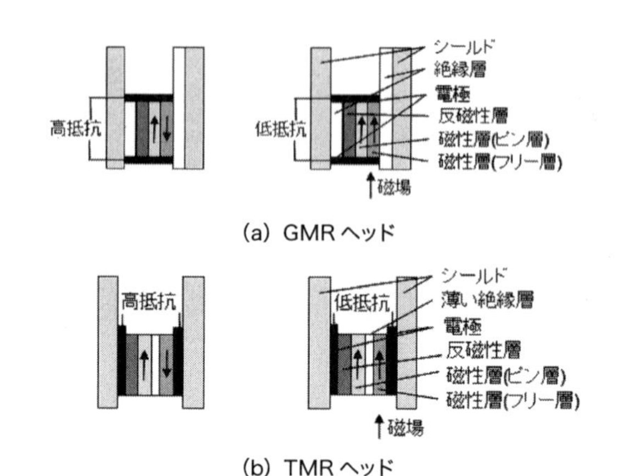

図 3.7.11　再生用の巨大磁気抵抗（GMR）ヘッドとトンネル磁気抵抗（TMR）ヘッド

録と再生を行う薄膜インダクティブヘッドが使用されました。その後は図3.7.10 に見られるように、信号読出し用の再生素子が記録ヘッドと別に使用されるようになりました。異方性磁気抵抗効果（AMR（Anisotropic Magneto-Resistance））を用いた AMR ヘッドが 1990 年代に使用されました。これは強磁性体薄膜が外部磁界の変化により、磁壁が移動して電気抵抗の変化を生じるものです。その後、図 3.7.11(a)のような巨大磁気抵抗（GMR（Giant Magneto-Resistance））ヘッドや、さらに(b)のトンネル磁気抵抗（TMR（Tunneling Magneto-Resistance））ヘッドが使用されて現在に至っています [8)]。GMR では、フリー層と呼ばれる磁性層の磁化が外部磁界で変化し、それがピン層の磁化方向に一致すると長さ方向の抵抗が小さくなります。これに対して、TMR はピン層とフリー層の間に厚さ 1nm 程の薄い絶縁膜があり、二つの層の磁化方向が一致すると、それらの間でのトンネル抵抗が小さくなるもので、1994 年に東北大学の宮崎照宜によって発明されました [8)]。

図 3.7.12 にはハードディスクの進歩の様子を、時代ごとの応用機器や使われる磁気ヘッドの変遷を含めて示してあります。ディスクは小形になり、面内磁気記録であったものが 2005 年頃から垂直磁気記録に変わって

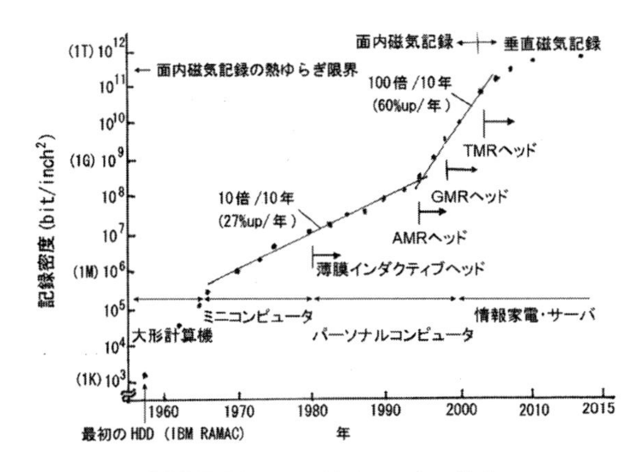

図 3.7.12　ハードディスクの進歩

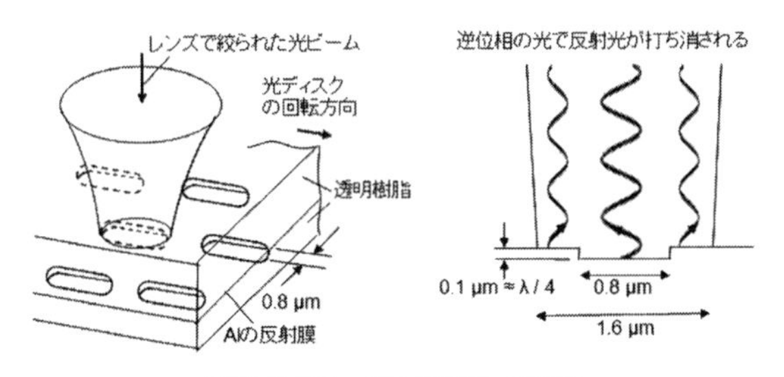

図 3.7.13　CD-ROM の原理

きました。

CD（Compact Disk）などの光ディスクについて述べます。図 3.7.13 は再生専用の CD-ROM（Read Only Memory）の原理で、段差が 1/4 波長（λ）の Al 反射膜を持つ構造です。上面での反射光に対し、段差の底で反射する光は往復で 1/2λだけ位相が遅れるため、打ち消し合って暗くなることを利用しています[9]。この他に一回だけデータを書き込むことができる追記型の CD-R（Recordable）があり、これは色素材料をレーザ光で熱分解して記録するものです。また何回も記録や消去ができる書き換え型の CD-RW（Rewritable）では、Ge-Sb-Te 系の相変化記録媒体を用い、レーザ光のパルスによる加熱で、結晶とアモルファスの状態の間で変化しま

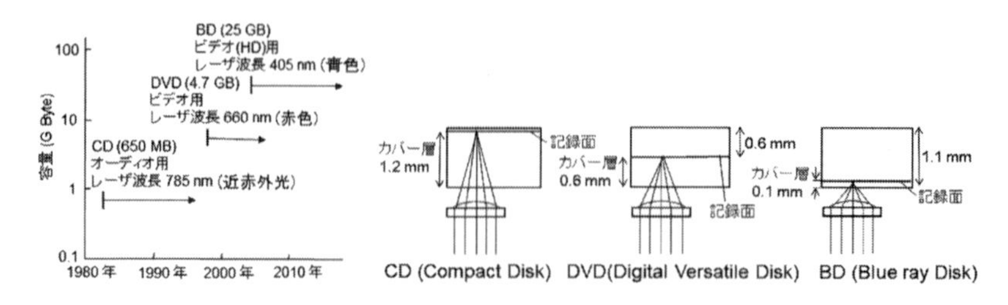

図 3.7.14　光ディスク（CD、DVD、BD）

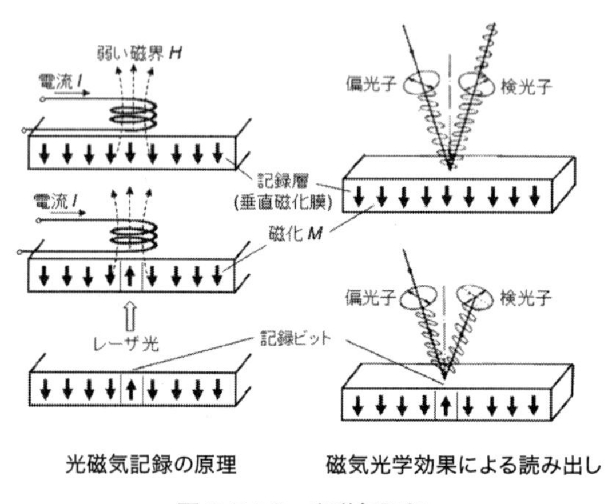

図 3.7.15　光磁気記録

す[10]。すなわち融点以上に加熱して急冷することでアモルファス状態となり光が反射します。これに対して融点以下で結晶化温度以上に保持すると、結晶化して光が反射しなくなります。

光ディスクは図 3.7.14 に示すように、CD から DVD（Digital Versatile Disk）、さらに BD（Blue ray Disk）となり[11]、これに使うレーザ光の波長は近赤外光（785 nm）から赤色（660 nm）、さらに青色（405 nm）と短波長化し、大容量化してきました。同じ装置をこれらの異なる光ディスクに使うため 3 波長互換レンズも使われています[12]。

上で述べてきた光ディスク以外にも記録用ディスクが 1980 年代前後に使われました。図 3.7.15 には光磁気（MO（Magnet Optical））記録の原理を示します[13]。同図(a)のように磁界を印加してレーザ光を照射することにより、磁化を反転させて記録します。磁化の方向は同図(b)のように、磁場により反射光の偏光状態が変化する磁気光学効果（磁気カー効果）を利用して読み出します。

この他同じ頃、機械式や、静電容量式のVHD（Video High Density）、またレーザを用いた光学式のLD（Laser Disc）などのビデオディスクも用いられました[14]。

3.7.3　印刷（プリンタ）

1960年代に、図3.7.16のようなインクジェットオシログラフが用いられました。これはノズルを振動させてインク滴を吐出しながら、それを入力信号に対応して荷電させ、静電引力で偏向して紙に信号波形を記録するものです[15]。これは「3.1 通信」の図3.1.3(c)で説明した通信用のサイフォンレコーダから進化したものです。

プリンタと呼ばれる印刷機には、インクジェットプリンタヘッドが用いられます。圧電振動板を用いてインク滴を吐出させる圧電インクジェットプリンタヘッドを図3.7.17に示します。同図(a)は連続的にはインク滴を吐出させるもので1973年にスウェーデンのE. ステンマによって発表されました[16]。これを発展させ必要に応じてインク滴を出すようにした、同図

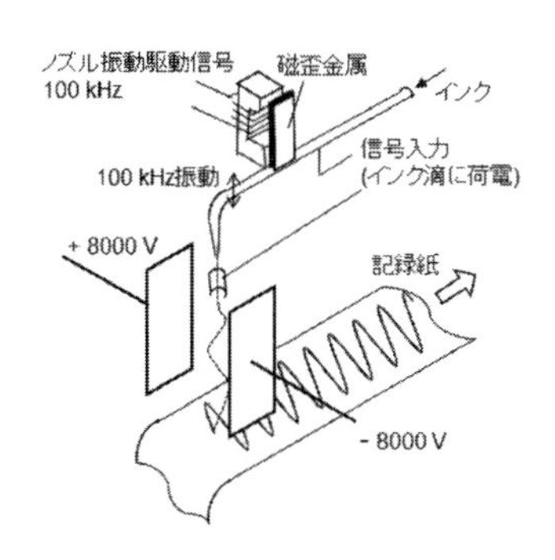

図3.7.16　インクジェットオシログラフ

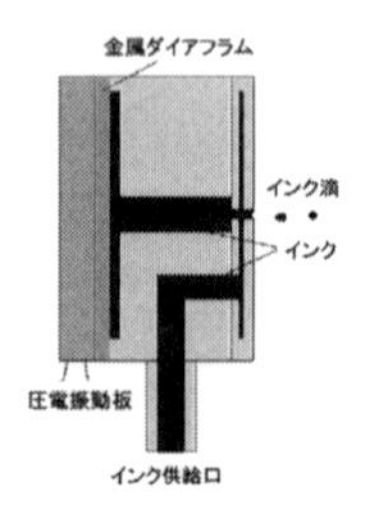

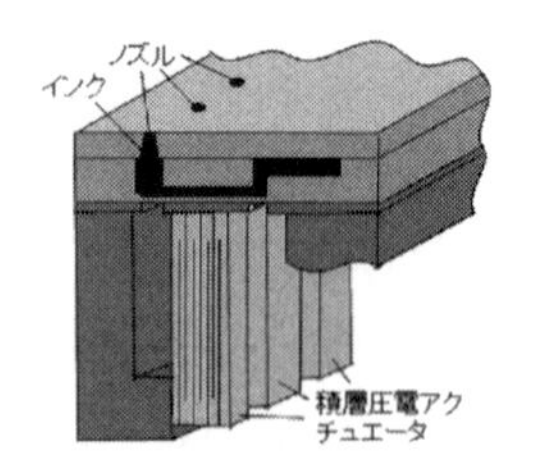

(a) ステンマによる圧電プリンタヘッド　(b) オンデマンド圧電プリンタヘッド

図 3.7.17　圧電インクジェットプリンタヘッド

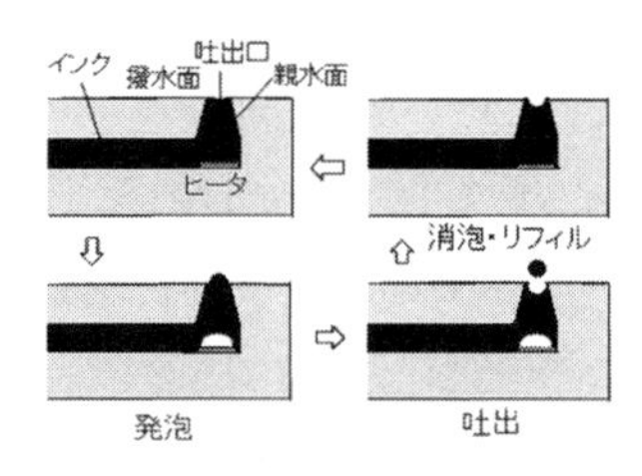

(a) ヒューレットパッカード社による熱型プリンタヘッド　(b) 動作原理

図 3.7.18　熱型インクシェットプリンタヘッド

(b)のオンデマンド圧電プリンタヘッドが用いられています[17)]。

なおこのような圧電型ヘッドを用いたインクジェットプリンタは産業用インクジェットプリンタとして、液晶ディスプレイ用カラーフィルタ、あるいは有機半導体などを形成するプリンテドエレクトロニクスと呼ばれる分野での製作にも使用されています。

1985 年頃米国のヒューレットパッカード（HP）社で、図 3.7.18(a)に示す熱型インクジェットプリンタヘッド（ThinkJet Printhead）が作られました[18)]。この初期のものはインクカートリッジとプリンタヘッドが一体化され、一緒に使い捨てになっていました。同図(b)には熱型インクジェットプリンタヘッドの動作を示してあります。マイクロヒータで水蒸気の泡を発生させてインク滴を吐出させますが、ヒータの電流を止めて消泡する時には、出口における表面張力の働きによりインクは出口から戻らずに、入口から供給されます。

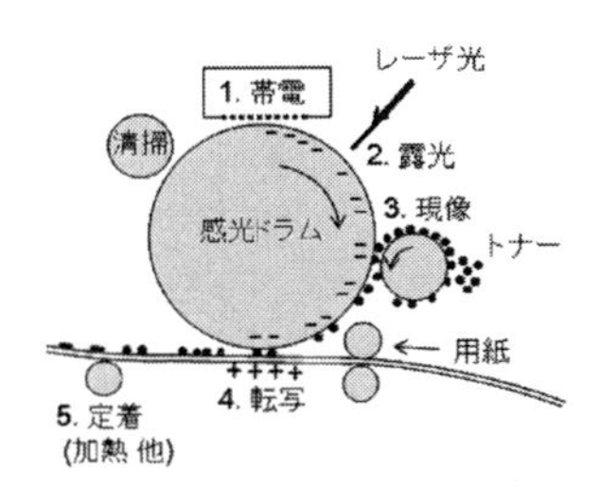

図 3.7.19　レーザプリンタの原理

図3.7.19にはレーザプリンタの原理を示してあります[19)]。感光ドラムに帯電させ(1)、レーザ光でドラムに導電性を持たせたパターンを形成します(2露光)。これによって導電性を持たない部分だけ帯電することになり、この帯電した部分にトナーを付着させ(3現像)、それを用紙に写しとります(4転写)。最後に加熱してトナーを用紙に定着させます(5)。

この他印刷機や複写機などでは、給紙カセットに積載した用紙を1枚ずつ取り出しての供給、用紙の正しい位置決め、あるいはしわの防止など、紙送り機構の工夫が行われています[20)]。

3.7.4　おわりに

関連する話題として、米国のG.M.ホワイトサイドらによるマイクロコンタクトプリンティングを図3.7.20で紹介します[21)]。フォトリソグラフィによるパターン(1) を、ポリジメチルシロキサン（PDMS）のシリコーンゴムの型に転写します(2, 3)。それをヘキサデカンチオール液に入れると、アルカンチォール分子による自己組織化単分子膜（SAM（Self Assembled Monolayer)）がその表面に形成されます(4)。この分子の端部にある硫黄（S）は金（Au）と結合します。そのため、これをシリコン(Si) 基板上などのAuと接触させると(5)、パターンの高い部分のSAM膜はAu表面に転写されます(6)。このSAM膜をマスクにしてAuをエッチングすると、ゴム印で押すようなやり方でAuのパターンを形成することができます(7)。

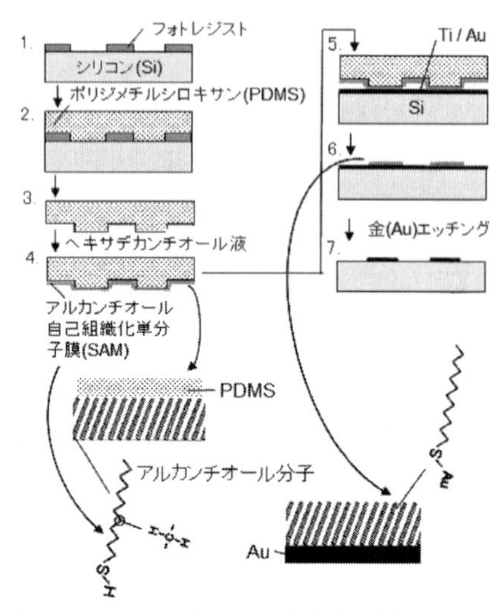

図 3.7.20　マイクロコンタクトプリンティング

図3.7.21のような3Dプリンタが、ラピッドプロトタイピングと呼ばれる試作品造りや、低コスト少量生産に用いることができます[22]。これは印刷の所で述べた産業用インクジェットプリンタと同様に、設計データをコンピュータから送ることにより直接製作できるディジタルファブリケーションと呼ばれるものですが、プレス型や鋳型などを使わないで必要な構造を作ることができます。図3.7.21(a)は光造形法（SLA（Stereolithography））で、液状の光硬化性樹脂をレーザ光で硬化させることにより必要な形状を作ることができます。この方法は名古屋市工業研究所の小玉秀男が1980年に発明しました。同様な光造形法で微細な構造を作る2光子マイクロ光造形法があります。これはレーザの光が焦点を結んだ場所でだけ2光子吸収による光重合反応が生じることを利用します[23]。これを用いると特に微細な形状を製作することができます。同図(b)は材料押出法（FD（Fused Deposition modeling））あるいは熱溶融積層法と呼ばれる方式で、熱可塑性樹脂をノズルで溶融させながら形状を作るものです。その他の方法による3Dプリンタも立体構造を作るのに利用されます。

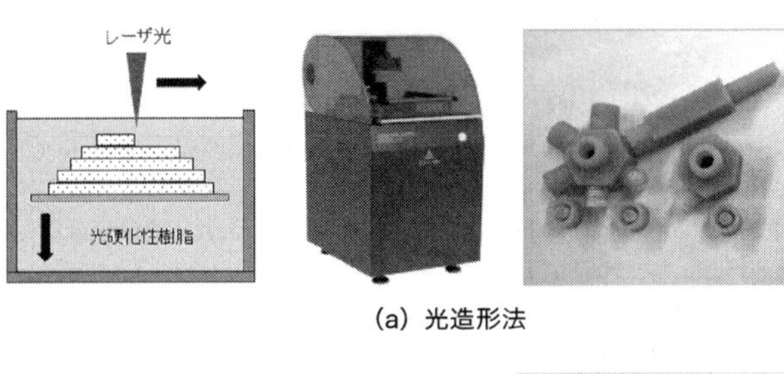

(a) 光造形法

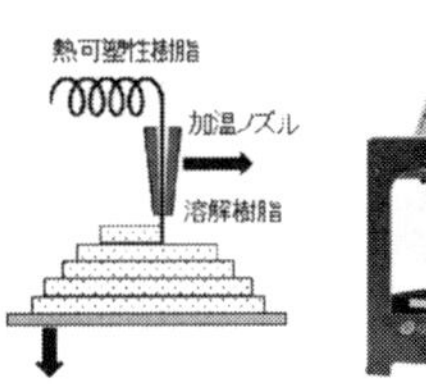

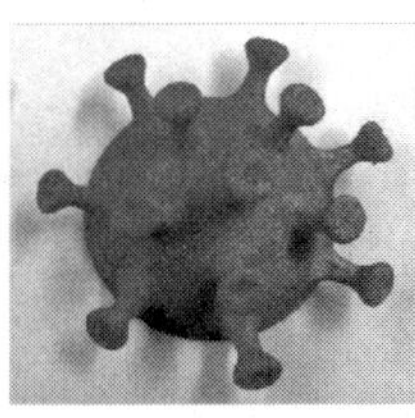

(b) 材料押出法

図 3.7.21　3D プリンタ（原理、装置、サンプル）

参考文献

1　山川正光 : “図説エジソン大百科”, オーム社（1997）.

2　蠱惑の楽器たち 34. 音楽と電気の歴史 10 ワイヤーレコーダ（2022/1/28）, https://www.soundhouse.co.jp/contents/column/index?post=2338.

3　エレクトロニクス発展の歩み調査会（編）: “エレクトロニクス発展の歩み”, 東海大学出版会（1998）.

4　阿部美春 :「テープ録音機物語」その 35 交流バイアス（4）, JAS Journal, 48, 8-9（2008）3-9.

5　直川一也 : “電気の歴史”, 東京電機大学出版局（1985）.

6　都築浩一 : 軌道に乗った垂直磁気ハードディスク, 未踏科学技術協会, 第 14 回特別講演会（2005）.

7　大内一弘 : 1T ビット /（インチ）^{2} に向けた垂直記録方式の要素技術, 日経エレクトロニクス, 788（2001/1/29）188-203.

8　宮崎照宣 : TMR 効果が次世代の HDD とメモリを生む, 日経エレクトロニクス, 711（2000/6/5）165-172.

9　服部肇 : “オプトエレクトロニクスの活用”, 大河出版（1984）.

10　菅原健太郎, 田中啓司, 後藤民弘 : 相変化 DVD －その発展と将来－, 応用物理, 73, 7（2004）910-916.

11　守屋充郎, 梶本一夫 : ディジタル家電とストレージ技術, 電子情報通信学会誌, 89, 11（2006）942-947.

12 沖野佳弘：光ディスクメモリの現状と将来，電子情報通信学会誌，89, 11 (2006) 994-999.
13 佐藤勝昭 他："光磁気ディスク材料" (1993) 工業調査会.
14 松村純孝：LD（レーザディスクシステム）の歴史 －その誕生から終了まで－，電気学会誌，137, 11 (2017) 772-775.
15 R.G. Sweet : High frequency recording with electrostatically deflected ink jets, The Review of Sci. Instruments, 36, 2 (1965) 131-136.
16 E. Stemme, S.-G. Larsson : The piezoelectric capillary injector – a new hydrodynamic method for dot pattern generation, IEEE Trans. on Electron Devices, 20, 1 (1973) 14-19.
17 米窪周二：カラーインクジェットプリンター積層ピエゾ方式ー，電子写真学会誌．34, 3 (1995) 226-228.
18 E.V. Bhaskar, J.S. Aden : Development of the thin-film structure for the think-jet printhead, Hewlett・Packard Journal, 36, 5 (1985) 27-32.
19 レーザープリンターの動作原理について（リコー），
https://www.ricoh.co.jp/pps/support/techinfo/laser_dousa1_jp.html.
20 竹平修：複写機，日本機械学会誌，108, 1044 (2005) 844-847.
21 A. Knmar, G.M. Whiteside : Features of gold having micrometer to centimeter dimensions can be formed through a combination of stamping with an elastomeric stamp and an alkanethiol "ink" followed by chemical etching, Appl. Phys. Lett., 63, 14 (1993) 2002-2004.
22 石川藍：3D プリンターとは？基礎知識とおすすめ 3D プリンターを紹介，
https://cad-kenkyujo.com/2019/05/15/3d-printer/.
23 丸尾昭二：光によるマイクロマシンの造形と操作，光学，41, 2 (2012) 84-89.

【お詫びと訂正】
本書271ページの「図3.8.1　本稿の話題に関わる撮像と表示の歴史」の図に誤りがございました。正しくは、以下の図版となります。
訂正してお詫び申し上げます。

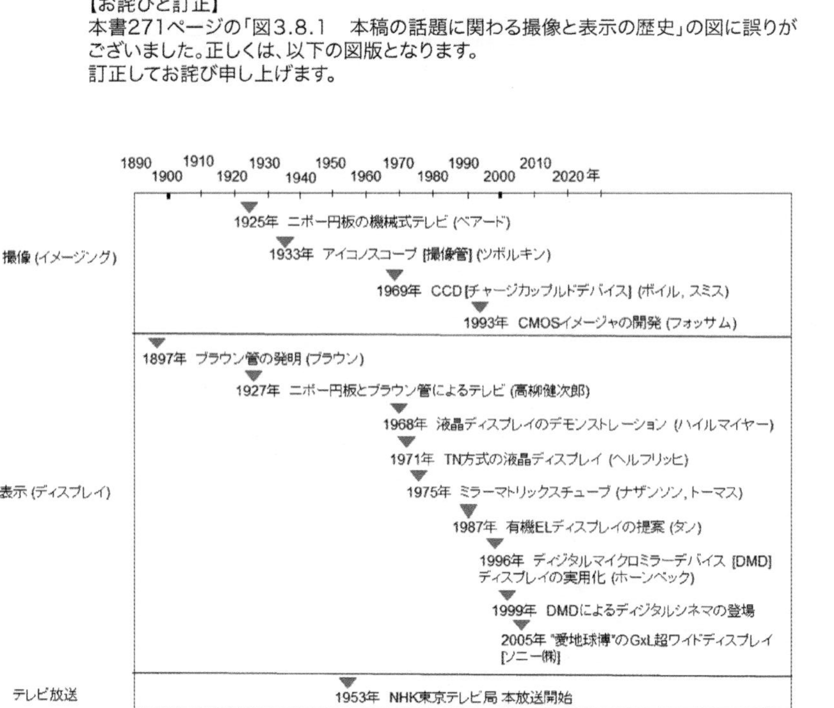

図3.8.1　本稿の話題に関わる撮像と表示の歴史

3.8　撮像と表示

撮像（イメージング）と表示（ディスプレイ）の近代技術史について述べます。撮像では各種イメージャ、今後の自動運転に関係する距離画像センサなどを説明します。表示ではブラウン管および液晶や有機 EL などによるテレビ、またフィルム映画を置き換えたディジタル映写機や眼鏡型のヘッドマウントディスプレイなどを取り上げます。「3.8.3 おわりに」では 2005 年の“愛地球博”で公開された超ワイド（2005 インチ）ディスプレイなど、実用になっていなくても興味深いテーマを紹介します。図 3.8.1 は本稿に関係する撮像と表示の歴史です。

3.8.1　撮像（イメージング）

図 3.8.2 はニポー円板を用いた機械式テレビの原理で、スコットランドの J.L. ベアードが 1925 年に発明しました[1)]。送信したいものに光を照射してその像を結ばせ、円板に小さな穴を渦巻き状にあけたニポー円板を 1 回

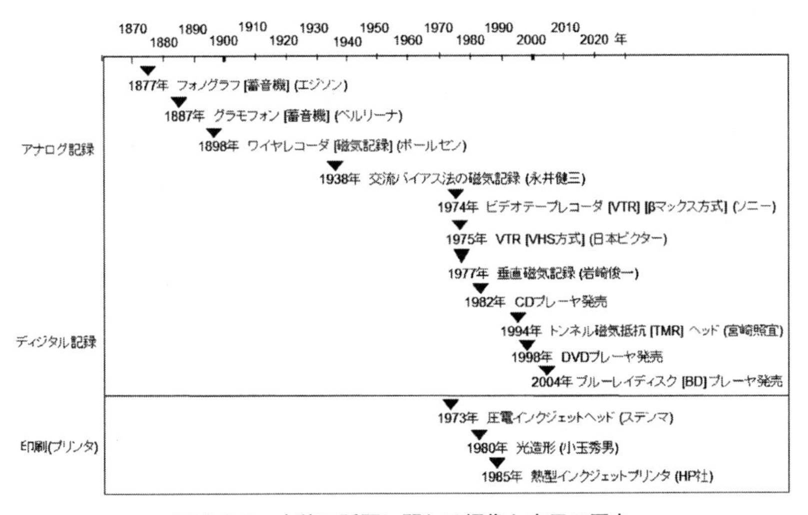

図 3.8.1　本稿の話題に関わる撮像と表示の歴史

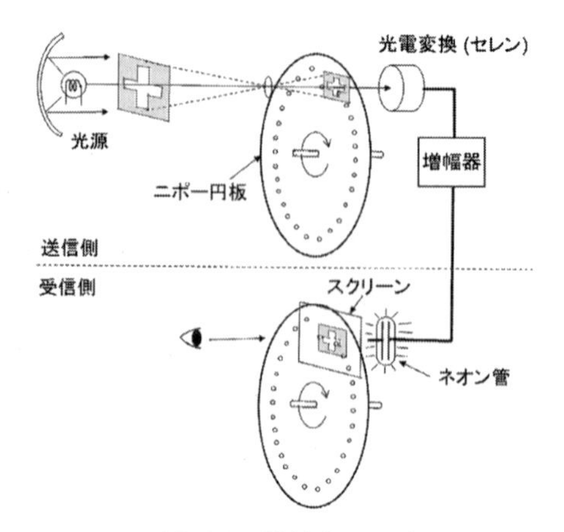

図 3.8.2　機械式テレビ

転させて穴が像の前を通過すると、穴の数（30 個）の本数だけ光を走査します。光で電気が流れるセレン（Se）で電気信号に変換し、増幅して送信します。受信側はこの信号でネオン管を光らせ、送信側と同期して回転するニポー円板を通してスクリーン上で光を走査させることにより、像を見ることができます。

図 3.8.3 で撮像管について説明します。1933 年に米国の V.Z. ツボルキンは同図(a)に示すアイコノスコープを実現しました[2)]。セシウム（Cs）膜で覆われた数 μm の銀（Ag）粒子を雲母板に並べた光電変換面は、光が照射されると Ag が電子を放出して正に帯電します。この上で負の電子線を走査すると、この帯電を中和する電流が生じ、映像信号を得ることができます。高柳健次郎は同図(b)のような撮像管を開発しましたが、この場合は半透明金属膜上にセレン（Se）薄膜を持つ光電変換面を電子線で走査します[3)]。この他ビジコンなどの各種撮像管が用いられました。同図(c) は超高感度撮像管の例です。

1969 年に米国の W.S. ボイルと G.E. スミスは、図 3.8.4 に示す固体撮像素子としての CCD（Charge Coupled Device）イメージャを発明しました[4)]。これは同図(a)のように、光でフォトダイオードに生じた電荷を転

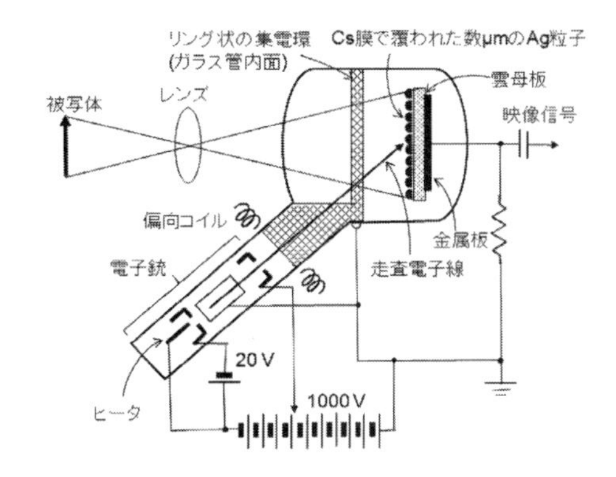

(a) アイコノスコープ

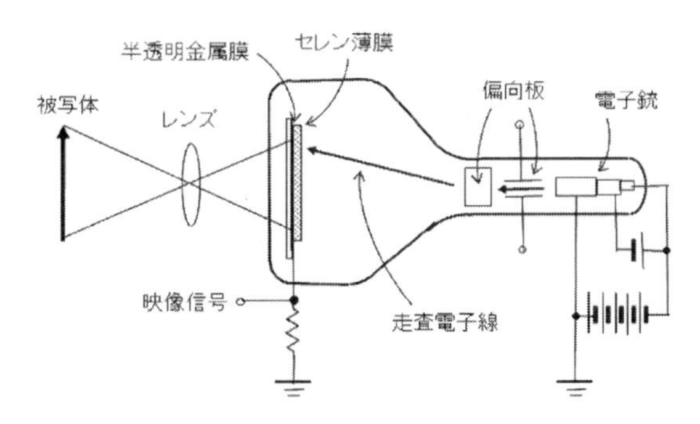

(b) 高柳健次郎による撮像管

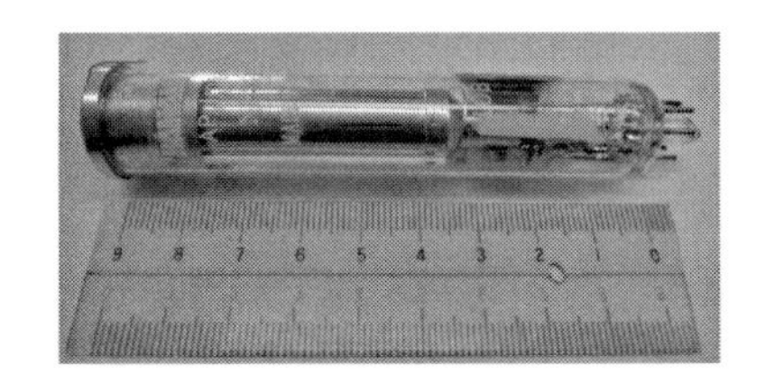

(c) 超高感度撮像管

図3.8.3　撮像管

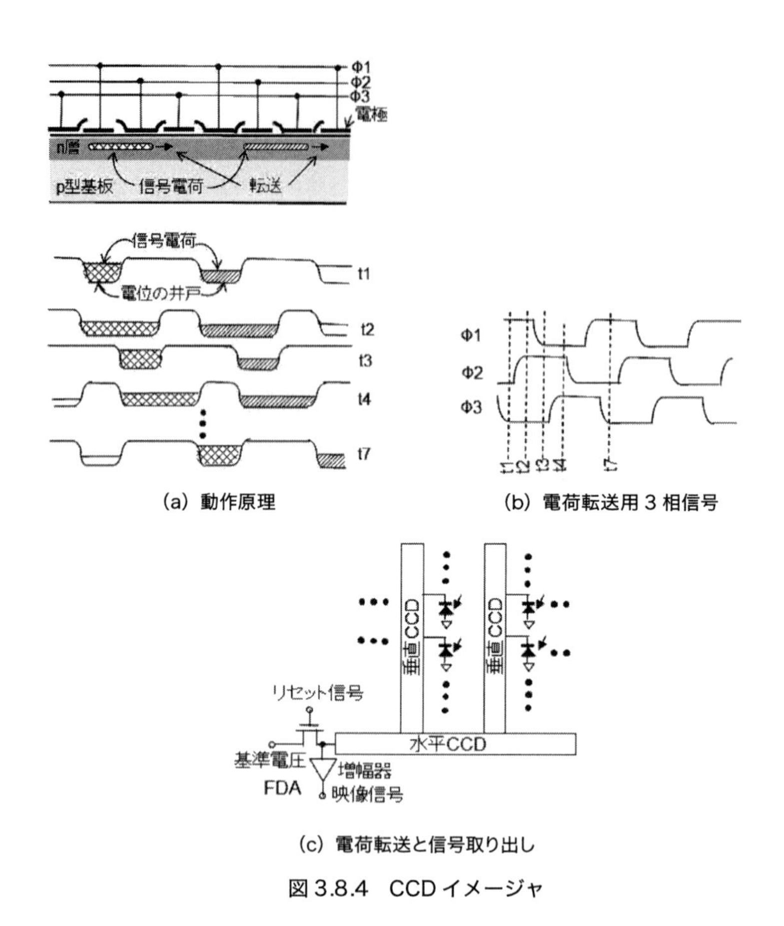

(a) 動作原理　　(b) 電荷転送用3相信号

(c) 電荷転送と信号取り出し

図 3.8.4　CCD イメージャ

送するもので、この例では同図(b)に示すΦ1、Φ2、Φ3の3相信号を転送に用いています。同図(c)のような方式で垂直方向と水平方向に電荷を転送し、信号を取り出す部分には基準電圧にリセットしてから、転送されてくる電荷の信号を増幅する FDA（Floating Diffusion Amplifier）が使用されました[4]。

現在広く使われている CMOS イメージャの回路を図 3.8.5 に示してあります[4]。右上のような画素回路が2次元的に配列されており、行や列を選択して読み出すことができます。この画素回路はフォトダイオード（PD）

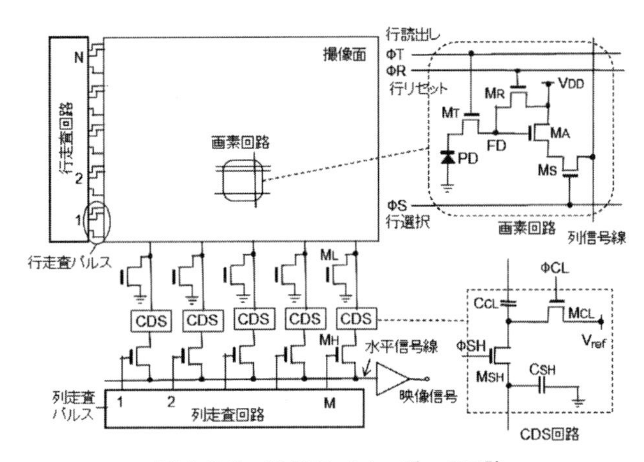

図 3.8.5　CMOS イメージャの回路

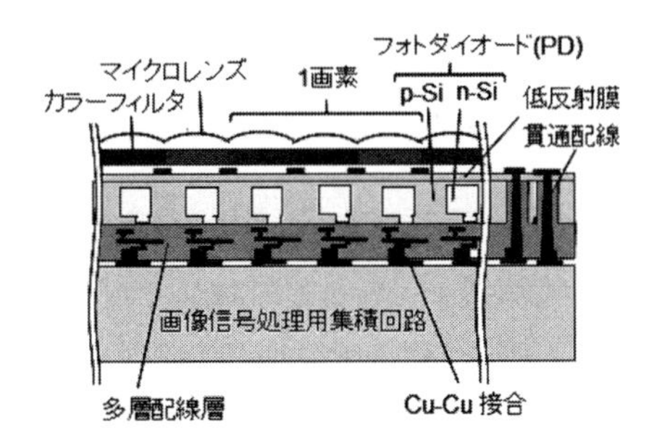

図 3.8.6　裏面照射 CMOS イメージャの断面構造

と4個のMOSトランジスタで構成され、行リセット（ΦR）でMRを導通させてMAのゲートをVDDにしておき（上で述べたFDAの原理）、行読出し（ΦT）でMTを導通させてPDの光電流によるFD部の電圧変化を検出します。行選択（ΦS）によりMSを導通させてこの信号を列信号線に取り出します。

列信号線の電圧はCDS（Correlated Double Sampling）回路を通して取り出しますが、CDSはMOSトランジスタの閾値電圧のばらつきによる固定パターンノイズを無くすために必要です。MHで1つの列信号を選択して映像信号を得ます。

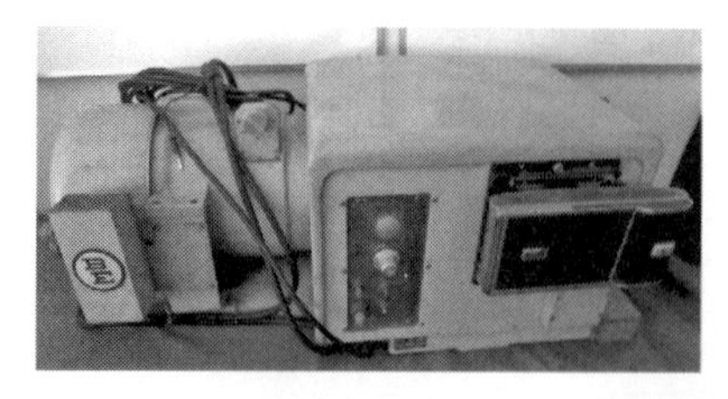
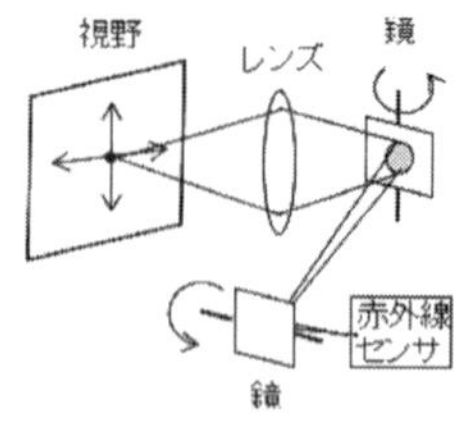

図 3.8.7　スキャン方式赤外線撮像装置

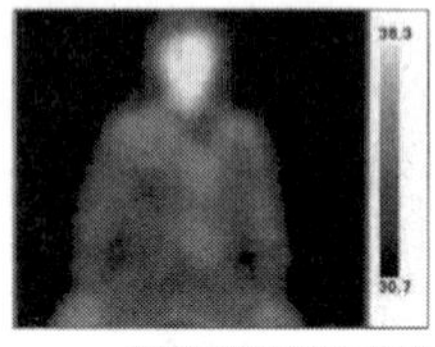

図 3.8.8　48 × 47 のサーモパイルアレイによる熱型赤外線イメージャ

図3.8.6は裏面照射CMOSイメージャの断面構造です。入る光が多層配線層で遮られるのを避けるため、Siウェハを薄くして裏面からマイクロレンズやカラーフィルタを通してフォトダイオード（PD）に光が照射されるようにしてあります。多層配線層の銅（Cu）が「3.4 集積回路」の図3.4.15で説明したハイブリッドボンディングによるCu-Cu接合で、画像信号処理用集積回路の配線層と高密度に接続され、高度な画像信号処理などを可能にしています[5)]。このようなCMOSイメージャはスマートホンなどに使われています。

次に赤外線撮像装置（イメージャ）について述べます。図3.8.7は以前に用いられた米国のバーンズ社によるスキャン方式赤外線撮像装置で、単画素を「3.9 センサ」の3.9.4節で説明するような赤外線センサで検出し、それをスキャンすることで2次元画像を得ます。

現在では赤外線センサをアレイ状に配列した赤外線イメージャが用いられており、図3.8.8は熱電対型赤外線センサを48 × 47画素配列させたサーモパイルアレイによるものです[6)]。8 × 8のものは電子レンジでの温度分布計測などに（図3.9.15参照）、また高密度な320 × 240のものは自動車用

(a) 2軸光スキャナ

(b) 距離画像センサの原理

(c) 距離画像センサの写真

(d) 応用例（山手線恵比寿駅のプラットフォームドア）

図 3.8.9　2軸光スキャナを用いた距離画像センサ

のナイトビジョンなどに使用されます。

今後の自動運転による自動車には、LiDAR（Light Detection And Ranging）と呼ばれる距離画像センサが必要とされています。図3.8.9はその先駆けとなったもので、2軸光スキャナ[7]とそれを用いた距離画像センサ[8]です。光は1nSで約30cm進むので、対象物で反射して戻るまでの時間を測って距離を知ることができます。光を2次元的に走査するには、同図(a)のような2軸に動く電磁駆動の光スキャナを使用します。同図(b)（c）は距離画像センサの原理と写真です[8]（本の始めにカラー図）。(b)では色が距離に対応しています。日本信号㈱で作られて同図(d)のような山手線のプラットフォームドアなどに使われ、電車に飛び乗る人を検知し事故を防いでいます。

3.8.2　表示（ディスプレイ）

1927年に高柳健次郎は、図3.8.2で説明したニポー円板で撮像し、図

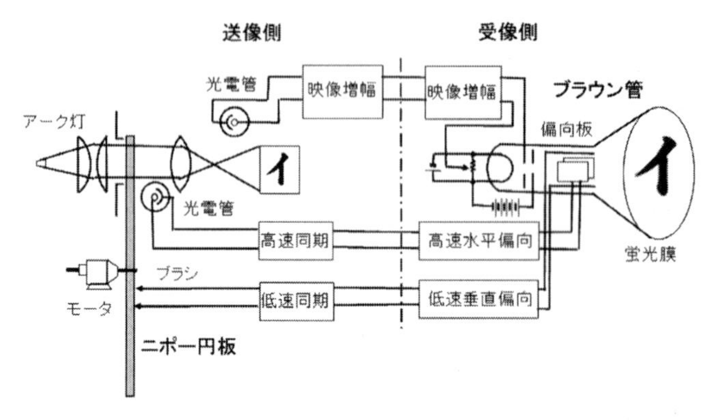

図 3.8.10　ニポー円板とブラウン管によるテレビ

3.8.10 に示すようにブラウン管によるテレビで「イ」の字を表示させました[9]。ブラウン管は陰極からの電子線を加速し、偏向板で走査して蛍光膜を光らせるもので、白黒テレビからカラーテレビになると、3 本の電子線で赤・緑・青（RGB）の 3 色を表示させるように変わりました。

テレビジョン放送は 1953 年に NHK 東京テレビ局で開始されました。

1968 年に米国 RCA 社の G.H. ハイルマイヤーは、動的光散乱モード（DSM（Dynamic Scattering Mode））による液晶ディスプレイ（LCD（Liquid Crystal Display））を発表しました[10]。DSM では液晶中で電流の乱流により生じる光散乱で、白く見えるのを利用します。1973 年 5 月にシャープ㈱はこの DSM による数字表示素子を用いたポケット電卓（EL-805）をはじめて商品化しました[10]。これは単三電池 1 本で 100 時間使用できました。その後表示には平面型（フラットパネル）液晶ディスプレイが現在まで使われています。図 3.8.11 は液晶ディスプレイの原理で、1971 年に W. ヘルフリッヒが考案した TN（Twisted Nematic）方式と呼ばれるものです[10]。長さ 3nm、幅 0.5nm 程で長軸方向の誘電率が短軸方向よりも大きな液晶分子は、長軸が電界方向に配向します。ガラス板で挟んだ液中でこの液晶分子を使用しますが、ガラス表面には酸化インジウムスズ（ITO（Indium Tin Oxide））の透明電極とその上にポリイミド膜が形成さ

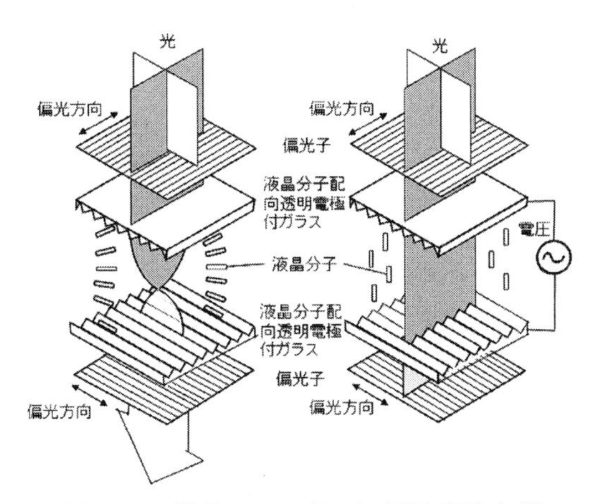

図 3.8.11　液晶ディスプレイの原理（TN 方式）

れていて、ラビングと呼ばれる布でこする方法を用いて溝を作ると、その方向に液晶分子は配向します。同図の左のように上下のガラスのラビングの向きを直角にしておくと、液晶分子がねじれて並ぶことになります。これにより上の偏光子を透過した光は偏光の向きが 90 度回転します。下にある偏光子を上の偏光子に対して 90 度向きを変えておくと光は透過することになり白が表示されます。これに対して図の右のようにガラス上の透明電極間に電圧を印加すると液晶分子は立った状態になり、光は回転しなくなり遮断されて黒になります。

1人で使用するノートパソコンなどと違い、家庭用テレビのように複数の人が見る場合には正面以外からでも見える（視野角が広い）ことが要求され、TN 方式に改良が加えられました。このため電圧を印加しないときは光が通らないで、電圧を印加すると液晶分子が基板と平行になり光を通す、IPS（In-Plane Switching）方式や VA（Vertical Alignment）方式を使い、視野角が広くなると同時に黒がきれいに表示されるようにしました。

このため図 3.8.12 に示すような、各画素を薄膜トランジスタ（TFT（Thin-Film Transistor））で制御する、アクティブマトリックス駆動液晶ディスプレイが用いられています[10]。TFT には「3.3 電子デバイス」の図

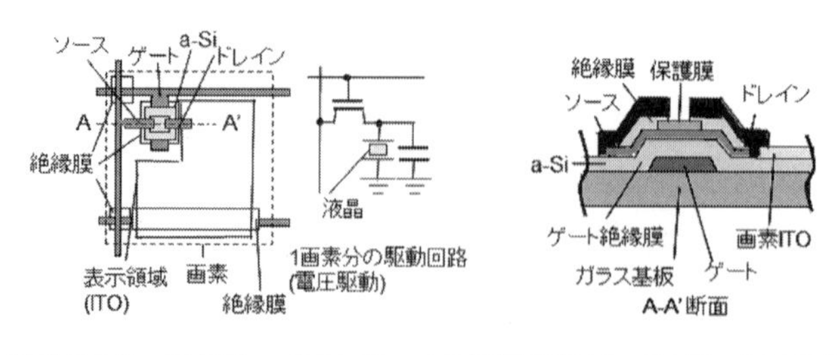

図 3.8.12　アクティブマトリックス駆動液晶ディスプレイの画素

3.3.18 で説明した水素化アモルファスシリコン（a-Si）が用いられており、選択された画素の液晶は電圧で駆動されて画面を走査する間は必要な電圧が維持されるようになっています。「3.3 半導体電子デバイス」で説明した絶縁ゲート電界効果トランジスタ（IGFET）の場合にはゲート電圧で誘起される反転層に電流が流れますが、この TFT ではゲート電圧により a-Si 薄膜の抵抗が変わります。なおこの a-Si TFT 以外に、ガラス上の a-Si をレーザで結晶化した低温ポリ Si TFT（マイクロクリスタル（μc）-Si TFT）や、細野秀雄が 2004 年に発表したアモルファス In-Ga-Zn-O（IGZO）薄膜などを用いた酸化物 TFT、あるいは低分子や高分子の有機材料を用いた有機 TFT も開発され、使われています。

多くの液晶ディスプレイでは RGB のカラーフィルタと、バックライト（裏面からの照明）が用いられています。これに対して次に説明する有機 EL ディスプレイや、以前使われたプラズマディスプレイ（PDP（Plasma Display Panel））、今後使われようとしている 3 色の小さな半導体 LED を配列したミニ（マイクロ）LED ディスプレイなどは、自発光と呼ばれる方式です。この他、後で述べる電子ペーパーや一部の液晶ディスプレイのような、外光反射の方式もあります。

1987 年に米国の C.W. タンが有機 EL（Electroluminescent）ディスプレイを発明しました[11]。図 3.8.13 の左は同氏が提案した材料を用いた構造で、中央に示すような Alq3（8-hydroxyquinoline aluminum）分子が電子輸送層に、また芳香族ジアミン分子がホール輸送層に用いられ、「3.5 機能部品」

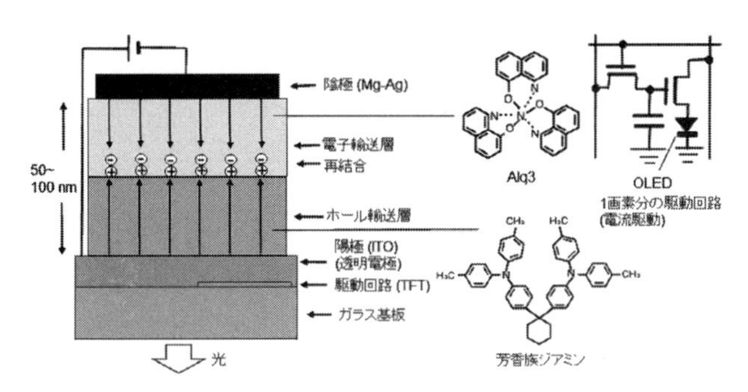

図 3.8.13　有機 EL ディスプレイの原理

の図 3.5.3 で説明した半導体の発光ダイオード（LED）と同様に順方向電流で電子とホールが再結合して発光します。これはOLED（Organic Light Emitting Diode）とも呼ばれています。有機発光材料には、蒸着で形成する低分子のもの、あるいは塗布による高分子のものが使用されます[12)]。液晶の場合と異なり、材料で決まるそれぞれの色で自発光させてカラー表示を行うことができます。図 3.8.13 の右上には a-Si などによる TFT を用いて電流駆動するアクティブマトリックス駆動回路（1 画素分）を示します。有機 EL ディスプレイでは、円偏光フィルタを用いて周囲からの光が表面で反射しないようにし、また湿度で劣化しやすい材料を用いるため水分の侵入を阻止する工夫がされています。

1980 年頃に発見された半導体量子ドットは離散的な電子状態を有し、励起光で発光させることができます。このため青色 LED の光（波長は約 450nm）を使用して、直径 1.5nm の量子ドットで緑色（530nm）に、直径 3.0nm の量子ドットで赤色（630nm）に変換してそれぞれの色のバックライトとして用い、液晶でオン / オフすればカラーフィルタ無しにカラー表示させることができます。半導体量子ドットはミニ（マイクロ）LED ディスプレイなどにも有効です。この量子ドットにはカドミウム（Cd）系の化合物が使われましたが、Cd は汚染物質なので「カドミウムフリー量子ドット」も現れ使われるようになりました。

平面型ディスプレイは、小さなものではスマートウォッチやスマートホ

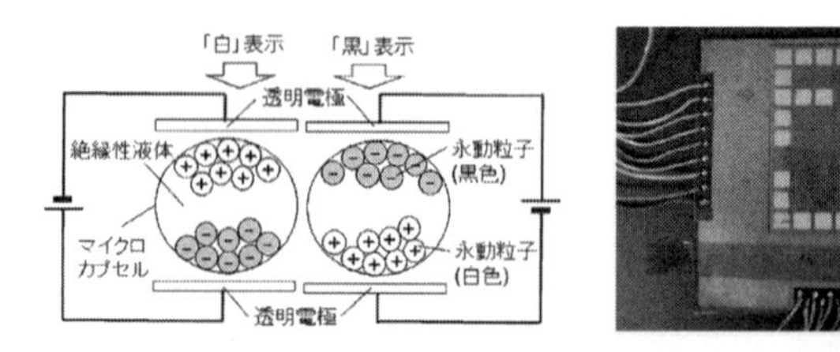

図 3.8.14　マイクロカプセル型電気泳動ディスプレイ（電子ペーパー）

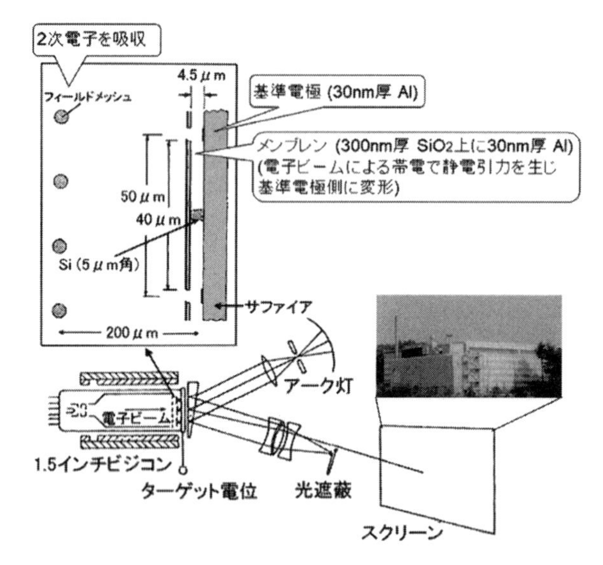

図 3.8.15　ミラーマトリックスチューブ (写真はハメ込み)

ンから、建物壁面などの大形ディスプレイまで、また曲げられるフレキシブルディスプレイなど多様な形で使われます。

画像の保持に電力が不要で電源を切っても表示し続ける、電子ペーパーを紹介します[13]。図3.8.14の例はマイクロカプセル型電気泳動ディスプレイと呼ばれ、直径40μm程の透明なマイクロカプセルの中で、負と正に帯電した黒色と白色の泳動粒子が透明な絶縁性液体（油）に分散しています[13) 14]。透明電極に印加した電圧により粒子が動き、外部からの光を反射させて表示します。紙と違って書き換えができ、電子書籍リーダや電子看板（ディジタル・サイネージ）などに利用されています。

次は投影型のビデオプロジェクタについて述べます。1975年に図3.8.15のミラーマトリックスチューブが、米国のH.C.ナザンソンとR.N.トーマスらによって発表されました[15)]。これは中心で支えられたメンブレンが、電子線で帯電したときに静電引力で曲がり、光の反射が変化することを利用するもので、それを2次元的に配列させた構造に光を反射させて画像を投影します。

投影型ビデオプロジェクタには、図3.8.12で説明したTFTを用いた透過型の液晶パネル、あるいは高密度集積回路（LSI）上で液晶を制御するLCOS（Liquid Crystal On Silicon）と呼ばれ反射型の液晶パネルを用いたものがあります。

LSI上に多数の小さな可動鏡を並べたDMD（Digital Micromirror Device）と呼ばれるミラーアレイについて、「1. MEMSとその研究開発」の図1.1.7で紹介しました[16)]。CMOS LSI上に17μm角の鏡が100万個ほど形成されており、回路がそれぞれの鏡を高速に動かすもので、鏡はヒンジと呼ばれるねじりばねで支えられており、静電引力で傾かせます。鏡が数μsで高速に応答するので、1画面の表示中に鏡をON/OFFさせて、時分割で輝度を表現するDLP（Digital Light Processing）方式が使われています。図3.8.16は、それを用いたビデオプロジェクタです[16)]。同図(a)にその原理を示しますが、このDLP用チップにカラーフィルタを回転させて

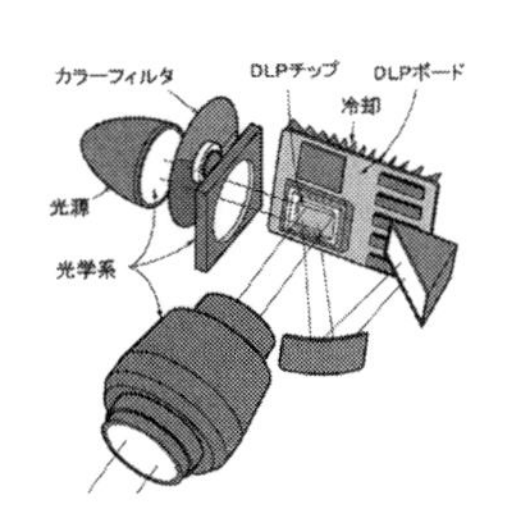

(a) DMDプロジェクタの原理

(b) 初期のプロジェクタ

(c) 映画館用ディジタル映写機

図3.8.16　DMDによるミラーアレイを用いたビデオプロジェクタ

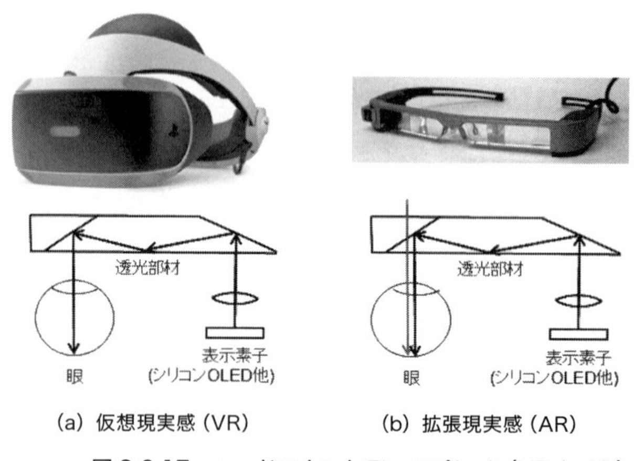

(a) 仮想現実感 (VR)　　(b) 拡張現実感 (AR)

図 3.8.17　ヘッドマウントディスプレイ (VR と AR)

赤緑青の光を反射させ、その色に対応した画像を順次投影します。同図(b)はこれを用いた初期（1995 年頃）のプロジェクタの写真です。大型のビデオプロジェクタでは、3 個の DMD をそれぞれ赤緑青の表示に使用します。このディジタル映写機（1920 × 1080 画素）は、1999 年に"Star Wars : Episode 1"（G. ルーカス監督）をニューヨークとロサンゼルスで初上映するのに使われました。それ以来、ディジタル映写機はフィルム映画に取って代わり、90％以上の映画館で使われています。同図(c)は DMD を使用した映画館用ディジタル映写機の写真です。

眼鏡型のヘッドマウントディスプレイ（HMD）の構造を図 3.8.17 に示してあります[17]。これは表示素子（この例では LSI 上の OLED（図 3.8.13 参照）を制御するシリコン OLED）の画像を目の網膜に投影するものです。図のように仮想現実感（VR（Virtual Reality））と拡張現実感（AR（Augmented Reality））があり、VR と AR の違いを同図に示してあります。VR はコンピュータで作られた立体映像などを左右の目に認識させるもので、ゲームや医療技術の研修などに用いられるものです。この VR では現実の世界を排除して仮想の世界に入り込むために外界から目を覆い、頭を動かすとその動きをセンサで検出してそれに合わせて画像が変化します。

また左右のヘッドホンに音量差や時間差のある音声を同時に流すことも行われます。

これに対しARでは透明な眼鏡に画像を重畳させることで、伝えたい情報やシミュレーション情報などを、現実の見える世界と同時に見せます。具体的には修理手順のマニュアルを重ねて見ながら作業したり、シミュレーションによる仮想の構造物を実際の環境でどのように見えるかを確認したりするのに利用されます。

立体映像（立体テレビ）に関しては、左右の眼の画像を切り替えて見せる眼鏡方式や、ホログラフィなどの裸眼方式があります。

この他自動車のフロントガラスで反射させて、必要な情報を前方の視界に重ねて表示するウィンドシールドディスプレイ（ヘッドアップディスプレイ）、あるいは建物などに情報を投影するプロジェクションマッピングなど多彩な形で画像の表示が行われています。また透けて見えて同時に表示もできる透明ディスプレイを、有機ELやマイクロLEDなどで実現することもできます。

3.8.3　おわりに

米国のD.M. ブルームが1994年に発表したGLV（Grating Light Valve）の原理を図3.6.18(a)に示します[18)]。これでは波長λの光を照射したとき、回折格子の表面と基板表面の高さの差がλ/2からλ/4に変化すると、往復でλ/2となって上面で反射した光と打ち消し合うため、正面反射光から回折光に変わります。電圧を印加して静電引力で回折格子を動かすことで、0.1μs程の速さで光をON/OFFし画像を表示することができます。GLVを改良したソニーのGxL（ジー・バイ・エル）を用いたレーザディスプレイのシステムを同図(b)に示しますが、これは2005年の「愛・地球博」において「レーザードリームシアター」で用いられました[19) 20)]。GxLを直線状に並べた垂直の1列分を赤(R)、緑(G)、青(B)のレーザ光で映し出し、水平は電磁力によるガルバノミラーで走査することで、水平1020画素、垂直1080画素で表示させました。このシステムを3台並べて配置し

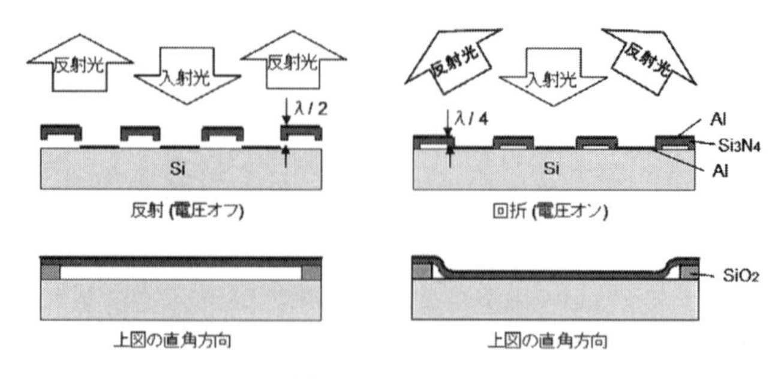

(a) GLV の原理

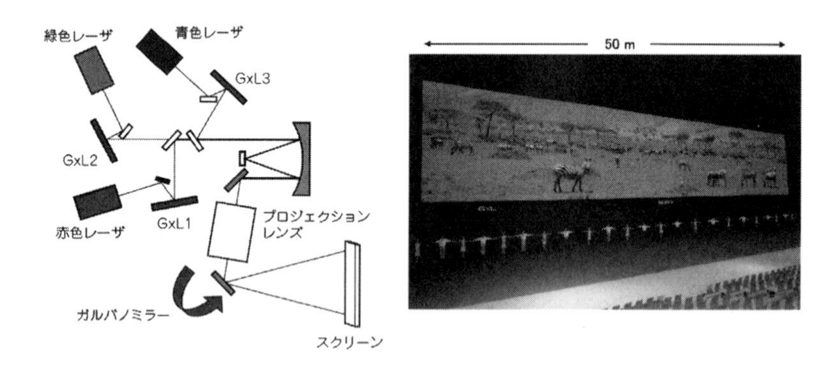

(b) GxL (ジー・バイ・エル) ビデオプロジェクタの構成と、それによる 2005 インチ (高さ 10 m、幅 50 m) ディスプレイ[20]

図 3.8.18　GLV の原理と GxL ビデオプロジェクタ

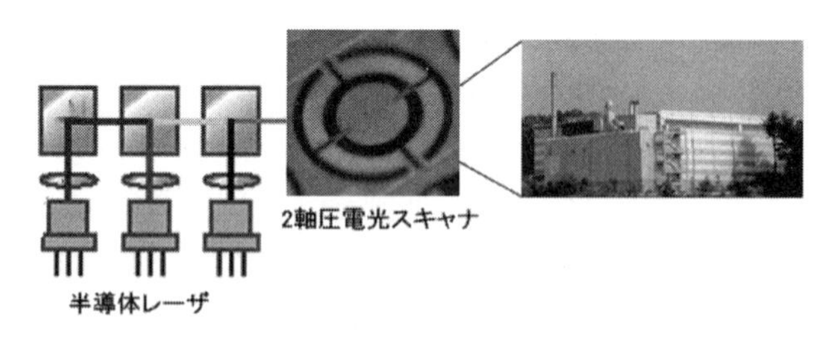

図 3.8.19　スキャナを用いたモバイルレーザプロジェクタ (写真はハメ込み)

2005インチ（高さ10m、幅50m）のディスプレイとして用いました。

図3.8.19はモバイルレーザプロジェクタの原理で、赤(R)、緑(G)、青(B)の半導体レーザをON/OFFさせ、圧電2軸スキャナで光を2次元的に走査しながら画像を表示します[21) 22)]。通常のビデオプロジェクタではランプを点灯させたまま、シャッタによって光をオンオフさせるため、表示しないときでも電気を消費しますが、このレーザ光をON/OFFさせる方式では電池の消耗を減らせるためモバイル用途に適しています。またレンズで焦点を合わせる必要が無い点でも使いやすくなります。しかし目に入るレーザ光の安全性などの課題があり、光強度を大きくするには限界があります。

参考文献

1　相良岩男：テレビの開発，戦前の日本は世界のトップを走っていた，20世紀エレクトロニクスの歩み(2)，日経エレクトロニクス，660(1996/4/22) 135-152.

2　V.K. Zworkin : The iconoscope – a modern version of the electric eye, Proc. of the IRE, 22, 1(1934) 16-32,

3　高柳健次郎：全電子式テレビジョンの創造開発，“独創”，半導体研究振興会（1981）168-188.

4　米本和也：“CCD/CMOSイメージセンサの基礎と応用”，CQ出版社（2018）.

5　大池祐輔：CMOSイメージセンサの現状と将来展望，応用物理，89，2(2020) 68-74.

6　清水孝雄，佐賀匡史：2000画素の小形熱画像センサとその用途例について，電気学会 センサ・マイクロマシン部門総合研究会，PHS-09-25(2005) 45-49.

7　N. Asada, H. Matsuki, K. Minami and M. Esashi : Silicon micromachined two-dimensional galvano optical scanner, IEEE Trans. on Magnetics, 30, 6(1994) 4647-4649.

8　石川智之，猪股宏明，笹川健一，斎藤徹夫，川崎栄嗣：MEMS光スキャナを用いた3D距離画像センサ 〜交通インフラ分野への適用〜，電気学会研究会報告，TER-11-9，PHS-11-13(2011) 41-46.

9　直川一也：“電気の歴史”，東京電機大学出版局（1985）.

10　液晶はいかに巨大産業に成長したか，日経マイクロデバイス，第1回（2007/8）〜第14回（2008/6）.

11　C.W. Tang and S.A. VanSlyke : Organic electroluminescent diode, Appl. Phys. Lett. 51, 12 (1987) 913-915.

12　當摩照夫：自発光で低電力，かつフレキシブル有機ELディスプレイの今後の展開，日経エレクトロニクス プラス，(2008/12/29) 58-65.

13　Y. Chen, J. Au, P. Kazlas, A. Ritenour, H. Gates and J. Goodman : Ultra-thin, high-resolution, flexible electronic ink displays addressed by a Si active matrix TFT backplanes on stainless

steel foil, 2002 IEEE Intern. Electron Devices Meeting（2002 IEDM），（2002）389-392.
14 泉田和夫，江刺正喜：ポリマー基材によるメンブレンスイッチアレーのMEMSディスプレイへの応用開発，第25回「センサ・マイクロマシンと応用システム」シンポジウム，レートニュース，（2008）121.
15 R.N. Thomas, H.C. Nathanson, P.R. Malmberg , and J. Guldberg : The mirror-matrix tube : a novel light valve for projection displays, IEEE Trans. on Electron Devices, 29, 9 (1975) 765-775.
16 L.J. Hornbeck : Digital light processing and MEMS : timely convergence for a bright future, Micromachining and Microfabrication' 95, SPIE（1995）3-21.
17 斎藤淳：スマートグラス光学系の分類7 "MOVERIO" シリーズの開発，OPTRONICS, 2 (2020) 80-84.
18 F.S.A. Sandejas, R.B. Apte, W.C. Banyai, and D.M. Bloom : Surface microfabrication of deformable grating light valves for high resolution displays, The 7 th Int. Conf. on Solid-State Sensors and Actuators（Transducers' 93）, Late news papers（1993）6-7.
19 田口渉：愛・地球博 レーザードリームシアター用 GxL 光変調モジュール技術，応用物理，76, 2 (2007) 174-177.
20 Y. Ito, K. Saruta, H. Kasai, M. Nishida, M. Yamaguchi, K. Yamashita, A. Taguchi, K. Oniki and H. Tamada : High-performance blazed GxL TM device for large-area laser projector, Proc. SPIE. 6114, 1 (2006) 12 pp.
21 W.O. Davis, R. Sprague and J. Miller : MEMS-based pico projector display, 2008 IEEE/LEOS Intern. Conf. on Optical MEMS and Nanophotonics（2008）31-32.
22 H. Matsuo, Y. Kawai and M. Esashi : Novel design for optical scanner with piezoelectric film deposited by metal organic chemical vapor deposition, Jap. J. Appl. Phys., 49, 6 (2010) 04 DL19 (4 pp).

3.9　センサ

センサの近代技術史について、撮像や生体計測などの節で説明するもの以外の各種センサを紹介します。センサは半導体微細加工を応用したMEMS（Micro Electro Mechanical Systems）などが製作に用いられ、自動車や情報機器、製造・検査や医療などで重要な役割を果たしています。以下では、機械量センサ、磁気センサ、流量センサ、赤外線センサに続いて化学センサついて述べ、「3.9.6 おわりに」では、軍事・宇宙関係などで先行したセンサを紹介します。図3.9.1は本稿の話題に関わるセンサの歴史です。

3.9.1　機械量センサ

半導体の抵抗が応力で変化するピエゾ抵抗効果は、C.S. スミスによって発見されました[1]。このピエゾ抵抗効果を用いた圧力センサは1960年頃か

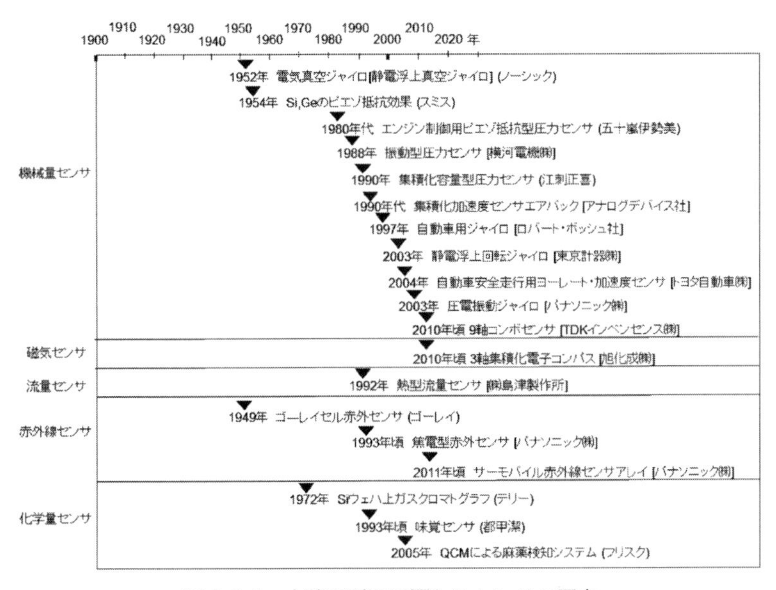

図3.9.1　本稿の話題に関わるセンサの歴史

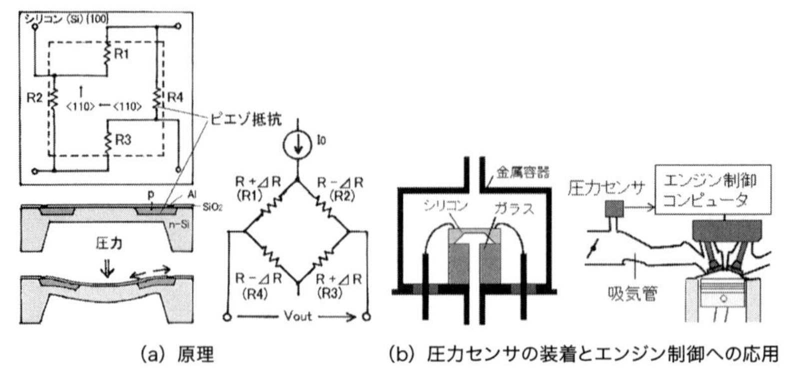

(a) 原理　　(b) 圧力センサの装着とエンジン制御への応用

図 3.9.2　ピエゾ抵抗型圧力センサとエンジン制御

ら研究されました[2)]。ピエゾ抵抗係数と呼ばれる応力に対する抵抗変化の割合は、シリコン（Si）の{100}面のp型拡散抵抗の場合に< 110 >方向で大きくなります。図3.9.2(a)のように{100}面のSiに薄いダイアフラムを形成すると、両側の圧力差で変形し応力が生じて< 110 >方向に配置した抵抗の値が変化します。これらの抵抗でブリッジ回路（(a)の右図）を形成すると、圧力が無い時に出力をゼロにした形で圧力を電気的に検知することができます。またp型拡散抵抗の不純物ボロン（B）の濃度を$2 \times 10^{20}\,cm^{-3}$程にすると、圧力に対する感度の温度変化を小さくすることができます。端子の金属（Al）は応力による歪が時間と共に増大するクリープがヒステリシスの原因になるので、ダイアフラム上には形成しないようにします。同図(b)の左は圧力センサの装着方法ですが、金属容器とSiの熱膨張の違いによる応力を避けるため、Siと熱膨張が近いガラスを間に挟んで取り付けます。㈱豊田中央研究所の五十嵐伊勢美氏が中心となり1981年から自動車のエンジン制御に圧力センサを用いることになりました。同図(b)の右に示すように、吸気の大気圧の変化を測定して燃料の噴射量を調節することで不完全燃焼を防ぎ、排気ガスによる環境汚染を減らせるようになりました[3)]。

圧力によるダイアフラムの動きを静電容量の変化で検出する容量型圧力

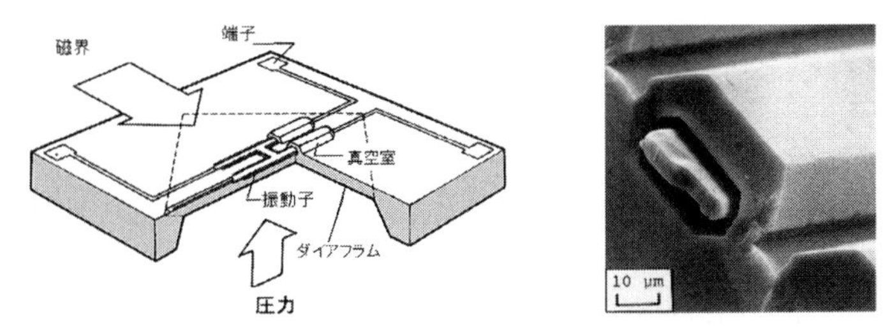

(a) センサ構造と振動子の写真

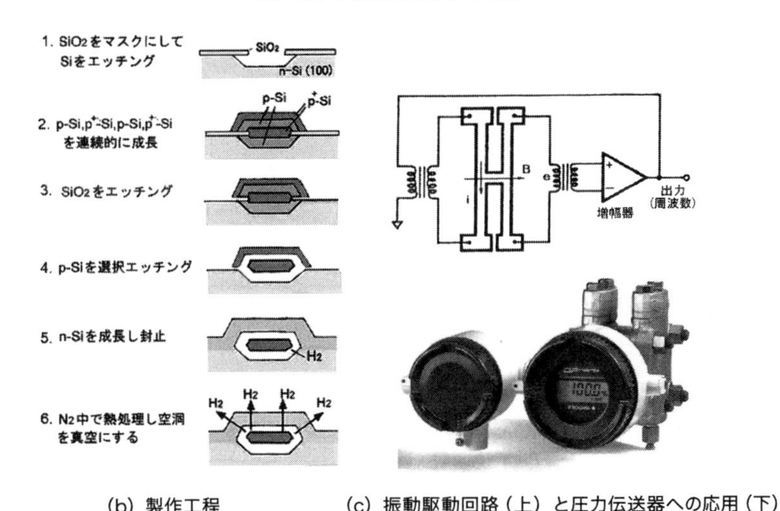

(b) 製作工程　　(c) 振動駆動回路（上）と圧力伝送器への応用（下）

図 3.9.3　振動型圧力センサ

センサを用いると、高感度で低消費電力にできます。センサの静電容量が小さく配線の寄生容量が影響するため、「1. MEMS とその研究開発」の図 1.1.2 で説明したように容量検出用の回路を集積化した集積化容量型圧力センサが開発されました [4]。

工場などで使用する圧力伝送器に用いるため、図 3.9.3 の振動型圧力センサが 1988 年に横河電機㈱で開発されました [5]。同図(a)のように Si チップに圧力差で変形するダイアフラムがあり、その中に真空室があって H 型の振動子が形成されています。ここには振動子の断面写真も示してあります。同図(b)はその製作工程です。SiO_2 膜をマスクにして n-Si をエッチングした後(1)、p、p^+、p、p^+ の Si を連続的に気相エピタキシャル成長させます(2)。SiO_2 膜をエッチングで除去した後(3)、ヒドラジン水溶液中で電圧を印加し p-Si を選択的にエッチングします(4)。この後 n-Si をエピタキシャル成長させて封止し(5)、最後に N_2 雰囲気中で加熱すると空洞内の H_2 ガスが外部に拡散して、真空の空洞を作ることができます(6)。振動子が真空中にあると振動が減衰しにくいため高感度にできます。同図(c)には振動子を共振させる回路を示してありますが、ダイアフラムの上部に永久磁石を配置して H 型の振動子に交流電流を流すと電磁力で振動します。この振動による誘導起電力で交流電圧が発生するので、これを帰還させて共振させるようになっています。圧力による張力が振動子に働くと、共振周波数が高くなります。同図(c)にはこの振動型圧力センサを用いた工業用圧力伝送器の写真も示してあります。

図 3.9.4 は Si チップ上に容量型加速度センサと微小容量検出回路を集積化した、アナログデバイス（Analog Devices）社の集積化加速度センサです[6)]。同図(a)にその構造と動作原理を示してあります。厚さ 2μm ほどのポリシリコン（poly Si）で作られた錘がバネで支えられ、加速度で動くようにした構造が、集積回路上に形成されています。これは表面マイクロマシニングと呼ばれる方法で、poly Si の下にある犠牲層（りんガラス層）をエッチングして製作します。右上の図のように、加速度による慣性力により可動電極が 2 つの固定電極の間で動き、両側の静電容量に差が生じます。この静電容量は小さいため、寄生容量の影響を受けないように容量検出回路を集積化しています。同図(b)は 2 軸集積化加速度センサの写真ですが、これには右のような自己診断機能が付いており、電圧を印加し静電引力で錘を動かすことにより加速度が印加されたと同じ状態になり、この時に出力が生じるかを確認することができます。

1990 年代から自動車には図 3.9.5(a)のようなエアバッグのシステムが装着され、衝突検出に上の集積化加速度センサが用いられました。これは事故があっても搭乗者を保護する意味でパッシブセーフティと呼ばれます。

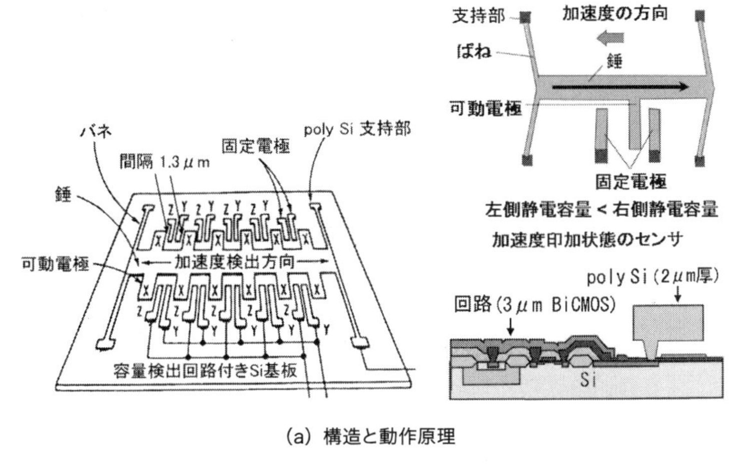

(a) 構造と動作原理

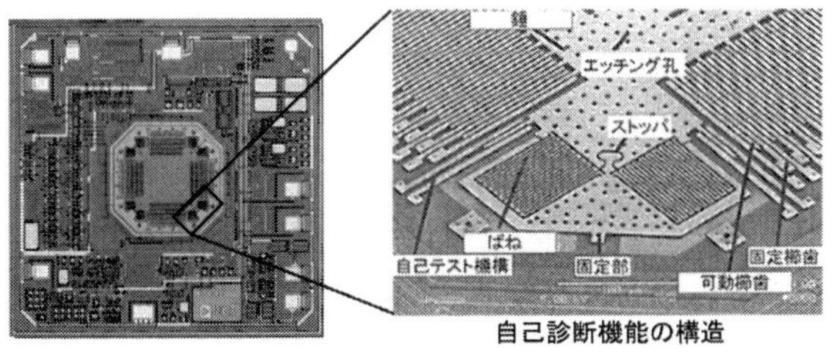

(b) 2軸集積化加速度センサの写真と自己診断機能

図 3.9.4　集積化容量型加速度センサ

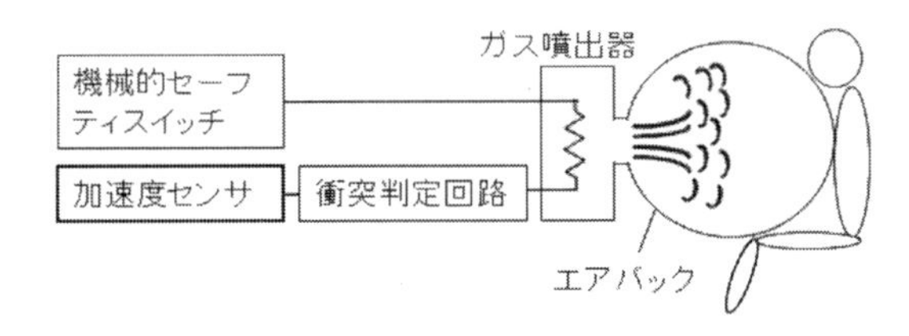

(a) 加速度センサを用いたエアバッグシステム

図 3.9.5　加速度センサを用いたエアバッグシステムと自動車事故死亡者の減少

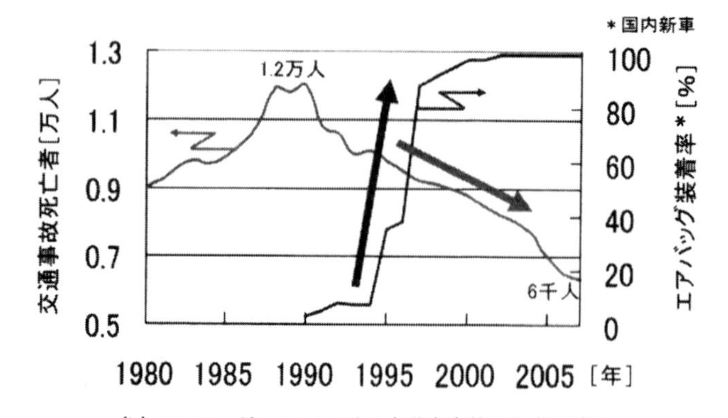

(b) エアバッグシステムによる自動車事故死亡者の減少

出典：平成19年交通安全白書、日本自動車工業会

図3.9.5 加速度センサを用いたエアバッグシステムと自動車事故死亡者の減少

同図(b)のようにエアバッグの装着率の向上とともに、事故による死亡率は大きく減少しました[3)]。

図3.9.6は2011年の東日本大震災の時に、八王子にある富士電機㈱で建物の揺れを同図(a)のように3軸加速度センサで測定したものです[7)]。同図(b)では地震により建物に割れ目が入って固有振動数が下がり、震災後の耐震工事により建物が強化され固有振動数が上がったことが分かります。同図(c)と(d)は、それぞれ地震前と地震後における建物の共振特性を加速度センサで測定したものですが、地震の影響で建物に割れ目が入り固有振動数が低下しています。

回転の角速度を測定する角速度センサ（ジャイロ）の原理を、図3.9.7に示します。質量mの錘を動かしその台を回転させると、慣性力により錘にはその動きや回転軸と垂直な方向にコリオリ力Fcが働き、Fcは錘の質量mと移動速度Vおよび角速度Ωに比例します。この原理で錘を振動させてコリオリ力による錘の動きを測ることで、振動型角速度センサ（振動ジャイロ）を実現することができます。

振動ジャイロの例として、エピタキシャルポリSi（Epi-poly Si）と呼ば

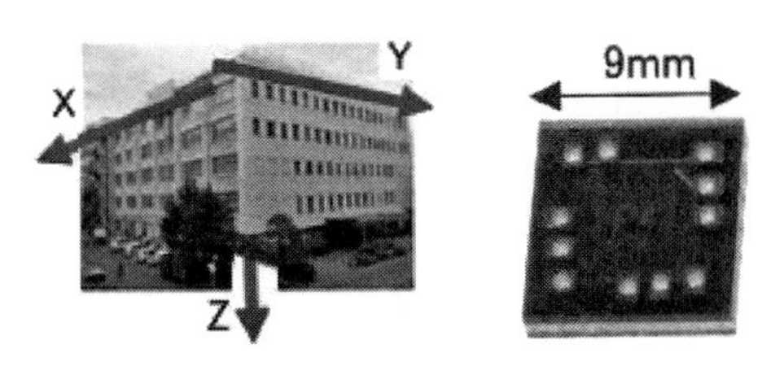

(a) 3軸加速度センサとそれを付けた建物

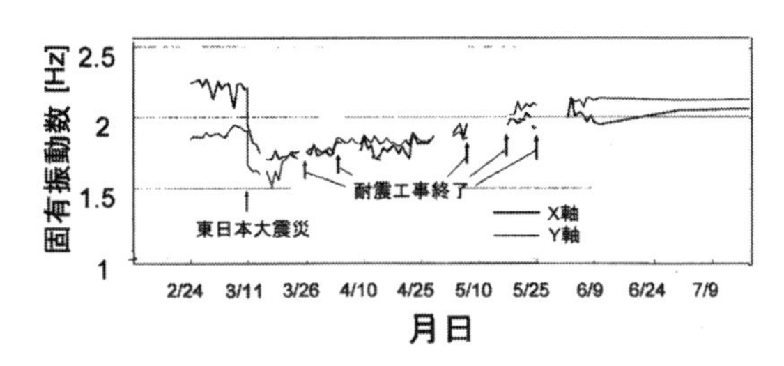

(b) 固有振動数の変化

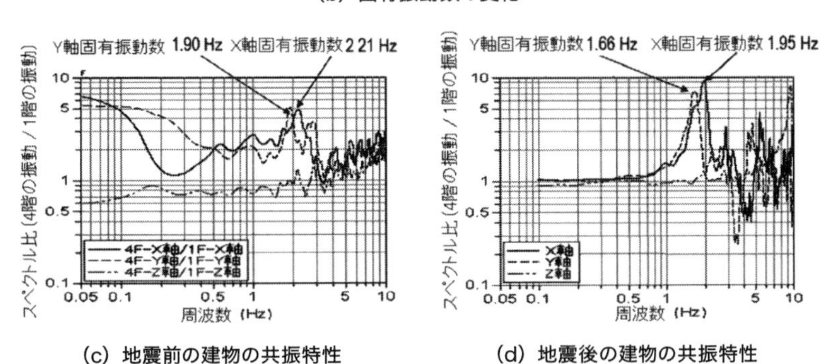

(c) 地震前の建物の共振特性　　(d) 地震後の建物の共振特性

図 3.9.6　3軸加速度センサで測定された地震に関係した建物の振動

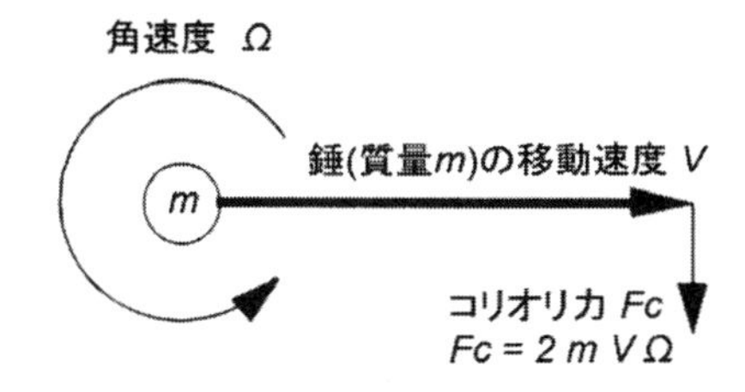

図 3.9.7　角速度センサ（ジャイロ）の原理

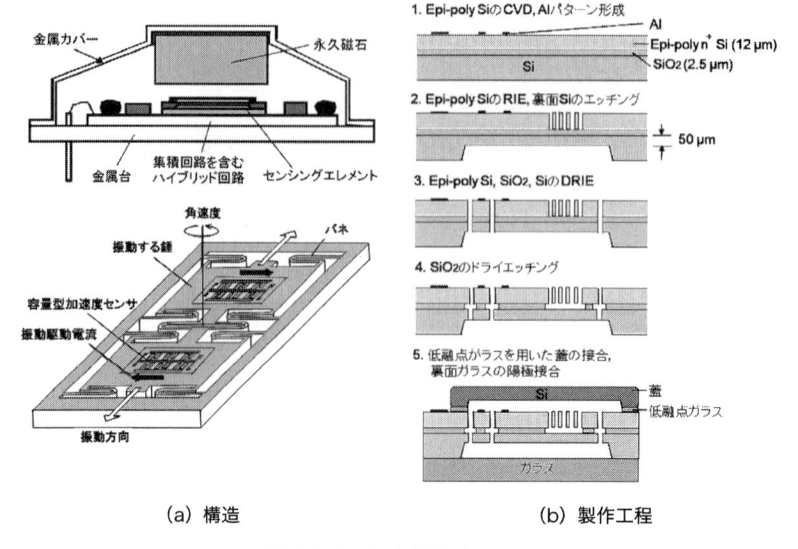

(a) 構造　　(b) 製作工程

図 3.9.8　自動車用ジャイロ

れる厚い膜を用いたロバート・ボッシュ（Robert Bosch）社のものを図 3.9.8 で紹介します[8)]。なお Epi-poly Si については欧州の産官学連携の成果として 2.1 で説明しました。同図(a)の構造で、磁石の下にあるセンシングエレメントに電流を流して駆動することにより、2 つの錘を電磁力で反対方向に動かして音叉振動させます。錘の上の容量型加速度センサを用いてコリオリ力を検出することにより、垂直軸廻りの角速度を測定できます。Epi-poly Si の錘は 12μm と比較的厚く、厚さ 2μm の poly Si を用いていた図 3.9.4 の場合に比べ静電容量変化は大きくなります。このため同図(a)で見られるように、容量検出回路を別チップにしてセンシングエレメントの下に置くことができます。同図(b)は製作工程で、厚い Epi-poly Si を堆積した後(1)、深堀り反応性イオンエッチング（Deep RIE（Deep Reactive Ion Etching)）によって Epi-poly Si を狭く垂直にエッチングします(2)。この Deep RIE はロバート・ボッシュ社で開発されました。Deep RIE で垂直に貫通エッチングして錘やバネを形成した後(3)、2 でエッチング加工した

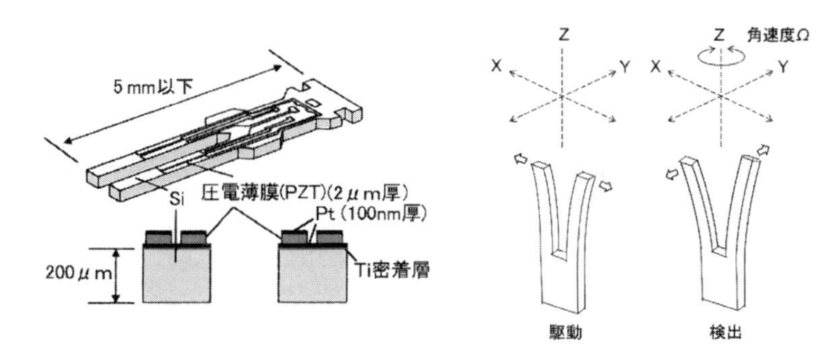

図 3.9.9　圧電薄膜を用いた Si 振動ジャイロとその動作原理

Epi-poly Si の下にある SiO_2 を HF ガスでドライエッチングします(4)。裏面にガラスを陽極接合した後、低融点ガラスにより蓋を取り付け、ダイシングを行ってチップに分離します(5)。これを集積回路と接続して容器に入れます。車体のスピンを検出して制御するアクティブセイフティと呼ばれる技術の先駆けとして、ダイムラーベンツ社の車に使われました。なおトヨタ自動車のアクティブセイフティに用いられるヨーレート・加速度センサについては図 1.1.3 で紹介しました[9]。

図 3.9.9 は松下電器㈱（現在のパナソニック㈱）で開発され、生産されている圧電振動ジャイロとその駆動回路です[10]。Deep RIE で加工した Si 音叉振動子の上にチタン酸ジルコン酸鉛（PZT）の圧電膜を形成してあります。逆圧電効果（図 3.5.9 参照）により左右に音叉振動させて、角速度によって生じる上下の振動を圧電効果により検出します。自動車に用いられるカーナビゲーションは、人工衛星からの全地球測位システム（GPS (Global Positioning System)）からの信号（図 3.5.18 参照）を受信して位置を知りますが、トンネルなどでは GPS 信号が受信できなくなります。しかしジャイロで車の方向を検知し移動量と組み合わせれば、地図情報を用いて正しく位置を知ることができ、そのような目的でこのセンサは広く使われています。

このような振動ジャイロ以外に光ファイバジャイロや回転ジャイロなど

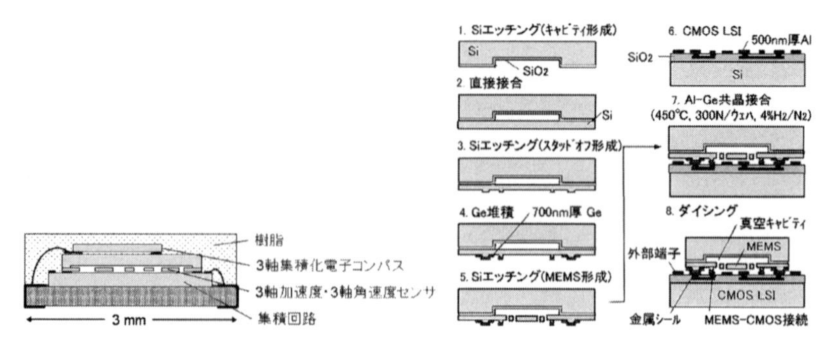

(a) 9 軸コンボセンサの断面構造　　(b) 集積化加速度・角速度センサの製作工程

図 3.9.10　スマートホンに使われる 9 軸コンボセンサと、集積化加速度・角速度センサの製作工程

が用いられています。高精度な静電浮上型回転ジャイロについては「1. MEMS とその研究開発」の図 1.1.4 で紹介しましたが[11]、その基になるのは潜水艦航行制御用の静電浮上回転ジャイロで[12]、これについては「3.9.5 おわりに」の図 3.9.19 で説明します。

スマートホンには、図 3.9.10 のような 9 軸コンボセンサ（3 軸加速度 + 3 軸角速度 + 3 軸電子コンパス（方位センサ））が使われています[13]。同図(a)にその断面図を示してあります。これでは加速度・角速度センサを製作した蓋で CMOS 集積回路（LSI）を封止した集積化 3 軸加速度・3 軸角速度センサに、次の図 3.9.11 で説明する 3 軸集積化電子コンパスを重ねて樹脂封止し、3mm の大きさに作られています。同図(b)には、米国の InvenSense 社（現在 TDK インベンセンス社）による集積化加速度・角速度センサの製作工程を示します。Al と Ge を重ねて 450°C で溶融させる共晶接合で製作してあります（工程 7)。この接合により蓋の MEMS と CMOS 集積回路との電気的接続や封止を行います。

3.9.2　磁気センサ

図 3.9.10 の 9 軸コンボセンサで使われている、旭化成㈱による 3 軸集積

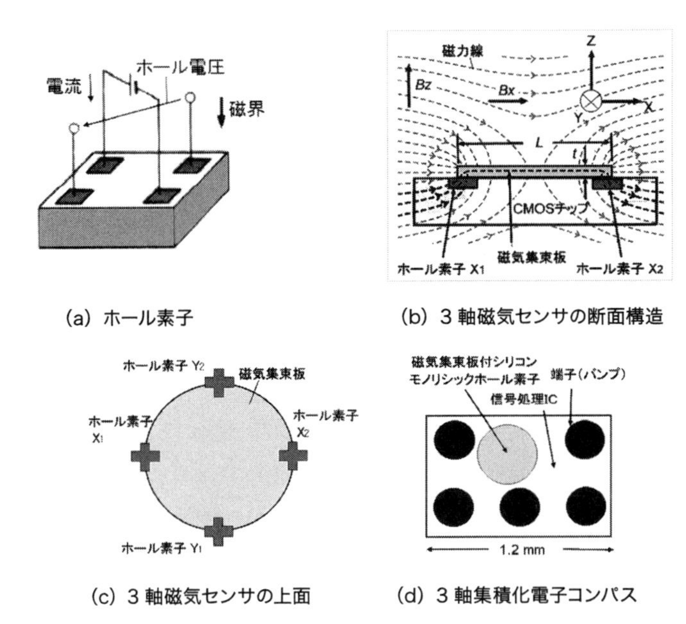

(a) ホール素子　(b) 3軸磁気センサの断面構造

(c) 3軸磁気センサの上面　(d) 3軸集積化電子コンパス

図3.9.11　3軸集積化電子コンパス（方位センサ）

化電子コンパス（方位センサ）を図3.9.11で説明します[14)]。地磁気による磁界を同図(a)のホール素子で測定します。これは半導体に流した電流の向きが垂直方向（Z軸）の磁界で曲げられて、電圧を生じるのを利用しますが、これを用いて水平方向（X軸とY軸）の磁界を測るには、同図(b)や(c)のように高透磁率の軟磁性材料（図3.5.14(a)参照）による磁気集束板を用い、その端部で横方向の磁界が垂直方向に曲がったものをホール素子で測ります。両端部のセンサでの電圧の差を求めることによりXやYの水平方向の磁界を測定することができ、Z方向は電圧の和により求まります。この3軸集積化電子コンパスは、同図（d）のように信号処理用集積回路（IC）と一体で1.2mmの大きさに作られています。

3.9.3　流量センサ

図3.9.12は加熱した2つのマイクロヒータが気体の流れで冷えて温度差

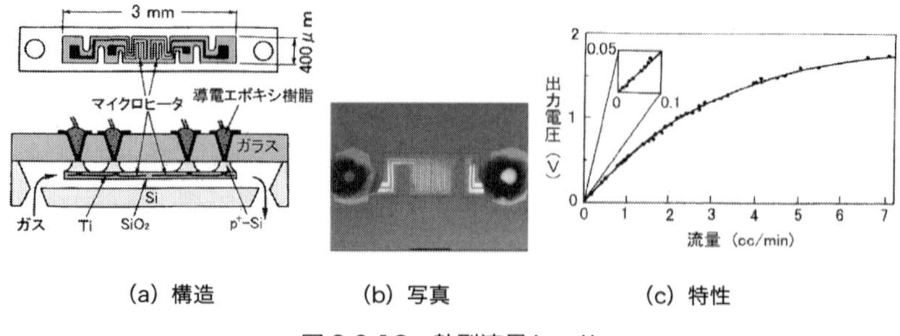

(a) 構造　(b) 写真　(c) 特性

図 3.9.12　熱型流量センサ

が生じることを流速検知に利用した熱型流量センサで、温度はヒータの抵抗値で検出します[15]。ヒータは橋の形にして基板から熱絶縁して作られていますが、ヒータの熱膨張の影響を避けるため捩じれによって応力を軽減するようにしてあり、またヒータの金属（Ti）は気体に露出すると水素を吸って抵抗が変わるため SiO_2 で覆い、配線は p^+ − Si の橋脚を介してガラスの貫通配線で外部に取り出すようになっています。

3.9.4　赤外線センサ

赤外線は放射温度計として非接触での温度計測などに用いられます。温度が高い場合は波長の短い近赤外線を測定しますが、室温に近い体温などの計測では波長 10μm ほどの遠赤外線を測定することになります。トイレに入ると人からの赤外線を感知して照明が点灯する赤外線センサなどが使われていますが、これには温度変化で電荷を発生する焦電効果を持つ材料を用いた、焦電型赤外線センサが用いられます。

図 3.9.13 はゴーレーセルと呼ばれる初期の赤外線センサです。膜が赤外光を吸収して温度が上がり、容器内の気体が熱膨張して薄膜の鏡が変形するのを光の反射で検出します[16]。

高温を測る放射温度計として、以前は図 3.9.14 の線条消去型光高温計が用いられました。これでは光学系で測定対象を見るとき、途中に白熱電球を光らせます。白熱電球の電流を変化させ、色が対象と同じになった時の電流値から温度を知ることができます。電流値は対象の温度であらかじめ

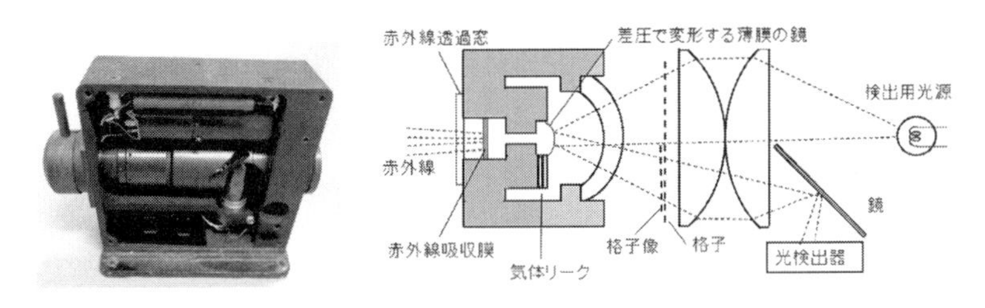

図 3.9.13　ゴーレーセル

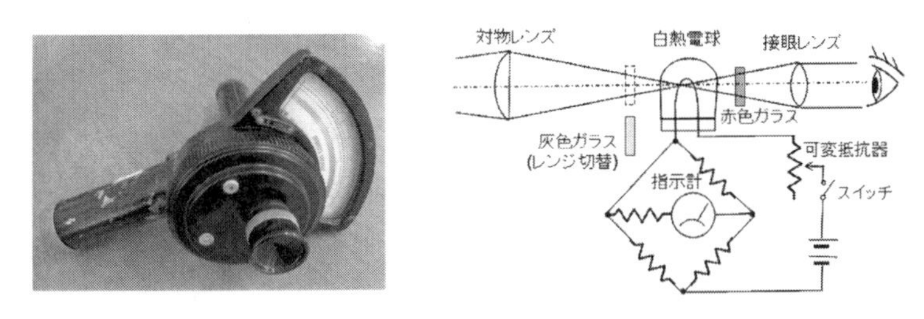

図 3.9.14　線条消去型光高温計

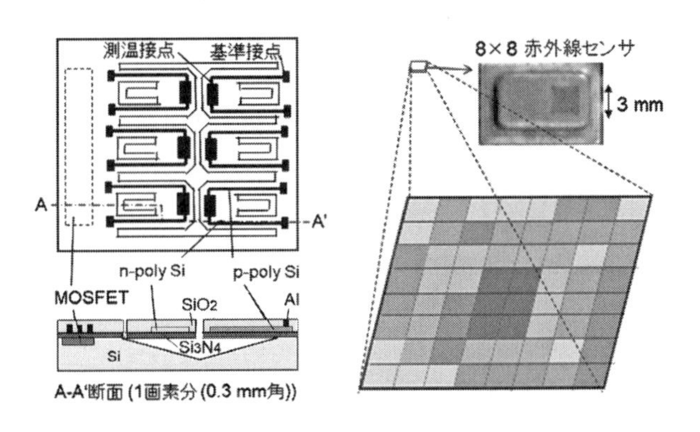

図 3.9.15　8 × 8 サーモパイル赤外線センサアレイ

校正してあります。

図3.9.15は、異種金属による熱起電力を測る熱電対を用い、これを直列にしたサーモパイルで吸収した赤外線による温度を測る赤外線センサです[17]。図の左のように、熱絶縁のため測温部の下に空洞が形成されています。こ

れを8×8アレイ状に並べたものは、エアコンや電子レンジなどに使用されています。電子レンジの例では図の右のように温度分布を測って制御できるため、以前のような回転テーブルは必要としません。

この他耳の穴からの赤外線で、体内温度に近い鼓膜温度を短時間で測れる、鼓膜（耳式）体温計なども使われています。

3.9.5　化学量センサ

赤外線を用い分子による吸収スペクトルで気体の成分を分析することができます。図3.9.16は赤外線の波長掃引パルス量子カスケードレーザ（QCL）（浜松ホトニクス㈱）による分析例です[18]。

犬は匂いに敏感なため、空港の検疫で麻薬を検知するには麻薬犬が使われています。図3.9.17はそれに代わるものとしてスウェーデンのT. フリスクやG. ステンマらが開発したものです[19]。これでは水晶振動子が表面での分子付着で共振周波数が変わるQCM（Quartz Crystal Microbalance）を用い、その表面で抗原抗体反応を行わせます。体内で異物を認識するこの反応は、選択性が高い特徴があります。同図(a)のように、測定したい気体を吸収させたサンプルフィルタを加熱して気体を放出させ、これを吸収した液をQCMアレイ上に導いて計測します。同図(b)左のように水晶振動子の表面に抗体分子を付けておき、気体中の分子（抗原）に抗体分子が結合すると、水晶表面から抗体分子は外れるため共振周波数が上

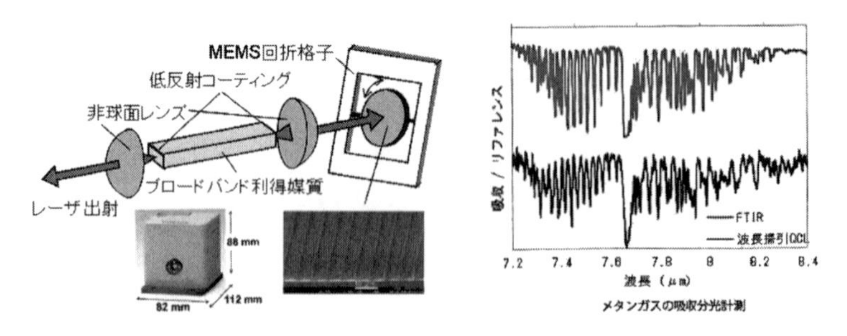

図3.9.16　波長掃引パルス量子カスケードレーザと気体成分分析

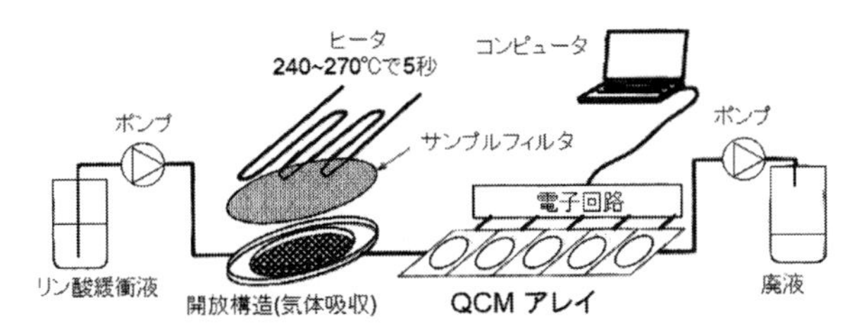

(a) 水晶振動子の QCM を用いた麻薬検知システム

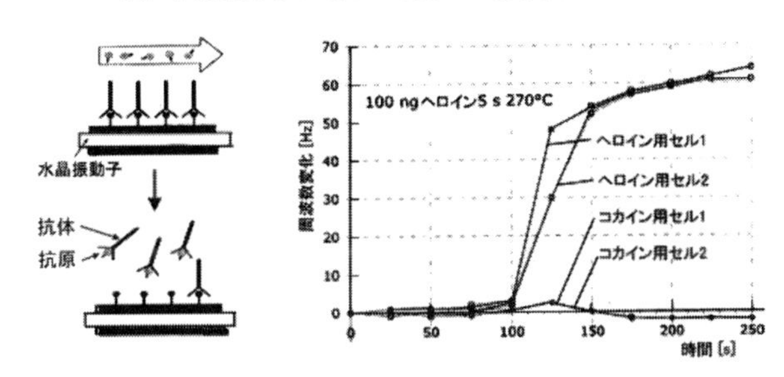

(b) 抗体分子の脱離を用いた QCM 麻薬検知の原理と測定例

図 3.9.17　QCM による麻薬の検知システム

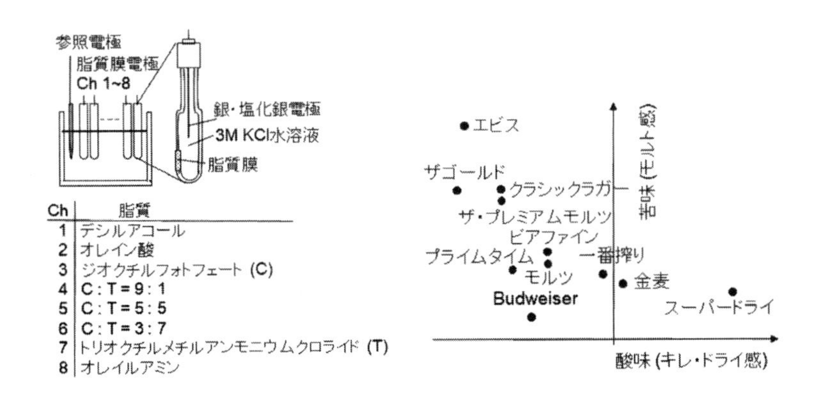

図 3.9.18　脂質膜電極を用いた味覚センサ

がります。抗体はタンパク質で分子量が大きいため、この方法では感度を高くすることができます。図(b)の右は麻薬のヘロインを測定した例で、ヘロインが高感度に測定され、他の麻薬（コカイン）に対して高い選択性を有していることが分かります。

脂質膜電極を用いた味覚センサの例を図3.9.18で紹介します。これは都甲潔が1990年頃から研究し、実際に使われるようになったもので、図の左のように8種類の異なる脂質膜の電位を液中で測定します[20]。各種サンプルの測定結果を8次元空間にプロットして、そのデータから垂直に下した線の位置が最もばらつく平面に投影します。このような主成分分析を行い、その平面の軸を考えられるパラメータに対応させます。右の例は各種の市販ビールの場合で、横軸が酸味で縦軸が苦味に対応すると考えられます[21]。このセンサシステムは人間のソムリエに相当する感性のセンシングを行うことができ、様々な食品の味管理などに利用されています。

3.9.6　おわりに

東京の地下鉄に使われている静電浮上回転ジャイロについて図1.1.4で説明しましたが、その基になったのが図3.9.19に示すような、米国のK.W. ノーシックが1952年に発明した電気真空ジャイロです[12]。同図(a)はその構造ですが、直径5cm（その後は1cm）のAl製の中空の球状ロータ（重さ25g）が、真空中で静電引力により浮上し、毎分3万回転して2軸の角速度を高精度に測ることができ、ポラリスなど原子力潜水艦の航行制御に用いられてきました。「3. 機能部品」の図3.5.18で人工衛星を用いた全地球測位システム（GPS）について説明しましたが、海中ではGPSの電波を受信できません。このため浮上せずに正確に航行するには電気真空ジャイロが必要で、方向の誤差は1時間で1万分の1度以下と高精度に作られています。図のようにロータはコイルの電磁力で初期加速され回転し続けます。これは「3.6 電源と動力源」の図3.6.14で説明した誘導（インダクション）モータの原理によるものです。

図3.9.19(b)を用いて静電浮上の原理を説明します。共振周波数（50

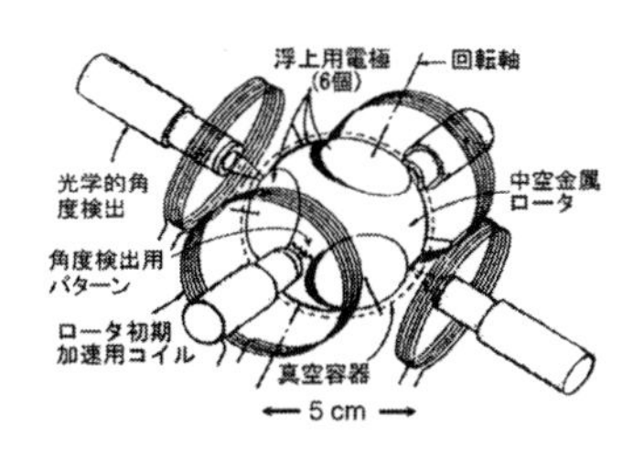

(a) 静電浮上回転ジャイロの構造

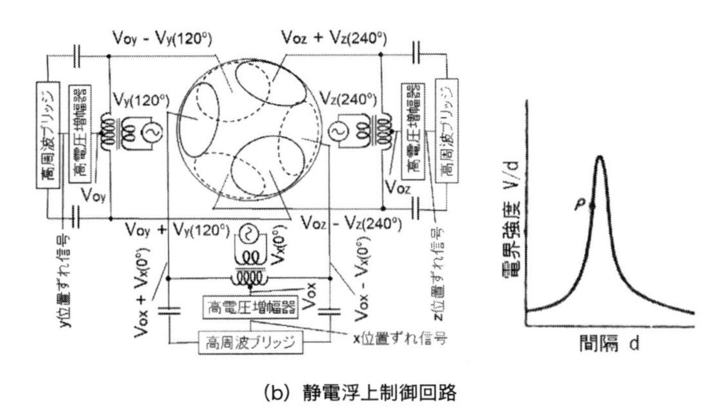

(b) 静電浮上制御回路

図 3.9.19　潜水艦航行制御用の静電浮上回転ジャイロ（電気真空ジャイロ）

kHz）より少し低い周波数の高電圧（3,800V）の信号を、真空管の回路で発生させて対向した電極に印加します。球と電極の間隔は0.25mmほどですが、それが拡がると右の共振のグラフのように共振のピークに近づき、電圧が大きくなるため静電引力が増加して間隔を狭めます。それをXYZのそれぞれで行うことによって、球を静電引力によって浮上させます。同図(a)にあるように、球の表面にある角度検出用パターンを光学的に検出し、それが変わらないように装置の角度を動かすと、この装置は常に同じ方向を向くため、潜水艦は向きを正確に知ることができます。

最後にNASA（米国航空宇宙局）の委託により1979年にスタンフォード大学で開発された、Siウェハ上のガスクロマトグラフを紹介します[22)]。当時は米ソ宇宙開発競争時代であり、火星などで大気の分析を行うガスク

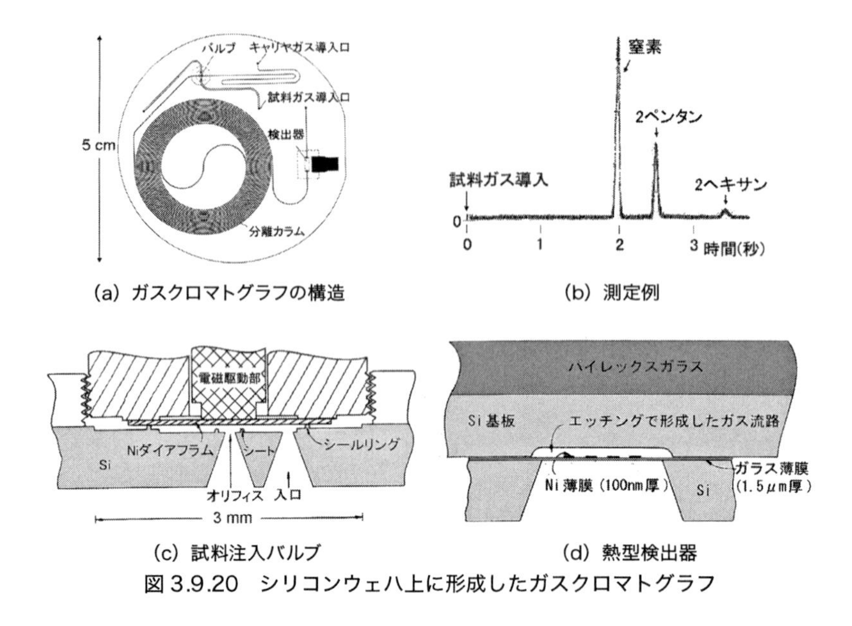

(a) ガスクロマトグラフの構造　　(b) 測定例

(c) 試料注入バルブ　　(d) 熱型検出器

図 3.9.20　シリコンウェハ上に形成したガスクロマトグラフ

ロマトグラフの装置を小形化し、ロケットで運べるようにする必要がありました。図 3.9.20(a)に示すように、5cm 径の Si ウェハに、ガスの分離カラムのほか(c)の試料注入バルブや、(d)の熱型検出器などが形成されています。注入したガスは分離カラムを通過する際にその壁への吸着されやすさの違いにより、(b)のように分離されて検出されます。

参考文献

1　C.S. Smith : Piezoresistance effect in germanium and silicon, Physical Review, 94, 1 (1954) 42-49.

2　中村博, 杉山進, 早川清春, 五十嵐伊勢美 : シリコンのピエゾ抵抗効果を利用した圧力計, 電子通信学会技術研究報告, SSD75-54 (1975) 57-62.

3　松橋肇 : "車載用半導体センサ入門", 三松 (2010).

4　松本佳宣, 江刺正喜 : 絶対圧用集積化容量形圧力センサ, 電子情報通信学会論文誌 C-II, J75, 8 (1992) 451-461.

5　J. Ikeda, H. Kuwayama, T. Kobayashi, T. Watanabe, T. Nishikawa and T. Yoshida : Silicon pressure sensor with resonant strain gages built into diaphragm, Tech. Digest of the 7th Sensor Symposium, B1-2 (1988) 55-58.

6 F. Goodenough：表面マイクロマシーニング技術で自動車エアバッグ用加速度センサICを量産へ，日経エレクトロニクス，540（1991/11/11）223-231．（F. Goodenough：±50g IC accelerometer with signal conditioning, Electronic Design（1991/8/8）7pp）．
7 相馬伸一：MEMS応用感震センサの構造ヘルスモニタリングへの適用，次世代センサ，22, 2（2012）6-8．
8 M. Lutz, W. Golderer, J. Gerstenmeier, J. Marek, B. Maihöfer, S. Mahler, H. Münzel and U. Bischof：A precision yaw rate sensor in silicon micromachining, 1997 Intn, Conf. on Solid-State Sensors and Actuators（Transducers'97），3B1.03（1997）847-850．
9 M. Nagao, H. Watanabe, E. Nakatani, K. Shirai, K. Aoyama and M. Hashimoto：A silicon micromachined gyroscope and accelerometer for vehicle stability control system, 2004 SAE World Congress, 2004-01-1113（2004）6pp.
10 高山良一，藤井映志，鎌田健，村田晶子，平澤拓，友澤淳，藤井覚，鳥井秀雄，野村幸治：<001>配向PZT薄膜の作成とマイクロ圧電素子への応用，電気学会論文誌E, 127, 12（2007）553-557．
11 T. Murakoshi, Y. Endo, K. Fukatsu, S. Nakamura and M. Esashi：Electrostatically levitated ring-shaped rotational-gyro/accelerometer, Jpn. J. Appli. Phys., 42, Part1 4B（2003）2468-2472．
12 H.W. Knoebel：The electronic vacuum gyro, Control Engineering, 11, 2（1964）70-73．
13 J. Seeger, M. Lim and S. Nasiri：Development of high-performance, high-voltage consumer MEMS gyroscopes, Technical Digest Solid-State Sensor, Actuator and Microsystems Workshop（2010）61-64．
14 山下昌哉：電子コンパスの技術的特徴と開発動向，SEMIテクノロジーシンポジウム（STS）（2014/12/4）．
15 江刺正喜，川合浩史，吉見健一；差動出力型マイクロフローセンサ，電子情報通信学会論文誌C-II, J75, 11（1992）738-742．（M. Esashi, H. Kawai and K. Yoshimi：Differential output type microflow sensor, Electronics and Communications in Japan, Part 2, 76, 8（1993）83-87）．
16 M.J.E. Golay：The theoretical and practical sensitivity of the pneumatic infra-red detector, Rev. of Sci. Instrumentation, 20, 11（1949）816-820．
17 桐原昌男，山中浩，辻幸司，吉田岳司，熊原稔，牛山直樹：民生用途向け小型・高感度赤外線アレイセンサの開発，第28回「センサ・マイクロマシンと応用システム」シンポジウム論文集（2011）197-200．
18 杉山厚志：指先サイズの超小型波長掃引量子カスケードレーザの開発，光アライアンス，33, 4（2022）57-60．
19 T. Frisk, D. Rönnholm, W. van der Wijngaart, G. Stemme：Fast narcotics and explosives detection using a microfluidic sample interface, Transducers'05（2005）2151-2154．
20 都甲潔：味の計測，計測と制御，42, 5（2003）435-441．
21 都甲潔：味覚センサー膜・匂いセンサー膜．機能材料，34, 1（2014）25-31．
22 S.C. Terry, J.H. Jerman and J.B. Angell：A gas chromatographic air analyzer fabricated on a silicon wafer, IEEE Tras. on Electron Devices, ED-26, 12（1979）1880-1886．

3.10　生体計測

生体計測の近代技術史について述べたいと思います。血圧など体内圧の計測からはじめ、生体電気計測では神経活動電位の測定などの他、人工内耳にも触れます。生体成分計測および画像診断についても説明し、「3.10.5 おわりに」では、陽電子断層撮像法（PET）や関連する臨床例を紹介します。図 3.10.1 は本稿の話題に関わる生体計測の歴史です [1)]。

3.10.1　体内圧計測

図 3.10.2 は体内に管を入れて血圧を測る観血血圧測定法です。同図(a)は 1733 年に米国の S. ヘイルズが、馬の血管に刺した金属管に長さ 3m ほどのガラス管をつなぎ、それを上る血液の高さから血圧を測定したものです [2)]。同図(b)のように、血管内の測りたい場所に導入したカテーテルの根元に、圧力センサを付けて測定することも行われますが [3)]、正確な血圧

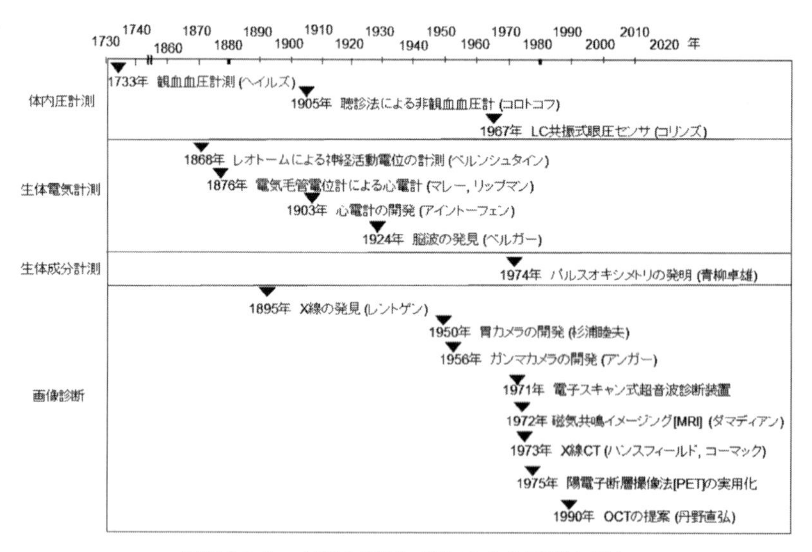

図 3.10.1　本稿の話題に関わる生体計測の歴史

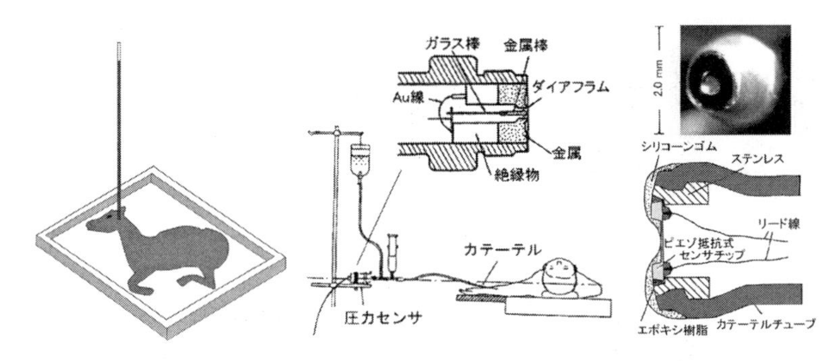

(a) ヘイルズによる血圧測定　(b) 体外圧力センサカテーテル　(c) カテーテル先端圧力センサ

図 3.10.2　体内に管を入れて測る観血血圧測定法

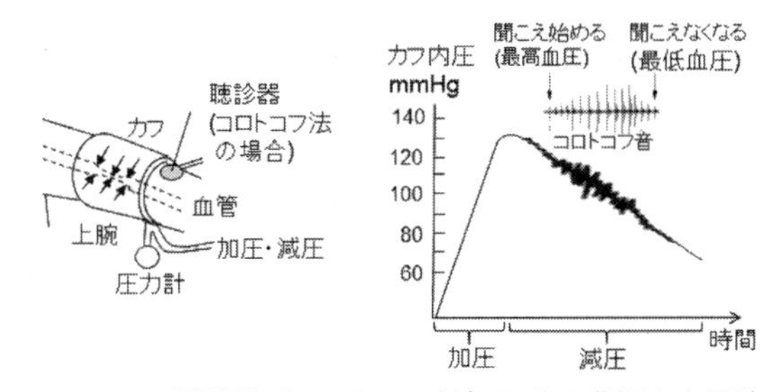

図 3.10.3　聴診法（コロトコフ法）による非観血血圧計

波形を得るためには、同図(c)のようなカテーテルの先端に取り付けた小形の圧力センサなどを用いる必要があります[4)]。「1.2 研究の経緯」の図1.2.5では外径2mmのマルチ圧力センサカテーテルを用いて、膀胱内圧と尿道内圧を測定した例を紹介しました[4)]。

体外から血圧を測る、非観血測定と呼ばれる聴診器を用いた方法を図3.10.3に示します[5)]。これは1905年にロシアのN.コロトコフによって考案されました。上腕に巻いたカフと呼ばれる帯状の袋を空気で膨らませて加圧し、動脈を閉塞しておき減圧していくとき、これが収縮期（最高）血圧よりも低くなると血液が噴出して拍動に応じてカフ内圧が振動し、雑音が聞こえます。さらに空気圧を下げ拡張期（最低）血圧よりも低くなると、

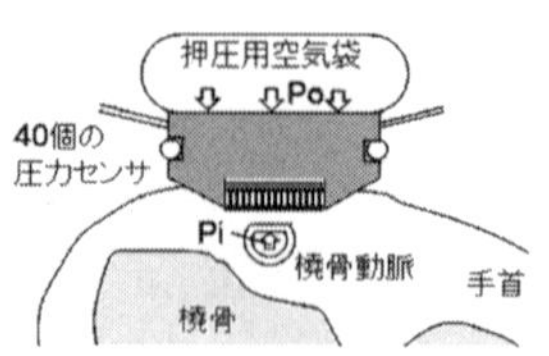

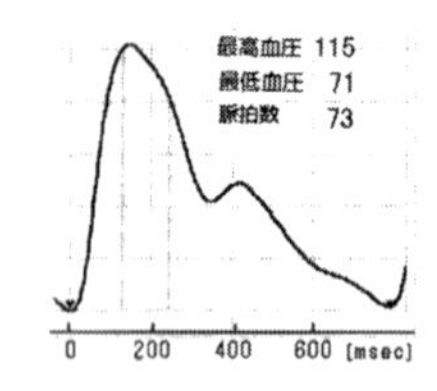

(a) 非観血連続血圧測定

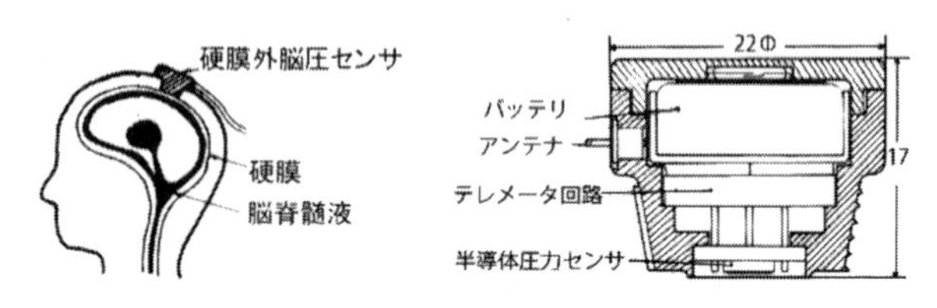

(b) 硬膜を破らない脳圧測定

図 3.10.4　トノメトリによる連続血圧測定と脳圧測定

動脈が圧迫されないため圧力振動や雑音がなくなります。この時のカフ内圧は水銀柱の高さなどによる圧力計で知り、雑音は聴診器で聞きます。なお自動血圧計の場合は、カフ内圧の振動を測るオシロメトリック法が用いられます。

トノメトリと呼ばれる連続血圧測定法を図 3.10.4(a)で説明します。直線状に配列した圧力センサアレイで、同図(a)の中央に示すように手首の橈骨動脈を平らに押すと、血管壁の張力が無視できるため、動脈圧（図中の Pi）を連続的に測ることができます[6)]。図の右には測定された血圧波形を示してあります。最初のピークは心臓からの血圧で、次のピークは指先から戻る血圧にあたり、これらの比は血管の硬さの指標となります。この非観血連続血圧測定装置は図 2.3.5 で紹介した近代技術史博物館に展示してあり、自分の血圧波形を測れるようにしてあります。

図 3.10.4(b)は同じ原理で脳圧を測るもので、事故などで脳に衝撃があったときの脳圧の上昇を知ることができます[7)]。頭蓋骨に穴を開けますが、感染を防ぐためその下の硬膜は破らないで測定します。硬膜を平らに

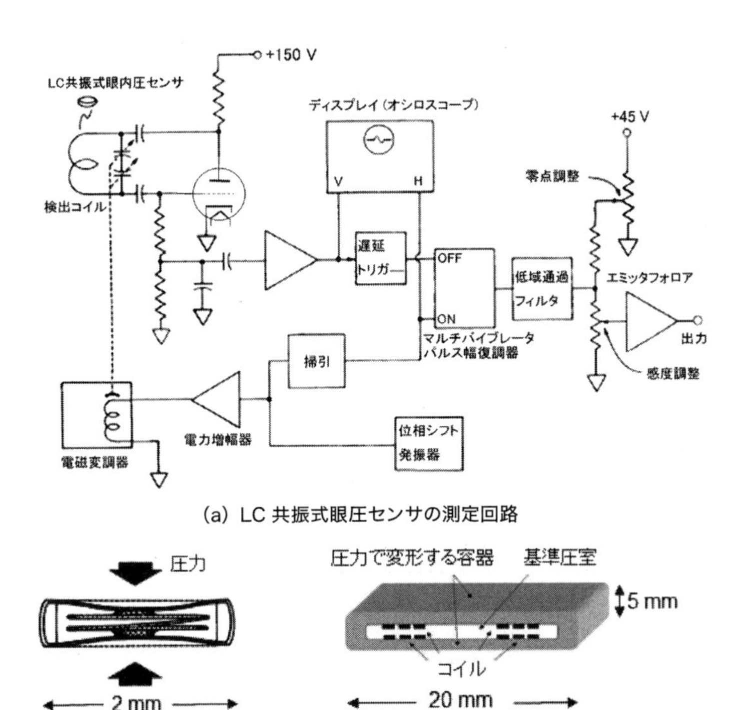

(a) LC 共振式眼圧センサの測定回路

(b) 眼圧センサ　　(c) 体内埋込圧力センサ

図 3.10.5　LC 共振式圧力センサとその測定回路

して測るためその張力に影響されずに測定することができます。これは1977年に㈱豊田中央研究所の五十嵐伊勢美らによって開発されました。

体内などに埋め込んで使用するLC共振式圧力センサは、1967年に米国のC.C.コリンズによって発表されました[8)]。これでは3.10.5(a)のような真空管による発振回路を用い、検出コイルのエネルギがセンサのLC共振で吸収されるのを測定します。(b)のような2mm径のカプセル内にあるLC回路の共振周波数が圧力で変化するのを検出しました。これを用いると緑内障の原因となる眼圧をモニタできます。(c)に示す、同じようなLC共振回路による体内埋込圧力センサが米国のM.G.アレンによって開発され、米国食品医薬品局（FDA）による認可を受け使用されています[9)]。体内に埋め込むと生体組織で覆われますが、厚い容器にして内部のコイル間隔を狭くするとその影響を受け難くすることができます。

3.10.2　生体電気計測

1868年にドイツのJ.ベルンシュタインが、神経活動電位の測定を行った装置を図3.10.6(a)に示します[10)]。座骨神経に刺激電極、および電位検出用の神経電極を触れさせ、神経活動電位による電流を右に示す無定位検

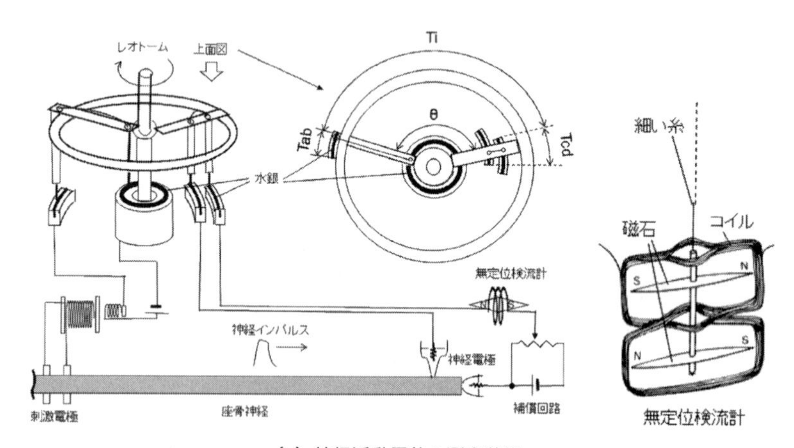

(a) 神経活動電位の測定装置

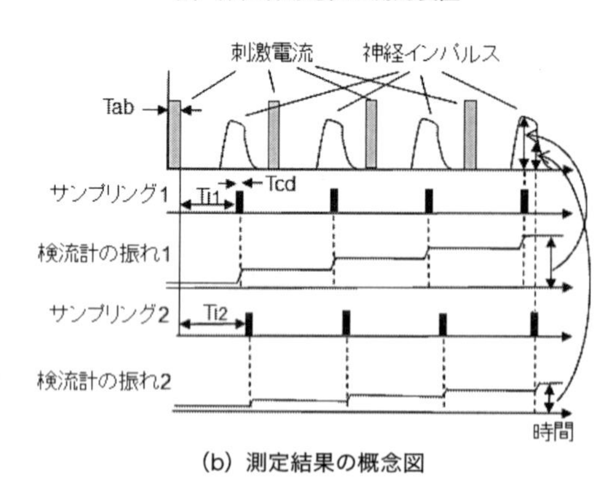

(b) 測定結果の概念図

図3.10.6　神経活動電位（神経インパルス）の測定装置

流計で検出しました。無定位検流計は1829年にイタリアのL.ノビリが試作したもので、2つの逆向きの磁石で地磁気の影響を打ち消し、磁石の周りで反対向きに巻いたコイルに検出電流を流してこれらの磁石を回転させます[11)]。磁石を支えてるのはバネではなく糸なので、電流を流すと回転したままになります。図の左上に示す、水銀中で金属を動かすレオトームと呼ばれるスイッチを用います。同図(b)の測定結果（概念図）に示すように、Tabで刺激電流の時間幅、Tcdでサンプリング時間、Tiで刺激から検出までの時間を設定します。図のように刺激と検出を繰り返すと回転量が積算されます。検出までの時間TiをTi_1やTi_2のように変えながら積算値をプロットすると、神経活動電位の波形が得られます。これは周期現象をストロボスコープで見るのと同じ原理です。

1876年にフランスのE.J.マレーとG.リップマンは図3.10.7の電気毛管電位計により、心電図を記録しました[11)]。この電位計では硫酸に接した水銀の表面で、電気二重層の電荷により横方向の反発力のため界面張力が低下し、図のように界面が変形することを利用します。亀からの2本の線を水銀と硫酸につなぎ、界面の変形を光の反射で検出して写真乾板を露光させ、右上のように亀の心電図を記録することができました。

オランダのW.アイントーフェンは、1903年に図3.10.8の単線検流計を用いて心電図の記録を行いました[11)]。電磁石の中で電流による電磁力で細い線が動くのを、吸熱用水槽を通したアーク灯の光を用いて写真撮影

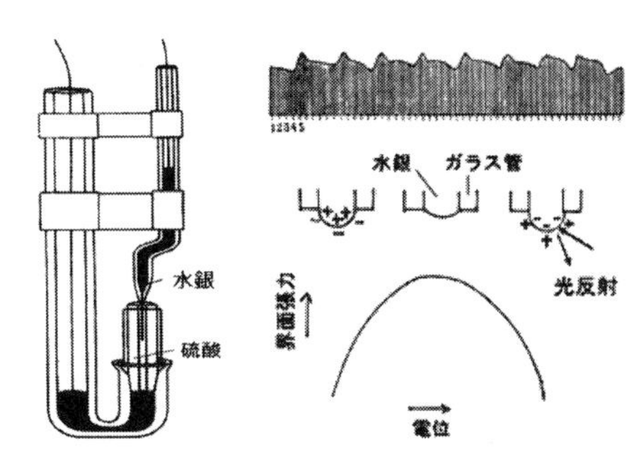

図3.10.7　電気毛管電位計による心電図の計測

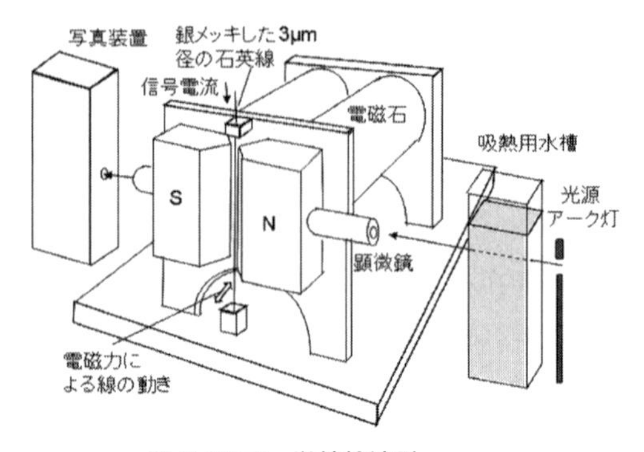

図 3.10.8　単線検流計

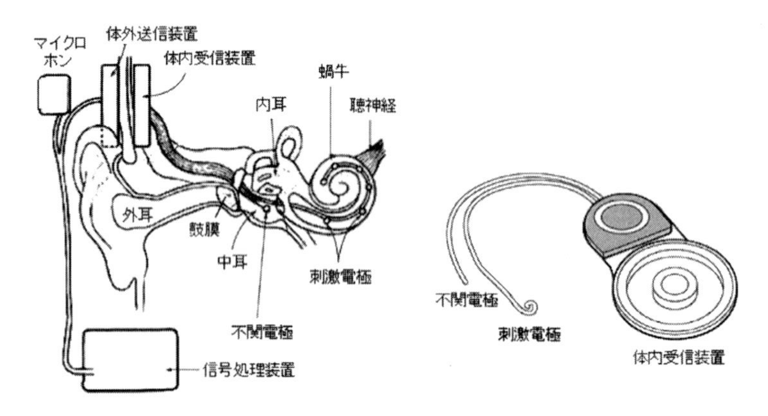

図 3.10.9　人工内耳

するものです。この単線検流計を用いて、ドイツのH. バーガは1924年に脳波を発見しました[12]。

電気刺激は心臓ペースメーカなどに使われますが、ここでは図3.10.9の人工内耳を紹介します。蝸牛の中に複数の刺激電極を導入しておき、音の情報を体内に伝えて聴神経を電気刺激し、聞こえるようにするもので、1975年に発表され[13]、1985年より多チャンネルのものが使われるようになりました。1994年から保険適用にもなり、多くの聴覚障害者に使われています。

3.10.3　生体成分計測

生体成分を計測する例を紹介します。半導体イオンセンサ（ISFET (Ion Sensitive Field Effect Transistor) で、絶縁ゲート電界効果トランジスタ（IGFET）のゲート絶縁膜を液に露出させて液中のイオン濃度を測ることができます[14)][15)]。「1.MEMSとその研究開発」の図1.1.9で紹介したように、1983年から水素イオン用のISFETが逆流性食道炎の診断などに使われました。

血液中の酸素分圧（PO_2）、水素イオン濃度（pH）および炭酸ガス分圧（PCO_2）を測る流体分析システムを図3.10.10(a)に示します[16)]。PO_2はガス透過膜を透過した酸素の還元電流で、pHはISFETで、またPCO_2はガス透過膜を透過したCO_2ガスで生じるISFET上$NaHCO_3$（炭酸水素ナトリウム）水溶液のpH変化で測定します。同図(b)はPCO_2の測定例です。

血液中の酸素飽和度（SaO_2）を測るパルスオキシメータを図3.10.11に示します[2)]。青柳卓雄により1974年に発明されたもので、指先で波長660nmの赤色光と940nmの赤外光の吸収を測ることで、酸化ヘモグロビンと還元ヘモグロビンの割合を知りSaO_2を求めます。この酸素飽和度と同時に心拍数も表示されます。

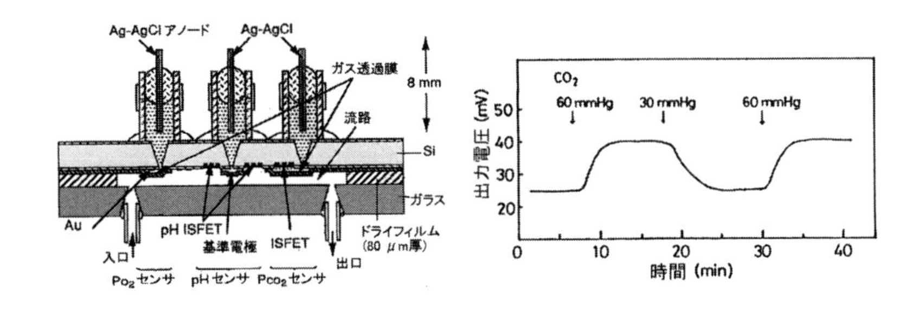

(a) 流体分析システム　　(b) PCO_2の測定例

図3.10.10　血液中の酸素分圧（PO_2）、水素イオン濃度（pH）と炭酸ガス分圧（PCO_2）を測る流体分析システムとPCO_2の測定例

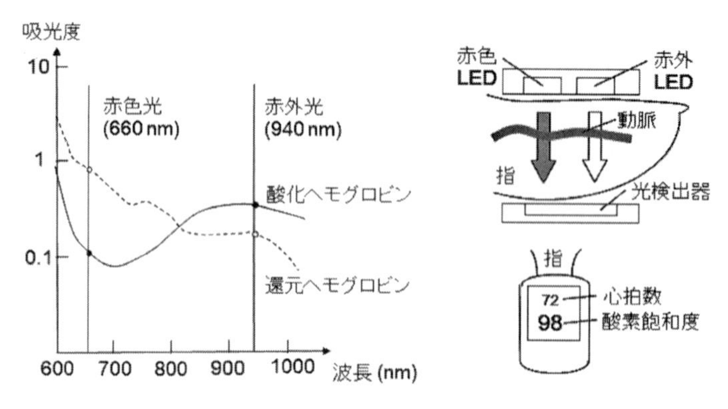

図 3.10.11　パルスオキシメータ

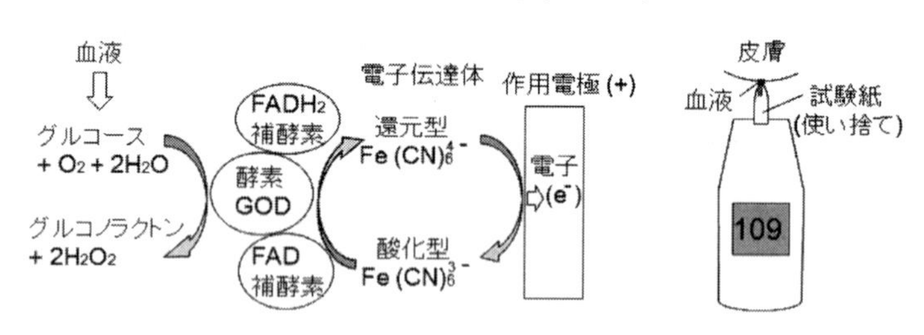

図 3.10.12　血糖値測定

糖尿病に関係する血糖値（血液中のグルコース濃度）を酵素センサで測る方法を図 3.10.12 に示します[5)]。グルコース酸化酵素（GOD）でグルコースを反応させると、グルコノラクトンと過酸化水素（H_2O_2）が生じます。この時に GOD の補酵素 FAD が還元されて $FADH_2$ となり、同時にフェリシアン化物イオン（$Fe(CN)_6{}^{3-}$）がフェロシアン化物イオン（$Fe(CN)_6{}^{4-}$）となります。正の電圧を作用電極に印加しておくと、できたフェロシアン化物イオンは電極に電子を放出してフェリシアン化物イオンに戻るので、この電子による電流値からグルコース濃度を知ることができます。図 3.10.12 の右のように、測定装置に差し込んだ試験紙を血液に接触させると毛管現象で血液を吸い込み、この試験紙内で酵素（GOD）と反応して生じる電流が測定されます。

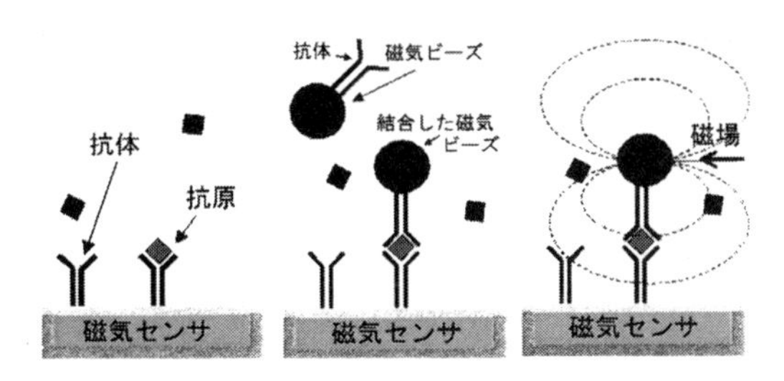

図 3.10.13　抗体付磁気ビーズを用いた抗原抗体反応によるセンサ

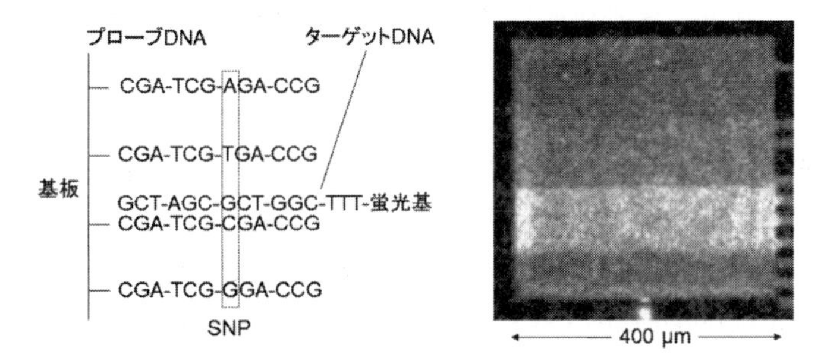

図 3.10.14　肝臓ガン増殖遺伝子の 1 塩基多型（SNP）を解析する DNA チップ

抗原抗体反応を用いた分析は、酵素と組み合わせた酵素免疫測定法（ELISA（Enzyme-Linked Immuno-Sorbent Assay））などで、病原体による抗原の検知に広く使われています。図 3.10.13 は磁気ビーズに結合した抗体を用いて磁気センサで抗原抗体反応を検知するセンサの原理です[17]。

DNA は 2 本のポリヌクレオチド鎖の二重らせん構造で、アデニン（A）とチミン（T）、グアニン（G）とシトシン（C）の塩基対を形成しています。プローブ DNA と呼ぶ 1 本のポリヌクレオチド鎖を基板上に形成しておき、端に蛍光基を持つターゲット DNA を結合させて基板からの蛍光を検出する DNA チップを図 3.10.14 に示します。これは塩基配列中の 1 つだけ異なる塩基に置き換わった 1 塩基多型（SNP（Single Nucleotide Polymorphism））を解析する DNA チップです[18]。四角の点線で囲った部分の塩基だけ異なる種類のものにするため、ここに光感受性保護基を付けた 4 種類の塩基をフォトリソグラフィにより形成します。端部に蛍光基を付けたターゲットDNAがこれに結合するのを、蛍光が生じる位置で観測します。このDNAチップは肝臓ガン増殖遺伝子の有無を検査するのに用いることができます。

3.10.4　画像診断

1895年にドイツのW.C.レントゲンはX線を発見しました。これでは高電圧を印加した陽極に陰極からのイオンを衝突させてX線を発生させました。その後1914年に米国のW.D.クーリッジは、図3.10.15に示すような加熱されたフィラメントからの熱電子を利用した、現在の形のX線管を開発しました。X線は骨のように密度の高い部分で吸収され、吸収の違いを画像化します。なお誘導コイルと機械式整流機を用いて高電圧を発生させた日本最初のX線装置は、京都の島津創業記念館（https://www.shimadzu.co.jp/visionary/memorial-hall/list/）に展示されています。図3.10.15の右の図はX線画像を撮影する大きさが40cm角程のイメージングプレートの原理です[19]。ヨウ化セシウム（CsI）によるシンチレータでX線を光に変え、セレン（Se）で光電変換して、「3.8撮像と表示」の図3.8.12や図3.8.13で紹介した薄膜トランジスタ（TFT）を用いて信号を取り出します。

X線撮影を複数の方向から行って3次元的な像を再構成するX線コンピュータ断層撮影（CT（Computed Tomography））は1973年に英国のG.N.ハンスフィールドと米国のA.M.コーマックによって開発されました。5×5画素アレイを例に、断面像を再構成する方法を図3.10.16で説明します[20]。同図(a)のようにX線吸収率の違う材料が並んだものについて、異なる方向からX線の吸収を測定する場合を考えます。同図(b)の1)、2)、3）のようにして、データをコンピュータで解析すると断層像が得られます。

核磁気共鳴（NMR（Nuclear Magnetic Imaging））を利用して3次元画像を取得する磁気共鳴イメージング（MRI（Magnetic Resonance Imaging））を用いると、X線や放射線を使わないで体内組織の断層像を得ることができます。これは1972年にアメリカのR.V.ダマディアンが発明しました。

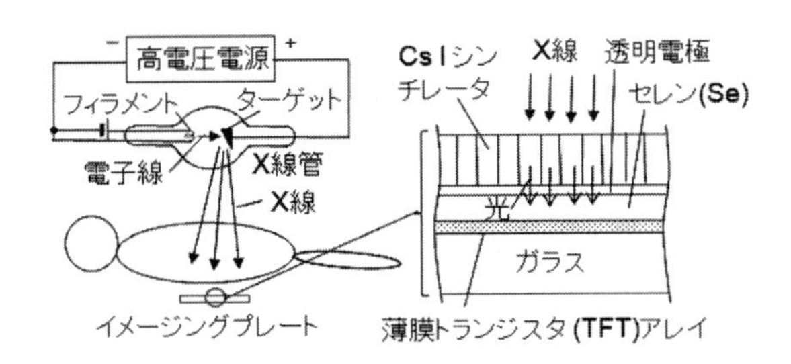

図 3.10.15　X 線画像の撮影装置

その原理を図 3.10.17 で説明します。左の図のように静磁場のもとでは原子核スピンの向きがそろいますが、これに核磁気共鳴周波数の高周波を印加すると、中央の図のように共鳴した原子核は歳差運動を行います。高周波を切ると右の図のように原子核は吸収したエネルギを電波として放出するので、それを検出します [5)]。磁気共鳴周波数は静磁場の強さに比例するので、図のように傾斜磁場の下で各周波数での値を測定すると、その分布を知ることができます。

超音波診断装置は 1MHz から十数 MHz の超音波により、体内組織の音響インピーダンスの違いによる超音波の反射を用いて画像を得る装置です。X 線の場合と異なり人体への影響が無く、装置は小形にできます。1971 年に図 3.10.18 のような電子スキャンが開発されました [21)]。圧電材料のチタン酸ジルコン酸鉛（PZT）による超音波振動子のアレイを用い、超音波を送信して反射波を受信します。同図(a)のリニアスキャンでは並んだ複数の超音波振動子を駆動し、それをずらしながらスキャンします。同図(b)のように遅延させて時間差を付けながら超音波を送信することで方向を変えたり、また同図(c)のように集束させたりすることができます。超音波振動子の 2 次元アレイを用いて 3 次元画像を取得することもでき、体内の胎児を画像化することなどが行われています。また反射波の周波数変化を用いたドップラ法によって、心臓の動きや血流速度などを調べることができます。

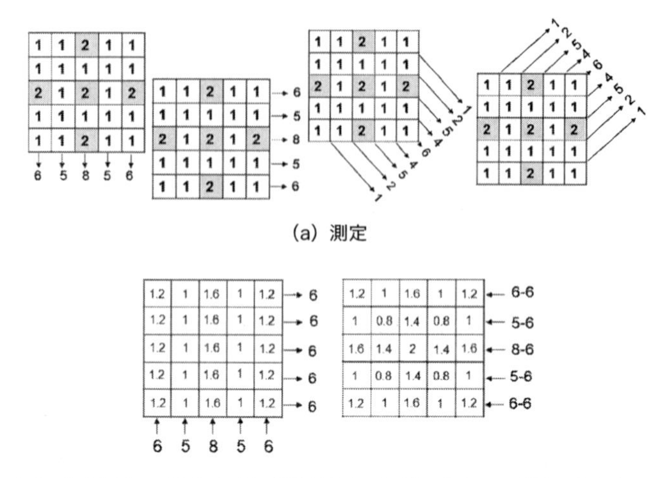

(a) 測定

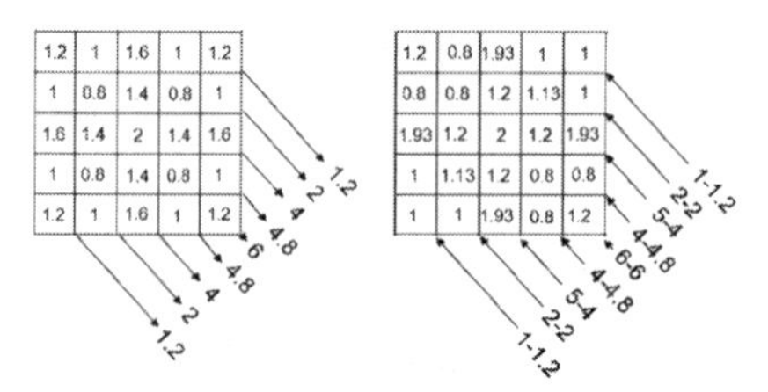

1) 下向きデータを各列の画素に均等に割付けます。各行の右向き加算値を右向きデータから差し引いた差を、行のそれぞれの画素に分割して加えます。

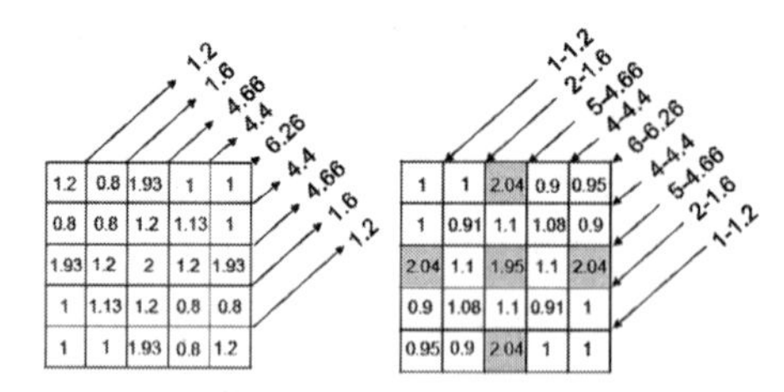

2) 右下向きのデータを 1) の後半と同様に処理します。

3) 右上向きのデータを 1) の後半と同様に処理します。これによって (a) の画素配列の近似値が求まります。

(b) 解析

図 3.10.16　X 線 CT の測定と解析

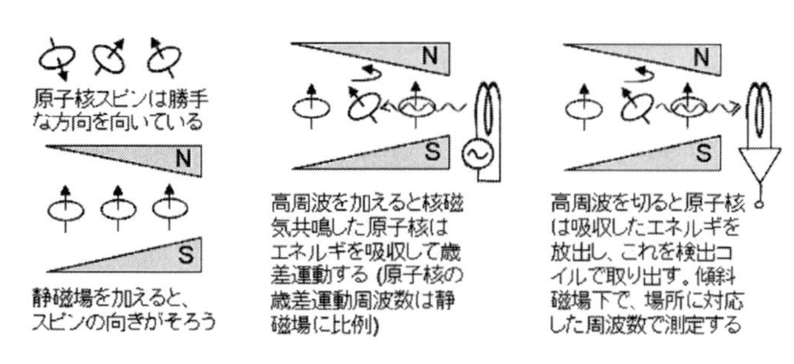

図 3.10.17　磁気共鳴イメージング（MRI）

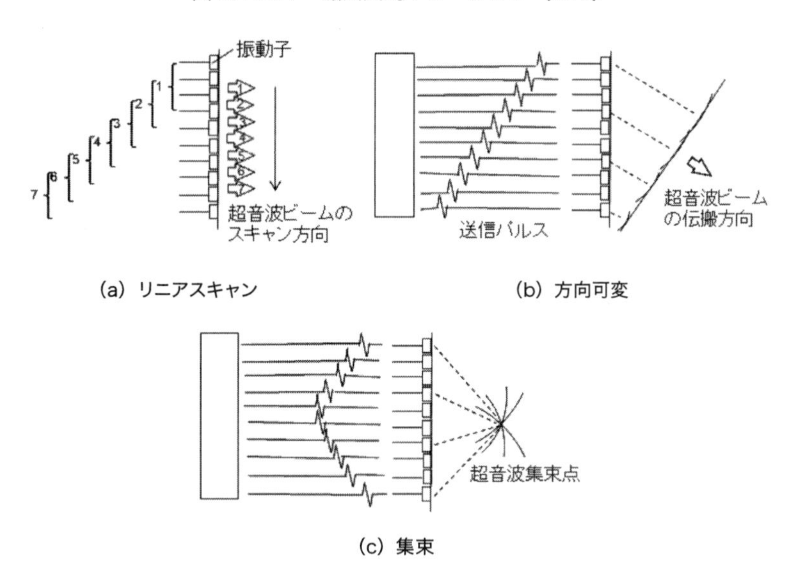

図 3.10.18　超音波診断装置の電子スキャン

眼科で目の断層像を得る目的などで、光の反射を用いた光干渉断層撮影（OCT（Optical Coherence Tomography））が使われます。このOCTは1990年に山形大学の丹野直弘によって発明されました。図3.10.19の例は、近赤外光（波長1.3μm）の波長走査光源（波長スキャン幅140nm）と光スキャナを用いたOCTで、それで得られた指先の断層像を示してあります[22)]。光源からの光は2つに分けられて、参照ミラーと試料で反射さ

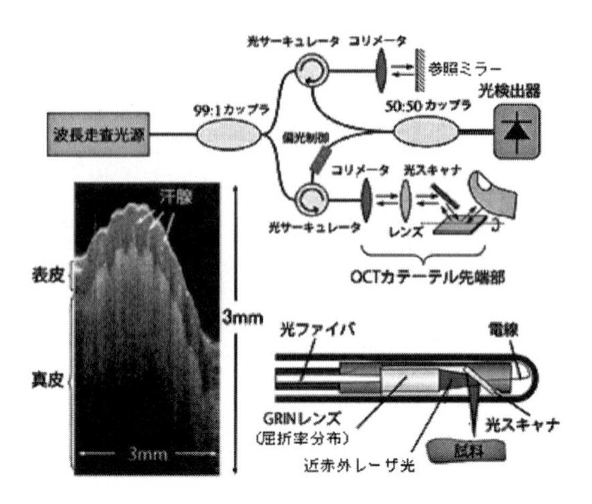

図 3.10.19　オプティカル・コヒーレンス・トモグラフィ（OCT）

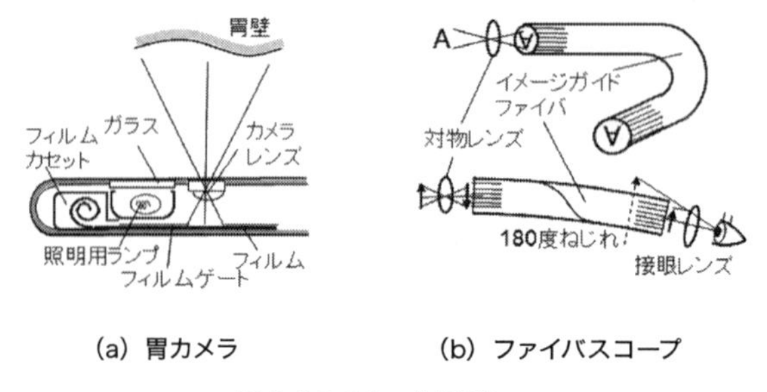

(a) 胃カメラ　　(b) ファイバスコープ

図 3.10.20　内視鏡

れ、これらの反射光を干渉させて光検出器に入力します。参照ミラーを動かすことで深さ方向に、また光スキャナを動かすことで横方向にスキャンして、図のような断層像を得ることができます。

体内に導入した細い道具で観察する内視鏡を紹介します。図 3.10.20 (a) は1950年に杉浦睦夫が作った胃カメラで、白黒のフィルムカメラと照明用ランプを胃の中に入れて胃壁を撮影するものです [23)]。幅 6mm のフィルムはワイヤで引っ張って巻き上げます。この胃カメラにはファインダが無いためにどこを撮影してるか分かりにくいのですが、部屋を暗くして内視鏡の照明用ランプで体の表面がぼんやり光るのを見て撮影してる位置を確認しました。その後1957年より同図(b)のような光ファイバを束ねたファイバスコープが用いられ、外部から胃内の様子をリアルタイムで観察し、その像を写真撮影するようになりました[23)]。その後は内視鏡の先端に搭載した小形の撮像素子（「3.8撮像と表示」参照）で電気信号に変換し、動きの観察や記録ができるようになりました。内視鏡の管を通して試料採取や手術も行われます。カプセル内視鏡と呼ばれる飲み込み型のものもあります。

3.10.5　おわりに

最後に放射性同位元素（RI）を用いた核医学診断装置について述べます。被験者の体内にRIを含む薬物を投与し、発生するガンマ線を検出してその物質を追跡するガンマカメラが、1956年米国のH. アンガーにより発明されました。これには図3.10.15で紹介したX線用イメージングプレートと同様に、シンチレータでガンマ線を光に変えるガンマカメラを用います。

同じようにガンマ線を検知する陽電子断層撮像法（PET（Positron Emission Tomography））と、それに関係した治療例を紹介します[24)]。図3.10.21はPETの原理で、ポジトロン（陽電子）を放出する放射線標識薬剤を投与すると、ポジトロンは周囲にある電子と結合して消滅し180°反対方向に2個のガンマ線を放出します。図のように体の周囲に配置した多数の検出器で同時に計測すると、ポジトロンの消滅点を通る直線を得ることができ、これからコンピュータにより薬剤の分布の断層像が得られます。図に示すグルコースの類似化合物である^{18}F-FDG（^{18}F標識フルオロ・デオキシ・グルコース）を放射線標識薬剤として用いると、グルコースが集まる癌の部分などを画像化することができます。この化合物の半減期は110分と短いため、近くのサイクロトロンで水素イオンや重水素イオンを加速し、ターゲットに衝突させて放射線標識薬剤を合成する必要があります。

図3.10.22はリンパ腫の治療経過をPETで観察した例です。治療前はリンパ腫の部分に^{18}F-FDGが集まっている様子が見えますが、抗癌剤治療

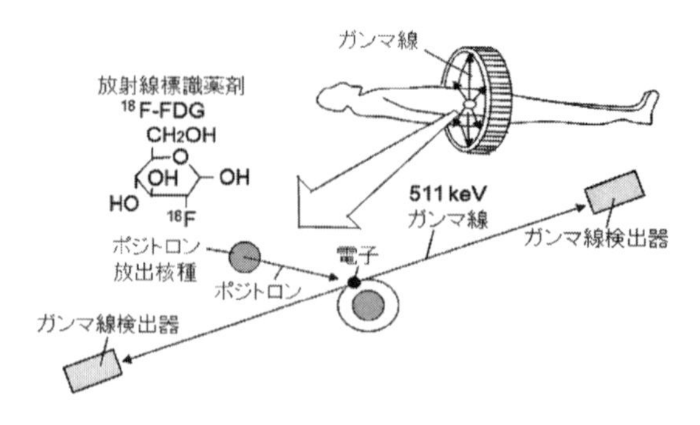

図 3.10.21　陽電子断層撮像法（PET）の原理

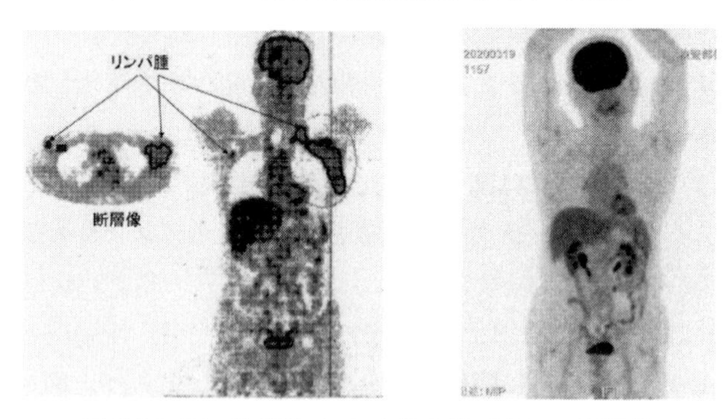

図 3.10.22　治療前（左）と治療後（右）の PET 像

や骨髄移植などの治療を行った後はリンパ腫が消滅していることが分かります。

図 3.10.23 には骨髄移植による治療の経過を示してあります。強い抗癌剤による移植前処置で骨髄を破壊すると、血液中の白血球や好中球、血小板などが一旦ほとんど無くなりますが、骨髄を移植すると再生して回復します。この間は感染への抵抗力が無くなるため、無菌室に居ます。この骨髄移植の仕組を作った人たちや骨髄提供者のお陰で、白血病などの患者の命が救われることに、人々の心の温かさを感じます。

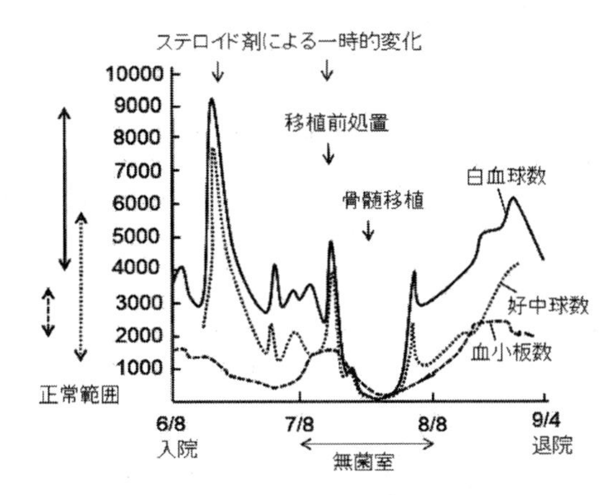

図3.10.23　骨髄移植治療経過

参考文献

1　久保田博南："医療機器の歴史 – 最先端機器のルーツを探る -"，真興交易㈱医書出版部（2003）.

2　小川鼎三："図説 医学の歴史"，学研（1980）.

3　小沢秀夫，渋谷哲男，武田朴，兵後充史，関口哲志，江刺正喜：血圧トランスデューサの性能改善，第25回日本ME学会大会，3-PF-3（1986）.

4　M. Esashi, H. Komatsu, T. Matsuo, M. Takahashi, T. Takishima, K. Imabayashi and H. Ozawa : Fabrication of catheter-tip and sidewall miniature pressure sensors, IEEE Trans. on Electron Devices, ED-29, 1 (1982) 57-63.

5　鈴木良次："現代医療に活用されている医工計測技術"，中谷医工計測技術振興財団（2020）.

6　稲垣孝：トノメトリ法による橈骨動脈波形のAI測定　－オムロン血圧脈波検査装置HEM-9000AI－，Arterial-stiffness, 9 (2006) 42-46.

7　A. Ikeyama, S. Maeda, H. Nagai, M. Furuse, I. Igarashi, H. Inagaki, and T. Kitano : Epidural measurement of intracranial pressure by a newly-developed pressure transducer, Neurological medico-chirurgica, 17 (1977) 1-7.

8　C.C. Collins : Miniature passive pressure transensor for implanting in the eye, IEEE Trans. on Bio-Med. Eng., 14, 2 (1967) 74-83.

9　M.G. Allen : Micromachined endovascularly- implantable wireless aneurysm pressure sensors : from concept to clinic, The 13th Intern. Conf. on Solid-State Sensors, Actuators and Microsystems（Transducers'05）(2005) 275-278.

10　酒井正樹：動物精気の実態はこうして突き止められた　－4. 動物精気の実体－，比較

生理生化学, 14,2(1997) 151-168.
11 L.A. Geddes and L.E. Baker : "Principles of applied biomedical instrumentation", Wiley (1968).
12 宮内哲 : Hans Berger の夢 －How did EEG became the EEG? －, 臨床神経生理学 44, 1(2016) 20-27, 2(2016) 60-70, 3(2016) 106-114.
13 T.R, Gheewala, R.D. Melen and R.L. White : A CMOS implantable multielectrode auditory stimulator for the deaf, IEEE J. Solid-State Circuit, 10, 6(1975) 472-479.
14 M. Esashi and T. Matsuo : Biomedical cation sensor using field effect of semiconductor, J. of the Japan Society of Applied Physics, 44, Supplement (1975) 339-343.
15 K. Shimada, M. Yano, K. Shibatani, Y. Komoto, M. Esashi and T. Matsuo : Application of catheter-tip I.S.F.E.T. for continuous in vivo measurement, Med. & Biol. Eng. & Comput., 18, 11(1980) 741-745.
16 S. Shoji and M. Esashi : Integrated chemical analysing system realizing very small sample volume, Proc. of the third Intn. Meeting on Chemical Sensors (1990) 293-296.
17 T. Aytur, P.R. Beatty, B. Boser, M. Anwar and T. Ishikawa : An immunoassay platform based on CMOS Hall sensor, Solid-State Sensor, Actuator and Microsystems Workshop, (2002) 126-129.
18 K. Takahashi, K. Seio, M. Sekine, O. Hino and M. Esashi : A photochemical/chemical direct method of synthesizing high-performance deoxyribonucleic acid chips for rapid and parallel gene analysis, Sensors and Actuators B, 83(2002) 67-76.
19 稲邑清也 : X線フラットパネルディテクター, 光学, 29, 5(2000) 295-303.
20 遠藤真広 : "医療最前線で活躍する物理", 裳華房 (2001).
21 日本電子機械工業会編 : "改訂 医用超音波機器ハンドブック", コロナ社 (1997).
22 T. Naono, T. Fujii, M. Esashi and S. Tanaka : Large scan angle piezoelectric MEMS optical scanner actuated by Nb doped PZT thin film, J. Micromech. Microeng. 24, 1(2014) 015010(12pp).
23 槌田博文 : 内視鏡, OPTRONICS, 35, 7(2016) 150-156.
24 山下貴司 : PET (Positron Emission Tomography) と最近の話題, O plus E, 27, 1(2005) 68-73.

第4章　ベンチャー企業の創出と運営

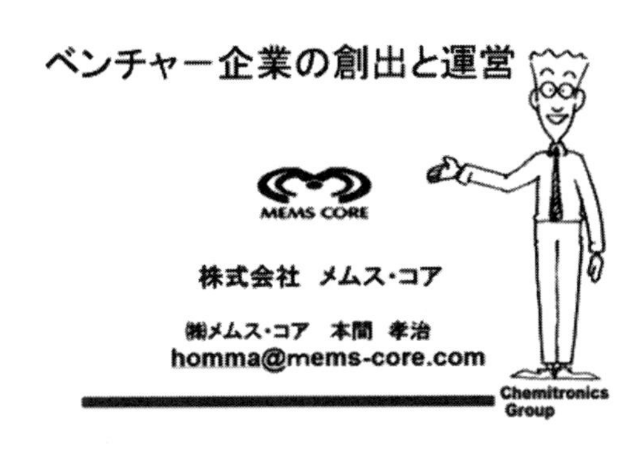

図 4.0.1　ベンチャーとは？

4.1　はじめに[1)]

世界有数の技術立国日本が長期経済停滞から抜けだせないでいる昨今、高度成長時代を生み出したベンチャーや、世界に進出するスタートアップのような企業の出現が期待されている。

日本にはベンチャーの名称がない時代から、“夢と情熱と志”を基に町工場や零細企業から世界企業に発展させた、松下幸之助（松下電器)、豊田章一郎（トヨタ)、本田宗一郎〈本田技研〉、井深大（ソニー）などの先人達がいた。彼らは“夢の実現”や”生きがいを求めて“ベンチャー創設への道を開き（図 4.1.1、図 4.1.2 参照)、その成功例は多くの産業に影響を与え技術立国日本を築き上げることに寄与し、日本の電子産業から生まれたベンチャー企業は 1990 年代の高度成長期に世界市場を凌駕し、国内生産高 26 兆円の実績をもって国を繁栄させ、関連した大学と共に日本の科学技術力を世界中に発信し国際的な地位を築き上げた。

その後、日米貿易摩擦を恐れた行政指導と戦略的な失敗やリーマンショックなどで 2013 年には 11 兆円まで凋落し、輸出大国の源泉とされていた大企業の崩壊と共にベンチャーの勢いも衰えてしまい、新たなビジネ

―夢と情熱と志―

―他を生かし自分を生かす起業の歓び―

松下電器（松下幸之助）、ホンダ（本田宗一郎） ソニー（井深大）、トヨタ（豊田章一朗）、などの 巨大企業も初めは一人か二人の零細企業から生じている！

図 4.1.1　ベンチャー創設への志

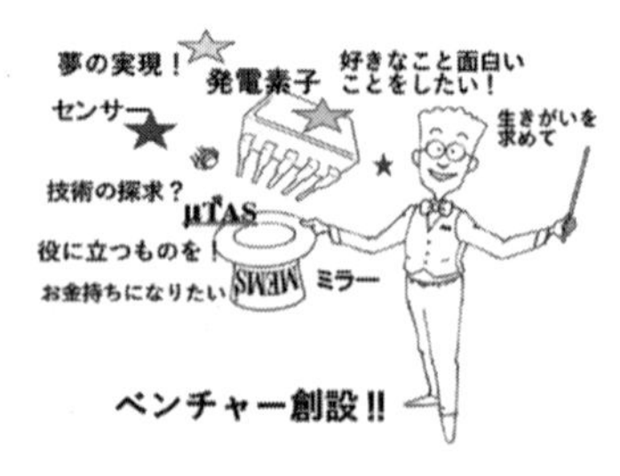

図 4.1.2　ベンチャーへの想い

スを創出できずに停滞している。一方、米国を主とするベンチャーの雄達は国際的戦略思考の下で世界市場を席巻するビジネスを創出し続けており、今やスタートアップ群の成長が新たに可能性を秘めた未上場企業ユニコーンを生み出し、巨大な市場を構築してゆく。

ここでは、ベンチャーとは何か？、スタートアップやユニコーンを創出させる手段は何か？、日本の町工場が如何にして大企業になり技術立国を誕生させたのか？、なぜ大企業が崩壊し技術立国が凋落してしまったのか？、復活のシナリオは？など、先人達の思考や歩み方などを垣間見ながら、これからベンチャーやスタートアップ企業を志す人々に少しでも参考になればとの思いから、ベンチャーの草分けとして町工場から世界企業へ躍進したSONYの生い立ちと奮闘をたどり最近の例として2001年にMEMSデバイスをビジネスターゲットに創設した東北大学発ベンチャーメムス・コア社の運営経過を考察してみる。

4.2　ベンチャーとは何か?スタートアップ企業との違い（巨大企業群GAFAMの出現）[2)]

ベンチャーとは、米国東海岸の保守的な思考から脱皮し、自由で革新的思考が受け入れ易い、西海岸サンフランシス近辺のシリコンバレーを中心に、“新規事業を設立した小企業”や“クリエイテブな事業に挑む企業”、を総称した名称であり（図4.2.1参照）、近隣のカルフォルニア大学やスタンフォード大学の支援を受けながらその成功体験例が世界中に拡散して

図 4.2.1　シリコンバレーの誕生

いった。しかしどのような事業創設をベンチャーと称するのか、どこまでがベンチャー企業なのか？などの決まりはなく、設立後20年を経ても目標を達成するまではベンチャーと称している企業もあるが、概ね設立後10～15年程でベンチャー企業の看板を下ろすことが多い。

日本でもシリコンバレーの成功に刺激されて革新的技術を掲げて小さな企業の創設が始まったが、1970年に法政大学総長であった清成忠男先生が、専門能力を有する企業家的人材が自分の夢を実現化するために起業することを“ベンチャービジネス”と総称したことから、一般的に用いられるようになった。しかし、ベンチャー発祥国の米国では起業家や自ら事業を起こす創設者をアントレプレーナ（entrepreneur）と称しており、Venture business では通用しないので注意を要する。

シリコンバレーでベンチャーが盛況で大きな成果を挙げ続けられるのには、

(1) 幼年時から独立心と向上心が養われ個性を尊重する教育方針で育てられておりベンチャー設立に躊躇せず不安を待たないこと、
(2) 地域のスタンフォード大学やUCバークレイなどの大学から起業対象に成り得る情報が絶え間なく入手できること、
(3) ベンチャーにとって最も重要な人材や資金集めが容易であること、

起業にとって重要な以上の三つの要素が整っていることがあり、多くの

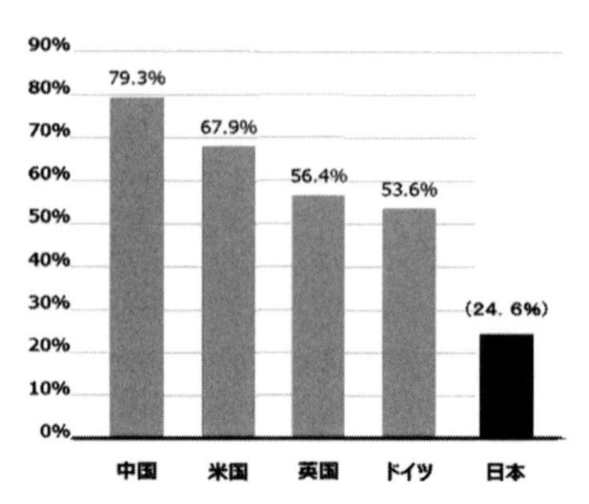

図 4.2.2　起業を望ましい職業選択と考える人の割合（2019 年）
出典：内閣官房 新しい資本主義実現本部 2019 年資料

人々が起業を職業選択として望ましいと考えており（図 4.2.2 参照）、起業が社会的に認められていることにある。ここでも保守思考の強い日本では、起業はあまり高く評価されずに中国や米国の 1/3 にも満たない状況であり、起業率の低さに影響している、また企業の際に最も重要な資金に関しても、シリコンバレー近辺では将来高い成長率が望めるベンチャーに投資をするファンド VC（Venture Capital）が非常に活動的であり、多額な投資と融資を頻繁に実施していることにある。その投資実績は日本の 100 倍もあり、ベンチャー躍進の後ろ盾となっている。このようにビジネス環境が希薄な日本では、明治維新や敗戦後の占領軍統治などの未曽有の大変革でもなければ、どんなにベンチャー創業を促しても米国の足元にも追いつけず幻影すら見えない。

一方、米国では、このような潤沢な資金の下に革新的な技術とアイデアを掲げて、急速にビジネスを拡大して巨大化する企業が現れており、従来のビジネスモデルでのベンチャー企業と区別するようになっている。その代表例がシリコンバレーでベンチャー企業とされていた Google や Apple、Facebook（Meta）、Amazon、Microsoft であり、彼らの頭文字 G、A、F、A、M を取って GAFAM と称し、従来のビジネス概念では想像できなかっ

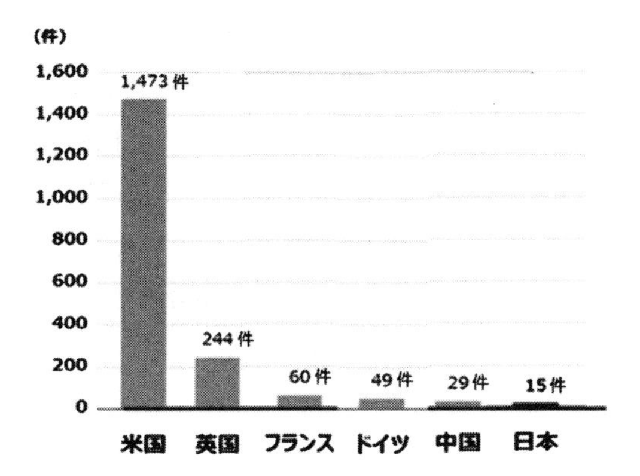

図 4.2.3　事業会社によるスタートアップ投資件数の国際比較（2019年）
出典：内閣官房 新しい資本主義実現本部 2019年資料

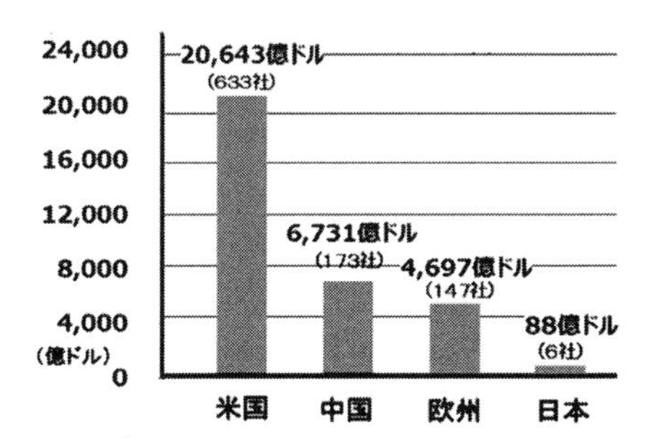

図 4.2.4　ユニコーン企業数とその時価総額の国際比較（2022年）
出典：内閣官房 新しい資本主義実現本部 2019年資料

た革新的事業（イノベーション、Innovation）をもって短期間に巨大企業にさせたことが評価され「スタートアップ」と称されるようになった。

日本ではスタートアップの語意を直訳してベンチャー設立から時間がたっていない企業や新たな企業創設をスタートアップ企業と称していることが多い、しかしながら、本来の“スタートアップ”は“ベンチャー企業”の一形態ではあるが、従来にないイノベーションをもって創業し、短期間にビジネス開拓を達成し巨大成長させることであり、イノベーションと成長スピードの観点から大きな隔たりがある。

さらに近年では、時価総額10億ドル（1500億円）以上の未公開企業をユニコーンと称するようになり、このユニコーンは近未来にGAFAMのような国際的な影響力を及ぼす巨大企業になるとして注目されている。そのユニコーンを誕生させるために米国を中心に既存の事業会社がスタートアップに投資したり、イノベーション型ベンチャーをM&Aすることを進めており、ここでも保守専念病を患いリスク回避思考で固まっている日本では図4.2.3に示すように、米国の100分の1程度しか投資していない悲惨な状況であり、故に日本のユニコーン企業数は図4.2.4に示すように米国の235分の1、中国の76分の1、欧州の53分の1、の僅か6社しか存在しない状況であり、不況打破どころかこのままでは先進国から離脱しかねない状況を呈している。

4.3 ベンチャー創出への背景（社会の変革が創出のトリガー、日本でのトリガーは？）[3)4)5)]

ベンチャーの創出には社会的な変革が影響している。ベンチャー発祥の米国では建国以来、東海岸の権威あるMIT（Massachusetts Institute of Technology)、ハーバード、ボストン、ケンブリッジ、などの大学を中心に欧州の大学に倣って伝統的な基礎学問や学術開発に力を注いでいたが、西海岸のスタンフォード大学やUCバークレイなどでは自由な発想と柔軟性、スピード感と自由闊達な雰囲気の下で、革新的技術や独創的な研究開発も精力的に進めていた、そのために全国から個性的な学生や研究者が集まり、多くのイノベ―ション型企業を湧出させてゆき、その革新性とスピード感ある事業達成例は瞬く間に世界中に拡散し、羨望と憧れをともなう“ベンチャーの聖都シリコンバレー”を創り上げてしまった。その成功体験例はさらに多くの優れた若者を集め、また多くの国からベンチャー創業の極意を取得するための研究生を受け入れることとなり、その中からもまた優れたベンチャーが育ってゆくことで波状的に“スタートアップ企業”を生み出す土壌を構築している。

しかし、花が咲いたのは西海岸のシリコンバレーであるが、新商品の基礎論理や技術は東海岸の大学や企業の研究所から発したものが多く、長年かけて築き上げる基礎学術と短期間に成し遂げる開発力が無ければイノベーションは達成できない。

日本の場合はどうであろうか、世界でも古い歴史を持つ日本では数百年の歴史を持つ企業も珍しくない、特に鉄器、刃物，繊維、発酵業、それを商う商社などは500年以上の社歴を持つ老舗も多い、しかし殆どの老舗はその家柄を継ぐために不変の伝統維持を守らざる負えず、イノベーションに該当する変革を起こし難かった。

それが、徳川幕府から明治維新への未曽有の大変革が発生したおりに、新たな政権を獲得した新政府の官僚達は西洋文化の導入と技術模倣により、起業創設ブームを生じさせ、わずか十数年で近代国家へ変貌させたが、この変革は官僚主導による改革であり、老舗企業を大企業に育て上げることには役立ったが、企業内のイノベーションで閉じてしまった。

それでも、刀を差した武士の国が瞬く間に近代国家へ進化したことで西洋諸国を驚嘆させたし、次の大変革である昭和の戦後復興でも、全てを焼き尽くされた焼け野原から町工場を立ち上がらせて、やがては世界的企業にまで成長させたことで再び世界を驚嘆させた。しかしながら、殆どの企業では古き伝統を守ることから抜けられず、シリコンバレーなどの海外からの影響なしには改革や新たな事業開拓へは進めなかった。

このように、日本の場合は社会的な変革がトリガーとなってベンチャーは生じるが保守性が強く、イノベーションを起こしスタートアップ企業まで発展させることは難しい。

4.4　ベンチャーによるイノベーションの発祥（電子立国日本の誕生と衰退）[3) 10)]

日本でも稀なイノベーションを僅か数人の町工場から起こした先人達がいる、それは1946年の終戦直後に軍需電子機器の開発者で科学技術者だった井深大氏（当時37歳）が、“技術で日本を立て直すしかない”との信念からから東京日本橋の空襲で焼かれた白木屋百貨店の配電盤室を借りて東京通信研究所を起こし、当時唯一の情報入手機器であったラジオの修理から事業を始めた、そこに戦時中の技術交流会で知り合った元海軍中尉盛田昭夫氏（当時25歳）が加わり、1946年5月に東京通信工業(1958年にソニーに社名変更）として株式会社にしたことから始まる。当時の日本は米国が率いる連合国占領軍が政治、経済、全てを統治していたが、戦時中の軍事統制時代よりは、はるかに自由な社会となり、戦後復興の混沌とした中で日本を愁い“燃える想いと信念”で創設した。事業目標は独創的な技術で革新的な新商品を市場へ出すことであったが立ち上げ時は空襲で焼かれたNHK放送設備の修理と機器補修を請け負う仕事が主であり、その時二人は“自由闊達にして愉快なる理想工場”と“技術を通じて日本の文化に貢献すること”、を社是に挙げ、同じ志を持つ技術者を募集し20人の中小企業に進化させた。設立時の資本や経営保証は酒造業を経営していた盛田氏の父親が担ってくれたことと、放送業界に折衝能力を持ちマネージメント力のある井深氏の義父である元文部大臣前田多門氏や金融機関との繋がりがある帝国銀行の元頭取などの経済界の大物達を経営者や役員として迎え入れることで、発足して間もなく躍進への足掛かりを確保した。この時点で既に真の“イノベーション型ベンチャー”であり、現代のベンチャーよりはるかに行動力が勝っており、マネージメントも優れていた。その時定めた“自由闊達で愉快”はその後の歴代経営者と社員に社訓として受け継がれており、封建制度的経営で淀んでいた大企業では成し得ない世界企業への到達を一早く達成させている。

しかしながら、どのような企業でも紆余屈折があり失敗がある。ここでは設立の翌年に本社を品川区大崎に移転した際に盛大な祝賀会を催し、その出費が予想を上回ったため資金ショートを起こし給料遅配の失敗を経験している。それでも進化の勢いはとどまらず、翌々年の1950年にNHKで見かけたテープレコーダに着目して事業化を決意、安立電気と日本電気から製造特許を買収し、製品開発を僅か1年で成し遂げることで、創業期の混乱を乗り越えるとともに音響機器ビジネスへ道を開いた。

その後1948年に米国ベル研究所で発明されたトランジスタの製造特許・

実施権と技術導入を中小企業では考えられない巨額（現在換算1.5億円）な価格でウェスタンエレクトリック（WE）社と締結し、その勢いは世界初の5石トランジスタラジオを開発し市場に出すことでSONYの名を広め、その後超小型ビデオカメラ、ハンデーカムやウオークマンなどの世界的ヒット製品を続々と想像を超えるスピードで世界中に送り出し、瞬く間に世界の寵児ともてはやされたSONY。世界的企業に躍進させたのは創業者である井深大氏の持つ先を見る卓越した開発力と盛田昭夫氏の持つ高度なマネージメント力で成し得たものであるが、「東京通信工業」が外国人にとって発音しにくい名称だったことから、ラテン語のSONUSと英語のSONNYをもとに、社名をSONYに変更したことや独自ブランド“SONY”に拘りOEM生産を断り続けながら次から次へ革新的な新製品を出し続けたことは、設立当時から自由闊達と“独自技術で世界進出”に拘り続けた二人の大胆な改革と独創性を貫くベンチャー精神そのものと言える。そのソニーの従来にないベンチャー由来の革新的経営に目覚めさせられた日立、東芝、富士通、日電、沖電気、などの大手電機メーカも、こぞって新商品の開発に力を注ぎ始め、その系列下にあった多くの電子部品メーカや、関連する装置メーカまでもが新たな電子部品や装置開発への投資と技術開発への挑戦を始め高度成長の波に乗ってゆくが、電機メーカの多くは戦前から米国東海岸の影響を受けて、大学関連の支援を受けて商品開発に必須となる基礎学術と技術開発員を養う中央研究所を設立しており、目標を10年後、20年後、50年後の繁栄を目指しながら材料から応用までの広範囲な研究開発を進めながら、お互いに新製品を求めて競い合っていた。大学では基礎学術を基にイノベーション発祥を支援していたが、中でも電気通信や磁性材料等で世界的評価を得ていた東北大学では電子材料や電子通信技術、精密加工技術を中心に専門の研究室を開設し、優れた研究開発者を企業に送り出すことで電子産業界を支援していた。この効果が1970年代の電子産業界から始まった新商品開発による世界市場への躍進を促し、半導体ビジネスを中心に電子立国を築き上げた、特に半導体の頂点でもある超LSIの開発と製造では日立、東芝、富士

図 4.4.1　日本の基幹産業の衰退

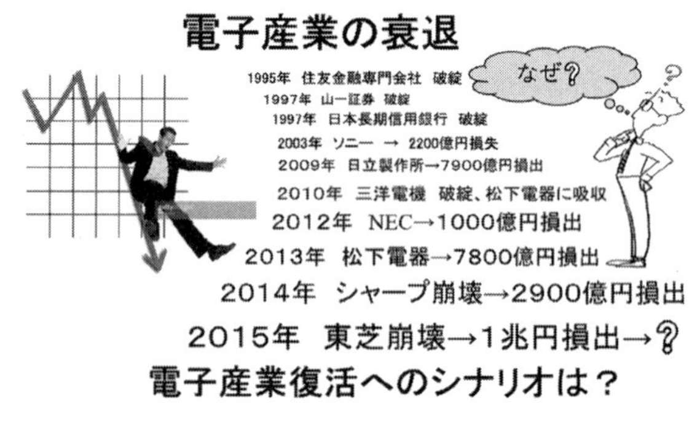

図 4.4.2　電子産業の衰退

通、日本電気、沖電気、などの電機メーカが世界最先端の技術と生産量を競い合い、年間10兆円近い貿易黒字を稼ぎ出して世界市場を凌駕していった。しかしながら1990年代の米国で始まった株主価値重視経営の流れは、長期間の投資を必要とし早急な利益計上ができない基礎研究への投資が敬遠され始め、IBMワトソン研究所やAT＆Tベル研究所での基礎研究からの撤退が始まり、その影響は日本でも基礎研究から開発へのシフトが始まったが、高度成長後のバブル崩壊と重なり、やがて米国追従一辺倒で自主性のない日本の近視眼的な経営者たちは、創業者たちが将来のために築き上げてきた中央研究所を終焉させてしまった。

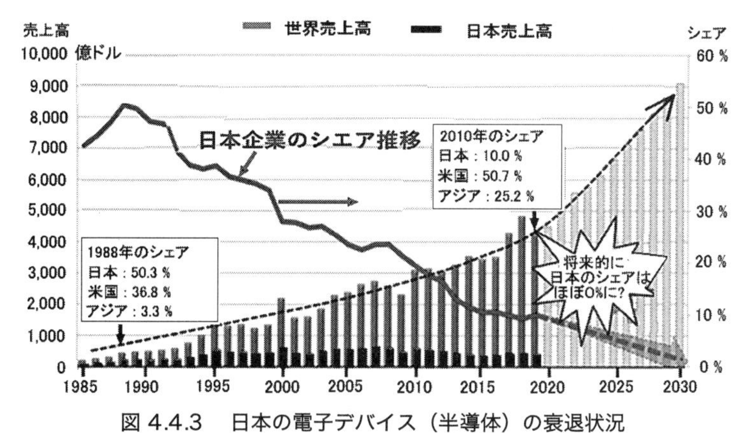

図 4.4.3　日本の電子デバイス（半導体）の衰退状況

出典：経済産業省（2021.3.24）第 1 回半導体デジタル産業戦略検討会議資料より

電子立国を築いた基本技術の殆どは中央研究所から発したものであり、その発信元である中央研究所を崩壊させた報いは、それ以降 30 年以上続く技術開発力の低下と企業業績の沈滞を招いてしまった。追いうちをかけたのが、図 4.4.1 に示すような高度成長の終焉に伴う、鉄鋼、造船、LS I、家電、等の基幹産業の衰退であり、国力低下に伴う大学への経済的圧力と研究開発費の大幅減小である。

特に、図 4.4.2 に示すような電子産業の衰退に伴う半導体産業の崩壊は、小資源国日本に最も望ましい高付加価値産業を失う事であり、一時は世界半導体産業の上位を独占し市場を凌駕してきた日本の電子デバイス（半導体）産業が、図 4.4.3 に示すように 1998 年に世界市場の 50%超えた時期をピークに、世界市場が上昇している中で日本だけが急速に下がり続けて 2019 年には 10%を切り、このままでは 2030 年には 0%になるものと推測されている。

この電子立国の崩壊は電子産業界の継承を担う自然科学系大学院生の減少と理工系を目指す中高生の夢を砕いてしまうと共に、小資源国日本の将来を危うくしてしまうことは必然である。

世界市場を立ち上げながら、市場の成熟に反比例して衰弱してゆく状況などから、日本は商品市場を開拓する技術開発には長けているが、市場の成熟に伴うビジネス戦略が乏しいことを教示しており、正に“戦術で勝ち戦略で負ける”という、最も非効率的な戦い方をしているように思えてならない、これからのベンチャーは技術だけではなくビジネスマネージメントも身に付けなければ、どんなに優れた商品を開発して市場にだしても栄冠を得られずに淘汰されてしまう恐れがある。

4.5　ベンチャー企業の現状と動向 [6) 7) 8) 9) 11)]

日本にはベンチャーがどのくらいあるのか？どのようなベンチャーがあるのか？ベンチャー企業の定義が定かでないので正確には把握はできないが、2000年度の科学技術庁の調査では4635社、日本経済新聞社では2600社、が挙げられており、中小企業創造活動促進法によるベンチャー認定では全国に360万社ある中小企業の中で数千～1万社が該当しており、その中で大学発ベンチャーは4782社とされている（図4.5.1参照)。

ベンチャーの増減はその時の経済状況を強く反映しており1990年までは50社程度で推移していたものが高度成長と共に2008年には1800社まで増加した、しかし、その勢いはリーマンショックによるバブル崩壊で鈍化し2016年までの10年間は殆ど動きが無く、その後、経済状況の回復や国や大学のベンチャー創設支援などもあり、最近では年間400件以上の新設が報告されており、その勢いは前回の高度成長期をはるかに超えている。

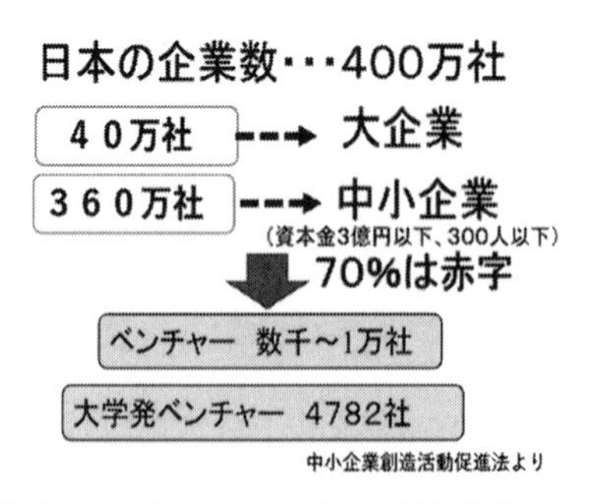

図 4.5.1　日本にはベンチャーが何社あるのか？

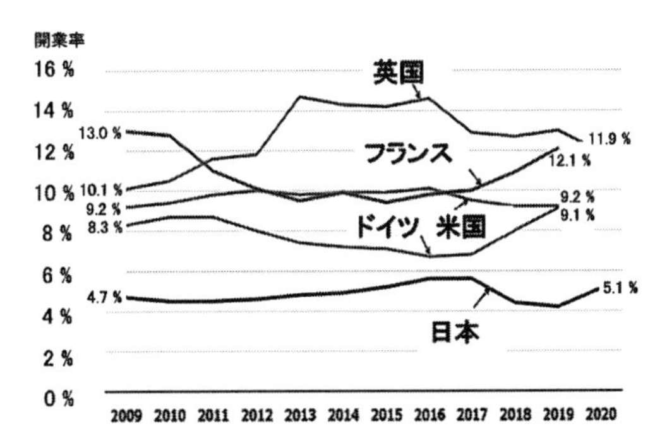

図 4.5.2　先進各国の開業率の推移
（注）開業率＝年度に開業した雇用関係事業所数 / 前年度の雇用保険適用事業者数
出典：中小企業庁 2022 年度版（中小企業白書）

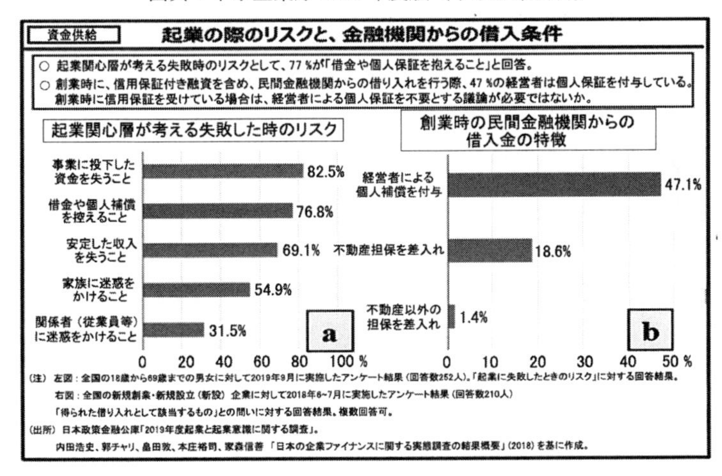

図 4.5.3　起業のリスクと金融機関の借入条件

内閣府の調査によれば、図 4.5.2 に示すように日本の開業率は欧米に比べて半分ほどで低迷しており常に最下位を続けている。開業率が低い最も大きな要因は図 4.5.3a に示すように投下資金を失うことや個人保証を抱えることを懸念してのことにあり、実際に金融機関からの借り入れには個人保証や不動産担保を求められており図 4.5.3b に示すように、個人保証の重たさは、事業に失敗したことで家や財産を失う話が周りに飛び交っており、どんなに志が強くても家族の同意が得られずに断念することが多い。

開業資金の件では日本でも未上場企業に投資するファンドが増加しており、その中には事業資金以外に開発人員の確保や顧客開拓まで支援してくれるところもあるが、従来型のファンドではリスク回避を重視し、投資ではなく融資に近い保証を求めてくることが多いので注意を要する。

ベンチャーファンド以外の資金導入方法としてベンチャーエンジェルがあるが、エンジェルとはファンドのような利益追求を主目的とせず、開発目標の意義に協賛して出資に応じてくれたり、社会奉仕を目的に資金投入をする篤志家を称している。残念ながら日本には極めて少なく、さらにこのようなベンチャーエンジェルは自らをエンジェルと開示していないので、巡り合うことが難しく、主に知人からの紹介となるが、人伝故に詐欺師まがいの輩に出会う可能性もあり注意を要する。

4.6 ベンチャー企業創設と運営例（東北大学発ベンチャー、メムス・コア社）[3) 12) 13)]

4.6.1 MEMSベンチャー設立の動機ときっかけ

ベンチャーには“夢と情熱と志”が欠かせないことは、町工場から世界企業に発展させた先人達が示してくれているが、それを実現しようとする“動機ときっかけ”が創業に繋がる。

東北大学発ベンチャー、メムス・コア社の場合は、2000年春先に35年間MEMSの研究開発をしてきた東北大学の江刺教授と35年間日立中央研究所その他で半導体デバイス開発と装置開発をしてきた筆者、それに研究所時代の仲間達5人が集まり大学の研究成果と企業の技術ノウハウを合体させた、究極の“モノつくりビジネス”（図4.6.1）をテーマに話し合ったことから始まる。

当時は日本の半導体産業が衰退し始めた頃であり、半導体技術の再活用先としてMEMSビジネスに大きな期待を抱き東北大学を訪問していた。MEMSは半導体デバイスの仲間だが、主流のメモリーやロジック素子に比べて極めて幅広く、今まで従事してきたLSI開発と比べて種類も品種も作り方も多様なところが極めて魅力的に感じられてベンチャー創設へ

究極のビジネスを求めて・・・
大企業で蓄積してきた技術ノウハウと
大学で蓄積された知識を基に
零細企業の経営経験でベンチャーを創設
New Factory!
モノつくりビジネス

図 4.6.1　究極のモノつくりベンチャー設立へ

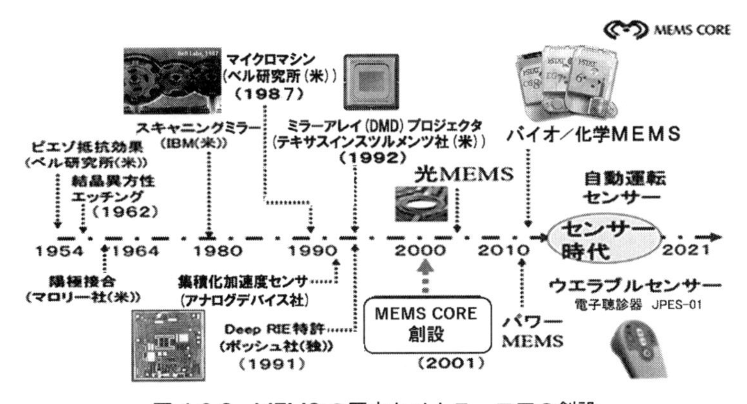

図 4.6.2　MEMS の歴史とメムス・コアの創設

進んだ。しかし、その多様性が後の企業運営では最大の難関になるということを思い知らされることになってしまった。

4.6.2　ベンチャー設立への準備

東北大学での集まりを通じて MEMS への魅力は深まったが、実際に仕事とするならば、ビジネスとして成り立つのか？どのくらいの費用が必要なのか？今後の発展性は？弱点は？などを調べる必要がある。メムス・コア社の場合では、一年をかけて国内の企業訪問や講演会等で情報を得ると共に、江刺教授と米国や北欧の大学や研究所を巡り、MEMS の市場や大学との連携について情報を得た。ここで得られた情報の中で、

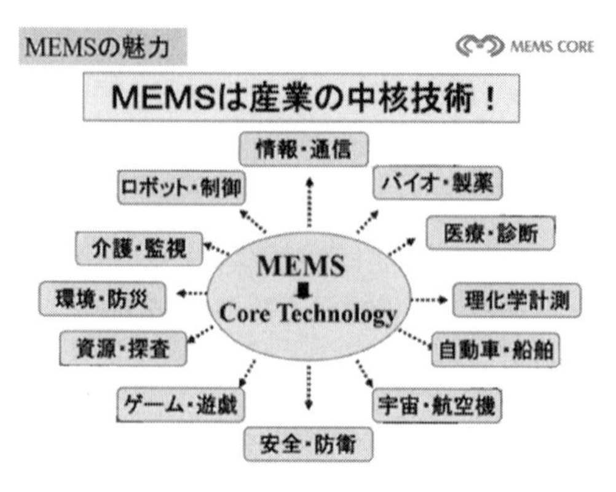

図 4.6.3　MEMS の魅力・産業の中核

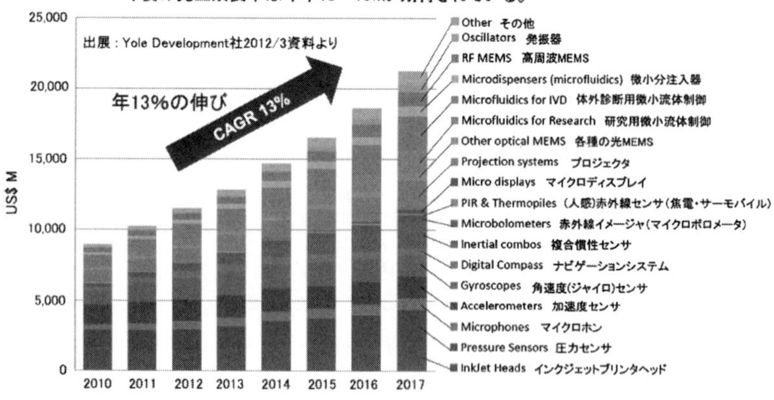

図 4.6.4　MEMS の市場予測

(1) MEMS（Micro Electro Mechanical Systems）は、誕生以来30年以上、図 4.6.2 のような歴史を持ち、多くの産業の中核技術とされていること（図 4.6.3 参照)。

(2) 年に 13%以上の伸び率市場予測をされているが、図 4.6.4 のように殆どの製品が多品種少量生産となるために少品種大量生産を得意とする半導体企業には進出が難しい領域であること。

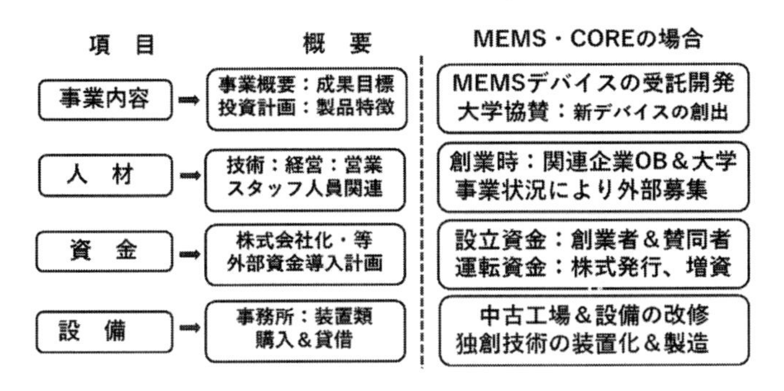

図 4.6.5　事業計画書の例

(3) 半導体製造技術を中心に先端技術の開発を必須とするビジネスであるから、東北大学との協賛が望ましく、少人数技術集団で挑むベンチャーなら勝算があること。

(4) 半導体製造技術を熟知した人材と高額な半導体用装置、インフラを必要とすること。この情報から、最も難解な人材と高額な設備インフラ対策として、技術屋も装置も定年退職された方々を主役に迎えることや、大学との協賛で独創技術とオリジナル装置を開発して従来企業との差別化を図る。などの低コスト高付加価値商品の立ち上げを目標に“MEMS ベンチャーの設立提案書”を作成して賛同者を集い、株式会社として登記申請した。

(5) 設立提案書

共同設立者になってもらいたい人や企業を対象に、企業設立の目的や意義などを集約した設立計画を提案書に纏めて、賛同者を募う。(対象が知人、友人であれば事業計画書で対応)

(6) 事業計画書（図 4.6.5）参照

投資ファンドやエンジエルを対象に、事業内容、人材、資金、設備等を集約した事業計画書を作成する。内容は該当事業に投資価値があることの説明を主旨とし、事業成就時期までの投資内容と得られる成果を簡潔に纏めて投資を募る企画書とする（ただし、投資ファンドの決済期限は10年が多いのでそれまでの事業成就が求められることに注意)。この事業計画書は事業達成に関わる重要な指針となるので、運営に関わる、人、モノ、金、に関する実値に沿った情報が求められる。

4.6.3　ベンチャーの運営

MEMSベンチャーは2001年1 2月に仙台に株式会社メムス・コア(図4.6.6)として発足。

設立資金：事業計画書を基に設立者6名、設立賛同者2名の合計8名で出資5000万円を資本金とする。(1株5万円で10万株発行)

開発人員：研究所OB 3人　東北大OB 3人　事務系1人　計7名で業務

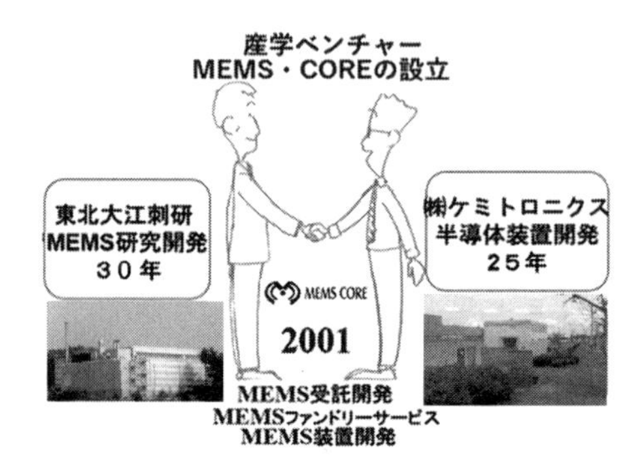

図4.6.6　株式会社メムス・コア設立

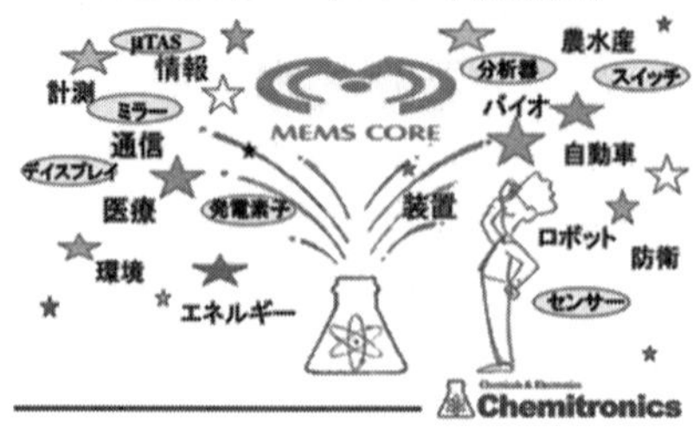

図4.6.7　メムス・コア事業紹介

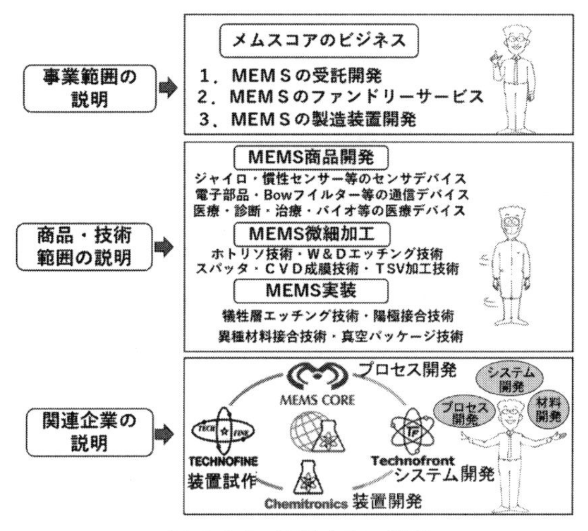

図 4.6.8　事業内容の説明

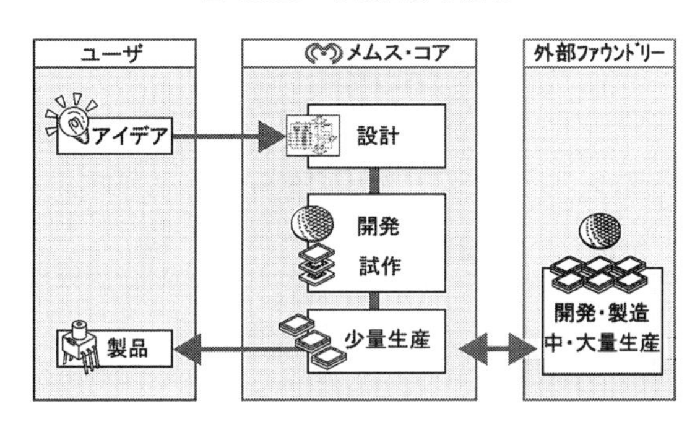

図 4.6.9　受託開発の範囲

開始

開発場所：仙台秋保にある関連会社と東北大学の半導体製造装置を貸借

事業対象：医療、通信、その他多くの産業を顧客対象とする（図 4.6.7 参照）

事業内容：

メムス・コアでは MEMS の受託開発を主業務とし、試作や少量生産向けファンドリサービスや独創技術の開発などにも対応し、医療、通信、

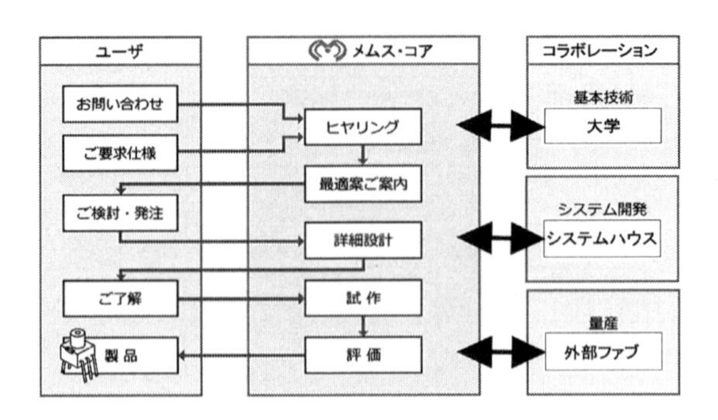

図 4.6.10　受託開発の流れ

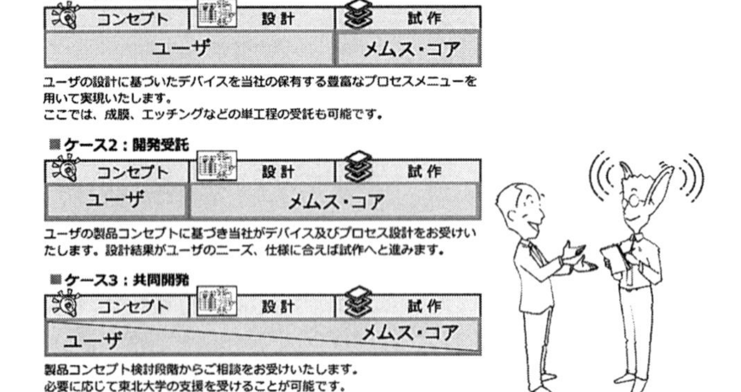

図 4.6.11　受託開発のケース例

計測、などへの新たな MEMS 商品の開発やオリジナル装置などを事業対象とする（図 4.6.8 参照）。

受託開発範囲（図 4.6.9）：

基本的に顧客のアイデアを基に設計、開発試作、少量生産まで請け負い、製品として納品する。

受託開発の流れ（図 4.6.10）：

基本的に顧客の要望を満たすために、仕様決定、受発注、時に協議を進め内容によっては、大学やシステムハウスからの技術導入や外部ファブへの再委託も進める。

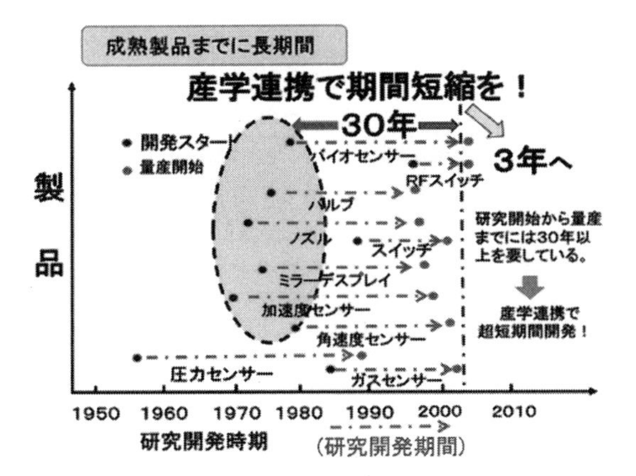

図4.6.12　産学連携で開発期間を短縮

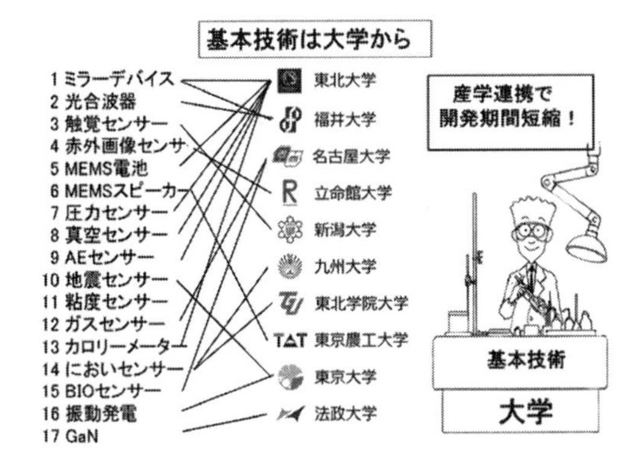

図4.6.13　大学の基本技術で期間の短縮

受託開発例（図4.6.11）：

(1) 顧客が商品コンセプトから設計まで実施する試作受託、

(2) 商品コンセプト以外を受託する開発受託、

(3) 全てを一緒に開発する共同開発がある。

開発期間（図4.6.12、図4.6.13）：

これまでMEMSデバイスは開発から成熟製品になるまで30年以上を要した難問があったが、専門に開発を進めている大学との産学連携で目標

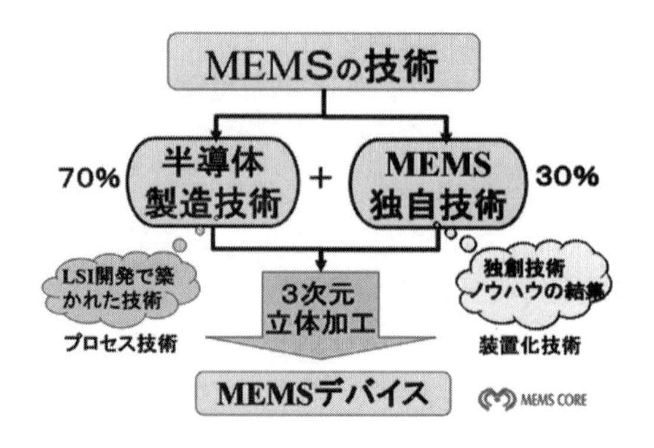

図 4.6.14　MEMS デバイスの製造

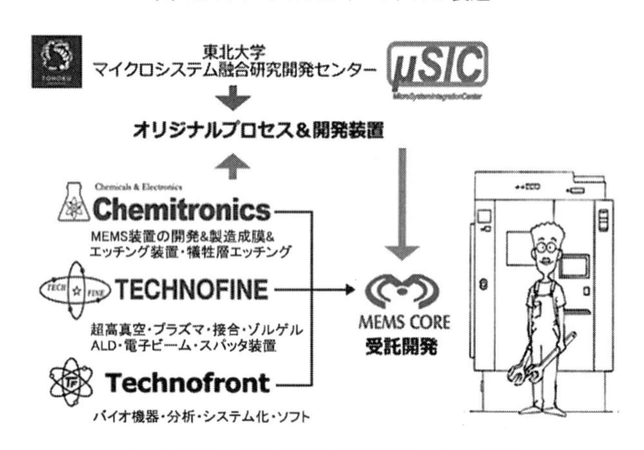

図 4.6.15　装置開発専門企業による支援

3年の超短期開発を企画している。

先端技術の開発：

MEMS デバイスの製造には半導体製造技術と MEMS 加工用特殊技術を合体させた3次元加工技術が必要になる、図 4.6.14 参照。この課題には東北大学のマイクロシステム融合開発センター（μSIC）が主体となって、先端技術用装置開発が実施された経緯があり、メムス・コア社はμSIC の参加企業として得られた成果を活用している。さらに、図 4.6.15

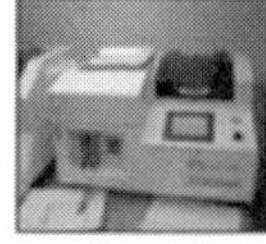

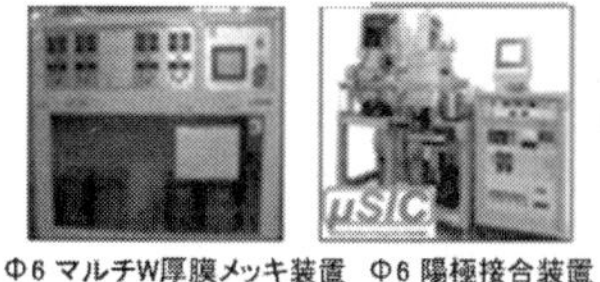

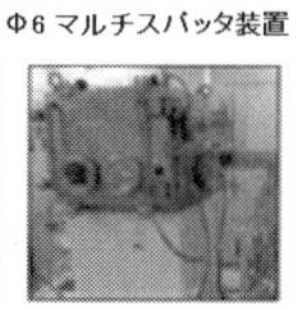

図 4.6.16　MEMS 製造装置の開発例

に示す如く装置開発専門企業の支援を受けながらオリジナル技術を装置化することで多種多様な仕様にも対応できる体制を構築している。

中でも μSIC が開発した MEMS 製造装置類は、半導体製造装置では加工できない領域をカバーする独創的な装置類があり、多種多彩な受託開発を可能にしている（図 4.6.16 参照）。

ここで、最近の MEMS の活用範囲は

(1) 社会インフラの監視、図 4.6.17 参照

自然災害の多いに日本では、地震、噴火、洪水、地滑り、などの監視対象が多く、今後安全対策上で急増してゆくものと推測され、さらに、橋梁や高速道路、高層ビル、船舶などの構造物の老朽化監視も増加してゆくものと思われる。

(2) タウンセキュリテイ、図 4..6.18 参照

以前より Panasonic 社等が進めていたが、巷のセキュリティ対策には監視カメラや人感センサーの役割は益々増大してゆく、特に治安維持などで

MEMSの市場

今後伸び行くMEMS市場

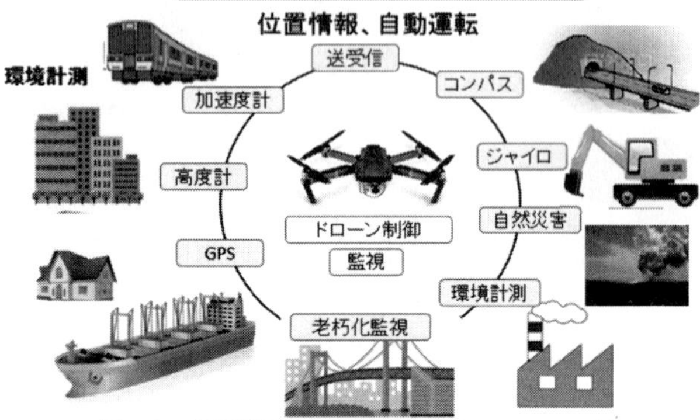

（第131/154学術振興委員会合同研究会、名大2017・10・17　本間）

図 4.6.17　MEMS の活用範囲（監視）

MEMSの市場

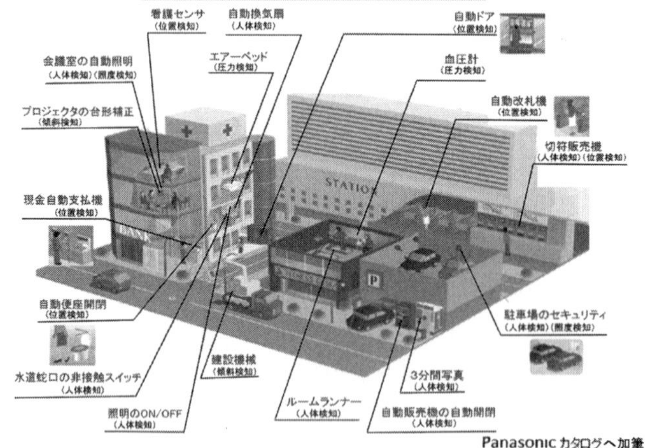

（第131/154学術振興委員会合同研究会、名大2017・10・7　本間）

図 4.6.18　MEMS の活用範囲（セキュリティ）

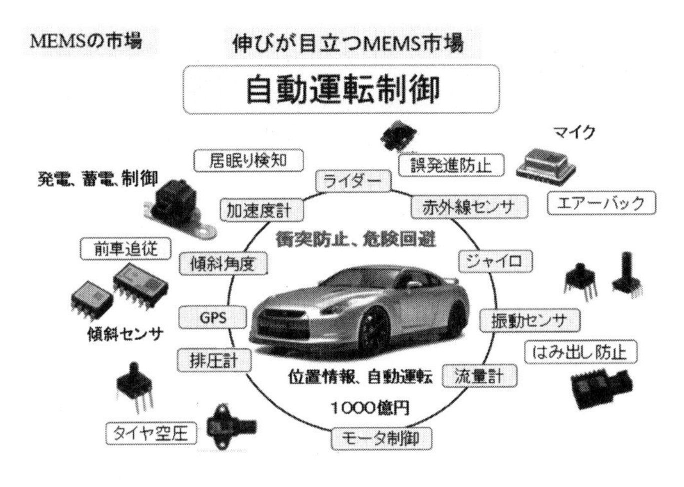

図 4.6.19　MEMS の活用範囲（自動車）

はAIの画像処理支援を受けることで混雑した中から該当者を探し出すことや、匂いセンサーなどで危険物を探し出すことなどが期待されている。

(3) 自動運転制御、図 4.6.19 参照。

高年齢化時代を迎えて、自動車の安全性向上が求められ自動ブレーキや自動運転制御の必要性が高まっており、既に実用化が始まっている。

(4) スマート農場、図 4.6.20 参照。

農業、畜産、での省人化、自動化、が進められている。家畜の環境センサーを設置することで最適な飼育環境を保ち搾乳量を安定化させたり、給水、収穫、時期を知らせたり、家畜の病気感染や健康状態、行動状況を知ることへの MEMS センサが求められている。さらに近年では、自然災害からの回避と食の安全志向から、海洋魚類の陸上養殖が盛んになっており、水質や給餌、生育状況などの把握にも MEMS センサは欠かせず、水産業での影の支えになっている。

ここで図 4.6.21 に示すように、最近（2020 年度）メムス・コア社におけ

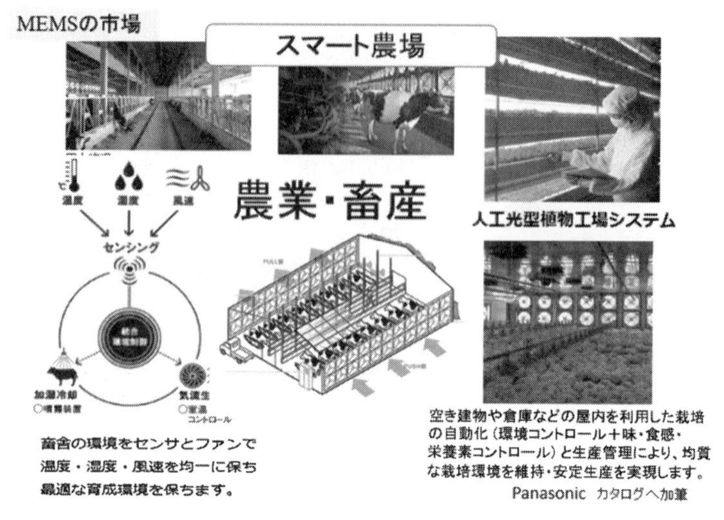

図 4.6.20　MEMS の活用範囲（農業畜産）

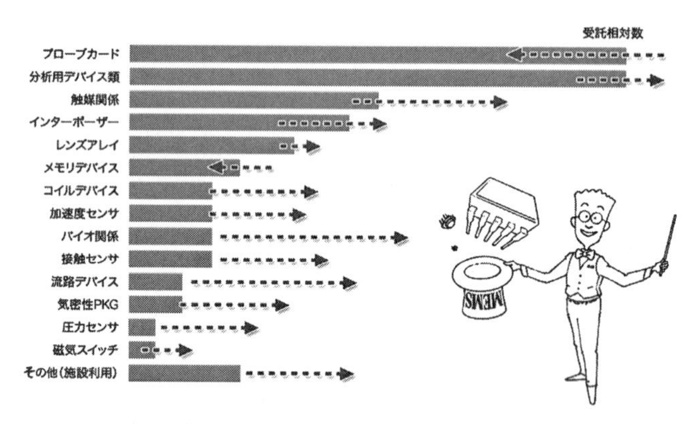

図 4.6.21　受託試作の分野別傾向（2020 年度の傾向）（国内外 150 社）

る受託内容を検証してみると、日本の半導体産業の苦戦を反映しているのか、プローブカード用微細短針やメモリーデバイス用などの半導体向け受託件数が少なくなり、その代わりに、医療、バイオ、環境分析測定、スマホや自動車向けの受託件数が増加しており、今後もこの傾向は続くものと推定される。

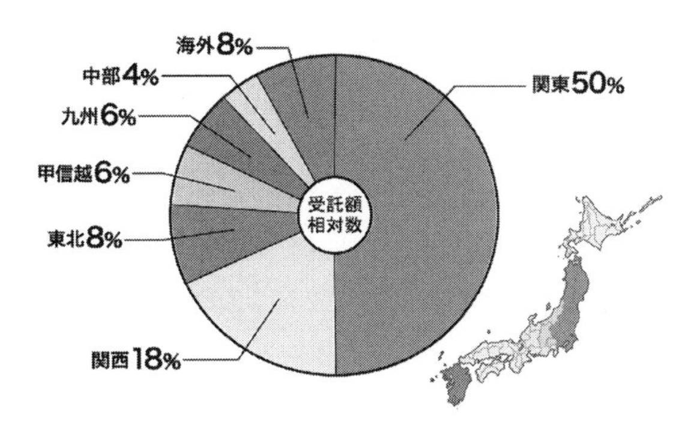

図 4.6.22　地域別開発受託割合（国内外 150 社）

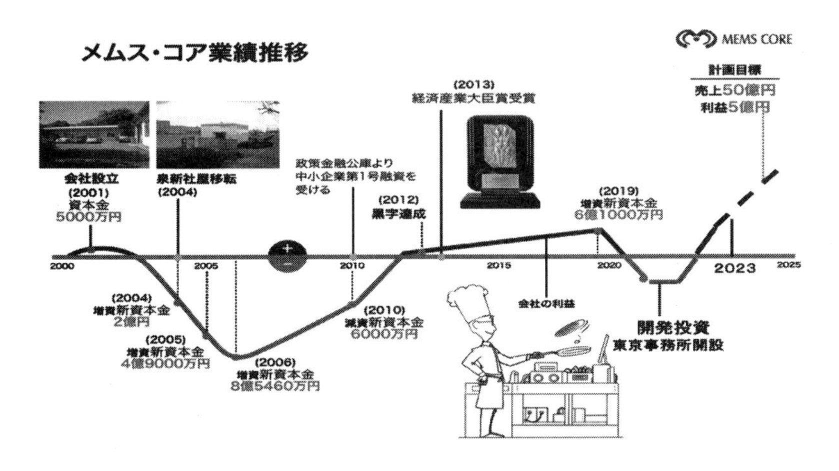

図 4.6.23　MEMS の業績推移

メムス・コア社は東北大学との繋がりを重視して仙台市に工場を設置しているが、国内外 150 社からなる顧客住所を地域別分類してみると地元である東北地方は 8%程度であり、圧倒的に関東地方が多い（図 4.6.22 参照)。この一極集中的なデータより、営業を含めた地方ビジネスの難しさを悟ると共に、海外からの開発依頼が 8%から近々では 20%程度に上昇中であることから、日本のさらなる衰退が気になる。

図 4.6.23 に 2001 年に資本金 5 千万円でスタートした、東北大学発

MEMSベンチャー、メムス・コア社の設立から現在までの22年間の業績推移を示す。

現在は黒字化を達成し、さらなる飛躍に向かって奮戦している状況だが、これまで何度かの経営危機や破綻寸前までの経験を繰り返しており、危機を乗り越えて現在に至るまでの経緯を記する。

ただし、危機脱出の全てが自助努力ではなく、助けられることで乗り越えてきたことであり、事頃も正確さを欠いているので古き良き時代の寓話と捉えて欲しい。

(1) 創立後半年で破綻の危機

事項：資本金5千万円でスタート半年後に、B社のMEMS工場が日本撤退するので4インチ装置を手放すとの情報を得る。千載一遇のチャンスとの想いから後先考えずに目先の装置欲しさに4千万円で露光機や周辺装置を入手したが、すでに設立費用や人件費等で600万円ほどを消費しており、設立後半年で破綻の危機を迎えてしまう。

対処：融資を求めた銀行は相手にしてくれず、技術顧問先S社の社長に相談することで、MEMSデバイスの開発業務を受注成就し危機を乗り越える。後日S社では米国のMEMS企業を買収し日本への技術移管に技術者を探していたとのことで移管業務を含めた受発注は、双方にとって利潤一致の契約だったことが判明する。改めて、資金計画の重要性と計画性のない資金流失は命とりであることを悟る。

(2) 設立後予定していた増資が進まず、じり貧の危機

事項：設立前に投資会社4社からの投資受入れ承諾を得ていたが、設立後の再協議で全てが個人保証を求めており、投資ではなく融資に近い条件なので不成立となる。

対処：元勤務先の大企業H社の社長に投資を相談すると、即座に3万株（3千万円）の増資を受けてもらえることが決まり、その旨を投資会社に伝え2社から個人保証なしで2億円の投資が決まる。

大会社のネームブランドの大きさを改めて悟る。

(3) 4インチから6インチ装置への乗り換え危機

事項：顧客の要望が6インチ化し、4インチの装置では対応しきれず客離れが生じ始める。

対処：再度、技術顧問先のS企業と協議し、新たなMEMSデバイスの受託開発支援を条件に半導体で使用中の6インチラインを払い下げて戴く裁断を得る。MEMS仕様に改造設置したことで受託開発ビジネスが伸びる。偶然にS社の8インチライン化と同期していたことが幸いしたが、後日1週間遅れていたら関連工場へ供出されていたことを知り、顧客との総合信頼ある付き合いの重要性を悟る。

(4) 6インチライン設置場所の危機

事項：貸借してる工場が手狭で6インチラインの設置が不可能となる危機。

対処：三菱地所紹介で仙台泉区の工業団地内2000坪の半導体工場を2.5億円で買収、当時、会社には資金余裕がなく、銀行より個人保証借り入れで買収するが、増資で返却対応することの大きなリスクを抱える。そこで新鋭クリーンルーム内に装置を並べ、投資ファンド数社を一緒に投資ツアー案内を実施、バス貸し切りで旧工場経由、新社屋見学を実施し、数社から投資を得る事で借金を完済する。立派な企画書よりも実物の方が判断できる。

(5) 設立5年後の資本金使い果たし破綻危機

事項：増資で得た4億円を使い果たし、破綻危機。

対処：技術顧問先のベンチャーエンジェルに7．5億円の増資を引き受けてもらい、復活する。

新幹線車中でのMEMSビジネス談話に、日本の半導体産業を愁きつつMEMS活動に賛同し、支援してくれた恩人は、メムス・コア社が国内外150以上の企業から開発を委託されるまで成長できた源泉であり、弊社にとって最大の恩人である。後日、恩人は著名な投資家であり、篤志家であることを知るが、現在に至るまで当初の、思うように進めてくれれば良い、との言葉は変わっていない。

(6) 設立10年後の破綻危機

事項：設立10年で黒字化する計画の製品開発が遅れて破綻危機。

対処：政策金融公庫に相談したところ、従来の中堅大手企業中心の支援施策を中小企業向けまで拡大することに制度を修正し、個人保証なしの零細企業融資第1号として支援して戴き危機を回避、翌年、設立12年目で黒字化を達成する。

(7) 設立20年後の停滞危機

事項：主要装置類とインフラの老朽化による稼働率の低下、売上停滞危機。

対処：営業力増強のために東京事務所を開設することと、老朽装置入れ替えと補修、インフラ補修、に総額11億円の増資を企画し、F社ファンドに対応して戴き、増資3年目に再黒字化を達成し今日に至る。

4.7 おわりに[10)]

パソコン、携帯電話から始まったインターネット繋がりは、人と人、人とモノ、などの全てが繋がるIOT情報社会を構築している。この情報入手に欠かせないのが図4.7.1に示すような各種センサー類であり、微小化、省エネルギーの観点からMEMSセンサが主役となっており、2020年度の需要は6兆円に達する勢いで伸びている。

特に、スマホや自動車、医療などの身近で重要なモノに多く使用されており、いまやMEMSセンサ無しの暮らしは考えられないし、地震、洪水、などの自然災害、高層ビル、橋梁などの社会インフラの監視、産業界での自動化促進など、MEMSセンサの役割は国や企業の浮沈にかかわる程の重要な位置を占めている。

このMEMSは発祥を半導体と同時期としているが、半導体に比べて大

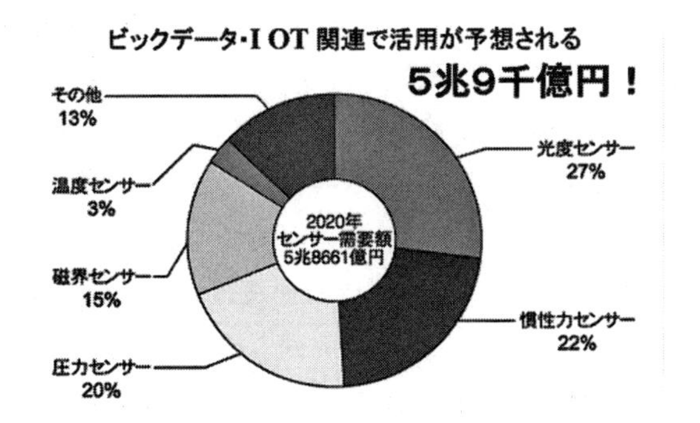

図 4.7.1　センサーの需要予測
出典：JEITA

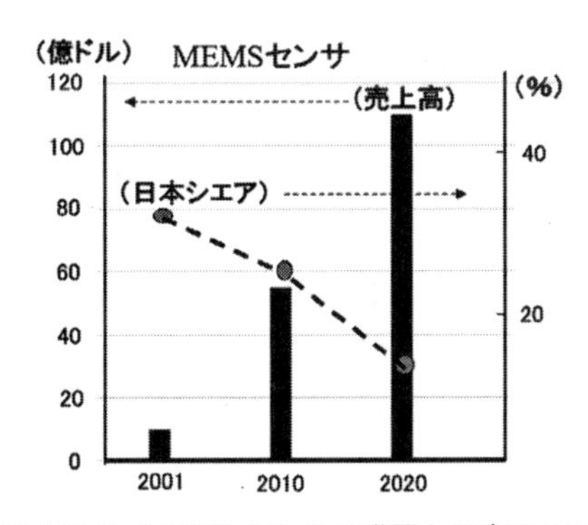

図 4.7.2　MEMS センサの進展と日本のシエア

きさも輝きも“太陽”と“月”ほどの違いがあり、事業運営の難しさに大企業が進出をためらう領域でもある。特に多品種少量生産での事業運営は困難を極め、将来の需要拡大を期待して創業してみたが心ならずも撤退を余儀なくされた企業も多い。この“多品種少量”を十分承知の上に挑んだ弊社でも数度となく危機を迎えており、創立時には多様なデバイスに対応しながら共通仕様を見出すことで解決できるのでは、と軽く考えていたが未だに答えが得られていないほど多様性が強く、一品種一プロセスを実感している。その後も MEMS の応用範囲は益々拡大し多様性も増えており、品種を固定して利益率を向上すべきか、従来の多品種対応を続けるべきかを迷った時期もあったが、今では多くの顧客要望に対応することが経験の蓄積となり、開発コスト低減に寄与するものと確信している。

MEMSの製造プロセスは半導体デバイスと類似しているが、MEMS特有な三次元加工や、Si以外のガラスやセラミック、金属など多種類な材料を使用することが多く、それぞれの材料に沿った加工技術も必要となる。したがってMEMSのエンジニアは半導体よりも広範囲な技術力を必要とする。

このような半導体以上に特殊技術を必要とするMEMSビジネスに対応して、メムス・コアでは東北大学江刺研究室のOB数名を中心にMEMSや半導体のプロセス経験者を集めてスタートしたが、当初はMEMS専用機が少なかったために、中古の半導体装置をMEMS向けに改造することも重要な仕事であった、その自作MEMS専用装置も役立ったが、途中の装置性能の実証工程がプロセスを知るために非常に役に立った。また、MEMSと半導体をワンチップに融合させて高性能なシステム化を進めるための研究開発機構である、東北大学先端融合プロジエクトの成果として独創的なMEMS技術と専用装置が開発されたことで、多彩な受託開発を可能とした経験から、MEMSはプロセス技術と装置技術の合体こそが成功への鍵と確信している。

MEMSの中核でもあるMEMSセンサの伸び率は時代の波に乗り2020年度には110億ドル（1.6兆円）を突破する驚異的な勢いで伸びているが、ここでも日本の衰退が始まっており、10年で50%減のシエアダウンをしている（図4.7.2参照）。

ベンチャーの魅力は現状打破、未踏破領域を超えることにあるもの、と勝手な思いを抱いていたが、ベンチャーも20年も経れば保守性も強くなり、とげも擦り減り、伝統をまもる老舗になってくるし、社員も安定を望み、開発という冒険を拒み、苦労を避けたがる。
やはり、ベンチャーは10年が賞味期限とした方がいい。その後は味も悪くなるし、時には食あたりするかもしれない。

参考文献

1　本間孝治 : MEMS 受託開発, MEMS 夏期講座講演資料, 東北大学, 5.7(2016).

2　スタートアップに関する基礎資料集, 内閣官房 新しい資本主義実現本部局, (2021/10).

3　本間孝治 : MEMS ベンチャーの創設と運営, 東京工大大学院イノベーションマネージメントセミナー資料, 14.2(2019).

4　本間孝治 : MEMS の開発, 第131/145学術振興委員会合同研究会資料17, 10(2017).

5　蓑宮武夫 : 人生一生行動するがぜよ！, PHP 研究所 (2016/2).

6　経済産業省 : エレクトロニクス産業の現状と方向性について, 資料 3-2 (参考資料 4-1) (2022).

7　山口栄一 : 日本におけるイノベーションと科学技術の同時危機, 応用物理, 89, 8 (2020) 427-432.

8　商工リサーチ : 令和 4 年度産業技術調査事業, 大学発ベンチャーの実態等に関する調査 (2022/6).

9　日本政策投資銀行 新規事業部, 日本政策投資銀行本店 地方開発部 : 企画調査課我が国におけるベンチャー企業の状況 (2022).

10　総務省 : ポストコロナの経済再生に向けたデジタル活用に関する調査研究 (2021).

11　経済産業省 : 第 1 回半導体・デジタル産業戦略検討会議, 24, 3(2021).

12　総務省 : 令和 3 年版 %20 我が国 ICT 産業の世界的な位置付けの推移. html 情報通信白書 file:///C:/Users/honma/Desktop/ 総務省 (2020).

13　経済産業省 : 令和 4 年度 大学発ベンチャー実態等調査調査結果概要 経済産業省産業技術環境局大学連携推進室 (2023/6).

第5章　大学の産業創出拠点

ここでは、MEMSを中心とするデバイスの製品開発を推進するために、大学をコアとして形成された産業創出拠点について、とくに東北大学での実践例を紹介します。MEMSは幅広い分野の融合技術で、応用面でも多領域に広がりを持ち、数多くの新産業を生み出すポテンシャルを内包する分野であって、基礎研究と応用研究との間に明白な境界線が存在せず、産学連携が必須となっています[1)]。その具体例は、2.1産業化と産業支援で紹介されています。以下ではMEMS分野における大学の産業創出拠点としての役割、保有すべき機能を述べます（5.1MEMS分野の産業創出拠点）。また、大学における産業創出拠点の実践例として、2010年にサービスを開始した東北大学の共用設備「試作コインランドリ」の活動を紹介します（5.2試作コインランドリ）。融合技術分野における今後の産学連携、拠点形成の参考になることを願っています。

5.1　MEMS分野の産業創出拠点

5.1.1　拠点の役割と機能

これまで述べられたように、半導体微細加工技術を多様な形で展開するMEMSの研究開発においては、多種多様な技術の融合が必要で標準化が困難であるため、開発がボトルネックになります。産学連携がとくに必要とされる分野ですが、その連携の特徴を把握して課題を明らかにするため、2002年ごろ、当時、経済産業研究所（RIETI）ファカルティフェローの原山優子氏（東北大学名誉教授）の調査研究に加わりました。参考文献1）にその成果をまとめていますが、米国では大学（スタンフォード大学、カリフォルニア大学バークレイ校、ジョージア工科大学、ミシガン大学、MITなど）、欧州では主に公的研究機関（フラウンホーファ研究機構（独）、LETI（仏）など）がその役割を果たして成功しています。これに対して日本ではMEMSの初期試作から製品試作までカバーする研究開発拠点が存在しないこと、大学と企業の間をビジネス志向でコーディネートする機能が欠けていることを指摘しました。また、ほぼ同じ時期に東北地域においては、MEMSの産業クラスター創出を目指した検討が東北経済産業局を中心として進められました。その中で、図5.1.1に示すような総合支援拠点を形成すべきという提案が成されました[2)]。「技術・情報の蓄積」、「技術開発支援」、「総合ビジネス支援」、「情報発信」、「交流・連携の促進」、「人材育成」の6つの機能で、ソフト面での支援としては、「関連情報の入手」、「MEMSユーザーとメーカーのネットワークの構築」、「オープンコラボレーションによる研究開発」、「研修会等を通じた人材育成」において、とくに企業ニーズが大きいことがわかりました。ハード面での支援としては、「設計・開発から製品化までをカバーする試作開発支援」のニーズが大きく、民間ファウンダリとは異なる公的な試作開発機能や、開発製造装置を有しない、または不足している企業がアイディアを形にする、試したい時に試せる場を提供する機能に期待が寄せられました。これらの機能により、参入障壁を軽減させ、イノベーションの誘発につなげるとともに、製品化する際に最重要となるプロセス確立（応用研究開

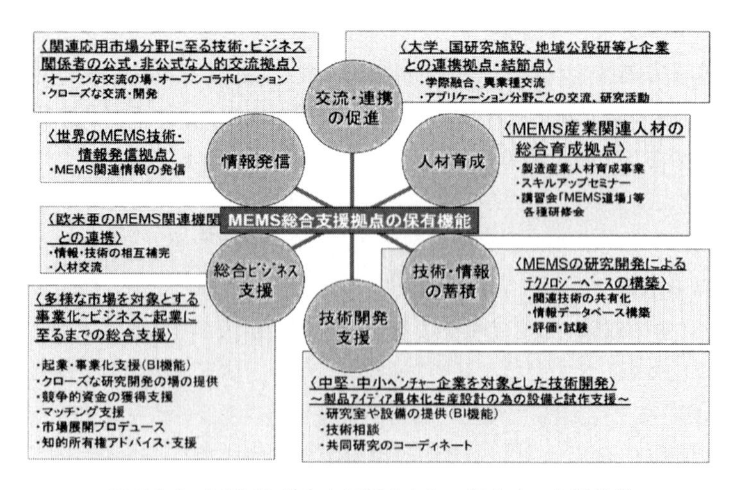

図 5.1.1　MEMS 総合支援拠点として保有すべき機能[2)]

発）も担う効果が期待されました。このような背景のもと、江刺教授を中心とした産学官のネットワークが有効に機能して、MEMSの製品化事例も多い東北大学において、MEMSの産業創出拠点形成が進行していきました。

5.1.2　マイクロシステム融合研究開発センターとMEMSパークコンソーシアム

文部科学省 科学技術振興調整費、先端融合領域イノベーション創出拠点の形成プログラムとして2007年から10年間実施した「マイクロシステム融合研究開発拠点」（研究統括：江刺正喜教授（～2009年）、小野崇人教授（2010～2017年））、および2010年から実質4年間で始まった内閣府の最先端研究開発支援プログラム（FIRST）における「マイクロシステム融合研究開発」（中心研究者：江刺正喜教授）推進のため、2010年に東北大学マイクロシステム融合研究開発センター（μSIC）が設置されました[3)]。初代センター長は江刺教授で、2017年から小野教授、2021年から戸津が務めています。現在、センターには約40名が在籍し、2つの部門と事務機能を担う支援室において活動しています（図5.1.2）。マイクロシステム融合研究開発部門では、主に企業との共同研究・受託研究、国の研究開発プロジェクトを推進しています。オープンコラボレーション部門では、この分野で国内最大規模の共用設備である「試作コインランドリ」の運営を行っており、5.2で詳しく紹介します。μSICの主な役割としては、研究開発活動のほか、図5.1.1に示す総合支援拠点機能のうちの「技術・情報の蓄積」、「技術開発支援」、「人材育成」、「情報発信」であり、2010年以前は工学研究科内の江刺研究室で推進されてきた産学官連携による研究開発および支援活動のために、大型プロジェクトの発足を契機として、大学本部の支援のもとで新たな組織体として立ち上げたものです。

先端融合領域イノベーション創出拠点の形成プログラムでは、MEMSとLSIの融合を目的として、6つの研究グループでプロジェクトが進められましたが、そのうちの一つは「技術社会システムグループ」とし、融合

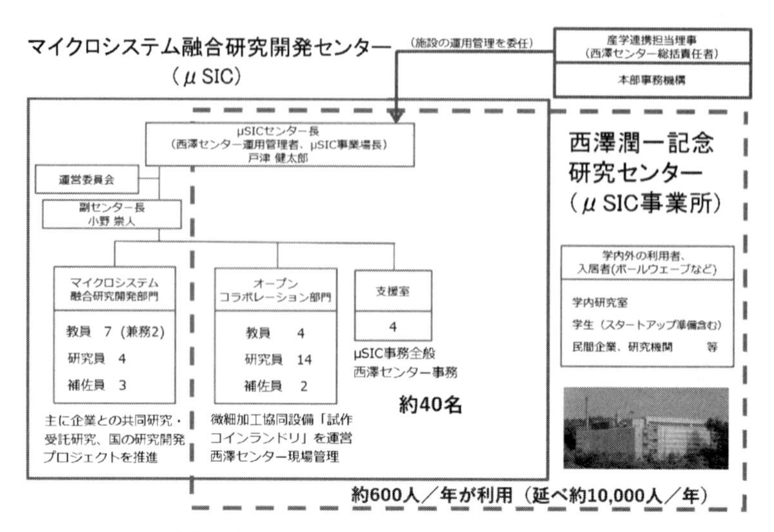

図 5.1.2　東北大学マイクロシステム融合研究開発センターの構成図
（2024 年 9 月現在）

研究拠点から生み出される新しい技術的価値を、社会において最大限に活用して速やかにイノベーションに結びつけるための仕組みについて研究し実証を試みました。原山優子氏（当時、東北大学教授）、上山隆大氏（当時、上智大学教授）、熊野勝文氏（当時、東北大学客員教授）、高橋真木子氏（当時、東北大学准教授）、姜娟氏（当時、東北大学研究員）、戸津（当時、東北大学助教）がメンバーでした。拠点の特徴であり江刺教授がこれまで実践してきた「オープンコラボレーション」の調査、国内外の他拠点の調査、拠点の技術ネットワークの分析、拠点の知財ルールの策定（基盤技術を大学や参画企業が利用するためのパテントバスケット等）の構築、融合研究を推進するための「乗り合いウェハ」システムの構築、人材育成活動、情報発信活動などを行いました[4)]。海外の拠点調査では、米国のミシガン大学、ジョージア工科大学、カリフォルニア大学バークレイ校、スタンフォード大学、マサチューセッツ工科大学、ベルギーのIMEC、ドイツのフラウンホーファー研究機構、フランスのLETI、スイスのローザンヌ連邦工科大学、オランダのデルフト工科大学などを訪問し、各拠点の規模や運営方法などをまとめました。調査した2009年当時として、広さ1,000m^{2}程度のクリーンルーム、20人程度の技術支援スタッフ、4億円程度の年間予算（研究費除く）で運営されている拠点が多いことがわかりました。また、各拠点において、技術支援スタッフを重要視していることがわかりました。クリーンルームには技術支援スタッフが常駐して、利用者の研究開発、教育の支援を行っています。クリーンルームの運営を現場で任されており、装置のメンテナンス、消耗品の補充、安全教育などを担っています。中でも、クリーンルームの管理を統括するマネージャーの存在が大きく、その拠点運営の効率化に直接影響を及ぼしています。このようなスタッフは教員とも連絡を常に取っており、新規装置の選定、搬入、立ち上げなどの中心的な役割を果たしています。技術支援スタッフは利用者から感謝され、拠点において重要な地位を占めています。大学の拠点に加わる前に、企業のクリーンルームにおいてオペレーションに携わった経験がある方も多いです。試作だけではなく、量産まで経験している方もいて、産学連携の実用化研究開発に貢献されています。さらに博士の学位を持っている方もいて、研究者と連携して研究開発の円滑な推進に貢献しています。拠点のクリーンルームにおいて、デバイス作製のプロセスは、一般的に学生、研究員のそれぞれが自ら行うところが多いですが、欧州の拠点の中には、技術支援スタッフがほとんどの工程を行っているところもあります。このように技術支援スタッフは拠点内での技術やノウハウの蓄積、および研究支援の中心を担っており、拠点運営の最重要の一つであることがわかりました。また、技術支援スタッフが長期的にやる気を持って仕事ができる環境を整えることが、拠点を発展させるために大事であると気づきました。以上のようなクリーンルームをはじめとする拠点施設の規模や維持管理、拠点を運営する技術支援スタッフの維持、産学連携の仕組み等について得たこれらの情報を参考として、東北大学の試作コインランドリの立ち上げを2010年から開始しました。

また、2004年には産学官連携組織であるMEMSパークコンソーシアム

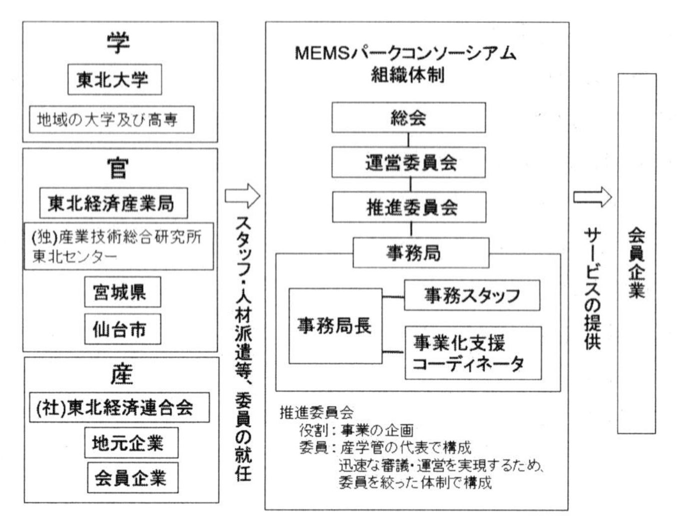

図 5.1.3　MEMS パークコンソーシアムの組織体制

（MEMSPC）が立ち上がっており、図 5.1.1 の機能として主に「交流・連携の促進」、「総合ビジネス支援」、「人材育成」、「情報発信」をμ SIC と連携して推進しています。MEMSPC は、産学官の連携により、国内外の研究開発支援組織とのネットワークを構築し、MEMS を中心としたマイクロデバイス分野の新しい技術を用いた市場の開拓に取り組むことで、新たな産業を創出していくことを目的とする任意団体です[5)]。発起人は当時の仙台市長（発起人代表）、宮城県知事、日本政策投資銀行東北支店長、SEMI ジャパン代表、東北経済産業局長、東北経済連合会会長、東北大学総長で、設立趣意書[6)]に沿った活動を会員企業約 50 社（2024 年 9 月現在）と進めています。初代の代表は江刺教授で、2019 年からは戸津が務めています。地域において行政や業界団体、大学が協力して MEMS の産業支援を行っている例は世界的にも稀です（図 5.1.3）。前仙台市長の奥山恵美子氏からは「MEMS のメッカ、仙台」と紹介いただいたこともありました。事務局は仙台市、宮城県、東北経済産業局、東北大学が共同で務めており、月例のミーティングで情報共有しながら、各種活動を進めています。μSIC、MEMSPC がスタートしてそれぞれ 14 年、20 年が経過しましたが、MEMS をはじめとするデバイス研究開発、産業化の総合的な支援体制が整ってきました。多くの方々のご協力によるものです。

参考文献

1 原山優子，和賀三和子，児玉俊洋，戸津健太郎："産学連携（原山優子編著）第 5 章 マイクロ・ナノ・システム・テクノロジー分野における産学連携－現状と課題"，東洋経済新聞社（2003）.

2 原山優子，江刺正喜，本部和彦，和賀三和子，出川通，池田義秋："MEMS 産業クラスター形成戦略検討委員会報告書"，東北経済産業局（2005）.

3 東北大学マイクロシステム融合研究開発センター ホームページ http://www.mu-sic.tohoku.ac.jp

4 原山優子，上山隆大，熊野勝文，高橋真木子，戸津健太郎，姜娟："科学技術振興調整費 先端融合領域イノベーション拠点の形成 東北大学マイクロシステム融合研究開発拠点「技術社会システムグループ」三年間の実践"（2010）.

5 MEMS パークコンソーシアム ホームページ　http://www.memspc.jp

6 MEMS パークコンソーシアム設立趣意書　http://www.memspc.jp/outline/index.html

5.2　試作コインランドリ

5.2.1　概要

MEMSをはじめとするマイクロデバイス・システムは半導体微細加工技術によって作製されますが、開発を行うためには、高価な装置やクリーンルームの導入が必要で、それらの維持費も高額となります。そのため、一連の設備を一つの企業内で揃えることは容易ではありません。また、分野横断形の技術で標準化も困難であるため、多様なプロセスの中から最適なものを選択する必要があるなど、幅広い知識、経験が要求されていることも開発の障壁を大きくしています。このような困難さを小さくするため、最先端研究開発支援プログラム（マイクロシステム融合研究開発、中心研究者：江刺正喜教授）のサブテーマの一つとして、設備共用・試作支援サービス「試作コインランドリ」を2010年に開始しました。MEMSを中心とした半導体試作開発設備を開放し、大学の研究成果を活用しながら企業の試作支援を行うものです。江刺教授が続けてきた、技術者が設備や情報を共有して研究開発を行うオープンコラボレーション[1]を実践しています。MEMSの産業化を加速させるために、企業の技術者が滞在し、技術支援を受けながら、必要なときに必要な装置を時間単位で自ら操作して試作開発を行うことができます。試作コインランドリの名前は街中の洗濯機を置いているコインランドリ（大型の洗濯物を家庭で洗えない場合などに手軽に利用できる）に由来しています。英語では、“Hands-on-access Fabrication Facility”と表しています。試作コインランドリでは、東北大学に蓄積された多くのノウハウにもアクセスすることができ、効率の良い研究開発が進められるとともに、開発投資を減らせるので、リスクが低減し、研究開発から産業化への移行がより円滑にできるようになります。受託開発は原則として行っておらず、企業の技術者が自ら開発を行うため、実際の経験を持つ人材も育成できます（開発の委託を希望される企業には、対応できる別の企業を紹介しています）。各装置の操作方法については、試作コインランドリの技術支援スタッフが指導を行います。2010年の開始以降、企業334社、大学・高専・公的研究所67機関（2024年9月現

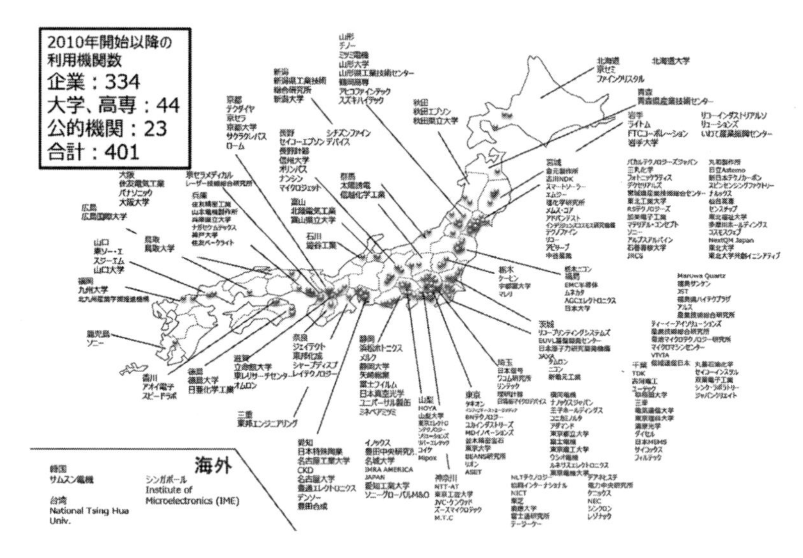

図 5.2.1　試作コインランドリの利用機関
（2024年9月現在、公開利用の場合のみ機関名を表示）

在）が利用しています（図 5.2.1）。分野は MEMS や高周波部品、光部品のほか、半導体材料、半導体製造装置など、多岐に渡っています。ほとんどの利用者がリピーターであり、常駐に近い形で利用している企業も数社あります。これまでに圧力センサ、マイクロミラーなどが利用企業によって製品化されています。

5.2.2　設備、技術

東北大学の青葉山キャンパスのさらに奥にある、西澤潤一記念研究センター（旧半導体研究所、図 5.2.2）で試作コインランドリを運営しています[2)]。センターは約 9,000 m^2 の面積があり、そのうち、約 3,000 m^2 がクリーンルームです。メインはセンター2階の 1,800 m^2 のクリーンルームで、このうち約 1,200 m^2 を試作コインランドリで利用しています。図 5.2.3 に装置のレイアウトを示します（本の始めにカラー図）。以前に県内のトーキンにおいて、パワートランジスタ製造に使われていた4インチのラインを基盤としていますが、2010年以降の国の事業、企業や研究機関からの寄付、学内研究室からの移設によって、MEMS、光学部品、高周波部品等の幅広いデバイスの加工が可能となっています。利用できる装置は2010年の開始当初は約50台でしたが、2023年には約150台と3倍に増加しています。扱えるウェハの大きさとしては、小片から4インチまではすべての工程で扱え、イオン注入以外は6インチまで可能です。さらに、フォトリソグラフィ、スパッタリング、プラズマCVD、DeepRIE、接合など、MEMSの主要な工程は8インチまで対応しています。プロセス装置のほか、光学顕微鏡、電子顕微鏡、膜厚計、段差計、AFM、X線回折装置、マイクロフォーカスX線装置などの評価装置も揃っています。基板材料はシリコンのほか、ガラス、圧電体、金属、ポリマー、SiCなど幅広く扱えます。例えば、2011年に国の事業で導入したi線ステッパ（キヤノン、FPA-3030i5⁺）は、小片から最大8インチ、シリコンのほか透明基板や反りの大きな基板に対して、サブミクロンの微細パターン形成が可能です（図5.2.4）。露光後のパターンの評価を精度よく自動で行える測長SEM（日立ハイテク、CS4800）なども利用可能です。また、学内の大型プロジェクトで導入した、実装関係の一連の設備をセンターの3階実験室に移

図5.2.2　試作コインランドリの場所：東北大学西澤潤一記念研究センター

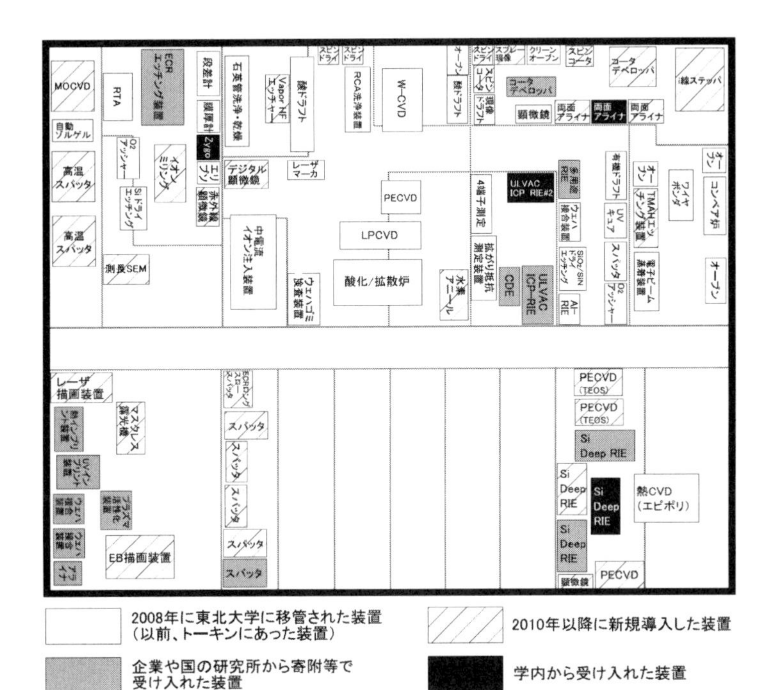

図 5.2.3　試作コインランドリ（2 階クリーンルーム）の装置レイアウト

図 5.2.4　装置の例：i 線ステッパ（キヤノン、FPA-3030i5⁺）

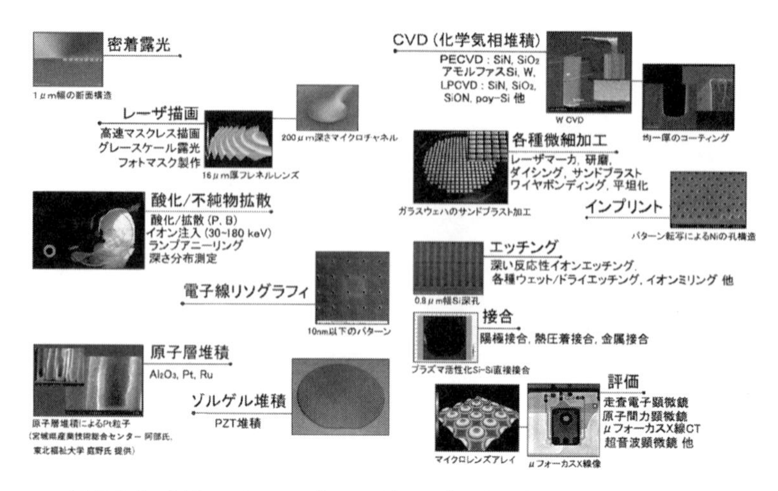

図 5.2.5　試作コインランドリで利用可能な加工技術、測定技術の例

設、整備して、「プロトタイププラボ」として 2022 年 4 月に運用を開始しました。3D プリンタ、表面実装部品用のはんだ付け装置一式など、機械工作、電子工作を中心とした設備であり、MEMS 等のデバイスのパッケージ作製のほか、電源や信号処理、通信などの機能を付加できます。試作コインランドリの一部であり、一般市民の方を含めて時間単位で気軽に使っていただけます。3 階実験室ではこのほかにダイサ、研磨装置、めっき装置などをご利用いただけます。図 5.2.5 に試作コインランドリで利用可能な加工技術、測定技術の例を示します。

5.2.3　技術支援スタッフ

試作コインランドリには 2024 年 9 月現在、14 人の技術支援スタッフが常駐して、デバイス研究開発に関する全般事項（材料設計、構造設計、プロセス、評価）について支援しており、デバイス開発の経験がない利用者でも、安心して使うことができます（図 5.2.6）。森山雅昭准教授を中心として、空調機や除害装置などのクリーンルームのユーティリティ設備や各装置の維持管理にもあたっています。2010 年の開始当初は 7 人でした

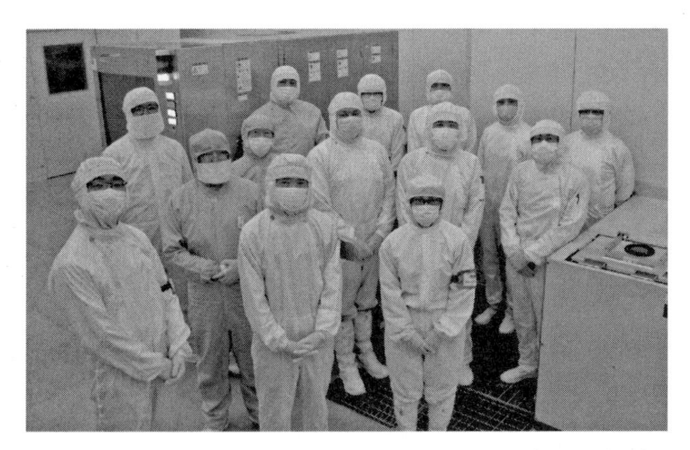

図5.2.6　試作コインランドリの技術支援スタッフ（2024年度）

が、利用者や設備の増加にあわせて、約2倍に増員してまいりました。旧半導体研究所や企業で微細加工に従事してきたスタッフが活躍していますが、自分で手を動かす「ものづくり」が好きな方であれば、分野を問わず、試作コインランドリの現場で経験を積みながら従事しています。異分野の経験が支援技術全体の幅を広げる効果もあり、分野融合が重要なMEMSの研究開発を活性化します。

技術支援スタッフは、利用者のニーズが多い技術開発や材料評価にも取り組んでいます。例えば、PZT成膜技術[3)]、グレイスケールリソグラフィ技術[4)]、微細パターンリフトオフプロセス技術[5)]を、学会や論文として発表し、利用者の研究開発の役に立つようにしています。また、このような外部発表は、スタッフのモチベーション向上にもつながっていると考えます。

年齢制限なく働くことができ、経験豊富なシニアスタッフが活躍していますが、平均年齢は50歳を超えているため、若手技術者を増員して育成して次の世代に技術を継承していくことが課題となっています。

5.2.4　情報共有

MEMSの研究開発においては、多種多様な材料、構造、プロセスを扱うため、多くの情報、とくにノウハウが必要となります。論文等の文献情報については、最新のものだけではなく、MEMS研究が本格化した50年ほど前からの情報にアクセスすることが重要で、センター内の江刺教授室のファイルが大変便利です。また、2003年から毎年夏に3日間のMEMS集中講義を参加費無料で開催し、これらの情報の提供に努めています。また、個別の技術相談にも常時対応しています。ノウハウについては装置に紐づいているものも多く、日々の利用結果によってアップデートされます。そのため、情報と装置を一体的に運用し、利用者に提供していくことが、様々な研究開発を効率よく進めるために有効です。試作コインランドリでは、2010年のサービス開始以来、オープンコラボレーションの考え方の下で、利用者やスタッフが得た、様々なプロセスの情報、例えば、エッチングであれば、材料によるエッチングレートの違いや、面内分布などについて、それぞれの装置担当者に集約したものを利用者と共有してきました[6)]。利用者のデバイス構造や用途については、公開できないことも多いですが、個々のプロセスについては、基本的にオープンにできます。とくに利用者のニーズが大きく問い合わせが多いプロセス情報については、センター内からアクセスできるWikiページ上に掲載し、情報共有を進めてきました。

試作コインランドリは2021年から始まった文部科学省マテリアル先端リサーチインフラ（ARIM）に参画しています。これまで同省が行ってきた設備共用事業に加えて、共用に伴って創出されるデータを利活用しやすい形に構造化し、収集、蓄積、利活用していくものです[7)]。7つの重要技術領域の一つ「高度なデバイス機能の発現を可能とするマテリアル」のハブ機関として、同じ技術領域内の筑波大学、豊田工業大学、香川大学ととくに連携して活動しています。ARIMのデータ共用では、参画する25機関の設備利用者を中心に得られたデータを、物質・材料研究機構（NIMS）が管理するクラウドのサーバに登録し、データ利用を希望する方に有償で提供する仕組みとしています。データ登録にあたっては、データ利用の際に活用しやすくするため、事前に定めた形式にデータを構造化しています。装置の出力データが利用できる場合は、自動的に構造化するプログラムを用意しています。一方で、MEMSの研究開発で使用する加工装置の多くは、実施したプロセスのパラメータ等を電子データとして取り出すことができないため、エクセルのテンプレートファイルを装置またはプロセス毎に準備して、手入力によりデータを収集しています。エクセルファイルの中身は、工程データとフローデータに分けられます。工程データはフォトリソグラフィ、酸化拡散、CVD、スパッタリング、蒸着、RIEなどの工程毎のデータ入力用シートで構成されています。例えば、フォトリソグラフィであれば、データID、作業日時、基板、レジスト材料、レジスト塗布装置・条件、最小パターンサイズ、露光装置・条件、現像液、現像装置・条件などのデータを入力します。また、マスクパターンデータや加工後のレジストパターンの光学顕微鏡や電子顕微鏡写真なども添付ファイルとして同時に登録できます。各加工条件とその結果を紐づけた形で構造化できるので、データ利活用の際に大変有用です。フローデータはデバイス作製の際の工程の順序を表したものです。具体的には、前述の工程データに含まれるデータIDをデバイス作製の順に並べたデータとなります。試作コインランドリでは、ARIMに参画する他機関と協力してこのようなエクセルのテンプレートファイルを作成し、2023年度から本格的にデータ収集を開始したところです。登録したデータは、原則として最初の2年間はデータ登録者のみがアクセスできるようにして、自身の研究開発の妨げにならないようにしています。さらに、データ登録の有無は装置を利用する都度、利用者が選択できます。データを登録した場合は、装置使用料について「データ提供あり」の料金を適用しています。「データ提供なし」の料金は「データ提供あり」と比較して2割高となっています。

微細加工に関するデータを蓄積することで、個々のデバイス開発に適したプロセスフロー、工程（レシピ）の検索、提案が可能な利活用環境を実現し、利用者が開発目標により速く到達できるようにしたいと考えています。各利用者にはこのような考え方を説明し、加えて、多くのデータが蓄積されるほど有効性が高まることをアピールし、理解が得られように努めています。

データ利活用を推進するための手段の一つとして、例えばピエゾ抵抗素子や圧電アクチュエータ、メンブレン構造など、MEMS素子の中でも要望の多いものについて、標準的な構造、プロセスに関するデータをスタッフが登録して興味のある方に利用いただけるようにします。市販のMEMSデザイン統合ソフトウェアである、IntelliSuiteを利用して、ソフトウェア上でプロセスフローやマスクデザインの確認、MEMS構造の3次元モデリングも可能となっています。また、構造やプロセスのみならず、加工完了後のデバイス特性についてもデータを登録し、利用者が所望するMEMSデバイスへの応用を容易にしていく予定です。

5.2.5 人材育成

デバイス開発支援に加えて、人材の育成も重要な役割です。上述のように、経験のない利用者に対しても、技術スタッフが一貫して支援していますが、とくに各装置を初めて利用する際は、装置担当の技術スタッフがマンツーマンで装置の原理や操作説明を行っています（図5.2.7）。また、開発の途中で課題が発生した場合は、速やかに関係するスタッフが加わって相談し、解決に努めています。以上のような過程において、MEMS開発の勘所を学ぶことができ、実際の経験を有した技術者が育成されます。企業によっては、毎年、新入社員を派遣して、デバイス開発と人材育成を同時に効果的に進めているケースもあります。

東北地域の半導体関連産業の人材育成、サプライチェーンの強化等を目的として、東北半導体・エレクトロニクスデザイン研究会が東北経済産業局の先導により2022年に立ち上がりました[8)]。試作コインランドリは人材育成のうち、実習の場として利用されています。東北地域の高専生、大学生、大学院生、社会人を主な対象として、クリーンルーム内での微細加工実習、フォースセンサのIoTモジュール作製などのコースを実施してい

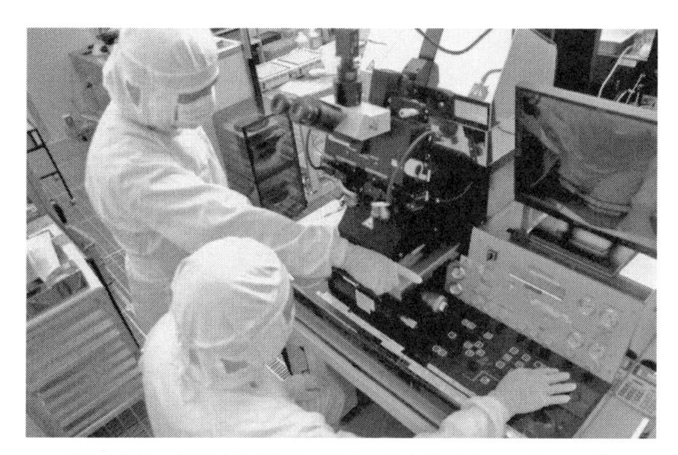

図 5.2.7　利用者に装置の利用方法を説明するスタッフ [6)]

ます。フォースセンサはピエゾ抵抗型で、試作コインランドリで作製したものを活用しています。IoTモジュールの作製では、WiFi無線モジュールやセンサ信号増幅・ADコンバータICなどの部品をはんだ付けしたプリント基板にフォースセンサをワイヤボンディングで接続します。最後にお菓子のフリスクのケースに入れて完成となります（図5.2.8)。センサで測定した荷重の値はインターネット経由でクラウドのサーバに送られ、自分のスマホやパソコン上で遅延1秒以内に確認することができます。ARIMやその前身のナノテクノロジープラットフォームのプロジェクトにおいては、学生向けに4インチウェハを用いたフォースセンサの試作とIoTモジュール作製を毎年5日間で行っています [9)]。

仙台市では市内のすべての中学2年生を対象として職場体験活動を毎年実施しています [10)]。体験を通して働くことの意義や責任、コミュニケーションの大切さなどに気付き、将来の自分の生き方について理解するというもので、試作コインランドリでも生徒を受け入れています。2023年度は10校から計40名ほど（各校3～6名）がそれぞれ3日間の日程で参加しました。クリーンルームで大きさ20mm角のシリコンウェハに線幅1μmの回折格子のパターンをフォトリソグラフィとドライエッチングによって加

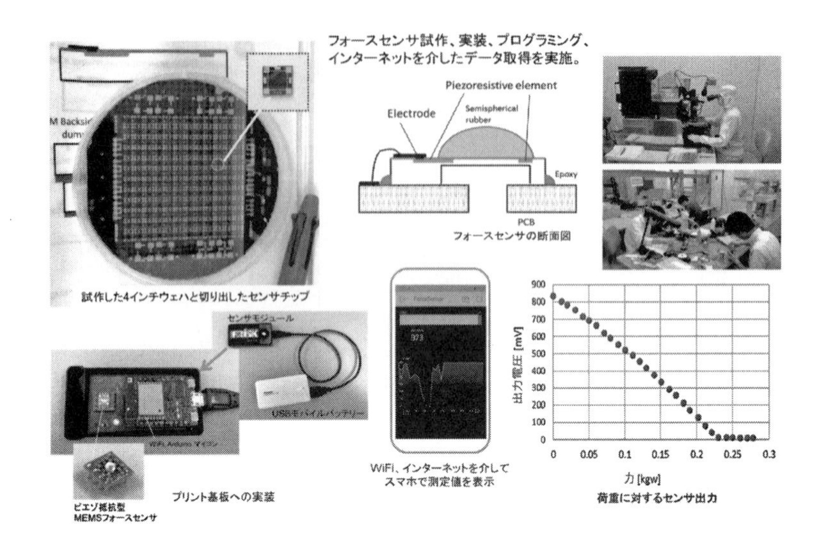

図 5.2.8　半導体実習で作製したフォースセンサ IoT モジュール

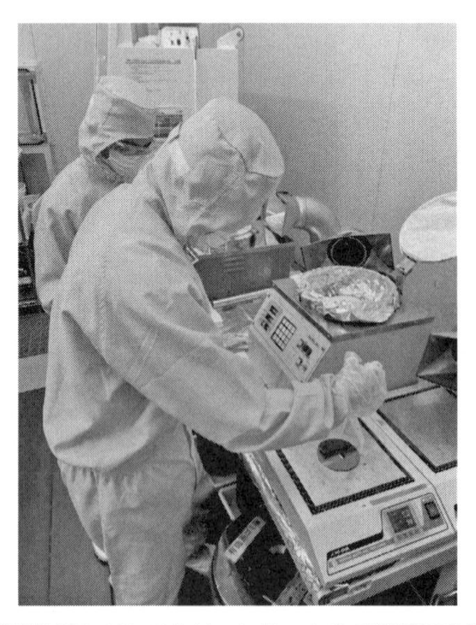

図 5.2.9　職場体験においてクリーンルーム内で微細加工を行う中学生

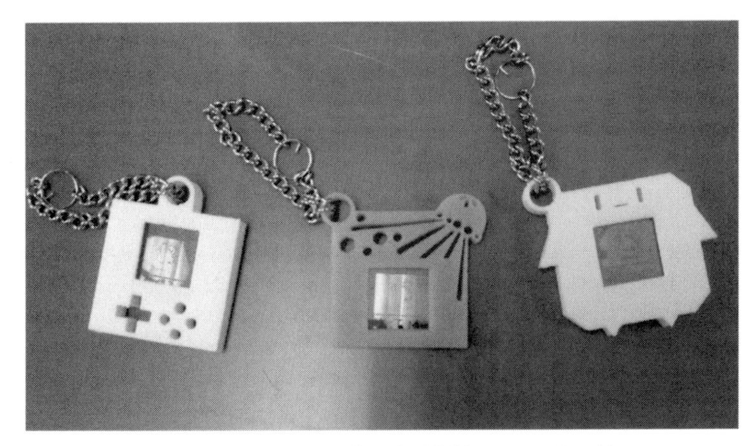

図 5.2.10　職場体験で中学生が作製したキーホルダー

図 5.2.11　中学生職場体験で加工したウェハを担ぐペンギンのオブジェ

工しました（図 5.2.9）。3D-CAD を使って自ら設計して 3D プリンタで作製したケースに加工したウェハを入れたキーホルダーを各自完成させました（図 5.2.10）。また、μ SIC 設立 10 周年を記念して、仙台市在住の鍛金作家、嵯峨卓氏に作製してもらい、センター 1 階の玄関に展示している「シリコンウェハを担ぐペンギン」のオブジェのウェハ部分の作製を各校の生徒にお願いしました。これも線幅 1 μ m の回折格子のパターンで、各校のオリジナルの絵柄が光の回折、干渉の効果できれいな虹色になって見えます（図 5.2.11）。ウェハは 1 月から 12 月まで 12 枚の絵柄を用意しており、毎月、異なる絵柄をセンター利用者に楽しんでもらっています。参加した生徒達は、各校において報告会を行うため、他の生徒にも半導体微細加工を知ってもらうよい機会になっています。指導した技術スタッフも中学生にできるだけ理解してもらうために、方法や説明を工夫しました。技術支援力のさらなる向上につながっていると思います。

5.2.6　利用実績

2010 年の開始以来、約 400 の機関が利用していますが、図 5.2.12 に示すとおり、装置の利用件数は増加傾向が続いており、最近では毎月 1,000 件以上の利用があります。そのうち、学外の利用が全体の約 7 割で、そのほとんどが企業の利用です。利用料収入も図 5.2.13 のとおり増加しており、多い月で 3,000 万円を超えます。図 5.2.14 に 2016 ～ 2023 年度の収支を示します。経費の約 7 割を利用料収入で賄っていることが特徴です。設備導入は国の支援によるものが多いですが、運用は公的資金に依存しない体制が構築できており、世界的にも稀なケースと認識しています。

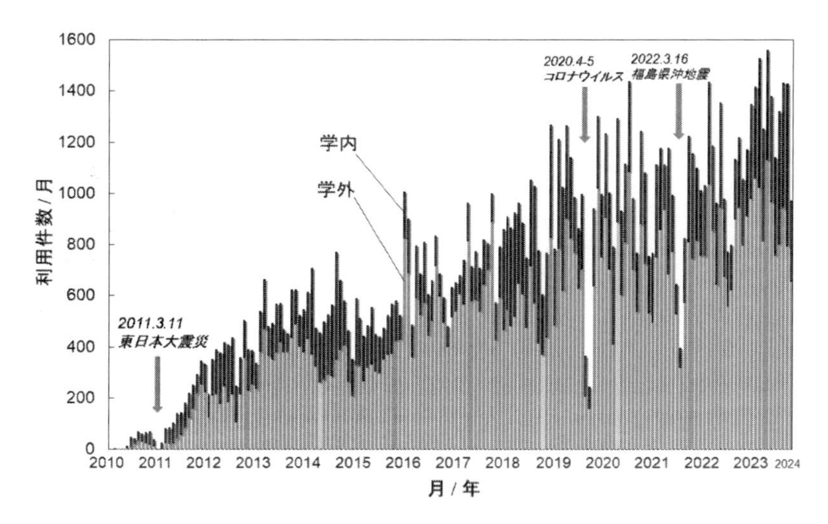

図 5.2.12　試作コインランドリの装置利用件数の推移

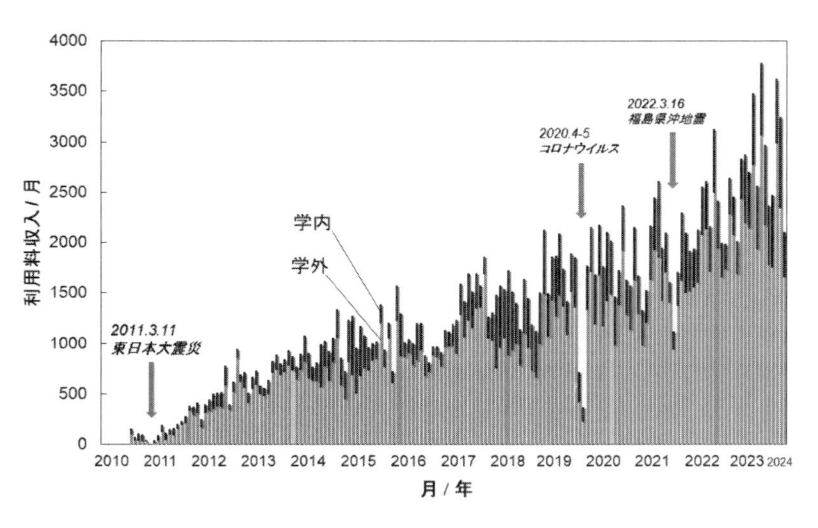

図 5.2.13　試作コインランドリの利用料収入の推移

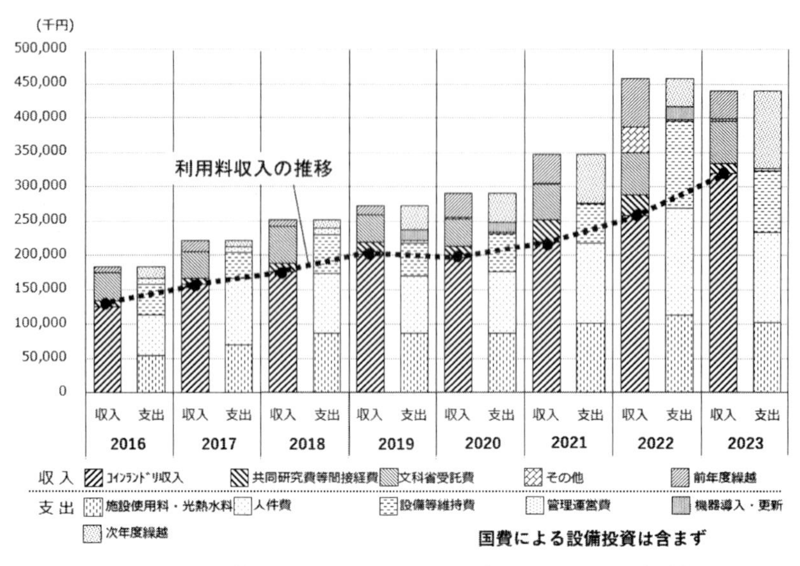

図 5.2.14　試作コインランドリの収支（2016 ～ 2023 年度）

5.2.7　製品化事例

試作コインランドリ利用企業によって、これまでに約 10 件の製品化事例があります。そのうちのいくつかを紹介します。

山本電機製作所　微差圧センサ マノスターデジタルセンサ QDP33 [11)]

静電容量型の微差圧センサで、最も高感度なタイプのセンサの測定レンジは 10 Pa です（図 5.2.15）。MEMS センサ部分は仙台のメムス･コアで生産され、兵庫の山本電機製作所にてセンサモジュールに組立てられています。センサは半導体製造装置などに多く利用されています。

浜松ホトニクス　波長掃引パルス量子カスケードレーザ L14890-09 [12)]

試作コインランドリを利用して開発された回転振動型の MEMS 回折格子が内蔵されています（図 5.2.16）。従来フーリエ変換赤外分光法（FT-

図 5.2.15　山本電機製作所 微差圧センサ マノスターデジタルセンサ QDP33[6)]

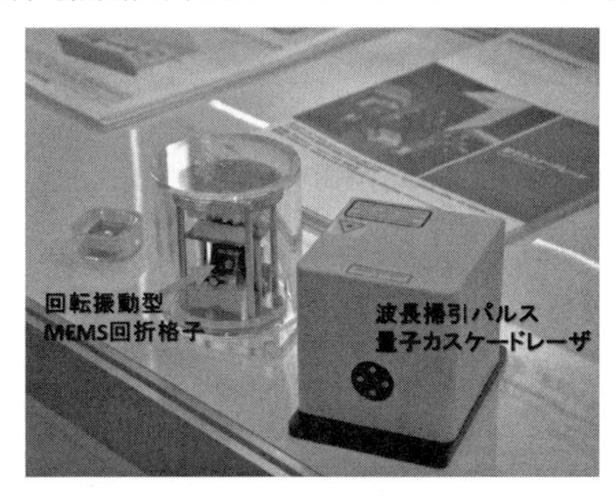

図 5.2.16　浜松ホトニクス 波長掃引パルス量子カスケードレーザ L14890-09[6)]

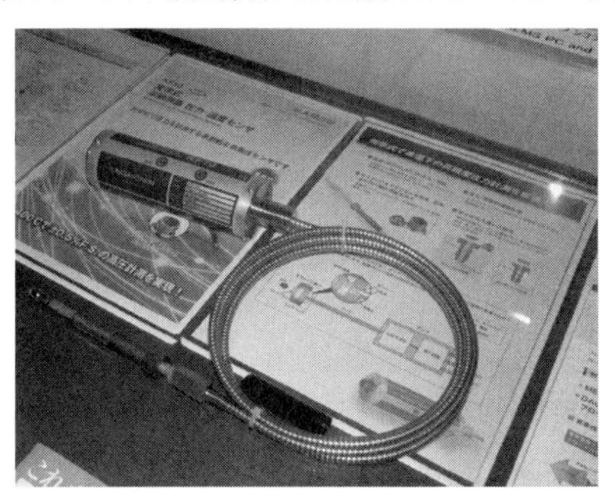

図 5.2.17　長野計器 光学式 溶融樹脂 圧力・温度センサ KF10

IR）が利用されてきた中赤外領域の分光計測を小型、高速で実現できます。

以上の2件は、図2.4.1のMEMS人材育成事業の利用成果です。製品開発と人材育成の同時進行が効果的であることが示されています。

長野計器　光学式 溶融樹脂 圧力・温度センサ KF10 [13)]

光ファイバ先端にファブリペロー干渉計センサが形成されていて、400℃の高温でも使えるように干渉計センサ部分はサファイアで作られています（図5.2.17）。圧力によってたわむサファイアダイアフラムの加工を試作コインランドリで支援しました。押出成形機内の局所的な圧力、温度の計測を可能としました。

5.2.8　製品製作

企業が試作コインランドリを利用して作製したデバイスを、製品として社会に出す仕組みを整えて、2013年7月から実施しています。これは、大学の研究開発活動の成果を製品として販売し社会で実証するとともに、製作の過程や社会で生じた成果・課題を大学の教育研究にフィードバックさせてさらに加速させることを目的としています（図5.2.18）。第6代東北大学総長の本多光太郎先生の名言「産業は学問の道場なり」（産業界で研究活動・成果が活かされ、さらにそのフィードバックによって研究が進展すること）にもつながります。製品製作実施にあたって必要な要件は以下のとおりです。

(1)　大学の技術支援のもとで開発を行った微細加工品で、引き続き開発が継続され、改良に繋がるものであること。

(2)　製品製作を行う際の使用装置占有率が、1社当り5％以下であること。
使用装置占有率＝（使用装置面積×年間使用時間）※1／（全装置面積×年間使用可能時間）
（※1）製品製作のため使用する各装置の総和とする。

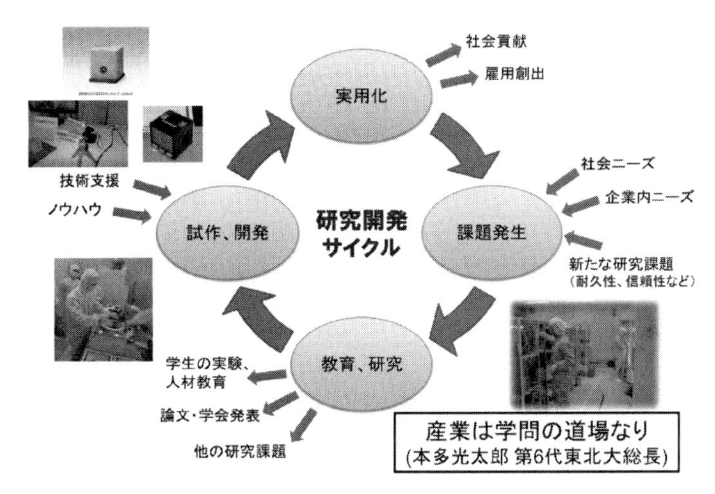

図5.2.18　試作コインランドリにおける製品製作の概念

(3) 製品製作によって得られた成果及び生じた課題について、製品製作の開始から6ケ月毎に定期報告を行うほか、当該製品製作を終了した場合には、終了後6ケ月以内に最終報告を行うこと。

(4) 同一物に係る製品製作を行う期間は、3年を超えないこと。

共用設備で様々な利用者、デバイスの試作開発に利用されているため、再現性よく製品を製作することや品質保証を要求することは困難ですが、試作したデバイスの性能がよく、試験的に製品として出したい場合や、少量のデバイスが対象で市場に出した後でも管理が可能な場合などに有効な仕組みと考えます。これまでに4社が製品製作を実施しています。

5.2.9　おわりに

試作コインランドリがこの十数年の間に順調に立ち上がり、多くの方々に利用いただいて成果が創出されていることは、大きな喜びで、技術スタッフ、事務スタッフ、関係者の皆様に感謝しています。最後に、ここまで来られた要因として考えられる項目を以下にまとめます。

＜設備＞

- 大規模のクリーンルーム、4インチ半導体工場という大型の施設や学内外の中古装置を有効活用できたこと。
- 30年以上前の古い装置と新しい装置を組み合わせて、幅広いニーズに柔軟に応えられたこと。

＜技術、ノウハウ＞

- ユーザは東北大学に蓄積された半導体、MEMS等の微細加工に関するノウハウにアクセスできること。
- 学会や論文の最新の情報もスタッフから得ることができること。
- 各ユーザが得た加工に関する結果は、他のユーザも含めて全体で共有して、成功確率を上げていること。

＜技術支援スタッフ、人材育成＞

- 半導体研究所、大学、企業出身の経験豊富な技術支援スタッフが親身になって対応していること。
- 設備のメンテナンスのほとんどをスタッフが行い、スピードアップ、経費削減に努めていること。
- 原則、受託加工は行わず、ユーザに直接装置を利用してもらい、それを最大限スタッフがサポートする体制としている。その結果、ノウハウや実際の経験を有する人材（利用者）の育成につながっている。
- 利用者の育成とデバイス開発を同時に行うことにより、円滑な技術移転、製品化が実現されているとともに、次のステージの共同研究開発や利用につながっている。

＜支援＞

- 政府、地方自治体、大学の支援が継続的、かつ効果的に行われていること。

<ネットワーク>

- MEMSパークコンソーシアムの活動を含めて、初期の試作開発から製品化まで、シームレスに進められる仕組みが仙台地域を中心に構築できていること。

<大学>

- 多くのユーザが利用することで、大学はマーケットの情報（技術や製品化の動向、既存技術の問題点など）を知ることができ、大学における研究教育に活かされていること。
- 大学発ベンチャー企業の技術的支援の場になっていること。

これからも社会のニーズに応えて、役に立つ活動を続けてまいります。

参考文献

1　江刺正喜，小野崇人："これからのMEMS LSIとの融合"，森北出版（2016）128.

2　試作コインランドリ　ホームページ
http://www.mu-sic.tohoku.ac.jp/coin

3　M. Moriyama, K. Totsu, S. Tanaka : Sol–gel deposition and characterization of lead zirconate titanate thin film using different commercial sols, Sensors and Materials, 31（2019）2497-2509.

4　庄子征希，上瀧英郎，森山雅昭，戸津健太郎：レーザ直接描画を用いたグレイスケールリソグラフィにおける厚膜レジストの評価，電気学会論文誌E, 140（2020）113-118.

5　佐々木寛充，森山雅昭，戸津健太郎：単層フォトレジストによる1μm線幅リフトオフプロセスの評価，電気学会論文誌E, 143（2023）204-210.

6　K. Totsu, M. Moriyama and M. Esashi : MEMS research is better together, Nature Electronics, 2（2019）134-136.

7　文部科学省マテリアル先端リサーチインフラ（ARIM）ホームページ
https://nanonet.mext.go.jp

8　東北半導体・エレクトロニクスデザイン研究会（東北経済産業局）ホームページ
https://www.tohoku.meti.go.jp/s_monozukuri/mono_hando.html

9　K. Totsu, M. Moriyama, H. Watanabe, T. Kikuta, M. Hemmi, M. Shoji, T. Yoshida, and M. Tatsuta : Fabrication of IoT force sensor module in five-day program for students as part of nanotechnology platform Japan project, Sensors and Materials, 31（2019）2555–2563.

10　仙台市職場体験ホームページ
https://www.city.sendai.jp/manabi/kurashi/manabu/kyoiku/inkai/kanren/kyoiku/kyoiku/

kyoshitsu.html
11　山本電機製作所　微差圧計マノスターホームページ
https://www.manostar.co.jp/
12　浜松ホトニクス　波長掃引パルス量子カスケードレーザ　ホームページ
https://www.hamamatsu.com/jp/ja/product/lasers/semiconductor-lasers/qcls/wavelength-swept-pulsed/L14890-09.html
13　長野計器　光学式 溶融樹脂 圧力・温度センサ　ホームページ
https://products.naganokeiki.co.jp/products/650.html

索　引

【数字・アルファベット】

【あ・ア行】

【か・カ行】

【さ・サ行】

【た・タ行】

【な・ナ行】

【は・ハ行】

【ま・マ行】

【や・ヤ行】

【ら・ラ行】

【わ・ワ行】

【著者略歴】

江刺（えさし） 正喜（まさよし）

1971年東北大学工学部電子工学科卒。1976年同大学院博士課程修了。同年より東北大学工学部助手、1981年助教授、1990年より教授となり、2013年定年退職。現在㈱メムス・コアCTO、兼東北大学マイクロシステム融合研究開発センター（μSIC）シニアリサーチフェロー。半導体センサ、マイクロシステム、MEMS（Micro Electro Mechanical Systems）の研究に従事。
著書：「半導体集積回路設計の基礎」培風館（1986年）、「電子情報回路I II」森北出版（2014年）、「はじめてのMEMS」森北出版（2011年）、「これからのMEMS」森北出版（2016年）、「超並列電子ビーム描画装置の開発」東北大学出版会（2018年）、3D and Circuit Integration of MEMS, Wiley VCH（2021）（M. Esashied）他

本間（ほんま） 孝治（こうじ）

1962年工学院大学化学工学科中退、日立製作所中央研究所入社。高純度分析、化合物半導体、LSIの研究開発に従事し1980年に退社。1981年、受託開発を主務とする㈱ケミトロニクスを設立。その後㈱三井物産、㈱伊藤忠、㈱大同酸素、㈱デンソー.㈱TELバリアン、㈱三井造船、㈱KRI、㈱Micro Chemistry（FiN）、㈱積水化学、㈱花王、㈱東京エレクトロン、㈱AXT（USA）、㈱HOYA、㈱ソニーセミコンダクター九州、その他国内外30社の技術顧問をしながら㈱テクノファインその他32社を設立。その中で2001年に東北大学江刺教授、日立中研OBとMEMSの受託開発を主務とする㈱メムス・コアを共同設立し代表取締役に就任し2024年に会長に就任。
著書：「最新洗浄技術総覧（分担執筆）」産業技術サービスセンター（1996）、「洗浄技術入門（分担執筆）」工業調査会（1998年）、「これが零細ベンチャーの生きる道」彩流社（2008年）他。

戸津（とつ）　健太郎（けんたろう）

1999年東北大学工学部機械電子工学科卒。2004年同大学院博士課程修了。同年より東北大学大学院工学研究科助手、2010年マイクロシステム融合研究開発センター（μSIC）准教授、2021年より教授、センター長。微細加工、MEMS（Micro Electro Mechanica lSystems）の研究に従事。2022年より文部科学省マテリアル先端リサーチインフラ（ARIM）高度デバイス領域代表・東北大ハブ長として設備とデータの共用、利活用を推進。
著書：「経済産業研究所経済政策レビュー8 産学連携（分担執筆）」東洋経済新報社（2003年）他

エレクトロニクス関連の産業創出
－設備共有による連携と近代技術史－

Activating industry for electronics：
Collaboration through equipment sharing
and the history of modern technology

2025 年 4 月 30 日　初版第 1 刷発行

著　者　江刺正喜　本間孝治　戸津健太郎
発行者　関内　隆
発行所　東北大学出版会
〒 980-8577　仙台市青葉区片平 2-1-1
Tel. 022-214-2777　Fax. 022-214-2778
https://www.tups.jp　E.mail info@tups.jp
印　刷　カガワ印刷株式会社
〒 980-0821　仙台市青葉区春日町 1-11
Tel. 022-262-5551

ISBN978-4-86163-408-6　C3050
定価はカバーに表示してあります。
乱丁、落丁はおとりかえします。